普通高等教育信息技术类系列教材

办公软件高级应用教程

主　编　潘爱武　王　茜　陈　婕
副主编　王　婷　李晶晶　王　俊　孙志梅

科学出版社
北　京

内 容 简 介

本书结合《全国计算机等级考试二级 MS Office 高级应用与设计考试大纲（2023 年版）》编写。全书分为 Word 2016 高级应用、Excel 2016 高级应用、PowerPoint 2016 高级应用三篇，并将重点知识融入每节的实例中，有利于学生更好地理解和掌握相关知识和技能。

本书既可作为高等院校"办公软件高级应用"相关课程的教学用书，也可作为全国计算机等级考试二级 MS Office 高级应用与设计的辅导用书，以及各企事业单位人员提高办公软件高级应用技术的参考用书。

图书在版编目（CIP）数据

办公软件高级应用教程/潘爱武，王茜，陈婕主编. —北京：科学出版社，2024.8

普通高等教育信息技术类系列教材

ISBN 978-7-03-078466-7

Ⅰ. ①办⋯ Ⅱ. ①潘⋯ ②王⋯ ③陈⋯ Ⅲ. ①办公自动化-应用软件-高等学校-教材 Ⅳ. ①TP317.1

中国国家版本馆 CIP 数据核字（2024）第 087678 号

责任编辑：李 莎 戴 薇 / 责任校对：马英菊
责任印制：吕春珉 / 封面设计：东方人华平面设计部

科 学 出 版 社 出版

北京东黄城根北街 16 号
邮政编码：100717
http://www.sciencep.com

三河市骏杰印刷有限公司印刷

科学出版社发行 各地新华书店经销

*

2024 年 8 月第 一 版 开本：787×1092 1/16
2025 年 8 月第三次印刷 印张：18 1/4
字数：431 000

定价：59.00 元
（如有印装质量问题，我社负责调换）

销售部电话 010-62136230 编辑部电话 010-62138978-2046

前　　言

办公软件高级应用技术是当前信息化社会中各行各业人员必须掌握的一项核心技能。一本好的办公软件教材有利于高校对信息技术人才的全面培养，有利于社会对职业培训和社区教育的全面开展，有利于满足广大人民群众对信息技术应用技能的全面需求。为全面贯彻党的二十大精神和习近平总书记关于教育的重要指示，落实立德树人根本任务，响应国家科教兴国战略，探索信息技术的实践应用，我们特编写本书。

本书分为三篇，共 10 章：第 1 章图文混排与表格应用、第 2 章长文档排版、第 3 章审阅与修订、第 4 章邮件合并、第 5 章工作表的制作与编辑、第 6 章公式与函数的应用、第 7 章图表的创建与编辑、第 8 章数据分析与管理、第 9 章幻灯片的编辑与设计、第 10 章幻灯片的动画设置与放映输出。

本书具有如下特点：

（1）知行合一。本书以培养学生"掌握现代信息技术和互联网技术"和"拥有较高的人文素养和综合素质"为目标，不仅注重对学生办公软件知识和技能的培养与训练，也侧重对学生计算思维、科学精神、人文素质等方面的培养，同时还探索信息化、智能化环境中的线上、线下混合教学模式和新型教学方法，力求做到教学相长、知行合一。

（2）实用性强。"办公软件高级应用"课程的特点是学生专业跨度广、课程教学知识点繁多、课程内容实践性强。基于以上课程特点，本书融入了教学、实验、实践为一体的互动型教学模式，既突出专业性和实用性，也加入了思政元素和能力导向，全面培养大学生的理想信念、专业知识、信息技术和职业素养。

（3）循序渐进。本书遵循学生认知规律，围绕日常办公对 Office 软件进行全面深入的介绍。教师通过篇、章、节三层结构来组织课程内容，可以从整体上循序渐进地进行讲解，也可以提取节或小节作为一个独立的单元进行教学。本书既可以满足系统的大学本科教育的需求，也可以满足短平快的职业培训、社区教育等需求。

（4）配套资源丰富。本书以实例形式展开教学，并配套立体化资源包，包括多媒体课件、微课视频、实例素材和综合练习题等电子资源，可以帮助学生熟练掌握和迅速提升办公软件综合应用能力。有需要的读者可以访问 www.abook.cn 下载。

本书的编写团队由具有多年主讲"办公软件高级应用"课程经验的一线教师组成，他们一直以教学质量为核心进行持续优化。本书由潘爱武、王茜、陈婕任主编，王婷、李晶晶、王俊、孙志梅任副主编，参与编写和配套资源编辑的还有肖琨和陈晶晶等。本书在编写过程中得到了湖北经济学院法商学院和信息工程学院的大力支持，也参考了大量优秀的教材书籍，接受了许多同行和专家提出的宝贵建议和意见，在此一并表示衷心的感谢。

科学技术的发展日新月异，教育也始终需要"日参省乎己"，书中难免疏漏之处，恳请广大读者批评指正，以便再版时修订。主编邮箱地址：panaiwu@hbue.edu.cn。

编　者

目　　录

第一篇　Word 2016 高级应用

第二篇　Excel 2016 高级应用

第三篇　PowerPoint 2016高级应用

第一篇
Word 2016 高级应用

Word 是 Microsoft Office 中使用率极高、实用性极强的一个重要组件，拥有强大的文字编辑、页面排版、表格应用和文件管理等功能，广泛应用于日常办公、教育培训、文化出版、行政管理等领域。本篇主要从图文混排与表格应用、长文档排版、审阅与修订、邮件合并等方面详细介绍 Word 2016 的高级应用知识。

第1章 图文混排与表格应用

1.1 文档格式设置

Word 中的文档格式设置主要包括字体格式、段落格式、文档主题和页面设置等。

1.1.1 字体格式

文本的字体格式，是以单字、词组或句子为对象的格式设置，包括字体、字号、字形和字体颜色等。注意，在设置文本的字体格式之前，必须先选中该文本。

1. 设置字体、字形和字号

单击"开始"选项卡→"字体"组中相应的按钮，或单击"开始"选项卡→"字体"组中右下角的对话框启动器按钮 ，在弹出的"字体"对话框的"字体"选项卡中，可以根据实际需要选择相应的"中文字体""西文字体""字形""字号"等，也可选中"效果"组中的复选框来设置"双删除线""隐藏"等各种字体效果，如图 1-1 所示。

另外，在"字体"对话框的"高级"选项卡中还可以进一步设置字体格式。例如，在"字符间距"组的"缩放"下拉列表中可以选择文本缩放比例；在"间距"下拉列表中可以选择"加宽"或"紧缩"，在"磅值"组合框中设置间距大小；在"位置"下拉列表中选择"上升"或"下降"，在"磅值"组合框中设置磅值大小。

图 1-1 "字体"对话框"字体"选项卡

2. 设置字体颜色

单击"开始"选项卡→"字体"组中的"字体颜色"下拉按钮，如图 1-2 所示，或者单击"开始"选项卡→"字体"组右下角的对话框启动器按钮 ，在弹出的"字体"对话框的"字体"选项卡中单击"字体颜色"下拉按钮，在弹出的下拉列表中的"主题颜色"或者"标准色"中选择需要的颜色。

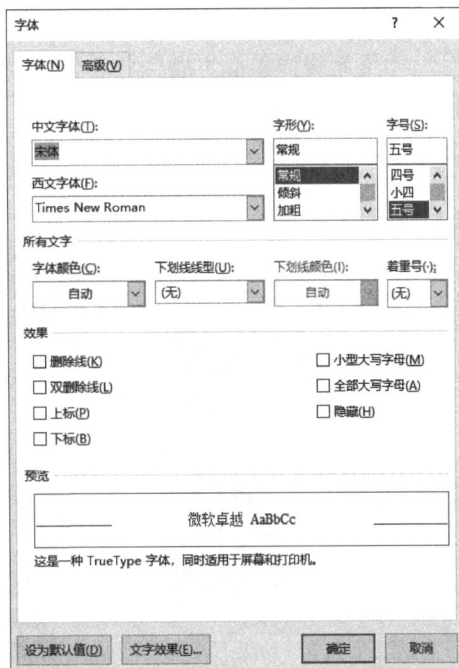

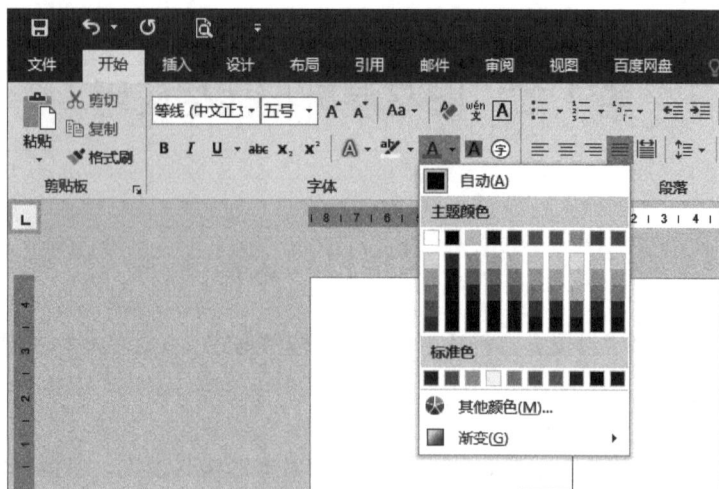

图 1-2　设置字体颜色

如果系统提供的主题颜色和标准色不能满足实际需要，可以在下拉列表中选择"其他颜色"命令，弹出"颜色"对话框，切换到"自定义"选项卡，进一步设置用户自定义的颜色，如图 1-3 所示。

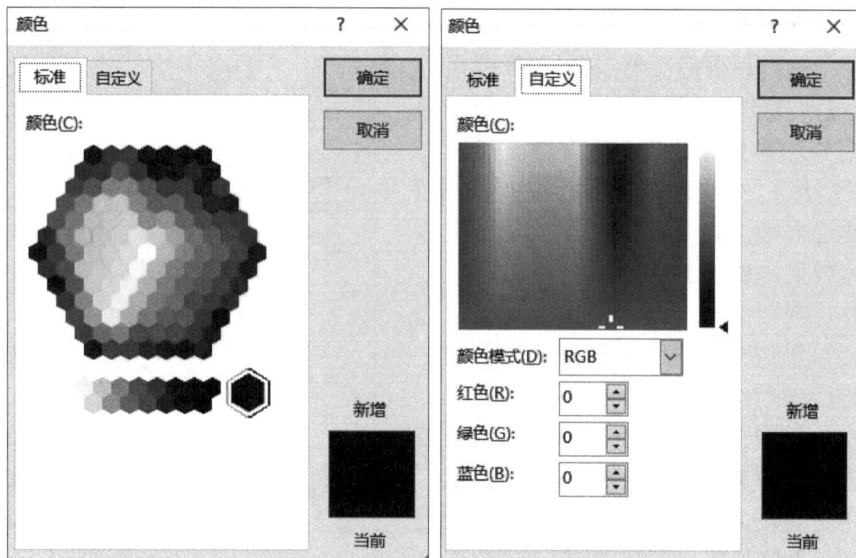

（a）"标准"选项卡　　　　　　　　（b）"自定义"选项卡

图 1-3　"颜色"对话框

3. 设置文本效果和版式

单击"开始"选项卡→"字体"组中的"文本效果和版式"下拉按钮，在弹出的下拉列表中可以进一步设置其轮廓、阴影、映像和发光等外观效果和版式，如图 1-4 所示。

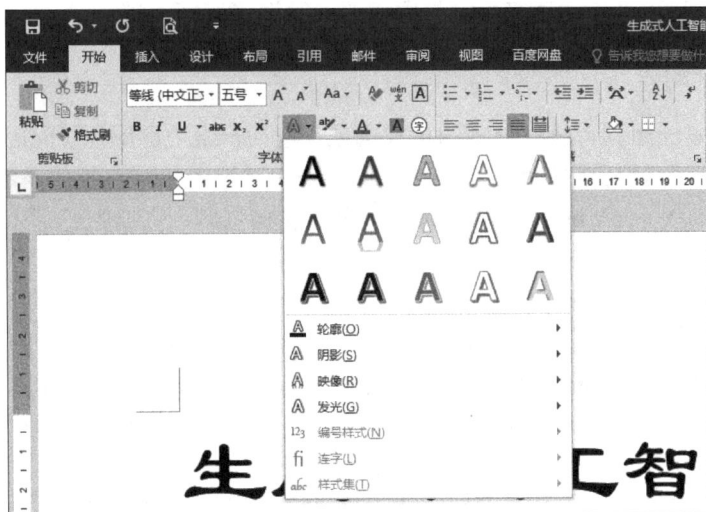

图 1-4　设置文本效果和版式

1.1.2　段落格式

段落是以段落标记作为结束标记的一段文本，段落排版以段落为单位，包括对齐方式、段落缩进、段间距、行间距等。注意，在设置段落格式前，要先选中相应的段落。如果只设置一个段落的格式，可单击该段落任一位置，如果同时设置多个段落的格式，则要同时选中需要设置格式的多个段落。

在 Word 中设置段落格式的基本方法如下：选中相应的段落，然后单击"开始"选项卡→"段落"组中的相应按钮，即可对段落格式进行快速设置。还可以单击"开始"选项卡→"段落"组右下角的对话框启动器按钮 ，在弹出的"段落"对话框（图 1-5）中对段落格式进行更详细的设置。

在"段落"对话框中有"缩进和间距""换行和分页""中文版式" 3 个选项卡。在"缩进和间距"选项卡中，可以对段落的对齐方式、缩进、间距等进行设置，设置段落缩进时默认的单位为"字符"，还可以输入"厘米"作为单位；设置段落间距时默认的单位为"行"，还可以输入"磅"作为单位；设置行距时，既可以选择"单倍行距""1.5 倍行距"等，也可以选择"固定值""最小值"（此时单位为"磅"）。在"换行和分页"选项卡中，可以完成孤行控制、与下段同页、段中不分页和段前分页等段落设置。在"中文版式"选项卡中，可以完成"按中文习惯控制首尾字符""允许标点溢出边界""自动调整

图 1-5　"段落"对话框

中文与西文的间距""自动调整中文与数字的间距"等段落设置。

1.1.3 文档主题

文档主题是一组具有统一外观的格式选项，包括一组主题颜色（配色方案的集合）、一组主题字体（包括标题字体和正文字体）和一组主题效果（包括线条和填充效果）。Word、Excel 和 PowerPoint 都提供了许多内置的文档主题，文档主题可在各种 Office 程序之间共享，从而使所有 Office 文档都具有统一的外观。

1. 应用 Office 内置文档主题

内置文档主题是 Word 自带的主题，使用 Office 内置文档主题的基本方法如下：单击"设计"选项卡→"文档格式"组中的"主题"下拉按钮，然后在弹出的下拉列表中选择一种主题即可。Word 内置主题库包括"Office""画廊""环保""回顾""积分""离子"等 30 余种文档主题。可以在这些主题之间滑动鼠标，实时预览每个主题的应用效果。选择某个需要的主题，即可应用该主题到当前文档中。注意，如果文档先前已应用了样式，然后再应用文档主题，样式可能会受到影响，反之亦然。

2. 自定义文档主题

用户不仅可以在文档中应用系统的内置文档主题，还可以根据实际需要自定义文档主题并保存文档主题。如果需要自定义文档主题，首先要修改文档主题和格式，基本方法如下：在"设计"选项卡→"文档格式"组中分别对"颜色""字体""效果"等进行设置。例如，用户可选择"颜色"下拉列表中的"自定义颜色"命令，在弹出的"新建主题颜色"对话框中修改 Word 文档默认的超链接的显示颜色，如图 1-6 所示。

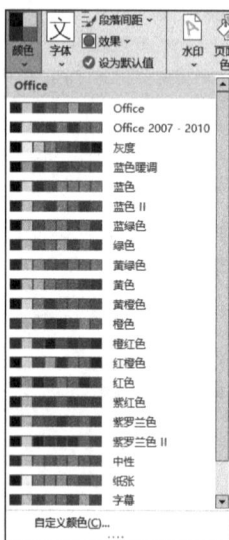

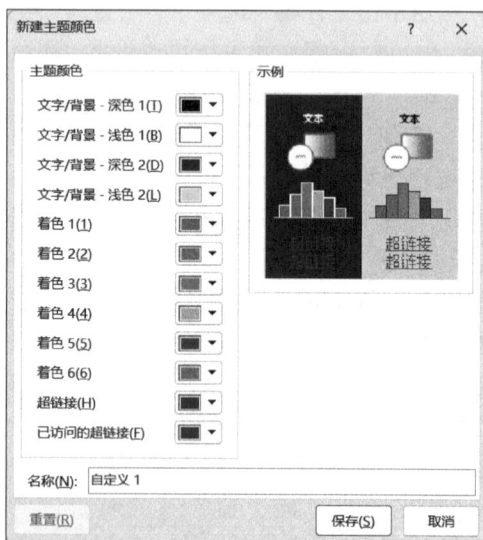

（a）"颜色"下拉列表　　　　　　（b）"新建主题颜色"对话框

图 1-6　自定义主题颜色

自定义文档主题完成后，可以将其保存在主题库中，基本方法如下：单击"设计"

选项卡→"文档格式"组中的"主题"下拉按钮,在弹出的下拉列表中选择"保存当前主题"命令。注意,对于文档主题所做的一项或多项更改将立即影响当前文档的显示外观。

1.1.4　页面设置

Word 2016 提供的页面设置功能包括"页边距""纸张方向""纸张大小""文档网格"等。

1. 页边距

设置恰当的页边距,可以使文档页面美观、可读性强。设置页边距的基本方法如下。

(1)单击"布局"选项卡→"页面设置"组中的"页边距"下拉按钮,在弹出的下拉列表中选择合适的页边距即可,如图 1-7(a)所示。

(2)如果下拉列表中的页边距不能满足要求,可在下拉列表中选择"自定义页边距"命令,在弹出的"页面设置"对话框的"页边距"选项卡中自定义页边距,如图 1-7(b)所示。注意,在"页边距"选项卡中,可以通过单击微调按钮调整上、下、左、右页边距的大小和"装订线"的大小,也可以直接输入相应的数值;在"装订线位置"下拉列表中选择装订线的位置,在"应用于"下拉列表中选择页边距设置的应用范围。

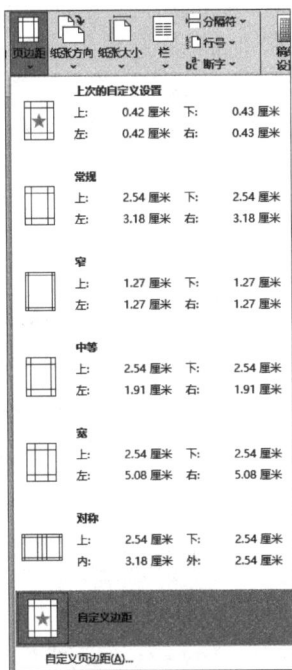

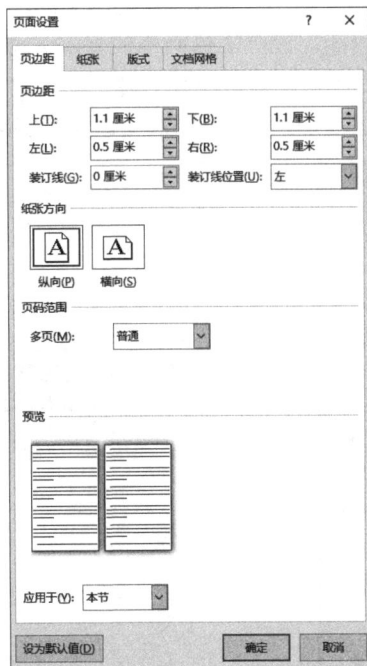

| (a)"页边距"下拉列表 | (b)"页面设置"对话框的"页边距"选项卡 |

图 1-7　页面设置

2. 纸张方向

Word 2016 提供了纵向和横向两种纸张方向,默认的纸张方向为纵向。更改纸张方向时,与其相关的内容选项(如封面、页眉、页脚样式库中提供的内置样式)会始终与当前所选纸张方向保持一致。

更改文档纸张方向的基本方法如下：单击"布局"选项卡→"页面设置"组中的"纸张方向"下拉按钮，在弹出的下拉列表中选择"纵向"或"横向"。同样，也可在"页面设置"对话框的"页边距"选项卡中，从"应用于"下拉列表中选择某一应用范围。

3. 纸张大小

Word 2016 中默认的纸张大小为 A4，用户也可以自定义纸张大小，以满足不同的应用要求。设置纸张大小的基本方法如下。

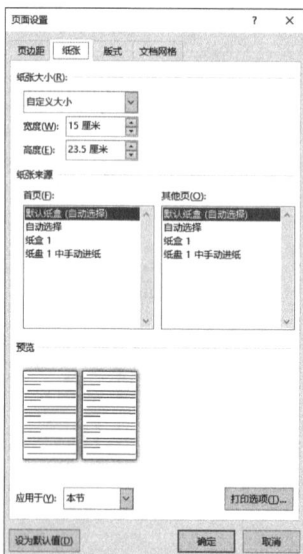

（1）单击"布局"选项卡→"页面设置"组中的"纸张大小"下拉按钮，然后在弹出的下拉列表中选择合适的纸张大小，如图 1-8（a）所示。

（2）在"纸张大小"下拉列表中选择"其他纸张大小"命令，打开"页面设置"对话框中的"纸张"选项卡，如图 1-8（b）所示。注意，在"纸张大小"下拉列表中可以选择不同型号的打印纸，如"A4""B5""16 开"等；还可以选择"自定义大小"命令，然后在下方的"宽度"和"高度"微调框中输入自定义的纸张高度和宽度值。

4. 文档网格

文档网格可用于设置 Word 文档中的文字排列方向、页面网格、每行固定字数、每页固定行数等内容。设置文档网格的基本方法如下：单击"布局"选项卡→"页面设置"组右下角的对话框启动器按钮 ，弹出"页面设置"对话框。在该对话框中选择"文档网格"选项卡，如图 1-9 所示，根据需要设置文字排列方向、网格、每行字符数、每页行数等。

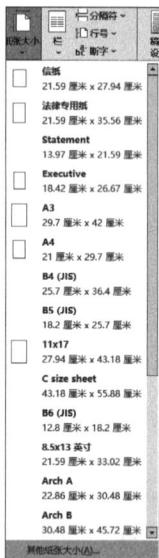

（a）设置纸张大小　　（b）"页面设置"对话框中的"纸张"选项卡

图 1-8　设置纸张大小

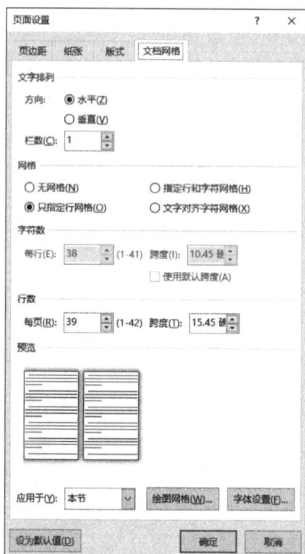

图 1-9　"文档网格"选项卡

1.1.5　页面背景

页面背景是指显示于 Word 文档最底层的颜色或图案，用于增加 Word 文档的美观度，包括水印、页面颜色和页面边框等。

1. 水印

水印是指在 Word 文档底层添加的虚影文字或图像，通常在打印一些重要文件时会给文档加上水印，如"机密""严禁复制"等字样，以强调文档的重要性和保密性。

1）添加水印

单击"设计"选项卡→"页面背景"组中的"水印"下拉按钮，在弹出的下拉列表中选择一个预设的水印效果，如图 1-10（a）所示。如果需要设置自定义水印，可在"水印"下拉列表中选择"自定义水印"命令，在弹出的"水印"对话框中指定图片或文字作为文档的水印，如图 1-10（b）所示。

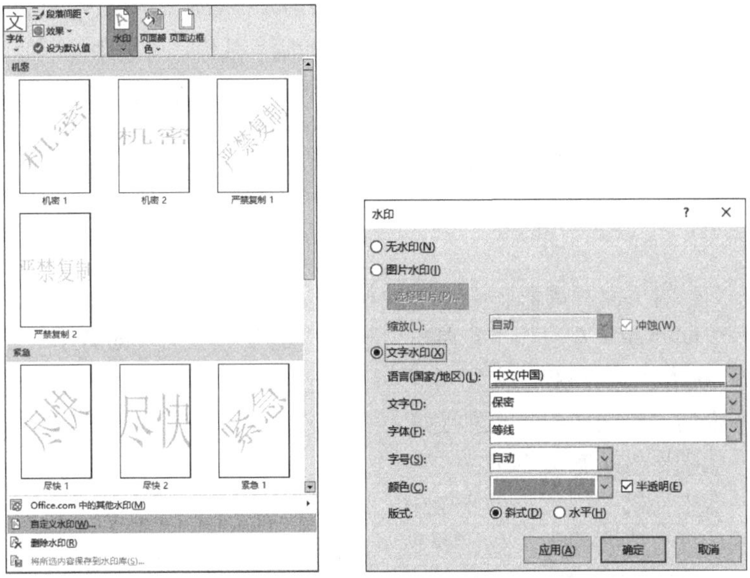

（a）选择一个预设的水印效果 （b）在"水印"对话框中自定义水印

图 1-10 设置水印

注意，水印分为图片水印和文字水印。文字水印在一页中仅显示为单个水印，若要在同一页中同时显示多个文字水印，可以先制作一幅含有多个文字水印的图片，然后以图片水印的方式添加到文档中。

2）修改水印

修改水印的基本方法如下：按照如上操作方法打开"水印"对话框，然后对现有水印的文字、字体、字号、颜色及版式进行设置，或重新添加图片水印。

3）删除水印

删除水印的基本方法如下：单击"设计"选项卡→"页面背景"组中的"水印"下拉按钮，在弹出的下拉列表中选择"删除水印"命令。

2. 页面颜色

Word 文档中默认的页面颜色为"无颜色"，可以设置页面颜色为纯色、渐变、纹理、

图 1-11　设置页面背景填充效果

图案和图片等填充效果。设置文档页面颜色的基本方法如下。

（1）单击"设计"选项卡→"页面背景"组中的"页面颜色"下拉按钮，在弹出的下拉列表中按照实际需要选择一种主题颜色或标准色，或者选择"其他颜色"命令，在弹出的"颜色"对话框中选择需要的页面颜色。

（2）如果对现有的颜色不满意，也可以选择"页面颜色"下拉列表中的"填充效果"命令，然后在弹出的"填充效果"对话框的"渐变""纹理""图案""图片"选项卡中，设置所需的填充效果。例如，设置背景为"雨后初晴"效果，可选中"渐变"选项卡"颜色"组中的"预设"单选按钮，在"预设颜色"下拉列表中选择"雨后初晴"效果，如图 1-11 所示，还可设置透明度、底纹样式，单击"确定"按钮完成设置。

3. 页面边框

在 Word 文档的页面四周添加合适的边框可以增强文档的显示效果，使文档更加美观。添加页面边框的基本方法如下：单击"设计"选项卡→"页面背景"组中的"页面边框"按钮，弹出"边框和底纹"对话框，在该对话框的"页面边框"选项卡左侧的"设置"选项区域选择边框的类型，如"方框"；在中间的"样式"列表框中选择一种样式，如"双实线"，并设置其颜色和宽度，另外还可以选择艺术型边框；在右侧的"预览"区域单击上下左右4 条框线，可以取消或设置相应的框线，在"应用于"下拉列表中可选择边框的应用范围，如图 1-12 所示，单击"确定"按钮完成页面边框的添加。

注意，如果要删除页面边框，可选择"设置"选项区域中的"无"类型，然后单击"确定"按钮完成设置。

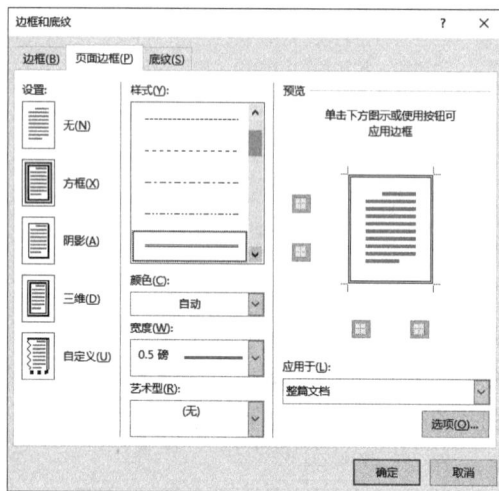

图 1-12　设置页面边框

■ 本节实例

【实例】在素材"招聘信息.docx"中进行文档格式设置，具体要求如下。

（1）查找替换："招聘信息.docx"中保存了从招聘网站上复制的文本，利用查找和替换功能删除文档中所有的英文空格，将手动换行符替换为段落标记，删除空行。

（2）字符格式设置：全文字号设置为"小四"；将第一行字体改为"微软雅黑"，字号改为"小二";将"职位信息""联系方式""招聘流程""公司信息"等文本设置为"黑体""小三",并将图片文件"项目符号.png"设置为项目符号;将"岗位要求:""职位要求:""晋升与发展:""薪资待遇:"等文本设置为"四号""加粗",并添加字符底纹。

(3)段落格式设置:所有段落设置为"1.5 倍行距",第一行设置段后间距"1 行",对齐方式设置为"居中",其他非正文部分文本适当设置段前、段后间距。

(4)页面设置:将纸张大小设置为"16 开",上、下、左、右页边距各"2 厘米"。

(5)页面背景:将"背景图.jpg"设置为页面背景,设置一种艺术型的页面边框,设置"Electronics"为文字水印。

操作步骤:

(1)在 Word 2016 中打开"招聘信息.docx"文件,进行查找替换。

① 查找替换英文空格。单击"开始"选项卡→"编辑"组中的"替换"按钮,弹出"查找和替换"对话框,单击左下方的"更多"按钮,如图 1-13(a)所示。在该对话框中,在"查找内容"输入框中输入一个英文空格(即按一次空格键),"替换为"输入框中不用设置(即为空),单击"全部替换"按钮,此时弹出信息框,提示"全部完成。完成 7 处替换。",如图 1-13(b)所示。

(a)"查找和替换"对话框　　　　　　(b)替换完成信息框

图 1-13　查找替换文档中的英文空格

② 查找替换手动换行符。在"查找和替换"对话框中,将光标放置在"查找内容"输入框中,然后单击"特殊格式"下拉按钮,在弹出的下拉列表中选择"手动换行符"命令,如图 1-14 所示。采用同样的方法,在"替换为"输入框中,选择"特殊格式"下拉列表中的"段落标记"命令,单击"全部替换"按钮。

③ 删除空行。采用同样的操作方法,在"查找和替换"选项卡中,在"查找内容"输入框中输入 2 个连续的段落标记(即在"特殊格式"下拉列表中选择两次"段落标记"

命令），在"替换为"输入框中选择 1 次"段落标记"命令，单击"全部替换"按钮。

（2）在"招聘信息.docx"中设置字体格式，包括字体、字号和项目符号等。

① 设置全文字号为小四。首先按 Ctrl+A 组合键选中（即全选）整篇文档中的文字，单击"开始"选项卡→"字体"组中的"字号"下拉按钮，在弹出的下拉列表中选择"小四"，此时全文字号都设置为"小四"。

② 将指定文本设置为"微软雅黑""小二"等。选中正文中的第一行文本（即"深圳**公司外贸销售/外贸专员招聘信息"），然后单击"开始"选项卡→"字体"组中的"字体"下拉按钮，在弹出的下拉列表中选择"微软雅黑"。采用同样的方法，在"字号"下拉列表中选择"小二"。

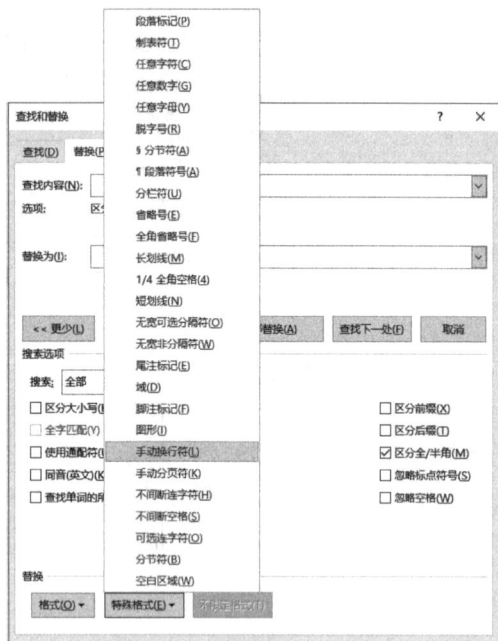

图 1-14 查找替换手动换行符

③ 将指定文本设置为"黑体""小三"等。按住 Ctrl 键，选择"职位信息""联系方式""招聘流程""公司信息"等文本，使用同样的操作方法设置这些选中的文本为"黑体""小三"。接着单击"开始"选项卡→"段落"组中的"项目符号"下拉按钮，在弹出的下拉列表中选择"定义新项目符号"命令，弹出"定义新项目符号"对话框，如图 1-15 所示。在该对话框中单击"图片"按钮，在弹出的"插入图片"对话框中通过浏览选中图片文件"项目符号.png"，单击"插入"按钮返回"定义新项目符号"对话框。单击"确定"按钮，选中文本的前方即插入图片文件"项目符号.png"作为项目符号。

④ 将指定文本设置为"四号""加粗"等。按住 Ctrl 键，依次选择"岗位要求：""职位要求：""晋升与发展：""薪资待遇："等文本，使用同样的操作方法，设置这些选中的文本为"四号""加粗"，并添加字符底纹。

（3）在"招聘信息.docx"中设置段落格式。选中整篇文档，单击"开始"选项卡→"段落"组右下角的对话框启动器按钮，在弹出的"段落"对话框中设置"行距"为"1.5 倍行距"，如图 1-16 所示。采用同样的方法，选中第一行文字，在"段落"对话框中设置段后间距为"1 行"，对齐方式为"居中"；依次选中其他非正文文本设置适当的段前、段后间距，如段前 0.5 行、段后 0.5 行。

（4）在"招聘信息.docx"中进行页面设置。单击

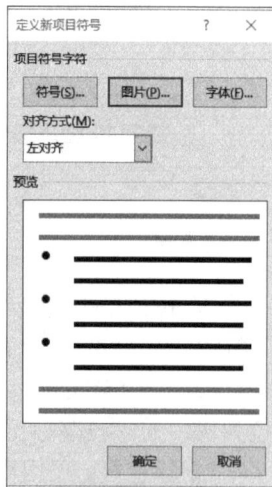

图 1-15 设置图片作为项目符号

"布局"选项卡→"页面设置"组中的"纸张大小"下拉按钮，在弹出的下拉列表中选择"16 开"；然后单击"页边距"下拉按钮，在弹出的下拉列表中选择"自定义页边距"命令，弹出"页面设置"对话框，设置上、下、左、右页边距均为"2 厘米"。

（5）在"招聘信息.docx"中设置页面背景、页面边框和水印。

① 设置页面背景。单击"设计"选项卡→"页面背景"组中的"页面颜色"下拉按钮，在弹出的下拉列表中选择"填充效果"命令，弹出"填充效果"对话框，如图 1-17 所示。在该对话框中的"图片"选项卡中，单击"选择图片"按钮，弹出"插入图片"对话框，通过浏览选中文件"背景图.jpg"，单击"插入"按钮返回"填充效果"对话框，再次单击"确定"按钮即可应用该页面背景。

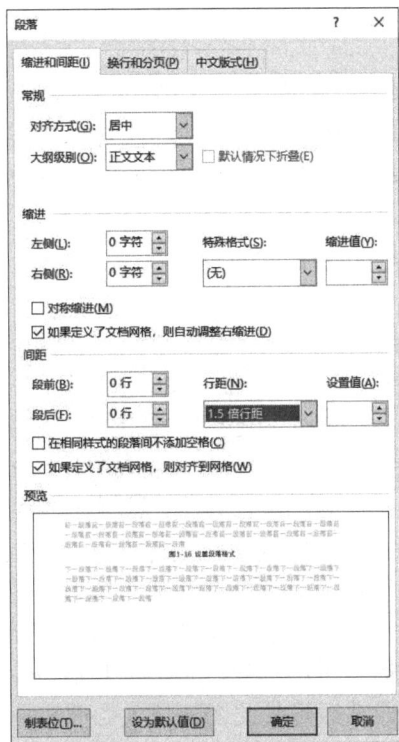

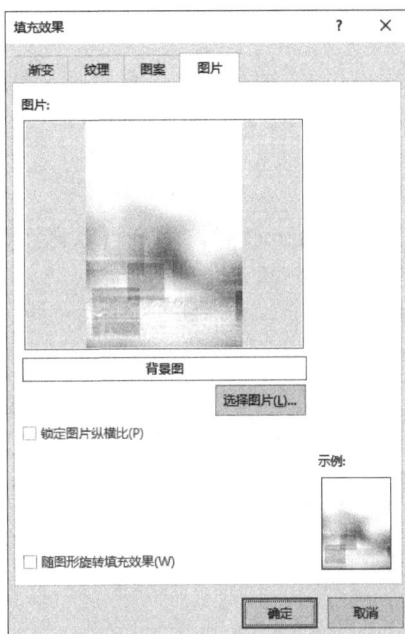

图 1-16　设置段落格式　　　　图 1-17　设置页面背景的图片填充效果

② 设置页面边框。单击"设计"选项卡→"页面背景"组中的"页面边框"按钮，在弹出的"边框和底纹"对话框中的"页面边框"选项卡"设置"选项区域中选择边框的类型为"方框"，然后在中间的"样式"组中选择"艺术型"下拉列表中的任一种样式，如空心小方块边框，颜色可设置为"蓝色，个性色 1"，宽度可设置为 9 磅。此时在右侧的"预览"区域中可以看到页面边框的预览效果，单击"确定"按钮即可应用该页面边框。

③ 设置水印。单击"设计"选项卡→"页面背景"组中的"水印"下拉按钮，在弹出的下拉列表中选择"自定义水印"命令，弹出"水印"对话框。在该对话框中选中"文字水印"单选按钮，指定文字作为文档的水印，设置"文字"为"Electronics"，单击"确定"按钮。注意，最后保存和关闭该 Word 文档。

1.2 图形与图片处理

Word 图文混排时往往需要在文档中插入一些图形图片、艺术字和文本框等对象，Word 提供了对这些对象进行编辑和设置的多种方式。

1.2.1 插入图片

在 Word 中可以插入来自外部的图片文件、联机图片、屏幕截图等，这些方式能够方便地实现文档的图文混排，使排版更加美观。

1．插入来自文件的图片

在 Word 文档中可以插入各种格式的图片文件，基本方法如下：将光标定位在要插入图片的位置，单击"插入"选项卡→"插图"组中的"图片"下拉按钮，选择"此设备"命令，弹出"插入图片"对话框，通过浏览在指定文件夹下选择所需的图片文件，单击"插入"按钮，即可将所选图片插入文档。

2．插入联机图片

当连接了 Internet 时，用户可以直接选择必应图像搜索或 OneDrive 搜索联机图片，并插入当前文档。插入联机图片的基本方法如下：将光标定位在要插入图片的位置，单击"插入"选项卡→"插图"组中的"图片"下拉按钮，选择"联机图片"命令，弹出如图 1-18 所示的"插入图片"对话框，在"必应图像搜索"选项右侧的搜索框中输入要搜索的关键词，单击右侧的 🔍 按钮，即可开启搜索，搜索到想要的图片后选中它，单击"插入"按钮，如果提示无法下载可再选中其他图片，下载成功后可将此图片插入当前文档。

注意，如果登录了微软账户，还可以直接在个人 OneDrive 云存储空间搜索和下载图片并将其插入 Word 文档。

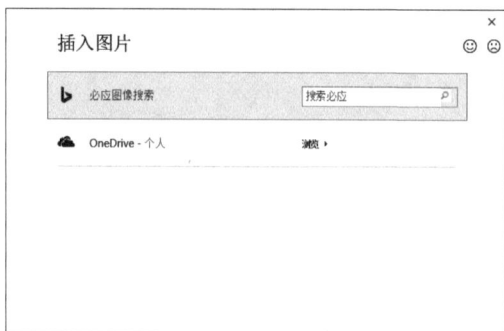

图 1-18 "插入图片"对话框

3．插入屏幕截图

Word 不仅可以方便地在文档中插入已经打开的程序或窗口的屏幕画面，还可以按选择范围截取屏幕内容。在 Word 文档中插入屏幕截图的基本方法如下。

（1）将光标定位在要插入屏幕截图的位置，单击"插入"选项卡→"插图"组中的"屏幕截图"下拉按钮，弹出"可用的视窗"列表，如图 1-19 所示。

（2）在"可用的视窗"列表中，显示的是当前计算机中已打开的所有应用程序窗口画面，单击某一缩略图即可将该窗口画面作为图片插入 Word 文档。

（3）若选择"可用的视窗"列表下方的"屏幕剪辑"命令，屏幕上将显示"可用的视窗"列表中的第一个窗口画面，此时可用鼠标拖动选择某一屏幕区域并将其作为图片插入 Word 文档。

图 1-19　插入屏幕截图

1.2.2　设置图片格式

在 Word 文档中插入图片并选中图片后，在功能区上方会出现"图片工具/格式"选项卡，在此可以设置图片的文字环绕方式、大小、位置、样式等。

1. 设置文字环绕方式

文字环绕方式是指插入图片、图形等对象后，图片、图形与文字的排列方式，决定了图片、图形与文字之间的位置关系。设置合适的文字环绕方式，可以使文档更加美观易读。设置图片的文字环绕方式的基本方法如下。

（1）选中要设置的图片，单击"图片工具/格式"选项卡→"排列"组中的"环绕文字"下拉按钮，在弹出的下拉列表中选择所需的环绕方式，如图 1-20（a）所示。

（2）如果对现有的文字环绕方式不满意，可在下拉列表中选择"其他布局选项"命令，弹出"布局"对话框，在该对话框中的"文字环绕"选项卡中可根据需要设置"环绕方式""环绕文字""距正文"等，如图 1-20（b）所示。

（a）"环绕文字"下拉列表　　　　（b）"布局"对话框中的"文字环绕"选项卡

图 1-20　设置文字环绕方式

图 1-21　调整图片大小

2. 调整图片大小

调整图片大小主要有如下几种方法。

（1）拖动鼠标调整图片大小。选中文档中的图片，使用鼠标拖动图片四周的控制点来调整大小。

（2）在"图片工具/格式"选项卡→"大小"组中的"高度"和"宽度"文本框中输入具体值，一般默认图片的高度和宽度的比例保持不变。

（3）单击"图片工具/格式"选项卡→"大小"组右下角的对话框启动器按钮 ，在弹出的"布局"对话框中选择"大小"选项卡，然后在"缩放"区域设置高度和宽度的百分比即可按比例更改图片大小，如图 1-21 所示。在"缩放"区域下方取消选中"锁定纵横比"复选框，即可取消高度和宽度之间的关联，分别设置高度和宽度。

3. 调整图片样式

插入图片后，可以对图片应用预设图片样式，基本方法如下：选中图片，单击"图片工具/格式"选项卡→"图片样式"组中的"其他"按钮 ，在展开的"图片样式库"中选择某种图片样式，如"剪去对角，白色"，效果如图 1-22 所示。

图 1-22　调整图片样式

当内置的图片样式不能满足需求时，还可以自定义图片样式，基本方法如下：单击"图片工具/格式"选项卡→"图片样式"组中的"图片边框""图片效果""图片版式"按钮来设置图片的边框样式、图片的效果及将所选图片转换为 SmartArt 图形。

如果需要进一步调整图片格式，基本方法如下：选中图片，单击"图片工具/格式"

选项卡→"调整"组中的"更正""颜色""艺术效果"等按钮可以调整图片的亮度、对比度、饱和度及艺术效果等，如图 1-23 所示。

（a）"颜色"下拉列表　　　　　　　　　　（b）"艺术效果"下拉列表

图 1-23　设置图片的颜色和艺术效果

4. 删除图片背景

通过 Word 提供的删除图片背景功能可以快速去除图片背景以强调或突出主题，删除图片背景的基本方法如下。

（1）选中要删除背景的图片，单击"图片工具/格式"选项卡→"调整"组中的"删除背景"按钮，此时图片上标记洋红色的遮覆区域为要删除的区域，自然色区域为要保留的区域，由控制点框住的区域为选区，如图 1-24（a）所示。

（2）在图片上调整选区四周的控制点，使要保留的区域包含在该区域并尽量排除要删除的区域，如图 1-24（b）所示，然后根据实际情况在"背景消除"选项卡[图 1-24（c）]中选择"标记要保留的区域"或"标记要删除的区域"命令，调整完成后确认"保留更改"[图 1-24（d）]，单击"保留更改"按钮，指定图片的背景即被删除，效果如图 1-24（e）所示。

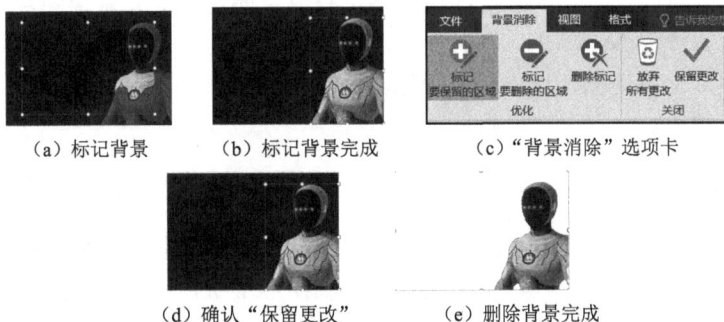

（a）标记背景　　　（b）标记背景完成　　　（c）"背景消除"选项卡

（d）确认"保留更改"　　　（e）删除背景完成

图 1-24　删除图片的背景

注意，删除图片的背景后，图片的长宽是不变的。可以利用裁剪图片功能将图片中不需要的区域裁剪掉。

5. 裁剪图片

利用 Word 的裁剪图片功能，既可以仅截取一幅图片的部分区域，裁剪掉图片中多余的部分，也可以将图片裁剪为各种有趣的形状。裁剪图片的基本方法如下。

（1）选中要裁剪的图片，单击"图片工具/格式"选项卡→"大小"组中的"裁剪"下拉按钮，在弹出的下拉列表中选择"裁剪"命令，图片四周出现裁剪控制点，拖动裁剪控制点即可实现所需的裁剪，单击图片外的任意位置或者按 Esc 键完成裁剪。

（2）或者在弹出的下拉列表中选择"裁剪为形状"命令，在弹出的形状列表中选择一种形状，如选择"星与旗帜"中的"星形：五角"形状，可以将图片裁剪为五角星形状，如图 1-25 所示。

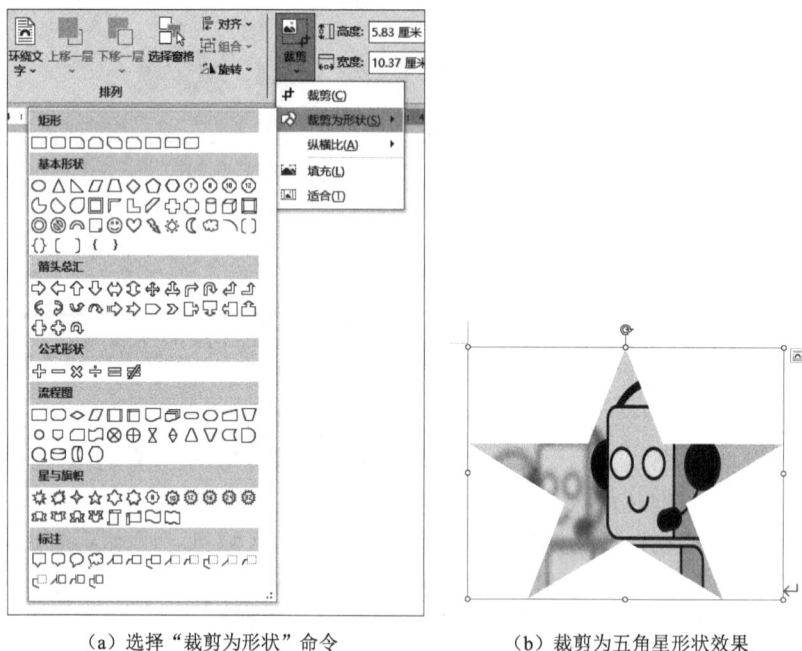

（a）选择"裁剪为形状"命令　　　　　　（b）裁剪为五角星形状效果

图 1-25　将图片裁剪为五角星形状

（3）裁剪完成后，图片的多余区域只是没有显示而已，彻底删除图片被裁剪掉的多余区域的基本方法如下：单击"图片工具/格式"→"调整"组中的"压缩图片"按钮，弹出"压缩图片"对话框，选中"压缩选项"组中的"删除图片的剪裁区域"复选框，单击"确定"按钮。

1.2.3　绘制图形

Word 的图形形状包括线条、矩形、基本形状、箭头总汇、公式形状、流程图、星与旗帜和标注 8 种类型，可以直接在文档中绘制图形形状，也可以插入绘图画布后再在画布上绘制若干图形形状，以方便排版和整体删除。

1. 使用绘图画布

当需要绘制多个图形形状时，可以使用绘图画布。插入绘制画布的基本方法如下：

将光标定位在要插入绘图画布的位置，单击"插入"选项卡→"插图"组中的"形状"下拉按钮，在弹出的下拉列表中选择"新建绘图画布"命令，即在文档中插入一幅绘图画布。在绘图画布中可以绘制图形，也可以插入图片、文本框、艺术字等图形对象。使用绘图画布，可以将多个图形对象作为一个整体，在文档中进行调整大小、移动或设置文字环绕方式等操作，也可以对其中的单个图形对象进行格式化操作，且不影响绘图画布。

插入绘图画布或绘制图形后，可利用"绘图工具/形状格式"选项卡对绘图画布及图形进行格式设置。例如，在"形状样式"组中，可以通过"形状填充""形状轮廓""形状效果"按钮设置绘图画布或图形形状的背景与边框效果；在"大小"组中，可以设置绘图画布或图形形状的大小。

2. 插入形状

在 Word 2016 中，既可以在插入的绘图画布中绘制图形，也可直接在文档中指定的位置绘制图形。在 Word 2016 中绘制图形的基本方法如下。

（1）单击"插入"选项卡→"插图"组中的"形状"下拉按钮。

（2）在弹出的下拉列表中选择需要的图形形状。当鼠标指针指向形状时会出现该形状名称的提示。

（3）在文档的绘图画布中或其他合适的位置按住鼠标左键拖动鼠标即可绘制相应的图形形状，如图 1-26 所示。

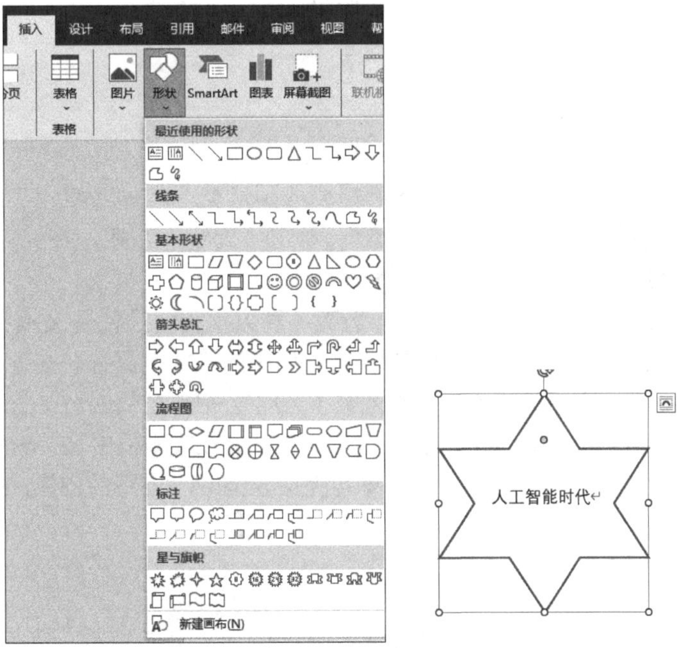

（a）"形状"下拉列表　　　　　　（b）绘制图形

图 1-26　在绘图画布中绘制图形

（4）通过"绘图工具/形状格式"选项卡中的命令，可以对选中的图形进行格式设置，如设置图形形状的大小、颜色、样式、排列方式、位置、旋转角度等，还可以对多个图形形状设置叠放次序、对齐方式及组合或取消组合。

注意，选中绘图画布或者要删除的图形形状后，按 Delete 键即可将其删除。

1.2.4　使用 SmartArt 图形

Word 2016 提供了丰富的 SmartArt 图形类型，能够将文档中的主题和概念等以组合图形的方式展现出来，以增强文档的易读性。

1. 创建 SmartArt 图形

在 Word 文档中创建 SmartArt 图形的基本方法如下。

（1）将光标定位在需要插入 SmartArt 图形的位置，单击"插入"选项卡→"插图"组中的"SmartArt"按钮，弹出"选择 SmartArt 图形"对话框，如图 1-27 所示。

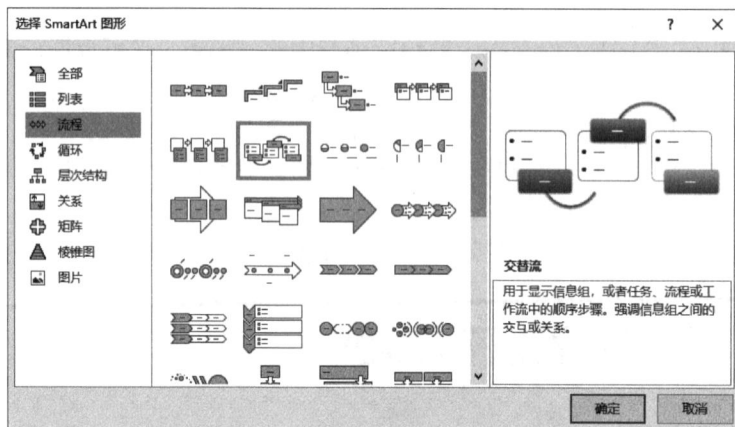

图 1-27　"选择 SmartArt 图形"对话框

（2）在该对话框左侧列表框中选择所需要的图形类型，如"流程"，然后在中间列表框中选择具体的图形样式，如"交替流"。单击"确定"按钮，在光标处将自动插入一个"交替流"图形。

（3）在 SmartArt 图形中输入文字，一般有两种方法：一是使用文本窗格输入，即单击"SmartArt 工具/设计"选项卡→"创建图形"组中的"文本窗格"按钮，在打开的文本窗格中的"在此处键入文字"文本框中输入文本，此时右侧的 SmartArt 图形中将会显示对应的文字；二是单击右侧的 SmartArt 图形中的文本框，在文本框中直接输入文本。输入完成后单击 SmartArt 图形以外的任意位置，即可完成 SmartArt 图形的创建，如图 1-28 所示。

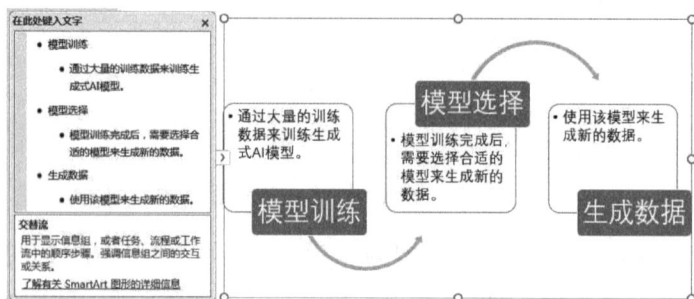

图 1-28　在 SmartArt 图形中输入文字

（4）单击选中 SmartArt 图形中的"生成数据"文本框，右击，在弹出的快捷菜单中选择"添加形状"→"在后面添加形状"命令。此时，在最右侧添加了一个新的文本框，输入文本"评估生成结果"，效果如图 1-29 所示。

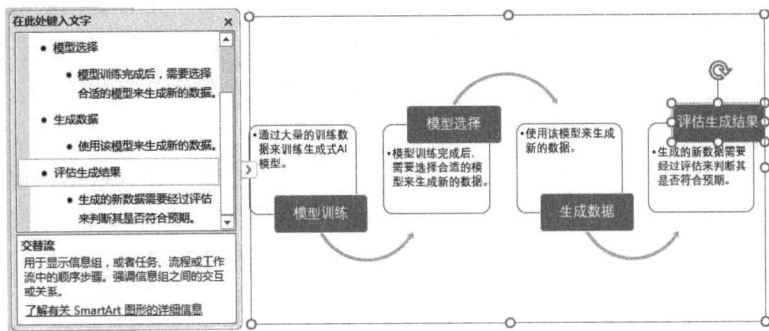

图 1-29　在 SmartArt 图形中添加形状

2. 编辑 SmartArt 图形

在 Word 文档中插入 SmartArt 图形并选中后，将在功能区上方出现"SmartArt 工具/设计"和"SmartArt 工具/格式"两个选项卡，在此可以对 SmartArt 图形进行相应编辑。利用"SmartArt 工具/设计"选项卡可以添加形状、更改版式、更改颜色等；利用"SmartArt 工具/格式"选项卡可以对 SmartArt 图形的形状样式、艺术字样式、排列和大小等进行设置。

1.2.5　编辑艺术字

艺术字是 Word 提供的一种具有特殊效果的文字，其实质是图形对象。在 Word 2016 中，插入的艺术字默认的环绕方式为"浮于文字上方"，可以根据需要调整为其他环绕方式。

1. 插入艺术字

在 Word 中，既可以设置艺术字的颜色及字体，也可以为艺术字添加阴影、倾斜、旋转和缩放等效果，还可以将其更改为特殊的形状。在 Word 文档中插入艺术字的基本方法如下。

（1）将光标定位在需要插入艺术字的位置，单击"插入"选项卡→"文本"组中的"艺术字"下拉按钮，在弹出的下拉列表中选择艺术字样式。例如，选择第一个样式"填充-黑色，文本 1，阴影"，在文档中将自动出现一个带有"请在此放置您的文字"字样的文本框。

（2）在该文本框中输入需要的内容，如"信息工程学院"，设置字体为"华文琥珀"，字号为"36"，如图 1-30 所示。此时在文档中就插入了艺术字，并以指定格式显示该艺术字效果。

图 1-30　插入艺术字

2．设置艺术字格式

与绘制图形类似，插入艺术字并选中艺术字后，将在功能区上方出现"绘图工具/格式"选项卡。通过该选项卡，可以对艺术字的样式、形状、大小和位置等进行设置。设置艺术字格式的基本方法如下：选中要修改的艺术字，单击"绘图工具/格式"选项卡→"艺术字样式"组中的"其他"按钮，在弹出的艺术字列表中选择一个艺术字样式即可将艺术字修改为该样式。

还可以对艺术字的形状格式、文本格式和排列进行设置。例如，选中图 1-30 中的"信息工程学院"艺术字，单击"绘图工具/格式"选项卡→"艺术字样式"组中的"文本效果"下拉按钮，在弹出的下拉列表中选择"转换"→"弯曲"中的"波形 2"，效果如图 1-31 所示。

图 1-31　设置艺术字格式

1.2.6　编辑文本框

文本框也是 Word 文档提供的一种图形对象，是一个存放文本或图形的独立窗口，可以放置在文档页面中的任意位置。在 Word 2016 中，文本框分为横排和竖排两种，用户可以根据需要选用，而文本框默认的环绕方式也为"浮于文字上方"。在 Word 文档中可直接插入空白文本框，包括插入内置文本框和绘制文本框，也可将选中的文本转换为文本框。

1．插入内置文本框

在 Word 文档中插入内置文本框的基本方法如下：将光标定位在文档中需要插入文本框的位置，单击"插入"选项卡→"文本"组中的"文本框"下拉按钮，在弹出的下拉列表中选择一种内置的文本框样式，然后在该文本框中输入文字，即可自动应用该文本框样式效果。

2．绘制文本框

绘制文本框的基本方法如下：单击"插入"选项卡→"文本"组中的"文本框"下拉按钮，在弹出的下拉列表中选择"绘制文本框"命令或"绘制竖排文本框"命令。此时，鼠标指针变为十字形，在 Word 文档中的适当位置手动绘制所需大小的横排或竖排文本框，然后输入文本内容，如"办公软件高级应用"。

3．将文本转换为文本框

如果想将已有文本转换为文本框，可先选中该文本，然后单击"插入"选项卡→"文本"组中的"文本框"下拉按钮，在弹出的下拉列表中选择"绘制文本框"命令或"绘制竖排文本框"命令。

4．设置文本框格式

在 Word 文档中插入文本框并选中文本框后，在功能区上方将自动出现"绘图工具/

格式"选项卡，在此可以调整文本框的大小、位置、填充颜色、轮廓、阴影等。设置文本框格式的基本方法与设置艺术字格式的方法类似。例如，选中"办公软件高级应用"文本框，在"开始"选项卡→"字体"组中设置字体颜色为"紫色"，字体为"华文行楷"，字号为"二号"；单击"绘图工具/格式"选项卡→"插入形状"组中的"编辑形状"下拉按钮，在弹出的下拉列表中选择"更改形状"命令，再在级联菜单中选择"星与旗帜"中的"波形"，效果如图 1-32 所示。

图 1-32　设置文本框格式

1.2.7　插入文档部件

文档部件是一个可在其中创建、存储和查找可重复使用的内容片段的库，内容片段可以是自动图文集、文档属性（如标题和作者）和域，也可以是 Word 文档中的指定内容（文本、图片、表格、段落等）。利用文档部件可保存并重复使用指定的文档内容片段。

1. 插入文档属性

在 Word 文档中插入文档属性的基本方法如下：将光标定位在文档需要插入文档属性的位置，单击"插入"选项卡→"文本"组中的"文档部件"下拉按钮，在弹出的下拉列表中选择"文档属性"命令，在"文档属性"级联菜单中选择所需的文档属性名称，如图 1-33 所示。

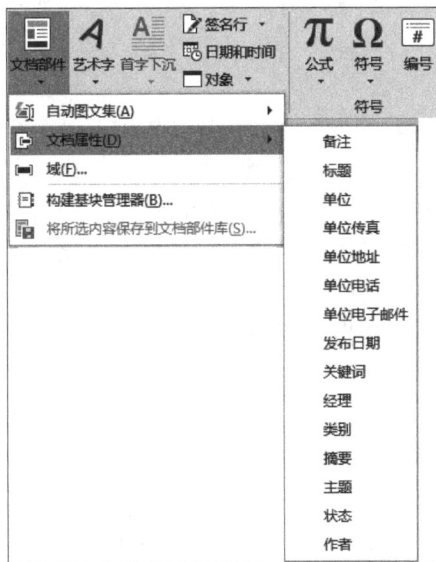

2. 插入域

域是嵌入 Word 文档中的一组特殊代码，可以引导 Word 在文档中自动插入文字、图形、页码等特定内容或自动完成目录、索引等复杂的功能，实现数据的自动更新。在文档中执行插入页码、插入封面等操作时，Word 会自动插入域。必要时，还可以手动插入域，以自动处理文档外观。

图 1-33　插入文档属性

在 Word 文档中插入域的基本方法如下：将光标定位在文档需要插入域的位置，单击"插入"选项卡→"文本"组中的"文档部件"下拉按钮，在弹出的下拉列表中选择"域"命令，弹出"域"对话框，如图 1-34 所示。在该对话框中根据需要选择类别、域名和相关域属性，下方"说明"区域中会显示当前选中域的功能说明，设置完成后，单击"确定"按钮。

使用域可以实现数据的自动更新，基本方法如下：右击插入的域，在弹出的快捷菜单中选择相应命令可以实现切换域代码、更新域、编辑域等操作。另外，还可以通过快捷键实现相关操作，例如，按 F9 键可以更新当前选择的所有域，按 Alt+F9 组合键可以切换文档中所有域的域代码，按 Ctrl+Shift+F9 组合键可以将域转换为普通文本等。

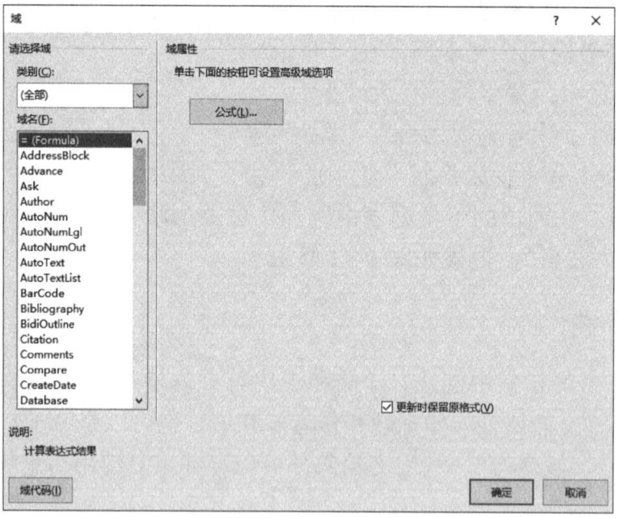

图 1-34　"域"对话框

3. 自定义文档部件

Word 2016 支持自定义文档部件，可以将文档中已经编辑好的某一部分内容（如学生成绩表格）保存为文档部件供以后反复使用。

1）保存自定义文档部件

保存自定义文档部件的基本方法如下：选中编辑好的内容片段，如文档中的一个统计学生成绩的表格，单击"插入"选项卡→"文本"组中的"文档部件"下拉按钮，在弹出的下拉列表中选择"将所选内容保存到文档部件库"命令，弹出"新建构建基块"对话框，在该对话框中输入文档部件的名称，如"学生成绩统计表格"，并在"库"下拉列表中指定其保存到的部件库，如指定"表格"库。单击"确定"按钮，自定义文档部件完成，自定义的文档部件默认保存到"Building Blocks.dotx"，如图 1-35 所示。

图 1-35　"新建构建基块"对话框

2）在其他 Word 文档中使用自定义文档部件

在其他 Word 文档中使用自定义文档部件的基本方法如下：打开或新建另外一个文档，将光标定位在需要插入文档部件的位置，单击"插入"选项卡→"文本"组中的"文档部件"下拉按钮，在弹出下拉列表中选择"构建基块管理器"命令，弹出"构建基块管理器"对话框，如图 1-36 所示。在该对话框中的"构建基块"列表框中选择需要的自定义文档部件（已经定义好并保存到部件库中），如"学生成绩统计表格"，单击"插入"按钮，即可将其直接应用在新文档中。

图 1-36　"构建基块管理器"对话框

3）删除文档部件

删除文档部件的基本方法如下：在"构建基块管理器"对话框中选中需要删除的文档部件，然后单击"删除"按钮即可。

1.2.8　插入文档封面

文档封面是指 Word 文档的首页，一般是图文混排页面，用于美化文档。Word 2016 提供了近 20 种内置文档封面供用户选用，用户也可以自定义文档封面。

1. 插入内置封面

在 Word 文档中插入文档封面的基本方法如下：单击"插入"选项卡→"页面"组中的"封面"下拉按钮，在弹出的下拉列表中选择某一个封面样式，如"奥斯汀"，该封面将自动插入文档的第一页中，文档中的其他内容会自动后移一页。

插入封面后可以根据实际需要编辑封面，基本方法如下：单击封面中的内容控件框，如"摘要""标题""作者"等，根据内容控件框的提示信息，输入或编辑封面内容控件框中的文本信息。如果需要删除某个内容控件，可右击该内容控件，然后在弹出的快捷菜单中选择"删除内容控件"命令即可。

删除文档封面的基本方法如下：单击"插入"选项卡→"页面"组中的"封面"下拉按钮，在弹出的下拉列表中选择"删除当前封面"命令。

2. 用户自定义封面

用户也可以自定义文档封面，并将其保存到文档封面库，基本方法如下：选中用户自定义的封面，单击"插入"选项卡→"页面"组中的"封面"下拉按钮，在弹出的下拉列表中选择"将所选内容保存到封面库"命令，弹出"新建构建基块"对话框，在该对话框中输入自定义封面的名称，"库"类别默认指定为"封面"，单击"确定"按钮，自定义封面即可保存到内置封面库中供以后使用。

1.2.9 插入数学公式

Word 图文混排时常常需要输入一些数学公式，在 Word 文档中插入公式需要打开公式编辑器，基本方法如下：将光标定位在文档中需要插入公式的位置，单击"插入"选项卡→"符号"组中的"公式"下拉按钮，在弹出的下拉列表中选择"插入新公式"命令，此时在插入点所在位置将自动弹出公式编辑器，在功能区上方会出现"公式工具/设计"选项卡。另外，按 Alt+=组合键也可以弹出公式编辑器。

例如，输入求两点距离公式 $d = \sqrt{(x_2 - x_1)^2 + (y_2 - y_1)^2}$，操作步骤如下。

（1）将光标定位在文档中需要插入公式的位置，单击"插入"选项卡→"符号"组中的"公式"下拉按钮，在弹出的下拉列表中选择"插入新公式"命令，弹出公式编辑器。可以直接在公式编辑器中利用"公式工具/设计"选项卡→"符号""结构"组中的命令完成数学公式的输入，也可以使用一些快捷输入方法完成数学公式的输入。下面利用快捷输入方法输入两点距离公式。

（2）输入"d=\sqrt"，按一次空格键，公式编辑器中出现"$d = \sqrt{\ }$"。

（3）继续输入"(x_2-x_1)^2"。其中，"x_2"和"x_1"分别表示 x_2、x_1，"^2"表示平方。然后右击公式编辑器，在弹出的快捷菜单中选择"专业"命令，显示为 $d = \sqrt{(x_2 - x_1)^2}$。

（4）接着输入后面的公式"+(y_2-y_1)^2"，同样右击公式编辑器，在弹出的快捷菜单中选择"专业"命令，此时公式变为"$d = \sqrt{(x_2 - x_1)^2 + (y_2 - y_1)^2}$"。

（5）公式输入完成后，可以对公式进行字符和段落格式设置。

另外，还可利用墨迹公式实现手动输入公式笔画，由计算机自动识别公式，基本方法如下：单击"插入"选项卡→"符号"组中的"公式"下拉按钮，在弹出的下拉列表中选择"墨迹公式"命令，然后在打开的墨迹公式输入窗口[图 1-37（a）]中，用鼠标写出所需要的公式，观察 Word 自动识别的公式，有错可单击"擦除"按钮擦除，再单击"写入"按钮重新输入，结果如图 1-37（b）所示，单击"插入"按钮完成公式的输入。

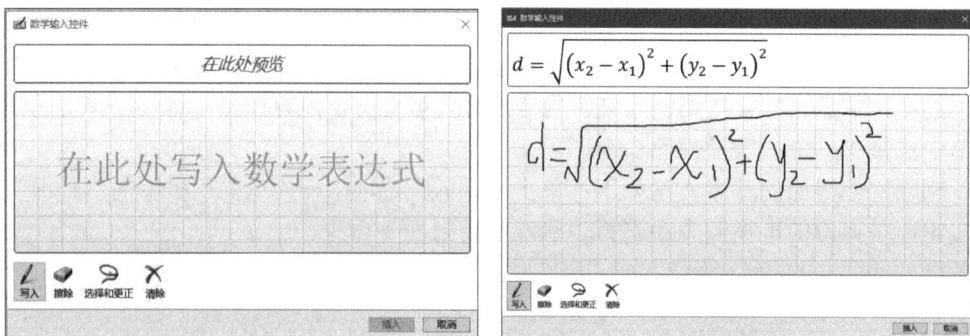

（a）墨迹公式输入窗口   （b）识别结果

图 1-37 墨迹公式

■ 本节实例 ■

【实例】 在素材"生成式人工智能简介.docx"中完成图形与图片相关操作，最终效果见素材"示例文件.docx"，具体要求如下。

（1）插入文档封面为内置样式"积分"，将封面的图片更换为"AI1.jpg"，将文档第一段文字"生成式人工智能简介"移入标题，并将其转换为艺术字，适当调整字体、字号、大小、位置。将下一段文字"近年来……深远的影响"（文档原第二段）移入封面的"摘要"控件框内。"作者"控件框内修改为自己的姓名，最后删除封面多余的控件。

（2）参照示例文件，按照加粗文字"能量模型公式"下的图片来插入公式，公式完成后删除该图片。

（3）参照示例文件，在能量模型公式后插入图片"AI2.jpg"，删除图片背景并将其裁剪为适当大小，调整图片位置和文字环绕方式。

（4）参照示例文件，对"什么是生成式人工智能"加粗文字及其后内容进行设置，在加粗文字"什么是生成式人工智能"（文档原第三段）前插入一个圆角矩形，文字环绕方式为"四周型"，形状填充为"深红色"，形状轮廓为"无轮廓"，大小设置为高 1厘米，宽 5.5 厘米，并将"什么是生成式人工智能"移动到该圆角矩形内，文字设置为"白色，背景 1""居中"（文档中其他四段的加粗文字均按此格式设置）。然后在第一个圆角矩形下方插入第二个圆角矩形，形状填充为"无填充"，线的粗细为"1.5 磅"，线型为"长划线-点"，选中下方的全部文字"生成式人工智能……公序良俗。"（文档原第四段），将其转换为文本框，格式设为无轮廓，并将该文本框移入第二个圆角矩形的上层，最后适当调整文本框和两个圆角矩形的大小和位置。

（5）参照示例文件，对"生成式人工智能的发展阶段"加粗文字及其后内容进行设置，插入布局为"图片重点流程"的 SmartArt 图形，将"阶段 1.png""阶段 2.gif""阶段 3.png"设置为 SmartArt 的显示图片，并对"生成式人工智能的发展阶段"下的三段文字进行整理，最后调整图形大小、更改颜色和样式（如更改为"彩色填充-个性色 2""强烈效果"）。

（6）参照示例文件，对"生成式人工智能的工作流程"加粗文字及其后内容进行设置，插入布局为"交替流"的 SmartArt 图形，文字从"1、模型训练……提高生成结果的质量。"中获取，最后调整图形大小，更改颜色和样式。

（7）参照示例文件，在文档末尾的表格后插入艺术字"生成式 AI，开启智能新时代！"，艺术字样式为"填充-白色，轮廓-着色 2，清晰阴影-着色 2"，文本效果为跟随路径的"上弯弧"，适当调整艺术字大小和位置。

（8）将文档末尾的表格内容保存至"表格"部件库，并命名为"AI 案例"。

操作步骤：

（1）在 Word 2016 中打开"生成式人工智能简介.docx"文档，插入封面并进行设置。

① 插入封面。将光标定位在文档开始处（即"生成式人工智能简介"前），单击"插入"选项卡→"页面"组中的"封面"下拉按钮，在弹出的下拉列表中选择内置样式"积分"，此时文档的第一页为新插入的封面页。

② 更换封面图片。选中封面页左侧的图片，单击"图片工具/格式"选项卡→"调

整"组中的"更改图片"按钮。如果弹出"插入图片"对话框，则单击"从文件"；如果弹出"很抱歉"提示，则单击"脱机工作"，再从本地电脑选中指定的图片"AI1.jpg"，单击"插入"按钮，此时封面的图片更换为"AI1.jpg"。选中该图片，在"图片工具/格式"选项卡→"大小"组中设置图片宽度为"9厘米"。

③ 设置封面标题。选中文档中的第一段文字"生成式人工智能简介"并右击，在弹出的快捷菜单中选择"剪切"命令，接着在封面"标题"控件框内右击，在弹出的快捷菜单中选择"粘贴选项"→"只保留文本"命令。然后继续选中封面标题文字"生成式人工智能简介"，单击"绘图工具/格式"选项卡→"艺术字样式"组中的"其他"按钮，在弹出的下拉列表中选择艺术字样式为"填充-白色，轮廓-着色2，清晰阴影-着色2"，设置艺术字字体为"黑体"，字号为"小初"。

④ 设置封面摘要。选中下一段文字"近年来……深远的影响。"并右击，在弹出的快捷菜单中选择"剪切"命令，接着在封面"摘要"控件框（注意在"摘要"文字下方）内右击，在弹出的快捷菜单中选择"粘贴选项"→"只保留文本"命令，将该段文字移入"摘要"控件框内。

⑤ 设置作者姓名。在封面的"作者"控件框内输入自己的姓名，字体、字号采用默认设置。

⑥ 删除封面多余的控件。在封面右侧的"课程"控件框内右击，在弹出的快捷菜单中选择"删除内容控件"命令，如图1-38所示。重复以上操作，删除封面左侧的"文档副标题"控件。

图1-38　删除封面"课程"控件框

（2）在"生成式人工智能简介.docx"第二页"能量模型公式"图片后插入公式，公式编辑完成后删除该图片。

① 插入公式。将光标定位在"能量模型公式"下的图片后，单击"插入"选项卡→"符号"组中的"公式"下拉按钮，在弹出的下拉列表中选择"插入新公式"命令，

此时在功能区上方出现"公式工具/设计"选项卡,同时在插入点所在位置处自动弹出公式编辑器,根据图片所示输入公式。

② 编辑公式。普通字符可以直接从键盘输入,特殊字符(如"θ")可以在"公式工具/设计"选项卡→"符号"组中选择,特殊结构的公式(如"上下标"结构,"分数"结构)可以在"公式工具/设计"选项卡→"结构"组中选择对应的数学公式结构来输入。例如,编辑公式"="右边的分数,首先单击"公式工具/设计"选项卡→"结构"组中的"分数"下拉按钮,在弹出的下拉列表中选择"分数(竖式)"命令,"="右边即出现上下结构的两个输入框,然后分别在上下输入框中输入对应的数据,如图 1-39 所示。

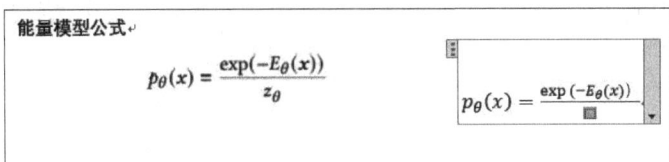

图 1-39　编辑"能量模型公式"

③ 删除图片。公式编辑完成后,选中前方的图片,按 Delete 键即可删除该图片。

(3)在能量模型公式后插入图片"AI2.jpg",并删除图片背景,裁剪图片,设置图片格式。

① 插入图片。将光标定位在文档第二页的公式后,单击"插入"选项卡→"插图"组中的"图片"按钮,在弹出的"插入图片"对话框中指定图片"AI2.jpg"所在的位置,选中"AI2.jpg",单击"插入"按钮。

② 删除图片背景。选中已经插入的图片,单击"图片工具/格式"选项卡→"调整"组中的"删除背景"按钮,显示"背景消除"选项卡。先调整选区大小,尽可能多地显示要保留的机器人图像,然后在"背景消除"选项卡中通过"标记要保留的区域"和"标记要删除的区域"等命令,调整保留和删除区域(图 1-40),确认无误后单击"保留更改"按钮完成背景删除。

图 1-40　标记需要保留或删除的背景区域

③ 裁剪图片。继续选中图片,选择"图片工具/格式"选项卡→"大小"组中的"裁剪"下拉按钮,在弹出的下拉列表中选择"裁剪"命令,图片四周出现裁剪控制点(显示为黑色线),移动控制点,使图片高度约为"7.5 厘米"、宽度约为"6.5 厘米",裁剪完成。

④ 设置图片位置。单击"图片工具/格式"选项卡→"排列"组中的"位置"下拉按钮,在弹出的下拉列表中选择"底端居右,四周型"命令,此时图片即自动放置到文档第二页的右下角。

(4)对"什么是生成式人工智能"加粗文字及其后内容进行设置,插入两个圆角矩形和一个文本框，将对应文字移入，并调整它们的位置和大小。

① 插入第一个圆角矩形。将光标定位在"什么是生成式人工智能"前，单击"插入"选项卡→"插图"组中的"形状"下拉按钮，在弹出的下拉列表中选择"基本形状"中的"圆角矩形"，此时鼠标指针变成十字形，按住鼠标左键拖动鼠标进行绘制并调整该圆角矩形到合适大小。

② 设置第一个圆角矩形格式。选中第一个圆角矩形，单击其外侧右上方出现的"布局选项"快捷按钮，在打开的浮动面板中选择"文字环绕"方式为"四周型"，此时该圆角矩形和周围的文字呈四周型环绕，如图 1-41 所示。单击"绘图工具/格式"选项卡→"形状样式"组中的"形状填充"下拉按钮，在弹出的下拉列表中选择标准色"深红"；接着单击"形状轮廓"下拉按钮，在弹出的下拉列表中选择"无轮廓"命令；然后在"绘图工具/格式"选项卡→"大小"组中设置"高度"为"1 厘米"、"宽度"为"5.5 厘米"。

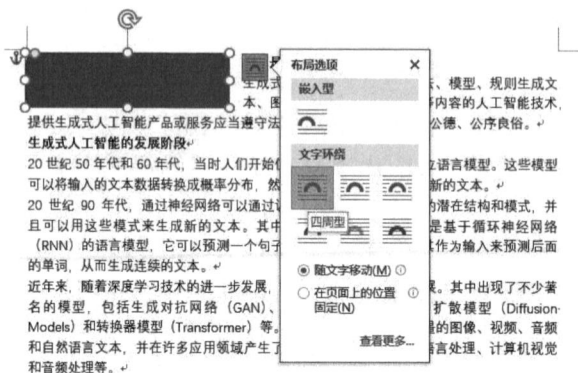

图 1-41 使用"布局选项"快捷按钮

③ 给第一个圆角矩形添加文字。选中第一个圆角矩形并右击，在弹出的快捷菜单中选择"添加文字"命令，此时圆角矩形正中会出现回车符。接着选中加粗文字"什么是生成式人工智能"（素材文档原第三段），拖动鼠标将文字全部移动到该圆角矩形内，并设置文字颜色为"白色，背景1"，对齐方式为"居中"。

④ 插入第二个圆角矩形并置于底层。在第一个圆角矩形下面再插入第二个更大的圆角矩形（宽度与文档段落同宽，高度至少容纳三行文字），选中该圆角矩形并右击，在弹出的快捷菜单中选择"置于底层"→"置于底层"命令。然后拖动该圆角矩形放置到第一个圆角矩形下方合适位置。

⑤ 设置第二个圆角矩形格式。选中第二个圆角矩形，设置"布局选项"浮动面板中的"文字环绕"方式为"四周型"，再次单击"绘图工具/格式"选项卡→"形状样式"组中的"形状填充"下拉按钮，在弹出的下拉列表中选择"无填充"；接着单击"形状轮廓"下拉按钮，在弹出的下拉列表中选择标准色"深红"，设置轮廓线粗细为"1.5磅"、线型为"长划线-点"。

⑥ 将文本框移入第二个圆角矩形。选中下方段落的全部文字"生成式人工智能……公序良俗"，单击"插入"选项卡→"文本"组中的"文本框"下拉按钮，在弹出的下拉列表中选择"绘制文本框"命令，将整段文字转换为横排文本框，单击"绘图工具/格式"选项卡→"形状样式"组的"形状轮廓"按钮，在弹出的下拉列表中选择"无轮

廓"。然后拖动文本框移入第二个圆角矩形中，适当调整该文本框和两个圆角矩形的大小和位置，完成后的效果如图 1-42 所示。

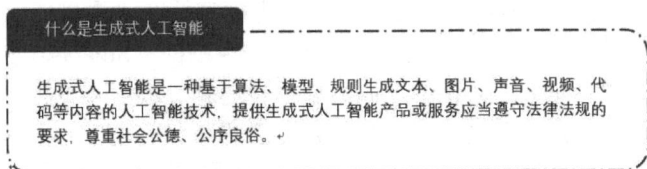

图 1-42 设置圆角矩形和文本框后的效果图

⑦ 重复以上操作，对"生成式人工智能简介.docx"文档中的其他四段加粗文字（"生成式人工智能的发展阶段""能量模型公式""生成式人工智能的工作流程""生成式人工智能应用案例"）均移入一个新的圆角矩形内并设置同样的格式。注意，可以根据需要在这些图形之间输入几个回车符，以留出足够的位置使整体排列整齐。

（5）对"生成式人工智能的发展阶段"加粗文字及其后内容进行设置，插入 SmartArt 图形，调整图形大小，更改颜色和样式。注意，"生成式人工智能的发展阶段"加粗文字已经完成了圆角矩形的设置，文字环绕方式为"四周型"。

① 插入 SmartArt 图形。将光标定位在"生成式人工智能的发展阶段"圆角矩形后，单击"插入"选项卡→"插图"组中的"SmartArt"按钮，弹出"选择 SmartArt 图形"对话框，在对话框左侧列表框中选择"流程"，然后在中间列表框中选择"图片重点流程"图形样式，单击"确定"按钮，在光标处将自动插入 SmartArt 图片重点流程。

② 在 SmartArt 图形中插入图片。单击 SmartArt 图形的第一个图片区域，弹出"插入图片"对话框，通过浏览选中"阶段 1.png"图片文件，单击"插入"按钮。重复以上操作，依次将"阶段 2.gif""阶段 3.png"图片插入第二个和第三个图片区域。

③ 在 SmartArt 图形中插入文本。对"20 世纪 50 年代和 60 年代……生成新的文本""20 世纪 90 年代……生成连续的文本""近年来……计算机视觉和音频处理等。"三段文字进行整理，分别插入 SmartArt 图形的三个文本框中，同时调整字号大小，如设置第一行文字大小为 9 磅，后两段文字大小为 7 磅。

④ 设置 SmartArt 图形。单击"SmartArt 工具/设计"选项卡→"SmartArt 样式"组中的"更改颜色"下拉按钮，在弹出的下拉列表中选择"彩色填充-个性色 2"，在"SmartArt 样式"组上方的样式库中选择"强烈效果"样式，完成后的效果图如图 1-43 所示。

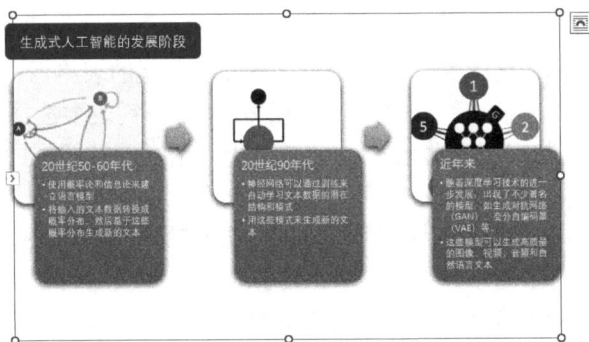

图 1-43 SmartArt 图片重点流程效果图

（6）对"生成式人工智能的工作流程"加粗文字及其后内容进行设置，插入 SmartArt 图形，调整图形大小，更改颜色和样式。

① 插入 SmartArt "交替流"图形样式。将光标定位在"生成式人工智能的工作流程"圆角矩形后，单击"插入"选项卡→"插图"组中的"SmartArt"按钮，弹出"选择 SmartArt 图形"对话框，在对话框左侧列表框中选择"流程"，然后在中间列表框中选择"交替流"图形样式，单击"确定"按钮，在光标处将自动插入 SmartArt 交替流，显示为 3 部分。

② 在 SmartArt 交替流中添加形状。选中 SmartArt 交替流的第一个文本矩形块（注意不是大的文本框），单击"SmartArt 工具/设计"选项卡→"创建图形"组中的"添加形状"下拉按钮，在弹出的下拉列表中选择"在后面添加形状"命令，此时 SmartArt 交替流会变为 4 部分；再次选择"在后面添加形状"命令，使得 SmartArt 交替流变为 5 部分。

③ 在 SmartArt 交替流中插入对应文本。对"1、模型训练……提高生成结果的质量。"这五段文字进行整理，分别插入 SmartArt 交替流的 5 个文本矩形块和文本框中，可单击"SmartArt 工具/设计"选项卡→"创建图形"组中的"文本窗格"按钮，在打开的文本窗格中输入文字，单击"创建图形"组中的"降级"和"升级"按钮可使文字升级和降级，同时根据需要调整字号。

④ 设置 SmartArt 交替流。单击"SmartArt 工具/设计"选项卡→"Smart-Art 样式"组中的"更改颜色"下拉按钮，在弹出的下拉列表中选择"彩色填充-个性色 2"，在"SmartArt 样式"组上方的样式库中选择"强烈效果"样式，完成后的效果如图 1-44 所示。

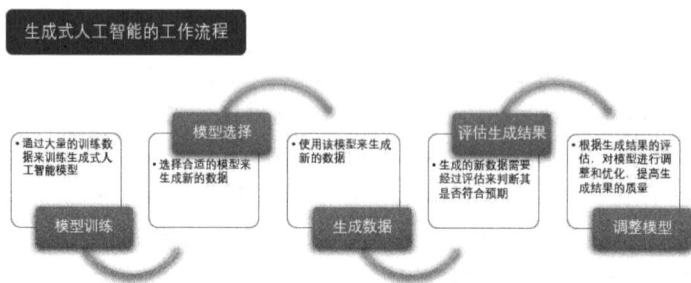

图 1-44　SmartArt 交替流效果图

（7）在文档末尾插入艺术字。将光标定位在文档末尾的表格后，单击"插入"选项卡→"文本"组中的"艺术字"下拉按钮，在弹出的下拉列表中选择艺术字样式"填充-白色，轮廓-着色 2，清晰阴影-着色 2"，接着弹出"请在此放置您的文字"字样的文本框，在该文本框中输入"生成式 AI，开启智能新时代！"。然后选中该艺术字，单击"绘图工具/格式"选项卡→"艺术字样式"组中的"文本效果"下拉按钮，在弹出的下拉列表中选择"转换"→"跟随路径"中的"上弯弧"效果，最后调整该艺术字的位置和大小，设置艺术字字体为"黑体"、字号为"小初"、"文字环绕"方式为"浮于文字上方"，完成后的效果如图 1-45 所示。

图 1-45　艺术字效果图

（8）将表格内容保存至部件库。选中文档末尾的整个表格，单击"插入"选项卡→"文本"组中的"文档部件"下拉按钮，在弹出的下拉列表中选择"将所选内容保存到文档部件库中"命令，弹出"新建构建基块"对话框。在该对话框中设置"名称"为"AI 案例"、"库"为"表格"，保存位置默认为"Building Blocks.dotx"，单击"确定"按钮。注意，最后保存和关闭该 Word 文档。

1.3　表格与图表应用

Word 图文混排时往往还需要使用表格和图表功能，Word 可以方便地制作表格和图表，提供了套用表格样式、文本转换成表格、调用 Excel 图表等多种功能。

1.3.1　创建表格

在 Word 2016 中，可以通过多种途径来创建表格，常用的方法有插入规则表格、文本转换成表格、绘制表格、插入快速表格等。

1. 插入规则表格

选择"插入表格"命令创建表格时，可以在表格插入文档之前选择表格尺寸和格式。插入规则表格的基本方法有以下两种。

（1）单击"插入"选项卡→"表格"组中的"表格"下拉按钮，在弹出的下拉列表中的"插入表格"区域拖动鼠标选择单元格数量，即可完成插入表格操作。注意，使用这种方式最多只能插入 10 列×8 行大小的表格。

（2）在弹出的下拉列表中选择"插入表格"命令，弹出"插入表格"对话框（图 1-46），在"表格尺寸"组中输入表格的列数和行数，然后在"'自动调整'操作"组中选择表格调整方式，如固定列宽，单击"确定"按钮即可按照设置生成表格。

2. 文本转换成表格

在 Word 2016 中，可以将满足特定格式的多行多列文本转换成表格，这些文本中各行之间需使用相同的换行符（如段落标记），各列之间用相同的分隔符分隔（如逗号、空格、制表符或其他符号）。文本转换成表格的基本方法如下：选中要转换为表格的文本（注意要精确选中，不要多选或少选），单击"插入"选项卡→"表格"组中的"表格"下拉按钮，在弹出的下拉列表中选择"文本转换成表格"命令，弹出"将文字转换成表格"对话框，如图 1-47 所示。在对话框中"文字分隔位置"组中选择文本中所用的列分隔符，或者选中"其他字符"单选按钮，然后在其右侧的文本框中输入所用的列分隔符，单击"确定"按钮，即可将所选文本转换成表格。默认情况下，Word 会自动识别所选文本的分隔符和行列数。

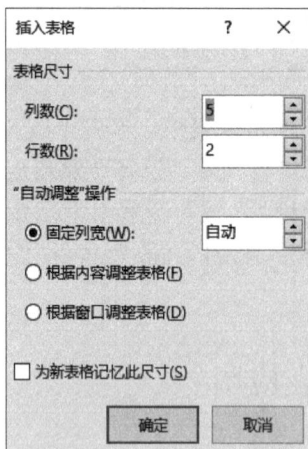

图 1-46 "插入表格"对话框   图 1-47 "将文字转换成表格"对话框

3. 绘制表格

通过手动绘制表格，可以创建不规则表格。在 Word 中绘制表格的基本方法如下。

（1）将鼠标光标定位在文档中要插入表格的位置，单击"插入"选项卡→"表格"组中的"表格"下拉按钮，在弹出的下拉列表中选择"绘制表格"命令。

（2）此时，鼠标指针变为笔状，先按住鼠标左键拖动鼠标绘制表格的外边框，然后再绘制行线、列线及斜线。

（3）在绘制过程中，如果光标在表格内，则功能区上方将出现"表格工具/设计"选项卡和"表格工具/布局"选项卡，可以在"表格工具/设计"选项卡→"边框"组中的"笔样式"下拉列表中选择合适的线型，在"笔画粗细"下拉列表中选择合适的线条宽度，在"笔颜色"下拉列表中更改绘制边框的颜色。

（4）绘制表格过程中，单击"表格工具/布局"选项卡→"绘图"组中的"橡皮擦"按钮，鼠标指针将变为橡皮擦状，此时在不需要的表格线上单击可以将其擦除，再次单击"橡皮擦"按钮，取消其选中状态。

（5）单击"表格工具/布局"选项卡→"绘图"组中的"绘制表格"按钮取消表格的选中状态，结束表格的绘制。

注意，不规则表格还可以通过规则表格合并或拆分单元格得到，合并或拆分单元格的方法在 1.3.2 小节中介绍。

4. 插入快速表格

快速表格是存储在库中作为构建基块的表格，可以随时访问和重复使用。插入快速表格的基本方法如下：将光标定位在文档中需要插入表格的位置，单击"插入"选项卡→"表格"组中的"表格"下拉按钮,在弹出的下拉列表中选择"快速表格"命令,弹出系统内置的快速表格库,根据需要选择一个合适的表格样例即可,如图 1-48 所示。

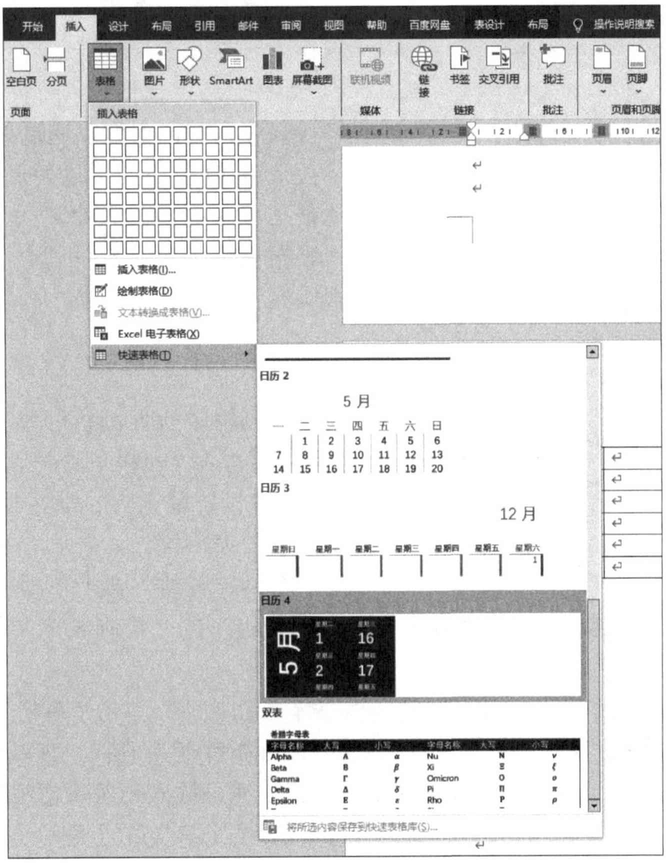

图 1-48　"快速表格"库

1.3.2　编辑表格

在文档中插入表格之后,当光标位于表格中任意位置时或选中整个表格时,将在功能区上方自动出现"表格工具/表设计"和"表格工具/布局"两个选项卡,可以利用这两个选项卡对表格进行编辑。利用"表格工具/表设计"选项卡可以对表格样式、边框和底纹等进行设置;利用"表格工具/布局"选项卡可以绘制表格、改变表格行列数、合并或拆分单元格、设置单元格对齐方式和数据处理等。另外,还可利用右键快捷菜单对表格进行编辑,基本方法如下:选中整张表格或者表格中的行、列或者单元格并右击,然后在弹出的快捷菜单中选择相应的命令。

例如,调出"表格属性"对话框有多种方法:单击"表格工具/布局"选项卡→"表"组中的"属性"按钮,或者单击"表格工具/布局"选项卡→"单元格大小"组右下方的对话框启动器按钮,或者右击选中的表格区域,在弹出的快捷菜单中选择"表格属性"命令,都可以弹出"表格属性"对话框,如图 1-49 所示。在该对话框中可以对表格、行、列和单元格等对象进行各种设置。

图1-49 "表格属性"对话框

1. 调整行高和列宽

调整表格行高和列宽的基本方法如下：可以在"表格工具/布局"选项卡→"单元格大小"组中，通过直接输入行高和列宽来调整表格行高和列宽，也可以通过单击"自动调整"下拉按钮，在弹出的下拉列表中选择相应的命令自动调整表格的大小。另外，还可以通过"表格属性"对话框的"行""列"选项卡来调整表格行高和列宽。

2. 合并或拆分单元格

在表格中合并或拆分单元格的基本方法如下：可以在"表格工具/布局"选项卡→"合并"组中设置单元格的合并或拆分；也可以右击选中的表格区域，在弹出的快捷菜单中选择"合并单元格"或"拆分单元格"命令；还可以通过"表格工具/布局"选项卡→"绘图"组中的"绘制表格"和"橡皮擦"命令来实现。

使用"绘制表格"和"橡皮擦"命令的基本方法如下：单击"表格工具/布局"选项卡→"绘图"组中的"绘制表格"按钮，此时鼠标指针变为笔状，在单元格内按住鼠标左键并拖动，此时将出现一条虚线，释放鼠标左键即可插入一条表格线实现单元格的拆分，并且可以预先设置笔的粗细及颜色。单击"表格工具/布局"选项卡→"绘图"组中的"橡皮擦"按钮，此时鼠标指针变成橡皮擦状，在要擦除的边框线上单击即可将其删除，实现两个相邻单元格的合并。

3. 设置标题行跨页重复

当一张表格跨越两页或更多页时，如果希望表格的标题行可以自动地出现在每个页面的表格上方，可以设置标题行跨页重复，基本方法如下：首先在表格中选中需要重复出现的标题行，然后单击"表格工具/布局"选项卡→"数据"组中的"重复标题行"按钮。

4. 设置边框和底纹

在表格中设置边框和底纹，首先要打开"边框和底纹"对话框：单击"表格工具/表设计"选项卡→"边框"组右下方的对话框启动器按钮；或者单击"表格工具/表设计"选项卡→"边框"组中的"边框"下拉按钮，在弹出的下拉列表中选择"边框和底纹"命令；或者在"表格属性"对话框的"表格"选项卡中单击下方的"边框和底纹"按钮，都可打开"边框和底纹"对话框，如图1-50所示。

在"边框和底纹"对话框中，可以设置表格的边框和底纹，基本方法如下：选中要设置边框的行、列或单元格，或整张表格，在"边框和底纹"对话框的"边框"选项卡中的"设置"选项区域选择"自定义"选项，然后依次设置边框的样式、颜色和宽度，在"预览"区域单击下方图示中的按钮或单击对应边框按钮即可应用边框，"预览"区域显示边框所见即所得的效果。重复上述操作多次，即可对表格中的多个行或列设置自定义的边框和底纹。

另外，还可以快速应用表格样式给表格添加边框和底纹，基本方法如下：选中表格，

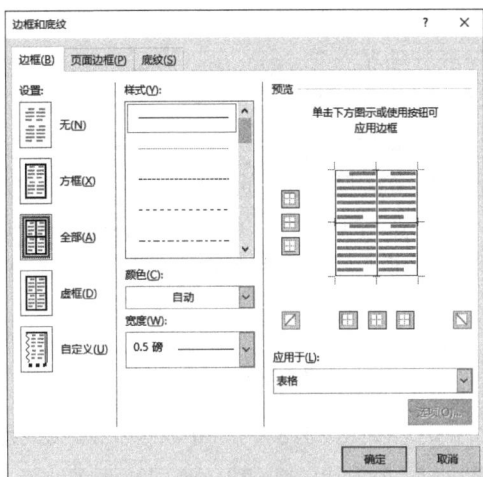

图 1-50 "边框和底纹"对话框

然后在"表格工具/表设计"选项卡→"表格样式"组中的表格样式库中选择一个内置表格样式。

5. 设置表格和单元格对齐方式

设置表格对齐方式的基本方法如下：首先选中表格并右击，在弹出的快捷菜单中选择"表格属性"命令，在弹出的"表格属性"对话框的"表格"选项卡中选择一种对齐方式即可，如"居中"。

设置单元格的对齐方式的基本方法如下：选中要设置的表格区域，然后在"表格工具/表设计"选项卡→"对齐方式"组中直接选择相应的单元格对齐方式。

1.3.3 表格的数据处理

Word 2016 除了创建表格和编辑表格之外，还提供了常见的数据处理功能，用以实现表格的排序和计算等。

图 1-51 "排序"对话框

1. 表格排序

在 Word 2016 中，可以对表格内容按照数字、拼音、笔画或日期等方式进行排序，还可以根据表格多列的值（即多关键字，最多三个关键字）进行复杂排序，排序的顺序可以是升序，也可以是降序。表格排序的基本方法如下。

（1）选择要排序的表格或将光标定位在表格的任意单元格内，单击"表格工具/布局"选项卡→"数据"组中的"排序"按钮，弹出"排序"对话框，如图 1-51 所示。

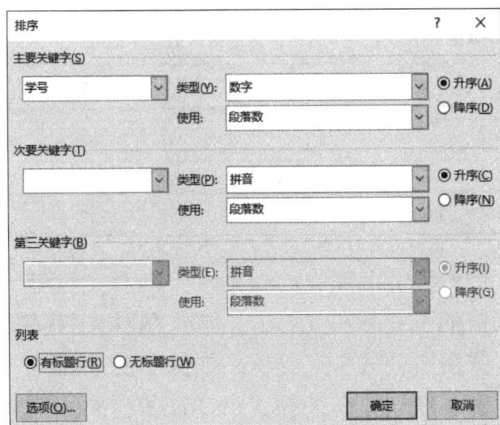

（2）在"排序"对话框中，在"主要关键字"下拉列表中选择用于排序的字段（即标题行的某个列名），在"类型"下拉列表中选择用于排序的值的类型（即数字、拼音、笔画或日期等），然后选择"升序"或"降序"（默认为"升序"）。

（3）如果需要多关键字排序，可以接着在"次要关键字""第三关键字"等下拉列表中重复步骤（2）的操作，单击"确定"按钮即可完成排序。

注意，要进行排序的表格必须是规则表格，如果表格内有合并或拆分后的单元格，将无法进行排序。同时在"排序"对话框中，一般应在左下角"列表"下选中"有标题行"单选按钮，表示排序时标题行不参与排序，保持在表格第一行。

2. 表格计算

在 Word 2016 中，可以使用公式或函数对表格中的数据进行一些简单的计算，如加（+）、减（-）、乘（*）、除（/），及求和（SUM）、平均值（AVERAGE）、最大值（MAX）、最小值（MIN）、条件求值（IF）等。

Word 中表格计算的基本方法如下：单击要存放计算结果的单元格，单击"表格工具/布局"选项卡→"数据"组中的"公式"按钮，在弹出的"公式"对话框的"公式"文本框中输入公式。公式以英文"="开始，计算时会用到某个单元格或单元格区域的数据，在公式中用单元格名称（或单元格地址、单元格引用）来表示，表示方法和 Excel相同，即采用列名行号的形式对单元格进行引用，从左到右列号用英文字母 A、B、C……表示，从上到下行号用数字 1、2、3……表示。例如，A1 表示 Word 表格中第 1 列第 1行的单元格，其他单元格引用以此类推。和 Excel 中一样，也可以使用逗号来引用不连续的多个单元格，使用冒号来引用连续的单元格。例如，（B1,C2）表示 B1 和 C2 两个单元格，B1 和 C2 之间用英文逗号分隔；（A1:C2）表示以单元格 A1 和单元格 C2 为对角的矩形区域，包含 A1、A2、B1、B2、C1、C2 共 6 个连续的单元格，A1 和 C2 之间用英文冒号分隔。

表格计算使用公式和函数，公式中的参数用单元格名称表示，但在进行计算时则提取单元格名称所对应的单元格中的实际数据。例如，表 1-1 为"学生成绩表"，计算每位学生三门课的总成绩，操作步骤如下。

表 1-1　学生成绩表

学号	姓名	计算机基础	大学英语	高等数学	总成绩
22950004	王丽	92	75	75	
22950005	李平	78	65	80	
22950006	张楠	89	80	75	
22950007	宋希	75	93	85	

（1）单击 F2 单元格（即"总成绩"单元格的下一行单元格），单击"表格工具/布局"选项卡→"数据"组中的"公式"按钮，弹出"公式"对话框，如图 1-52 所示。

（2）在"公式"对话框中，"公式"文本框中默认显示的公式"=SUM(LEFT)"表示对当前单元格左侧所有单元格中的数据求和。注意，根据当前单元格所处位置，公式括号中的参数还可选右侧（RIGHT）、上面（ABOVE）或下面（BELOW），或输入单元格或单元格区域的引用（如此处可将 LEFT 改为 C2:E2）。

（3）根据需要在"编号格式"下拉列表中选择数字格式；在"粘贴函数"下拉列表框中选择所需的函数。例如，计算平均成绩，结果保留两位小数，则可在"编号格式"下拉列表中选择"0.00"，然后在公式中的"="后单击，在"粘贴函数"下拉列表中选择"AVERAGE"函数，重新编辑"公式"文本框中的内

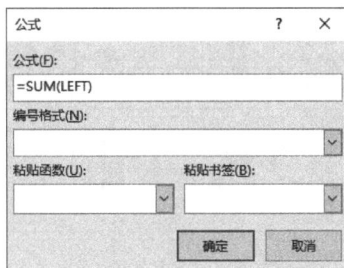

图 1-52　"公式"对话框

容，如改为"=AVERAGE(LEFT)"，直接单击"确定"按钮，当前单元格中将显示计算结果。

（4）重复以上操作，依次计算表格中其他单元格的总成绩。注意，表格计算公式可以有多种方法。例如，对于"学生成绩表"的 F2 单元格，计算"总成绩"还可输入公式"=C2+D2+E2"、"=SUM(C2,D2,E2)"或"=SUM(C2:E2)"，这些均为正确的公式，结果相同。

注意，表格中的计算结果是作为域插入表格中的，默认显示域结果。当公式输入完后，如果表格中的数据发生了变化，可以选中相应的结果单元格，此时其显示为灰色底纹，按 F9 键更新域（或者右击结果单元格，在弹出的快捷菜单中选择"更新域"命令）即可更新计算结果。

1.3.4　插入图表

在 Word 2016 中可以插入多种类型的数据图表，包含柱形图（7 种）、折线图（7 种）、饼图（5 种）、条形图（6 种）、面积图（6 种）、X Y 散点图（7 种）、股价图（4 种）、曲面图（4 种）、雷达图（3 种）、树状图（1 种）、旭日图（1 种）、直方图（2 种）、箱型图（1 种）、瀑布图（1 种）和组合（4 种），共计 15 类 59 种图表。插入图表的基本方法如下。

（1）将光标定位在要插入图表的行的段落标记处（即必须位于换行符的前面，注意，如果无空行，可先按 Enter 键产生空行），单击"插入"选项卡→"插图"组中的"图表"按钮，弹出"插入图表"对话框。

（2）在"插入图表"对话框中，选择所需要的图表类型（如"簇状柱形图"），单击"确定"按钮，在插入点处将自动显示一个指定类型的图表示例，同时自动打开一个 Excel 表格窗口（图表数据窗口），该窗口显示的是系统提供的初始数据，如图 1-53 所示。

（3）编辑图表数据。可以直接在蓝色框线内输入数据（即图表示例的数据源），也可以将复制的表格数据粘贴到以 A1 单元格开始的区域，根据需要拖动蓝色区域右下角调整数据区域范围，使其只包含生成图表所需的数据。在编辑数据的过程中，对应图表示例会同步发生变化，达到即改即显示的效果。还可以通过该窗口快捷工具栏中的"在 Microsoft Excel 中编辑数据"命令，或者单击"图表工具/表设计"选项卡→"数据"组中的"编辑数据"下拉按钮，在弹出的下拉列表中选择"在 Excel 中编辑数据"命令，打开 Excel 软件进行图表的数据编辑处理。

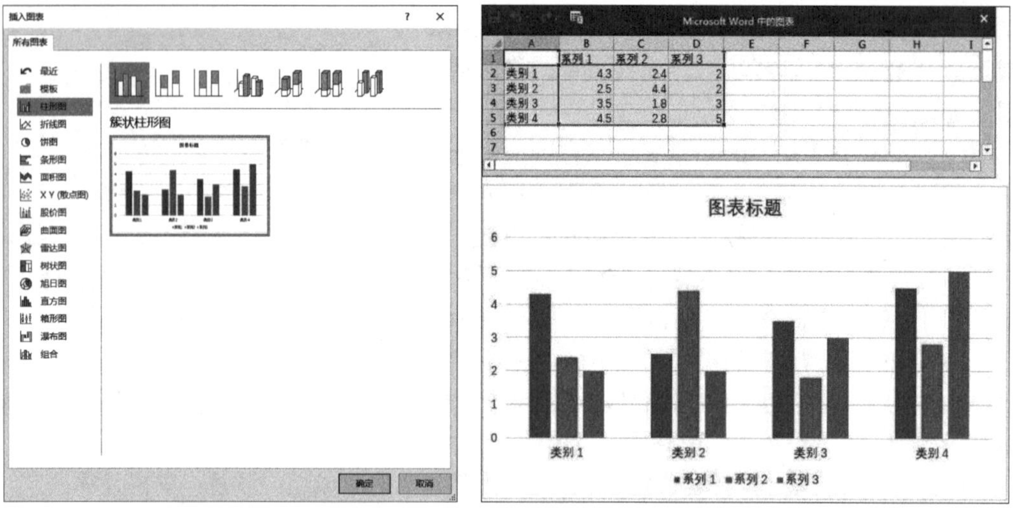

（a）"插入图表"对话框 （b）Excel 表格窗口

图 1-53 插入图表后显示的图表数据和图表示例

（4）编辑图表格式。在 Word 2016 中选中图表，则该图表外侧右上方会出现"图表元素""图表样式""图表筛选器"3 个快捷按钮，单击这些按钮会打开对应的浮动面板，可以快速地设置图表显示元素、样式、颜色等；还可以使用"图表工具/表设计"选项卡和"图表工具/格式"选项卡来方便快捷地进行图表布局、样式调整、类型更改、排列调整和大小更改等操作。

■ 本节实例

【实例】在素材"学生总评成绩表.docx"文档中将文字转换成表格，对表格进行数据计算和格式设置，然后根据表格中的数据插入组合图，具体要求如下。

（1）打开"学生总评成绩表.docx"文档，将文档中第 2～15 行文本转换成 14 行 5 列的表格，设置行高为"0.5 厘米"、列宽为"3 厘米"。

（2）计算表格每一行中的总评成绩：总评成绩=平时*30%+期末*70%，保留 0 位小数。

（3）设置表标题和表格格式：设置"学生总评成绩表"的标题居中，调整字体字号，设置表格居中、单元格对齐方式为"水平居中"（即文字在单元格内水平和垂直方向都居中），整个表格套用表格样式"清单表 3-着色 2"。

（4）插入图表：根据表格中除学号列外的数据在表格下方插入一个簇状柱形图，图表标题为"学生总评成绩图"，然后更改图表类型为"组合"，其中，"总评成绩"系列更改为折线图，折线图系列绘制在"次坐标轴"。

（5）设置图表格式：图表宽度为 15 厘米（与表格宽度相同），图表颜色为"颜色 6"。

操作步骤：

（1）打开"学生总评成绩表.docx"文档，将文本转换成表格并设置行高和列宽。

① 选中"学生总评成绩表.docx"文档中第 2 行至第 15 行的文本（注意不要多选或少选行），单击"插入"选项卡→"表格"组中的"表格"下拉按钮，在弹出的下拉列表中选择"文本转换成表格"命令，弹出"将文字转换成表格"对话框。如果一开始选

中文本正确，那么对话框中的"表格尺寸"会默认为 5 列和 14 行，"文字分隔位置"会默认为"制表符"，单击"确定"按钮即可完成表格转换。

② 单击表格左上角的移动手柄 田 全选整个表格，然后在"表格工具/布局"选项卡→"单元格大小"组中设置行高为"0.5 厘米"，列宽为"3 厘米"。

（2）计算"学生总评成绩表.docx"文档中所有的总评成绩。

① 计算第一个总评成绩。首先将光标定位在表格 E2 单元格（即表格的第 2 行第 5 列的单元格，"申五"的"总评成绩"处），单击"表格工具/布局"选项卡→"数据"组中的"公式"按钮，弹出"公式"对话框。在该对话框的"公式"文本框输入"=c2*0.3+d2*0.7"（也可以输入"=c2*30%+d2*70%"），在"编号格式"下拉列表中选择"0"（表示保留整数位），如图 1-54 所示，单击"确定"按钮。

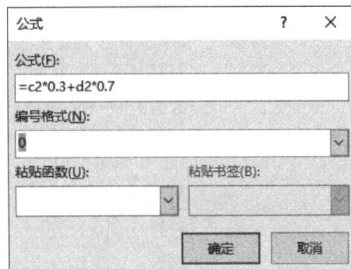

② 重复以上操作，依次计算表格中其他的总评成绩。注意，公式中的单元格地址需要根据所对应单元格的行列位置进行变化，例如，表格第 3 行第 5 列单元格（即"周六"的总评成绩）中的公式为"=c3*0.3+d3*0.7"，以此类推。Word 表格的单元格地址引用方式与 Excel 一致。

图 1-54　使用公式计算"总评成绩"

（3）在"学生总评成绩表.docx"文档中，设置表格标题居中对齐，调整字体字号，设置表格居中对齐，单元格对齐方式为"水平居中"，整个表格套用表格样式"清单表-着色 2"。

① 设置表格标题对齐方式。选中第一行文字"学生总评成绩表"（即表格标题），单击"开始"选项卡→"段落"组中的"居中"按钮，设置标题居中对齐。接着在"开始"选项卡→"字体"组中，设置标题字体为"黑体"、字号为"二号"。

② 设置表格和单元格对齐方式。单击表格左上角的移动手柄 田 全选整个表格，接着单击"开始"选项卡→"段落"组中的"居中"按钮，设置表格居中对齐；仍然全选整个表格，单击"表格工具/布局"选项卡→"对齐方式"组中的"水平居中"按钮，设置单元格对齐方式为"水平居中"。

③ 设置表格样式。选中表格，单击"表格工具/表设计"选项卡→"表格样式"组中的"其他"按钮 ，打开内置样式库，选择"清单表 3-着色 2"样式，此时整个表格的边框底纹和单元格字体等均按照该样式进行了自动设置。

（4）在"学生总评成绩表.docx"文档中的表格下方插入一个簇状柱形图，并设置图表标题、图表类型和坐标轴等。

① 插入图表。首先将光标定位在表格下方的换行符处（注意不是表格内部，也不要选中表格），然后单击"插入"选项卡→"插图"组中的"图表"按钮，弹出"插入图表"对话框。在该对话框中，选择"簇状柱形图"，单击"确定"按钮。此时，在光标处将自动生成一个簇状柱形图表。注意，该图表为一个来自 Excel 表格数据的示例图表，在 Excel 表格窗口中自动显示由系统提供的初始数据。

② 编辑图表。将 Word 表格中的数据复制到 Excel 表格中，首先按住鼠标左键并拖动鼠标选中 Word 表格"学生总评成绩表"中第 2 列至第 5 列的数据（即"姓名""平时

(30%)""期末(70%)""总评成绩"4 列），右击，在弹出的快捷菜单中选择"复制"命令，然后转到 Excel 表格选中 A1 单元格并再次右击，在弹出的快捷菜单中选择"粘贴选项"中的"保留源格式"命令。此时，Excel 表格中的数据复制粘贴为"学生总评成绩表"的 4 列数据，同时 Word 中的图表也随之变化，最后将光标移到图表标题处，修改图表标题为"学生总评成绩图"，完成后的效果如图 1-55 所示。

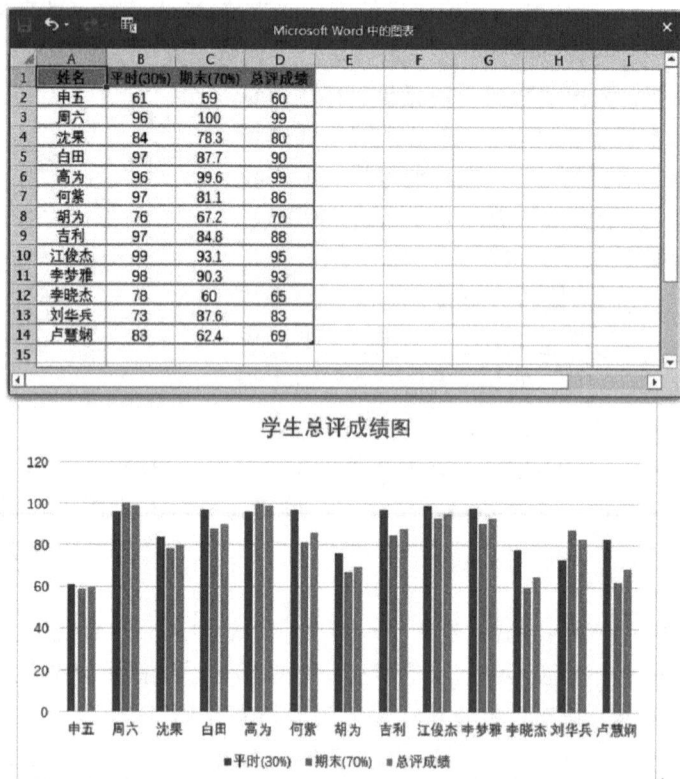

图 1-55　修改"学生总评成绩图"标题后的效果图

③ 更改图表类型。选中"学生总评成绩图"图表，单击"图表工具/表设计"选项卡→"类型"组中的"更改图表类型"按钮，弹出"更改图表类型"对话框。在该对话框中，在"所有图表"列表框中选择"组合"，在右侧列表框中修改"总评成绩"为"折线图"，并在其后选中"次坐标轴"对应的复选框，此时该对话框中部的"自定义组合"下方即显示修改后的图表预览效果，如图 1-56 所示。单击"确定"按钮，图表类型更改完成，"学生总评成绩图"图表即根据设置同步发生变化。

（5）在"学生总评成绩表.docx"中设置"学生总评成绩图"的图表宽度和图表颜色。

① 设置图表宽度。选中"学生总评成绩图"，在"图表工具/格式"选项卡→"大小"组中设置宽度为"15 厘米"，即设置图表与表格同宽。

② 修改图表样式。选中"学生总评成绩图"，在该图表右外侧上方会出现"布局选项""图表元素""图表样式""图表筛选器"等快捷按钮，单击"图表样式"快捷按钮，在打开的浮动面板中选择"颜色"选项卡中的"颜色 6"。注意，最后保存和关闭该 Word 文档。

图 1-56　修改"学生总评成绩图"的图表类型为"组合"

第 2 章　长文档排版

本章主要介绍 Word 长文档排版的方法和技巧，包括使用样式、脚注尾注、题注与交叉引用、项目符号和编号、文档分隔符、页眉与页脚、目录与索引等内容。

2.1　样　　式

Word 长文档排版时使用样式，可以快速、统一地实现文档中某一部分外观的更改。样式是一组字符格式（包括字体、字号、颜色等）和段落格式（包括对齐方式、行距、缩进等）的集合，使用样式可以提高长文档编辑效率和文档规范程度。

在 Word 中，样式可以分为两类：内置样式和用户自定义样式。内置样式是 Word 自带的样式，包括标题、正文、图表、目录等，安装 Word 后打开即可使用。如果内置样式不能满足文档需求，用户可以创建自定义样式。用户自定义样式则是用户根据自己的实际需要新建的样式，包括自定义的标题、正文等字体格式，以及自定义的行距、缩进等段落格式。注意，在 Word 中只能删除用户自定义样式，不能删除内置样式，所谓的删除只是这些内置样式没有显示在文档的快速样式库中。

2.1.1　使用内置样式

内置样式是 Word 自带的样式，新建文档时即存在于快速样式库中，如"标题 1"样式（用于一级标题，字体字号最大）。注意，可以使用快捷键来快速应用样式。例如，在 Word 2016 中，按 Ctrl+Alt+1 组合键可以应用"标题 1"样式，按 Ctrl+Alt+2 组合键可以应用"标题 2"样式。

1. 快速样式库

在 Word 中，快速样式库是一个方便用户快速应用样式的工具。它允许用户从预设的系统样式库中选择并应用样式，而无须手动创建或修改样式。使用快速样式库中样式的基本方法如下：选中需要应用样式的文本或段落，单击"开始"选项卡→"样式"组中的"其他"按钮，打开快速样式库，如图 2-1 所示。在快速样式库中选择需要的样式即可将其应用于所选的文本或段落。

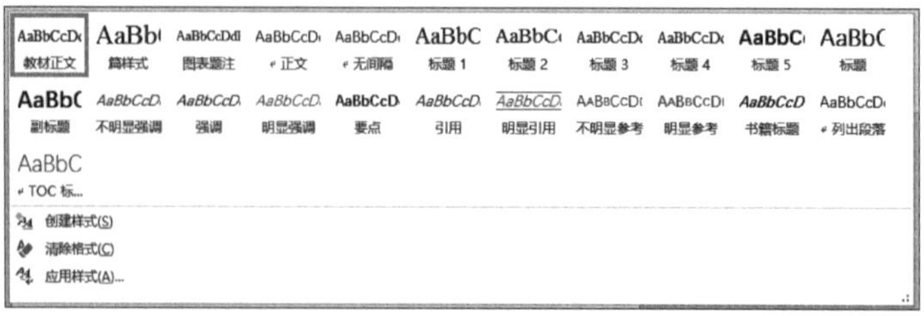

图 2-1　快速样式库

快速样式库中通常会提供一些常用的样式，如标题、正文、引用、强调、列表等。如果快速样式库中没有需要的样式，用户可以手动创建或修改样式。注意，如果需要对多个文本应用某一个样式，可以选中多个文本或段落，然后选择需要的样式进行应用；如果需要修改默认样式，可以右击某一样式的名称，在弹出的快捷菜单中选择"修改"命令，然后根据需要进行修改。

2. "样式"窗格

在 Word 中，"样式"窗格是一个用于管理、应用、修改、重命名和删除样式的工具，利用该窗格可以轻松地查看和选择所需的样式，并对其进行各种操作。使用"样式"窗格的基本方法如下：单击"开始"选项卡→"样式"组右下方的对话框启动器按钮 ⏏，即可打开"样式"窗格，如图 2-2 所示。另外，按 Alt+Ctrl+Shift+S 组合键也可打开"样式"窗格。

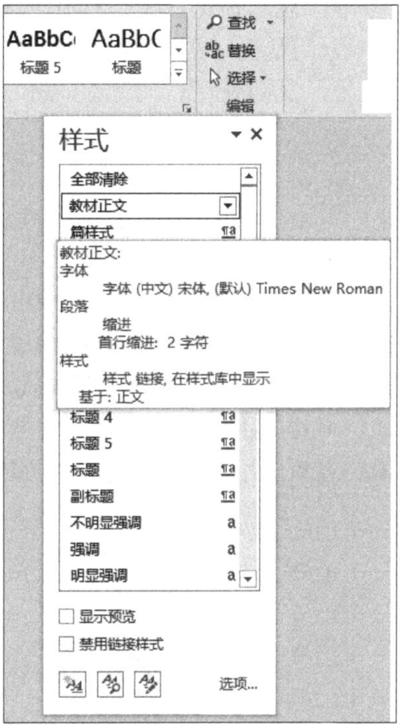

注意，在打开的"样式"窗格中，可以看到

图 2-2　"样式"窗格

Word 内置的样式和新创建的所有样式。此时，当鼠标指向某一样式时，会显示对应样式的详细信息，包括样式名称和样式包含的所有格式等。右击某一样式，在弹出的快捷菜单中选择相应命令，可以将该样式"添加到样式库"，或者"从样式库中删除"。

在 Word 中，通过"样式"窗格可以完成各种样式的相关操作，具体说明如下。

- 新建样式：如果内置的样式不能满足用户的需求，可以在"样式"窗格中创建新的样式。单击窗格下方的"新建样式"按钮 ⏏，可以创建一个新的样式，然后设置该样式的格式和属性，如字体、字号、颜色、对齐方式等。

- 样式检查器：用于查看文档中特定样式的属性，它可以检查光标所在位置的文本样式，右侧"橡皮擦"工具可以清除当前样式的特定格式。单击"样式"窗格下方的"样式检查器"按钮 ⏏，可以打开"样式检查器"窗格，查看或者清除文档中已有样式的格式和属性。

- 管理样式：在"样式"窗格中，可以对样式进行各种操作，如应用、修改、重命名和删除样式。用户可以单击每个样式右侧的下拉按钮，在弹出的下拉列表中选择相应的操作。还可以单击窗格下方的"管理样式"按钮 ⏏，在弹出的"管理样式"对话框中可以对样式进行更高级的管理，如导入或导出样式、设置样式的默认值等。

- 修改样式：如果要修改文档中某一样式的格式，可以在"样式"窗格中单击要修改的样式右侧的下拉按钮，在弹出的下拉列表中选择"修改"命令，弹出"修改样式"对话框，在此可调整该样式的格式。修改完成后，该样式将自动更新文档中所有应用此样式的内容的格式。

- 显示预览：在"样式"窗格中，选中"显示预览"复选框可以显示所有样式的预览。这样可以帮助用户更快地找到所需的样式，更好地了解应用该样式后的文档外观。

3. 样式集

Word 提供了样式集这一高级功能，用于快速排版文档。样式集是一种包含多个样式的集合，其中包含了标题、正文、表格、图表等各种样式的格式设置。通过使用样式集，用户可以快速地将整个文档的样式格式化，而无须手动设置每个段落和表格的格式。在 Word 中，使用样式集的基本方法如下：单击"设计"选项卡→"文档格式"组中的"其他"按钮，打开内置样式集，如图 2-3 所示。在内置样式集中选择需要的样式集，即可将其应用于当前的整篇文档中。注意，如果后续又对文档中格式进行了修改，那么需要重新应用样式集才能看到修改后的最新效果。

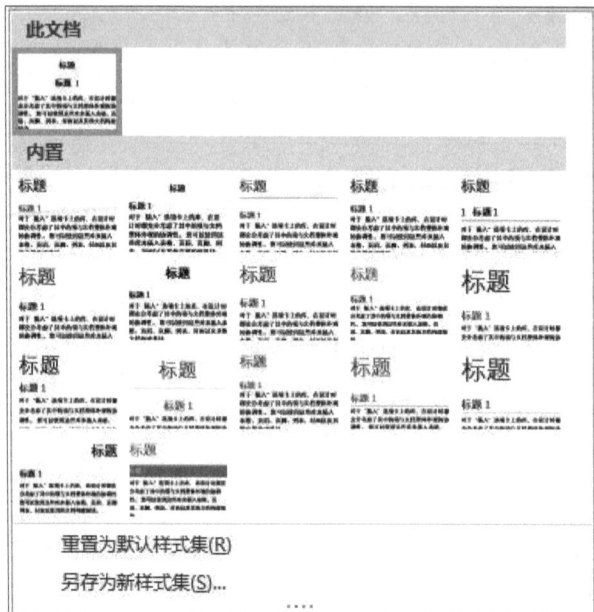

图 2-3　内置样式集

2.1.2　创建样式

如果 Word 的内置样式无法满足需求，也可以创建用户自定义样式。在实际应用中，在创建新样式时应该考虑样式的实用性和可重复性。例如，如果定义的样式只适用于某个特定的段落或文本，那么该样式的实用性就比较有限，可以不创建。

1. 在快速样式库中创建新样式

在 Word 中可以利用快速样式库创建新样式，基本方法如下：选中文档中的文本或段落（已经设置好格式），单击"开始"选项卡→"样式"组中的"其他"按钮，在弹出的下拉列表中选择"创建样式"命令，弹出第一个"根据格式设置创建新样式"对话框，如图 2-4（a）所示，此时可以将选中的文本或段落的格式直接创建为样式，单击"确定"按钮。如果需要在此样式的基础上进一步设置，可以单击"修改"按钮，此时弹出第二个更加详细的"根据格式设置创建新样式"对话框，如图 2-4（b）所示。在该对话框中，输入新样式的名称，并设置字体、字号、颜色、对齐方式等，完成后单击"确定"按钮，创建的新样式即显示在快速样式库中。如果需要进一步设置更详细的字体、段落边框等格式，可以利用该对话框中左下方的"格式"按钮实现。完成修改后，在该对话框中央会看到样式修改后的详细信息。确认完成修改后，单击"确定"按钮，新样式即自动添加到当前文档的快速样式库中。

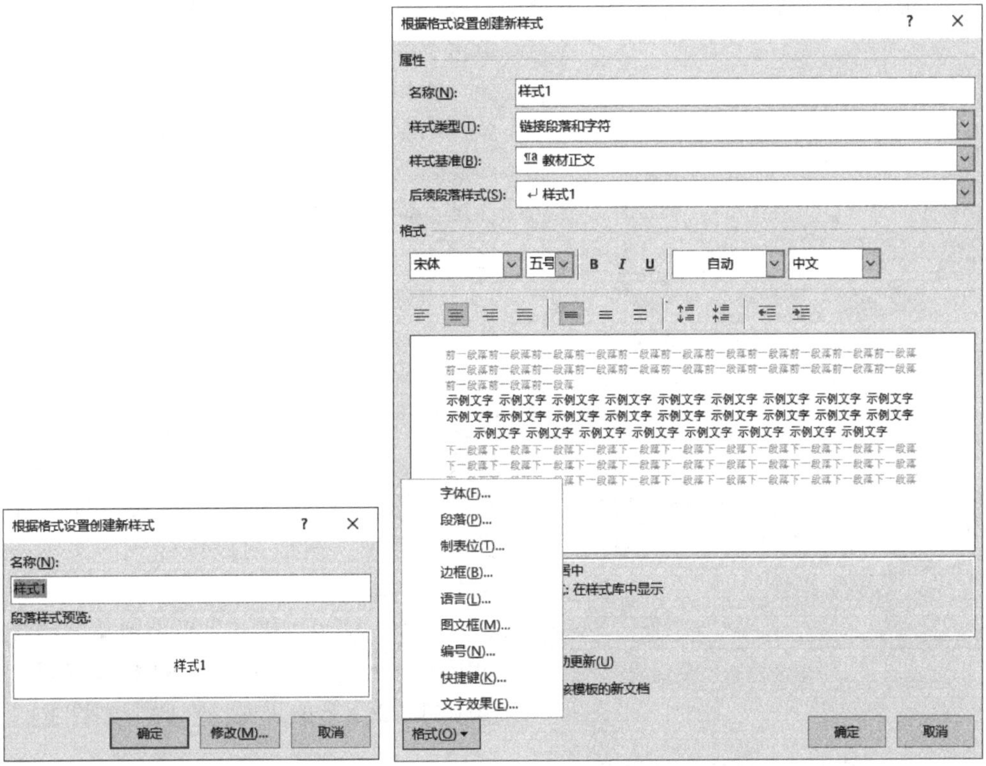

（a）根据格式设置创建新样式（一）　　　　（b）根据格式设置创建新样式（二）

图 2-4　"根据格式设置创建新样式"对话框

2. 在"样式"窗格中创建新样式

在 Word 中也可以在"样式"窗格中创建新样式，基本方法如下：单击"开始"选项卡→"样式"组右下角的对话框启动器按钮，打开"样式"窗格，单击该窗格下方的"新建样式"按钮，在弹出的"根据格式设置创建样式"对话框中设置样式的名称、格式和属性，如字体、字号、颜色、对齐方式等，单击"确定"按钮，即可完成新样式的创建。如果需要进一步设置更详细的字体、段落边框等格式，同样可以用左下方的"格式"按钮实现。确认完成修改后，单击"确定"按钮，完成新样式设置，创建的新样式将显示在快速样式库中。后续可以根据需要，随时选择文档中的文本或段落来应用该新创建的样式。

2.1.3　修改样式

在 Word 中还可以根据需要调整和修改样式，此时需要考虑样式格式、样式类型和样式用途等以选择最适合的修改方式。注意，直接修改某一样式会直接影响 Word 文档中已经应用该样式的文本或段落，因此在修改样式前，建议先备份文档，或者创建样式副本以避免误操作。

1．直接修改样式

在 Word 中直接修改样式是指对文档中已经定义好的样式进行修改，基本方法如下：单击"开始"选项卡→"样式"组中的"其他"按钮，打开快速样式库。在快速样式库选中某一样式并右击，在弹出的快捷菜单中选择"修改"命令，弹出"修改样式"对话框，在该对话框中可以修改样式的属性、格式等，如图 2-5 所示。

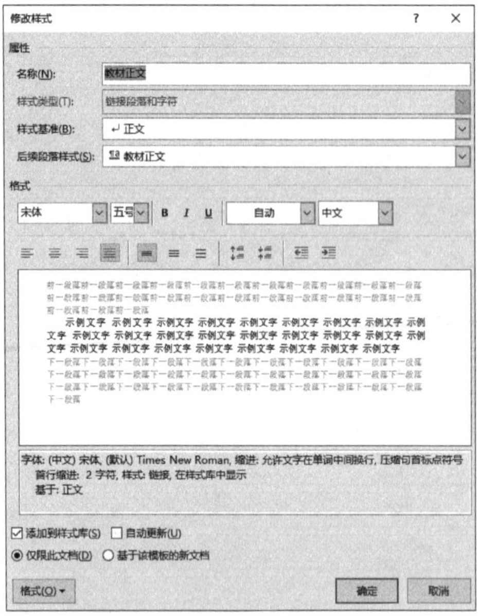

注意，如果需要进一步设置更详细的字体、段落、边框等格式，也可以利用"修改样式"对话框左下方的"格式"按钮实现。完成修改后可以在该对话框中央看到样式修改后的详细信息。完成修改后，单击"确定"按钮，对样式的修改即可立即匹配到当前文档中所有应用过该样式的文本和段落上。

另外，使用"样式"窗格直接修改样式的方法在 2.1.1 小节中已经说明，读者可自行回顾图 2-2 下方的说明，在此不再赘述。

图 2-5　"修改样式"对话框

2．通过匹配所选内容修改样式

在 Word 中还可以通过匹配所选内容来修改样式，前提是所选文本或者段落已经应用了某个样式，或者文档中已经设置好一整套格式的文本或段落，即首先要有所选内容（已有样式或格式）。通过匹配所选内容修改样式的基本方法如下：首先在文档中选择所选内容，如应用了"教材正文"的某个段落；然后单击"开始"选项卡→"样式"组中的"其他"按钮，在打开的快速样式库中找到需要修改的样式名称，如"标题 1"；最后右击"标题 1"样式，在弹出的快捷菜单中选择"更新 标题 1 以匹配所选内容"命令，此时文档中所有应用了"标题 1"样式的文本或段落均会匹配并应用所选的"教材正文"样式。

2.1.4　复制与管理样式

在 Word 中可以通过复制与管理样式来避免重复创建相同的样式，还可以将已有文档中的样式复制到当前的活动文档中，基本方法如下：单击"开始"选项卡→"样式"组右下角的对话框启动器按钮，打开"样式"窗格，单击该窗格下方的"管理样式"按钮，弹出"管理样式"对话框（图2-6），在此可对样式进行修改、删除和新建等操作。

在"管理样式"对话框中单击左下方的"导入/导出"按钮，弹出"管理器"对话框，并显示"样式"选项卡，如图 2-7 所示。此时，在左侧"样式位于"下拉列表中显示了当前文档的名称，同时左侧上方列表框还显示了当前文档中包含的所有样式。在右侧"样式位于"下拉列表中默认显示 Normal.dotm（此为 Word 的默认文档模板），同时右侧上方列表框也显示了 Normal.dotm 中包含的所有样式。注意，一般不要改动 Normal.dotm 中的样式，对 Normal.dotm 这个 Word 默认文档模板的改动会影响所有新建的 Word 文档。

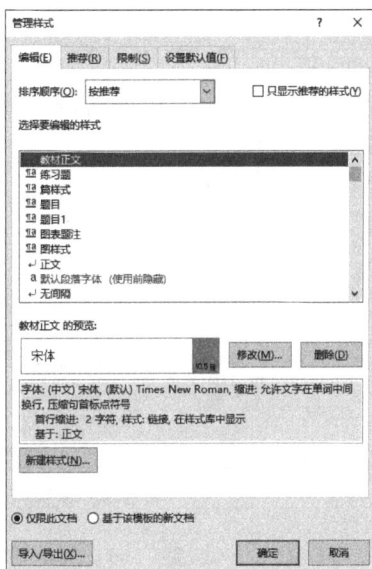

图 2-6　"管理样式"对话框

这里准备将左侧源文档中的"标题 1"样式，复制（导入）到右侧目标文档中，因此先单击右侧的"关闭文件"按钮来关闭 Normal.dotm，然后单击同样位置的"打开文件"按钮，弹出"打开"对话框。注意，目标文档的类型可以为 DOTM 模板，也可以为 DOCX 等多种文件类型，所以要先将文件类型改为"所有 Word 文档"，再根据实际路径选择目标文档。选中目标文档后，单击"打开"按钮，返回到"管理器"对话框，同时右侧"样式位于"下拉列表中显示出所选的目标文档，如图 2-8 所示。然后选择左侧样式列表中的"标题 1"样式，单击"复制"按钮，即可完成源文档中指定样式到目标文档的复制。注意，如果有同名样式，Word 会提示"是否要改写现有的样式"。

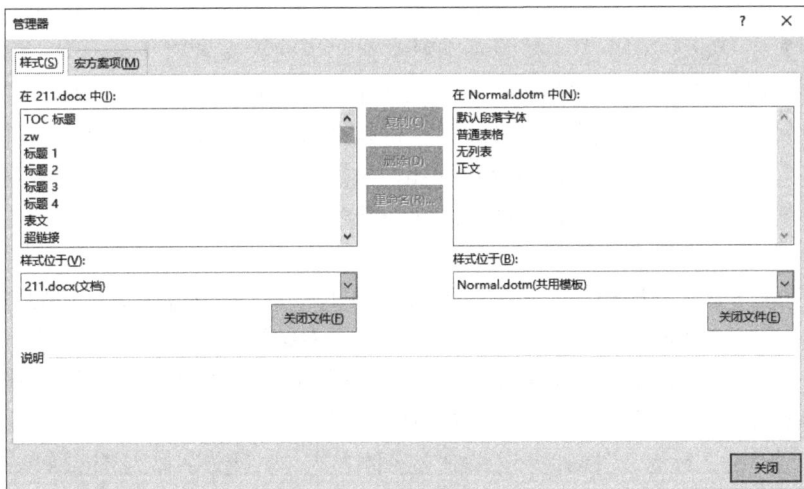

图 2-7　"管理器"对话框

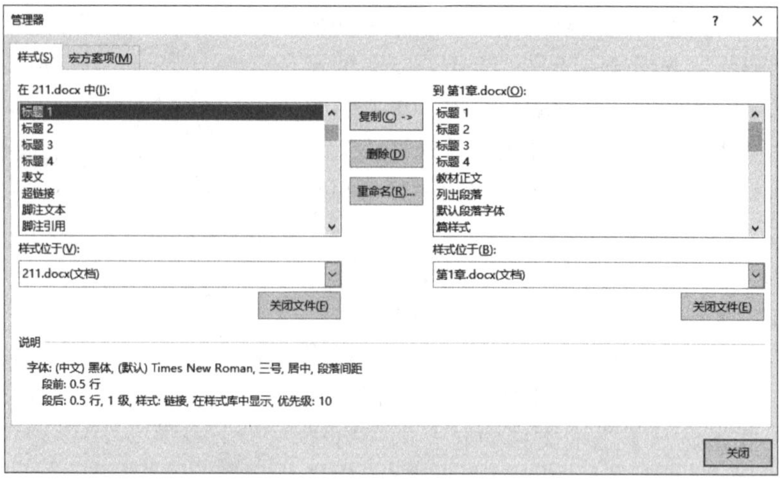

图 2-8   设置好复制"标题 1"样式的"管理器"对话框

注意，"管理器"对话框中的左右样式列表和对应的文档（文档名显示在"样式位于"下拉列表中）既可以作为复制样式的源文档，也可以作为目标文档，区别在于复制时先选中哪一侧列表中的样式，中间的"复制"按钮上的箭头会发生变化。简而言之，复制样式既可以从左到右复制，也可以从右到左复制。

另外，复制和管理样式时也需要先备份文档或创建样式副本，以避免误操作。例如，源文档和目标文档中存在同名但不同样式的样式名称时，如果源文档中有一个名为"标题 1"的样式，而目标文档中也有一个名为"标题 1"的样式，但两个样式的格式设置不同，那么复制"标题 1"样式就会导致样式冲突，此时会弹出提示对话框询问是否用源文档中的"标题 1"样式覆盖目标文档中的"标题 1"样式。因此，如果既需要保留目标文档中的某样式，又需要应用源文档中的与之同名的某样式，最好在复制样式前就对其中一个同名样式进行重命名。

▌ 本节实例

【实例】在 Word 2016 中，按照要求对素材"毕业论文素材 1.docx"文档进行样式的创建、修改和管理，并另存为"毕业论文排版 1.docx"。排版具体要求如下。

（1）修改并应用正文样式：将"正文"样式修改为"论文正文"样式，并设置中文字体为宋体，西文字体为 Times New Roman，小四，两端对齐，首行缩进 2 字符，段前段后 0 行，1.5 倍行距；除封面、章节标题、表题注、图题注和参考文献外，论文中其他的文本均应用"论文正文"样式。

（2）创建并应用标题样式：新建"论文标题 1"样式并设置中文字体为黑体，西文字体为 Times New Roman，小三，加粗，居中，左右缩进 0 字符，无特殊格式，段前段后自动，1.5 倍行距；新建"论文标题 2"样式并设置中文字体为宋体，西文字体为 Times New Roman，四号，加粗，左对齐，左右缩进 0 字符，无特殊格式，段前段后自动，1.5 倍行距；新建"论文标题 3"样式并设置中文字体为宋体，西文字体为 Times New Roman，小四号，加粗，两端对齐，左右缩进 0 字符，首行缩进 2 字符，段前段后自动，1.5 倍行距。

（3）导入和管理样式：将素材"红色标注样式.docx"文档中的"红色标注"样式复制到"毕业论文素材 1.docx"文档样式库中。然后将"毕业论文素材 1.docx"中所有含有"（后续……略）"的文本应用为"红色标注"样式。

（4）排版完成后，文档另存为"毕业论文排版 1.docx"。

操作步骤：

（1）打开"毕业论文素材 1.docx"文档，将"正文"样式修改为"论文正文"样式并应用于论文正文中。

① 修改"论文正文"样式。将光标定位到论文正文的任一位置（封面除外），单击"开始"选项卡→"样式"组中的"其他"按钮，打开快速样式库。在快速样式库中右击"正文"样式，在弹出的快捷菜单中选择"修改"命令。然后在弹出的"修改样式"对话框中修改"名称"为"论文正文"，并单击左下方的"格式"下拉按钮，在弹出的下拉列表中选择"字体"命令，在弹出的"字体"对话框中设置"中文字体"为"宋体"，"西文字体"为"Times New Roman"，字号为"小四"，单击"确定"按钮返回"修改样式"对话框。再次单击左下方的"格式"下拉按钮，在弹出的下拉列表中选择"段落"命令，在弹出的"段落"对话框中设置"对齐方式"为"两端对齐"，"特殊格式"为"首行缩进""2 字符"，"段前""段后"均为"0 行"，"行距"为"1.5 倍行距"，单击"确定"按钮返回"修改样式"对话框。此时，该对话框中部将显示"论文正文"样式修改后的详细信息，如图 2-9 所示。修改完成后，单击"确定"按钮。

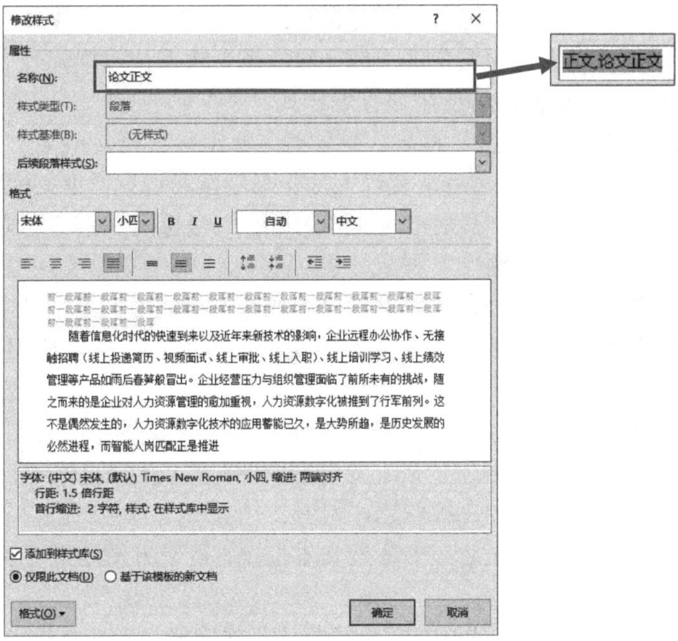

图 2-9　修改"正文"样式为"论文正文"样式

注意，对"论文正文"样式的修改会立即匹配到当前文档中所有应用过"正文"样式的文本上。同时，"论文正文"样式也会自动显示在当前文档的快速样式库中。如果需要查看"论文正文"样式，可以右击该样式后再次打开"修改样式"对话框，此时样式名称显示为"正文,论文正文"，因为"论文正文"源自"正文"样式这个默认的内置样式。

② 应用"论文正文"样式。默认情况下，"论文正文"样式会自动应用于所有已应用过"正文"样式的文本上，但还需要手动检查一下该样式是否应用正确。例如，论文封面不允许应用"论文正文"样式，关键字、参考文献等的字体与正文设置一致但段落需要顶格不能首行缩进，论文章节标题、图题注和表题注等还需要进一步设置其他样式。

注意，"论文正文"样式涉及的应用范围十分广泛，因此一般情况下，应该首先设置和应用正文样式，再设置标题等其他较为特殊的样式，这样不会因为样式的设置顺序问题而导致样式冲突或多次重复设置。

（2）在"毕业论文素材 1.docx"文档中创建"论文标题 1""论文标题 2""论文标题 3"样式并应用于对应的论文标题上，最后选中"视图"选项卡→"显示"组中的"导航窗格"复选框以显示文档结构。

① 创建并应用"论文标题 1"样式。将光标定位在论文中某个一级标题位置，如定位在"摘要"处，然后单击"开始"选项卡→"样式"组中的"其他"按钮，在弹出的下拉列表中选择"创建样式"命令，弹出第一个"根据格式设置创建新样式"对话框，单击"修改"按钮，弹出第二个更加详细的"根据格式设置创建新样式"对话框。在该对话框中，设置"名称"为"论文标题 1"，"样式基准"为"标题 1"，并利用左下方的"格式"按钮按照题目要求设置字体和段落的格式，检查无误后单击"确定"按钮返回"修改样式"对话框。此时，可以在"修改样式"对话框中部看到"论文标题 1"样式修改后的详细信息，单击"确定"按钮完成创建，"论文标题 1"样式会自动显示在快速样式库中。最后，依次选择论文中的所有一级标题，选择快速样式库中的"论文标题 1"样式，即可将这些一级标题都应用该标题样式。

② 创建并应用"论文标题 2"样式。首先将光标定位在论文中某个二级标题位置，如定位在"1.1 课题简介"处，然后重复以上操作来创建和设置"论文标题 2"样式（注意"样式基准"为"标题 2"）。最后给论文中的所有二级标题应用"论文标题 2"样式。

③ 创建并应用"论文标题 3"样式。首先将光标定位在论文中某个三级标题位置，如定位在"1.选题意义"处，然后重复以上操作来创建和设置"论文标题 3"样式（注意"样式基准"为"标题 3"）。最后给论文中所有的三级标题应用"论文标题 3"样式。

④ 显示"毕业论文素材 1.docx"的三级标题导航。默认为页面视图下，在"视图"选项卡→"显示"组中选中"导航窗格"复选框，此时在文档左侧打开"导航"窗格，显示"毕业论文素材 1.docx"的三级标题，如图 2-10 所示。注意，在"导航"窗格中单击某个标题，会立即跳转到与之对应的标题文本位置，可以方便地进行长文档的编辑和排版。

（3）将"红色标注样式.docx"中的"红色标注"样式复制到"毕业论文素材 1.docx"文档样式库中。然后将"毕业论文素材 1.docx"中所有含有"（后续……略）"的文本设置为"红色标注"样式。

① 打开"管理样式"对话框。单击"开始"选项卡→"样式"组右下角的对话框启动器按钮，打开"样式"窗格。单击该窗格左下方的"管理样式"按钮，弹出"管理样式"对话框。

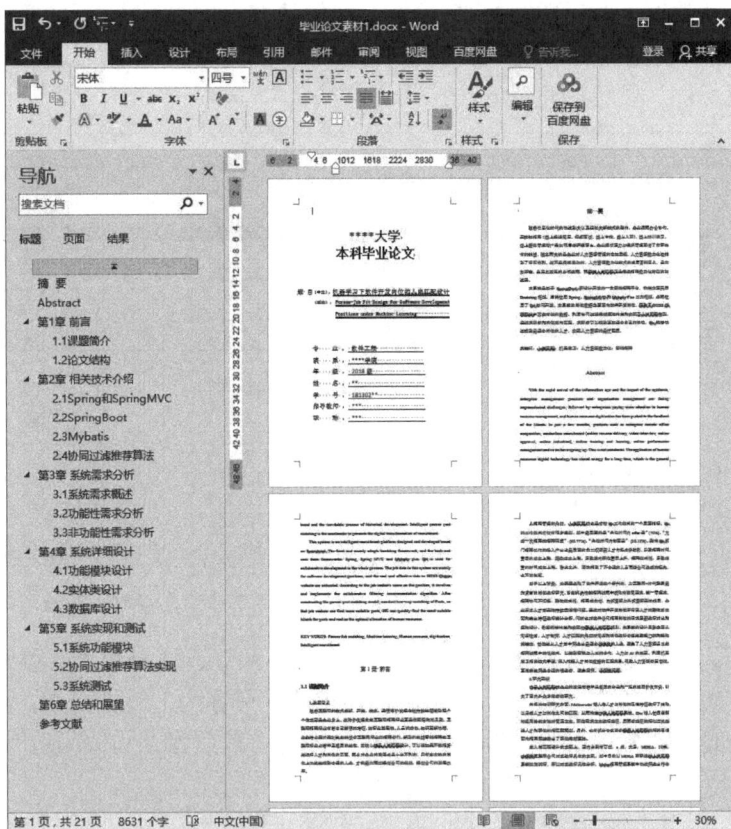

图 2-10　"毕业论文素材 1.docx"的三级标题导航

② 打开"管理器"对话框。在"管理样式"对话框中单击左下方的"导入/导出"按钮，弹出"管理器"对话框，此时，在"样式"选项卡的左侧"样式位于"下拉列表中显示了当前文档的名称"毕业论文素材 1.docx"，同时左侧上方列表框还显示了当前文档中所包含的所有样式。在右侧"样式位于"下拉列表中默认显示 Normal.dotm，单击"关闭文件"按钮，关闭 Normal.dotm。

③ 将"红色标注"样式复制到"毕业论文素材 1.docx"中。注意，这里右侧为源文档，左侧为目标文档。首先单击右侧的"打开文件"按钮，弹出"打开"对话框，注意文件类型选择为"所有 Word 文档"，并根据实际路径选择源文档"红色标注样式.docx"，单击"打开"按钮，返回"管理器"对话框，如图 2-11 所示。此时，右侧"样式位于"列表框中会显示源文档名，同时右侧方列表框中会显示出该源文档中的所有样式。然后选中右侧上方列表框中的"红色标注"样式，单击"复制"按钮，可以发现左侧上方列表框中也出现了"红色标注"样式，复制样式完成。最后单击右下角的"关闭"按钮，关闭"管理器"对话框，返回"毕业论文素材 1.docx"文档，此时"红色标注"样式自动出现在当前文档的快速样式库中。

④ 将所有含有"（后续……略）"的文本设置为"红色标注"样式。单击"开始"选项卡→"编辑"组中的"查找"按钮，在文档左侧打开"导航"窗格，在搜索框中输入文本"（后续"（注意，只输入前括号），此时会在"结果"页面显示出 4 个符合条件

的文本："（后续数据表及说明略）""（后续功能模块及界面略）""（后续算法实现及代码略）""（后续测试及测试图略）"。依次选中以上文本，单击"开始"选项卡→"样式"组中的"红色标注"图标即可为它们应用该样式。

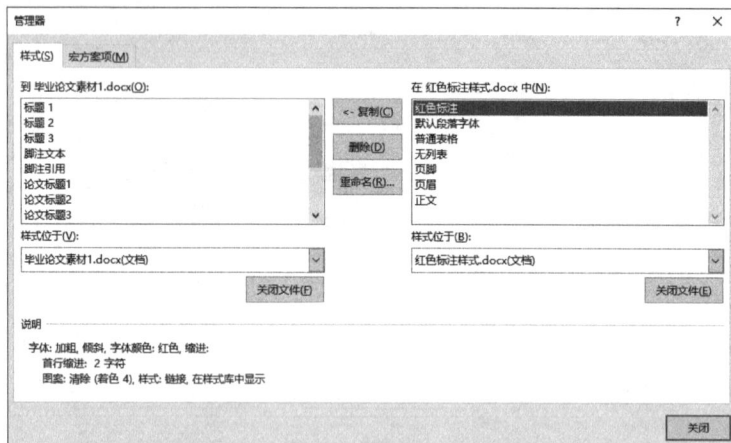

图 2-11　将右侧"红色标注"样式复制到左侧"毕业论文素材 1.docx"中

（4）另存为"毕业论文排版 1.docx"。单击"文件"选项卡→"另存为"按钮，打开"另存为"窗口，单击"浏览"按钮，在弹出的"另存为"对话框中，将"文件名"修改为"毕业论文排版 1.docx"，单击"保存"按钮。最后保存和关闭所有文档。

2.2　脚注、题注与编号

Word 长文档排版中常常需要插入各种自动编号的标记或标签，如脚注、尾注、题注、项目符号和编号等，用来辅助对文档进行补充说明和格式排版，并且这些自动标记能够随着文档内容的变化而自动更新。

2.2.1　脚注与尾注

脚注和尾注均包含注释标记和注释内容，注释标记在文档正文中并自动编号，注释内容默认通过一条短横线与正文分开并且其文本字号一般默认为小五。但脚注和尾注的位置和功能有所不同，脚注一般位于当前页面的底部，主要用于说明每页中某一内容的相关信息，通常用于补充说明文章中引用的资料、数据等信息，如资料的来源、引用的具体页数等。尾注一般位于文档的末尾，主要用于集中列举与整篇文档相关的信息，如引用的出处、参考文献等。

1. 插入脚注或尾注

在 Word 文档中插入脚注或尾注的基本方法如下：将光标定位在要插入脚注或尾注的位置，单击"引用"选项卡→"脚注"组右下角的对话框启动器按钮 ，弹出"脚注和尾注"对话框。在该对话框中，根据需要进行"位置""格式""应用更改"等的设置，设置完成后单击"确定"按钮。此时，在先前光标处会自动添加按照所选格式自动编号的脚注或尾注标记，同时光标会跳转到脚注或尾注区域，在此可输入对应的脚注或尾注注释。重复以上操作，即可插入多个脚注或尾注，同时脚注或尾注标记的编号会自动更新。如果需要修改某个脚注或尾注的内容，只需将光标定位在该脚注或尾注注释的位置，然后直接修改其对应的注释内容。注意，在 Word 文档中可以同时插入多个脚注和多个尾注，但在默认状态下同一文档中对脚注和尾注采用不同的自动编号方案。

2. 删除脚注或尾注

在 Word 文档中删除某个脚注或尾注的基本方法如下：选中文档中与要删除脚注或尾注对应的标记，按 Delete 键即可在删除该标记的同时删除对应的脚注或尾注。注意，此时将自动更新其余的脚注或尾注的标记及编号。

如果需要删除整个文档中的所有脚注或尾注，可以利用 Word 提供的"查找和替换"对话框实现，基本方法如下：单击"开始"选项卡→"编辑"组中的"替换"按钮，弹出"查找和替换"对话框，单击"更多"按钮，单击该对话框下方的"特殊格式"下拉按钮，在弹出的下拉列表中选择"脚注标记"（显示为^f）或"尾注标记"（显示为^e），然后将"替换为"设置为空（注意不是空格）。最后单击"全部替换"按钮，弹出替换完成信息框，单击"确定"按钮。此时，整篇文档中的全部脚注或尾注将被删除。注意，在删除脚注或尾注时，应该确保不会破坏 Word 文档的整体结构和格式。

3. 脚注与尾注的相互转换

在 Word 中，脚注和尾注的插入、修改和编辑等操作方法相同，两者仅是位置不同，同时脚注和尾注还可以相互转换，基本方法如下：单击"引用"选项卡→"脚注"组右下角的对话框启动器按钮 ，弹出"脚注和尾注"对话框，单击"转换"按钮，如图 2-12（a）所示。在弹出的"转换注释"对话框[图 2-12（b）]中，按照需要进行相应选择即可实现整篇文档中所有脚注与尾注的相互转换。

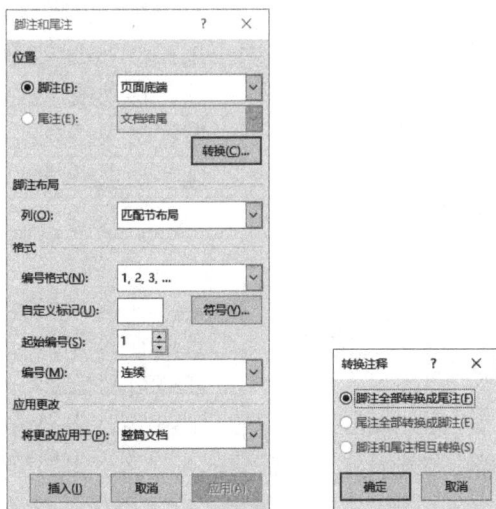

（a）"脚注和尾注"对话框　　（b）"转换注释"对话框

图 2-12　"脚注和尾注"对话框与"转换注释"对话框

另外，还可以对某个脚注或尾注进行转换，基本方法如下：将光标定位在需要转换的脚注或尾注注释处，右击，在弹出的快捷菜单中选择"转换为脚注"或"转换至尾注"命令。注意，如果文档中存在多个脚注或尾注，需要逐个进行转换并检查最终的转换结果。

2.2.2 题注与交叉引用

题注不仅可以为 Word 文档中的图片、表格、公式和图表等对象添加编号标签，并且可以通过交叉引用功能在文档的其他位置方便地引用这些题注。交叉引用是对 Word 文档中其他位置内容的引用，类似文档内部的超链接，可以为题注、标题、脚注、书签、段落等创建交叉引用。例如，可以先在 Word 文档中为图 1 添加题注"图 1 Word 页面视图"，其中"图"为图标签，"1"为自动编号，然后在文档的其他任意位置添加对"图 1 Word 页面视图"的交叉引用，其实质是插入了{REF}域从而实现了文档内部的超链接。此时按住 Ctrl 键并单击该交叉引用即可跳转到"图 1"所在的位置。

1. 题注

题注由题注标签和自动编号组成，题注标签的名称应该简洁明了并且易于理解，在 Word 中系统内置的题注标签有"表格""公式""图表"，还可以编辑用户自定义题注标签。注意，默认情况下图片的题注位于图片的下方，表格的题注位于表格的上方。

在 Word 文档中添加题注的基本方法如下：将光标定位在需要插入题注的位置，单击"引用"选项卡→"题注"组中的"插入题注"按钮，弹出"题注"对话框，在此可设置不同的题注标签和编号格式等。例如，设置题注标签，既可以选择系统内置标签，也可以选择用户自定义标签。在弹出的"题注"对话框中，"标签"下拉列表会显示出系统默认的题注标签名称，如"表格""公式""图表"。如果需要对题注的标签名称进行重新设置，可以在"题注"对话框中单击"新建标签"按钮，然后在弹出的"新建标签"对话框中输入自定义的标签名称，如"图"，如图 2-13 所示。

注意，题注的实质是{SEQ}域，如果在 Word 文档中对题注执行添加、删除、移动或更改等编辑操作，系统会随着编辑操作自动更新所有题注编号，无须手动重新调整。

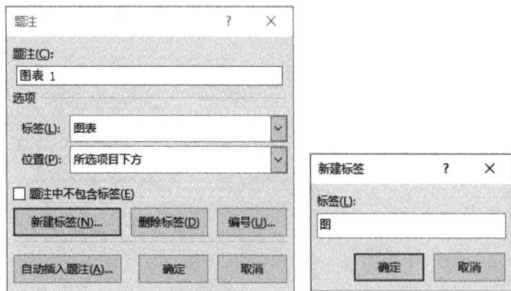

（a）"题注"对话框　　（b）"新建标签"对话框

图 2-13　自定义题注

2. 交叉引用

交叉引用是对 Word 文档中其他位置内容的引用，交叉引用的题注等内容能够自动更新。交叉引用的基本方法如下：首先在交叉引用之前，为 Word 文档中的标题、图、表等内容添加题注；然后插入交叉引用，在 Word 文档中将光标定位在需要插入交叉引用的位置，单击"引用"选项卡→"题注"组中的"交叉引用"按钮，弹出"交叉引用"对话框，如图 2-14 所示；最后在弹出的对话框中选择引用类型和引用内容。在"引用类型"下拉列表中选择引用的题注类型，如"图""表""公式"等。在"引用内容"下拉列表中选择引用的题注内

容，如"整项题注""只有标签和编号""只有题
注文字"等。在"引用哪一个题注"列表框中，
选择需要引用的具体内容。选择完成后，单击"插
入"按钮，即完成交叉引用的插入。

　　注意，交叉引用的实质是{REF}域，因此会随
着其对应的题注一起更新。如果交叉引用对应的
题注进行了更改，如题注标签由"图 1"更改为"图
a"，可在该交叉引用上右击，在弹出的快捷菜单
中选择"更新域"命令，此时该交叉引用也会随
着题注更新为"图 a"。如果交叉引用对应的题注
被删除，那么选择"更新域"命令后该交叉引用
失效，将会显示"错误!未找到引用源"。另外，
插入交叉引用之后，还可以改变该交叉引用对应

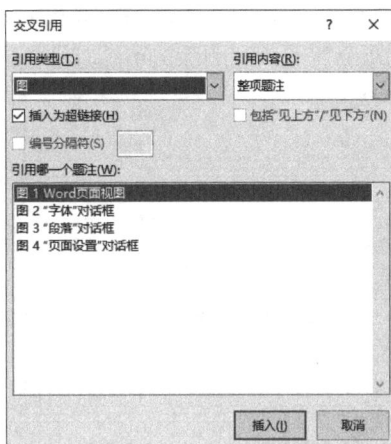

图 2-14　"交叉引用"对话框

的引用内容，例如，选中该交叉引用，单击"引用"选项卡→"题注"组中的"交叉引
用"按钮，在弹出的"交叉引用"对话框可以重新指定引用内容，如将引用内容从"整
项题注"改为"只有标签和编号"。

2.2.3　项目符号和编号

　　项目符号和编号是 Word 文档中用于文本段落前的图标、图形或者编号序列，表示
文本段落的分组或层次结构。项目符号通常是一种并列的、无序的符号或图标，通常用
于列举事项、条目或步骤，而编号则一般为升序排列的数字或字母序列，通常用于对列
表中的文本段落进行排序。在 Word 中，既可以使用系统内置的项目符号和编号，也可
以使用用户自定义的项目符号和编号样式。

1. 使用项目符号

　　在 Word 文档中添加项目符号列表，设置的项目符号均会置于每段文本段落之前，
基本方法如下：首先在 Word 文档中选中需要添加项目符号的文本段落，然后单击"开
始"选项卡→"段落"组中的"项目符号"下拉按钮，在弹出的下拉列表中选择某一种
项目符号，即可为所选中的段落添加该项目符号列表。如果要取消全部项目符号列表，
可以选中全部已经使用项目符号的文本段落，然后单击"开始"选项卡→"段落"组中
"项目符号"下拉按钮，在弹出的下拉列表中选择"无"命令，如图 2-15（a）所示。

　　如果需要选择用户自定义项目符号，可以单击"开始"选项卡→"段落"组中的"项
目符号"下拉按钮，在弹出的下拉列表中选择"定义新项目符号"命令，弹出"定义新
项目符号"对话框，此时既可以选择新的符号或图片作为项目符号列表，还可以设置新
项目符号列表的字体和对齐方式等，如图 2-15（b）所示。例如，单击"符号"按钮，
此时会弹出"符号"对话框，如图 2-15（c）所示。在弹出的对话框中可以选择所需要
的字体库和其中的自定义符号作为新的项目符号列表。

　　注意，在 Word 文档中添加的项目符号列表会自动应用于后续段落，即继续输入文本
后按 Enter 键，将在新的段落前自动插入下一个项目符号。如果要结束项目符号列表，可以

连续按 Enter 键两次或者按 Backspace 键删除最后一个项目符号。如果要删除某个段落前面的项目符号，和删除文字的方法相同，可将光标定位在段落前，然后直接按 Backspace 键。

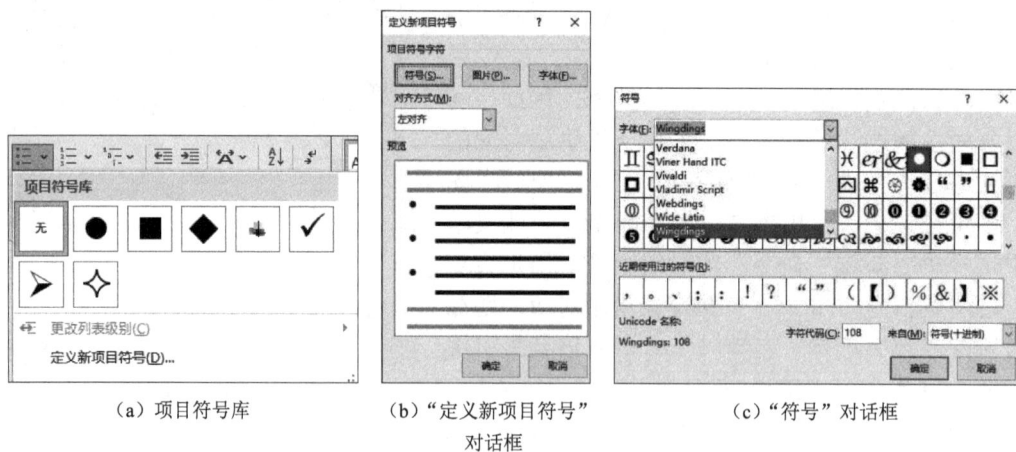

（a）项目符号库　　　（b）"定义新项目符号"对话框　　　（c）"符号"对话框

图 2-15　使用用户自定义的项目符号

2. 使用编号

在 Word 文档中添加编号，与添加项目符号列表类似，基本方法如下：首先在 Word 文档中选中需要添加编号的文本段落，然后单击"开始"选项卡→"段落"组中的"编号"下拉按钮，打开编号库，如图 2-16 所示。在编号库中选择某一种内置的编号列表，即可为所选中的段落都添加该编号列表。如果要使用用户自定义编号，可以在"编号"下拉列表中选择"定义新编号格式"命令，在弹出的"定义新编号格式"对话框中设置新的编号样式和格式等。如果要取消全部编号列表，可以选中全部的已经使用编号的文本段落，然后单击"开始"选项卡→"段落"组中的"编号"下拉按钮，在弹出的下拉列表中选择"无"命令。

（a）编号库　　　（b）"定义新编号格式"对话框

图 2-16　编号库和"定义新编号格式"对话框

注意，在 Word 文档中编号也是自动应用于后续段落，取消自动编号和删除编号的方法均和项目符号列表相同，在此不再赘述。

3. 使用多级列表编号

多级列表编号是在 Word 文档中嵌套了多个级别的编号列表，这些编号通常由数字或字母组成，通常用于表示文档章节的多层级关系和顺序。Word 长文档排版通常需要设置多级列表编号，当多级列表编号与标题样式、题注等相结合时，会快速自动生成多级章节编号和多级编号题注，而且当文档章节顺序、级别发生变化和调整时，多级列表编号能够自动更新。

在 Word 文档中添加多级列表编号的基本方法如下：选中需要添加多级列表编号的文本段落，单击"开始"选项卡→"段落"组中的"多级列表"下拉按钮，在弹出的下拉列表中选择某一种多级列表编号，即可为当前段落添加上多级列表编号，如图 2-17（a）所示。如果要取消全部多级列表编号，可以在弹出的下拉列表中选择"无"命令。

注意，多级列表编号的样式和格式可以根据需要进行调整，如果需要自定义多级列表编号，可以在弹出的下拉列表中选择"定义新的多级列表"命令，在弹出的"定义新多级列表"对话框中设置新的多级列表样式和格式等，还可以单击该对话框左下角的"更多"按钮，将多级列表编号与标题样式进行链接，如图 2-17（b）所示。多级列表编号应用于标题样式还可以实现多级自动编号标题样式，从而自动标明文档中各个章节的顺序和级别，基本方法如下：首先对文档中的一级标题应用标题 1 样式，二级标题应用标题 2 样式，以此类推，对整篇 Word 文档应用多级标题样式；然后定义新的多级列表编号；最后将多级列表编号与标题样式进行链接。

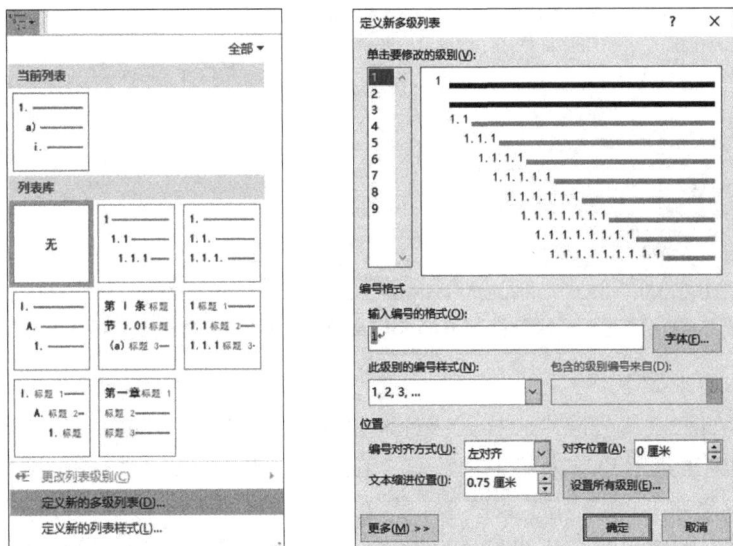

（a）"多级列表"下拉列表　　　　　（b）"定义新多级列表"对话框

图 2-17　使用多级列表编号

另外，Word 还提供了其他一些工具和快捷键用于快速调整编号等级。例如，将光标定位在某一多级列表编号所在的文本段落时，按 Tab 键可以下降一级编号，按 Shift+Tab

组合键可以上升一级编号。同时，在该多级列表编号所在文本段落中右击，在弹出的快捷菜单中选择"调整列表缩进"命令，在弹出的对话框中调整多级列表的缩进量。

■ 本节实例 ■

【实例】在 Word 2016 中应用多级列表自动编号，在素材"毕业论文素材 2.docx"文档中将多级列表编号应用于标题和题注，然后对题注进行交叉引用，最后另存为"毕业论文排版 2.docx"。

注意，"毕业论文素材 2.docx"中已经为论文两级标题设置好了标题 1 和标题 2 两种样式，但未按章节对标题编号；整个文档中有 11 张图和 3 张表，图和表均已添加相应说明文字，但未插入题注，需要按章节对题注编号，如图 2-18 所示。

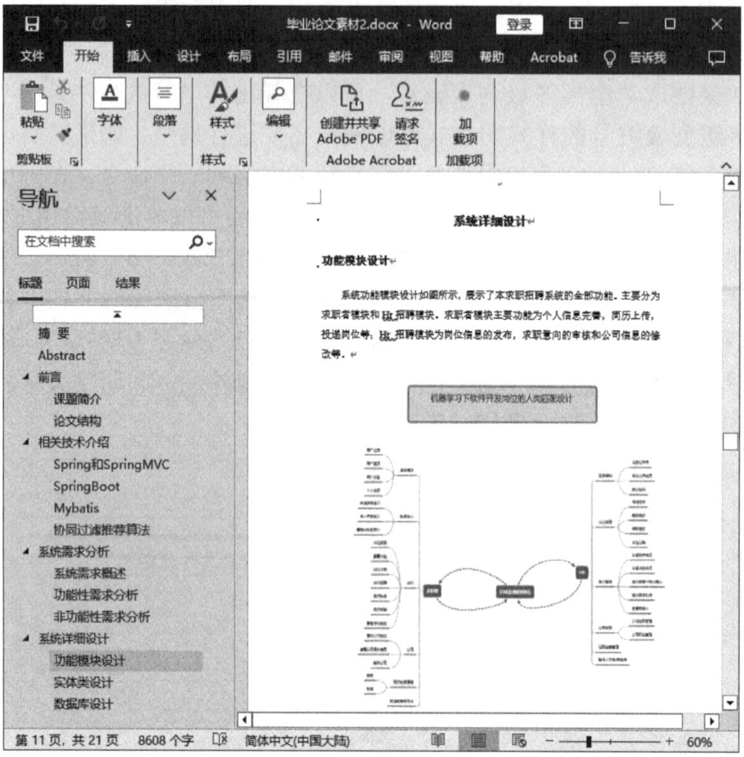

图 2-18　已设置好两级标题但尚未按章节编号的"毕业论文素材 2.docx"

排版具体要求如下。

（1）将多级列表编号应用于样式：对毕业论文中的标题 1 和标题 2 自动编号，标题 1 样式的自动列表编号设置为第 1 章、第 2 章、第 3 章……以此类推，标题 2 样式的自动列表编号设置为 1.1（即第 1 章第 1 节为 1.1）、1.2……2.1、2.2……以此类推。

（2）将多级列表编号应用于题注：对毕业论文中的所有图和表设置题注，分别在图下方和表上方的说明文字左侧添加题注"图 1-1""图 1-2""图 2-1"……"表 4-1""表 4-2""表 4-3"……以此类推，其中短划线"–"前面的数字代表章号（对应标题 1），后面的数字代表图表的序号，各章节图和表分别连续编号。

（3）对题注进行交叉引用：在毕业论文中的"如图所示""如表所示"文字处添加

对应的交叉引用。例如,在引用图 1-1 的"如图所示"文字处插入交叉引用,显示为"如图 1-1 所示",此时按住 Ctrl 键并单击该交叉引用即可跳转到图 1-1 所在位置。

(4)排版完成后,将文档另存为"毕业论文排版 2.docx"。

操作步骤:

(1)打开"毕业论文素材 2.docx"文档,将多级编号列表应用于该文档的标题样式中。

① 将多级列表编号应用于标题 1 样式。在"毕业论文素材 2.docx"文档中,选中摘要段落,单击"开始"选项卡→"段落"组中的"多级列表"下拉按钮,在弹出的下拉列表中选择"定义新的多级列表"命令,弹出"定义新多级列表"对话框,单击左下角的"更多"按钮,将该对话框展开来设置多级列表编号应用于标题样式。在"定义新多级列表"对话框中,设置"单击要修改的级别"为"1",此时"输入编号的格式"文本框中将自动显示为带底纹的数字"1"即一级自动编号,在该文本框中数字"1"的前后分别输入"第"和"章"(即将自动编号的格式修改为第 1 章,注意不能删除数字"1"),在"将级别链接到样式"下拉列表中选择"标题 1",在"要在库中显示的级别"下拉列表中选择"级别 1"(即默认选项不变),如图 2-19 所示。单击"确定"按钮,保存修改。

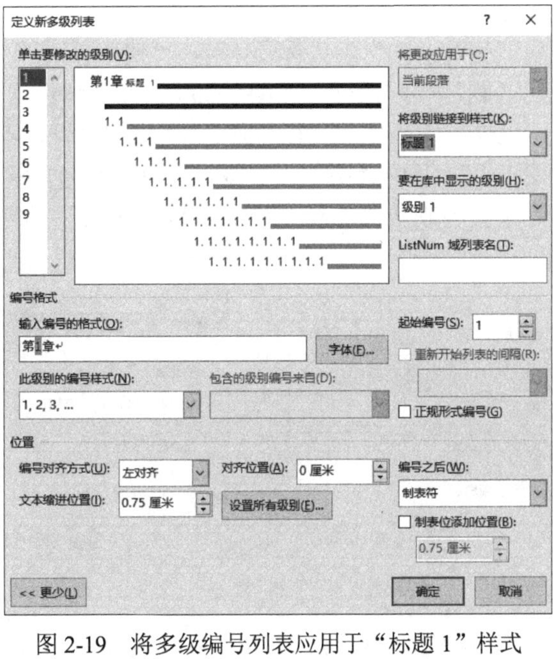

图 2-19　将多级编号列表应用于"标题 1"样式

② 将多级列表编号应用于标题 2 样式。在"定义新多级列表"对话框中,设置"单击要修改的级别"为"2",此时"输入编号的格式"文本框中将自动显示为带底纹的编号"1.1"(即二级自动编号,"1.1"为默认选项),在"将级别链接到样式"下拉列表中选择"标题 2",在"要在库中显示的级别"下拉列表中选择"级别 2"(即默认选项)。此时,在"定义新多级列表"对话框的上方预览框中将会出现设置完成后的自动编号,格式为"第 1 章 标题 1————""1.1 标题 2————"等。最后,单击"确定"按钮,此时"毕业论文素材 2.docx"的快速样式库中将显示最新自动编号的标题 1 和标题 2 样

式 第1章 1.1 Aa ，同时毕业论文中的所有标题 1 和标题 2 将按最新样式自动编号。

③ 去掉标题 1 中多余的自动编号。在"毕业论文素材 2.docx"文档中删除不应该编号的标题 1 编号，注意删除"摘要""Abstract""参考文献"前的自动编号，如对齐方式有变化，请重新设置对齐方式为居中。此时整个文档中的标题 1 会自动更新编号，即从"第 1 章 前言"开始自动编号。

注意，在使用多级列表自动编号时，需要在文档中先设置好标题样式，再关联多级列表。另外，也可以在"视图"选项卡→"显示"组中选中"导航窗格"复选框，在打开的"导航"窗格中调整标题层级和样式层级的设置。

（2）对"毕业论文素材 2.docx"中的 11 张图、3 张表插入题注，并将多级列表编号应用于所有题注中，最后将图和表设置为居中，特殊格式无缩进。

① 将多级列表编号应用于图题注。在"毕业论文素材 2.docx"中将光标定位在第 1 个图的说明文字（即"管理者 Hr 对智能招聘评价图"）前，单击"引用"选项卡→"题注"组中的"插入题注"按钮，弹出"题注"对话框。首先，新建图题注标签，在"题注"对话框中单击"新建标签"按钮，弹出"新建标签"对话框，在"标签"文本框中输入"图"，单击"确定"按钮返回"题注"对话框。然后，将图题注编号链接到章节号（即链接到标题 1），单击"编号"按钮，弹出"题注编号"对话框，选中"包含章节号"复选框，设置"章节起始样式"为"标题 1"、"使用分隔符"为"–（短划线）"，单击"确定"按钮返回"题注"对话框，如图 2-20 所示。此时，"题注"预览显示为新建标签"图 1-1"，再次单击"确定"按钮，即在第 1 张图"管理者 Hr 对智能招聘评价图"前插入了题注"图 1-1"，其中"图"为标签，"1-1"为包含章节号的自动编号。注意，插入题注后，该题注会自动应用"毕业论文素材 2.docx"文档的内置题注样式。

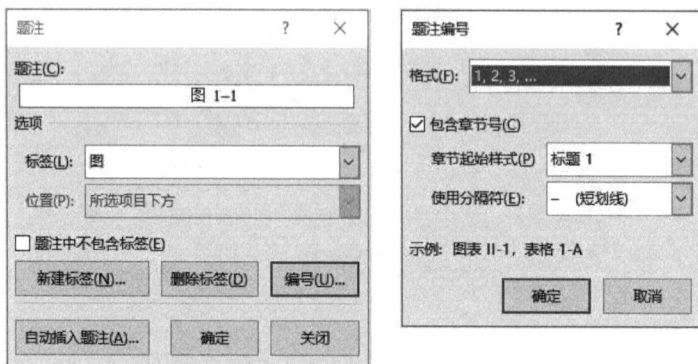

图 2-20　将多级列表编号应用于图题注

重复以上操作，对"毕业论文素材 2.docx"中的 11 张图插入相应的图题注并应用多级列表编号。

② 将多级列表编号应用于表题注。在"毕业论文素材 2.docx"中将光标定位在第 1 个表的说明文字（即"User 表"）前，单击"引用"选项卡→"题注"组中的"插入题注"按钮，弹出"题注"对话框。与前面的操作类似，首先新建"表"题注标签，然后将表题注编号链接到章节号。此时，"题注"预览显示为新建标签"表 4-1"，再次单击"确定"按钮，即在第 1 个表"User 表"前插入了题注"表 4-1"。

重复以上操作，对"毕业论文素材 2.docx"中的 3 张表插入相应的题注并应用多级列表编号。

③ 设置所有图和表的格式。选中"毕业论文素材 2.docx"中的第 1 张图（即图 1-1 管理者 Hr 对智能招聘评价图），单击"开始"选项卡→"段落"组右下角的对话框启动器按钮，弹出"段落"对话框，设置其格式为居中、特殊格式无缩进。重复以上操作，对其他图片和表格设置同样的格式。

（3）对"毕业论文素材 2.docx"中的 11 个图题注、3 个表题注进行交叉引用，即在文档中的"如图所示""如表所示"文字处，添加对应的交叉引用。

① 在引用图 1-1 的"如图所示"文字处插入交叉引用。在"毕业论文素材 2.docx"中选中第 1 个"如图所示"文字中的"图"，单击"引用"选项卡→"题注"组中的"交叉引用"按钮，弹出"交叉引用"对话框。在该对话框中，选择"引用类型"下拉列表中的"图"，下方"引用哪一个题注"列表框中会显示所有的图题注，选择"图 1-1 管理者 Hr 对智能招聘评价图"，选择"引用内容"下拉列表中的"只有标签和编号"选项，如图 2-21 所示。单击"插入"按钮，此时，第 1 个"如图所示"文字处插入了交叉引用（即交叉引用图 1-1），"如图所示"文字将显示为"如图 1-1 所示"（实质是插入了交叉引用域），按住 Ctrl 键并单击该交叉引用即可跳转到图 1-1 题注所在位置。

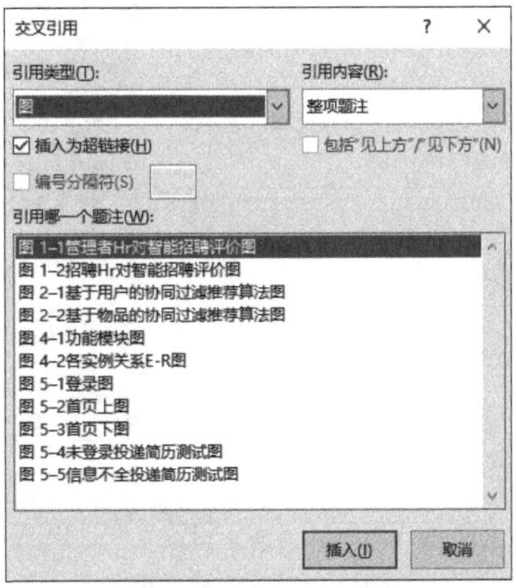

② 重复以上操作，对"毕业论文素材 2.docx"中的 11 张图、3 张表插入相应的交叉引用，此时，按住 Ctrl 键并单击某一个交叉引用即可跳转到对应的图题注或表题注处。完成交叉引用的插入后，单击"交叉引用"对话框中右上角的"关闭"按钮退出该对话框。

（4）另存为"毕业论文排版 2.docx"。单击"文件"选项卡→"另存为"按钮，在打开的"另存为"窗口中单击"浏览"按钮，在弹出的"另存为"对话框中，将"文件名"修改为"毕业论文排版 2.docx"，单击"保存"按钮。

图 2-21　设置对"图 1-1"的交叉引用

2.3　分　隔　符

Word 长文档排版经常需要在文档中插入各类分隔符，以实现分页、分节和分栏操作。这里需要指出的是，在 Word 文档的操作中一定要明确"字""段""页""节"的概念，还要注意所用分隔符的类型，如分页操作除了自动换页还可以使用分页符或者分节符（下一页）实现，而分栏操作的实质是插入了分节符（连续）等。

注意，在 Word 页面视图中可以通过单击"开始"选项卡→"段落"组中的"显示/隐藏编辑标记"按钮显示或者隐藏分页符或者分节符，如图 2-22 所示。在长文档排版中，一般应该选择显示这些分隔符从而查看这些标记所在的位置，了解这些标记对页面排版所起的作用。只有显示了这些编辑标记，才能方便地将光标定位在分页符或者分节符处，进行删除等相关操作。

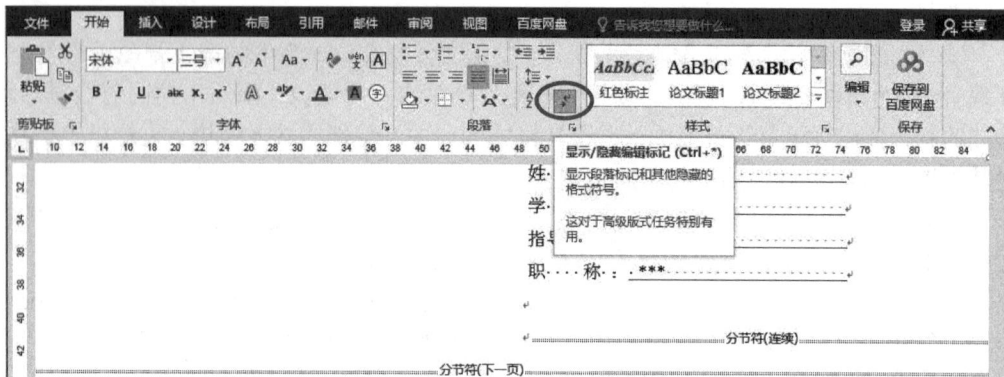

图 2-22　"显示/隐藏编辑标记"按钮

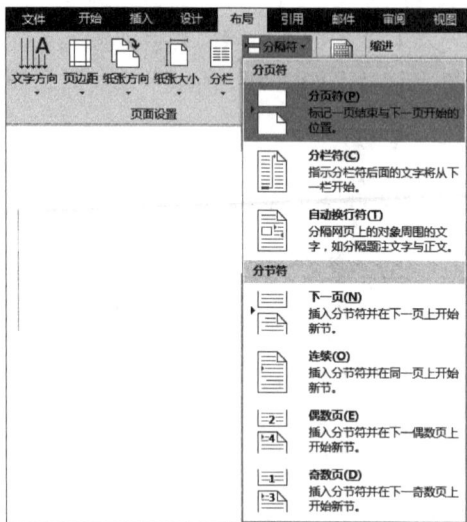

图 2-23　插入分页符

2.3.1　分页符

分页符是一种用于表示 Word 文档上一页结束及下一页开始位置的符号。通常情况下，Word 文档是自动分页的，当文档内容布满一页后会自动产生新的一页；但在长文档排版中由于章节等排版布局的需要，会指定从文档中的某个位置强制分页。使用分页符在指定位置分页的基本方法如下：在 Word 文档中将光标置于要插入分页符的位置，单击"布局"选项卡→"页面设置"组中的"分隔符"下拉按钮，在弹出的下拉列表中选择"分页符"命令，如图 2-23 所示。注意，插入分页符后出现一行带有分页符的虚线；此外，按 Ctrl+Enter 组合键也可插入分页符。

除了常用的分页符以外，还有一些其他类型的分页符，具体说明如下。

（1）分栏符。对文档（或某些段落）进行分栏后，Word 文档会在适当的位置自动分栏，若希望某一内容出现在下栏的顶部，则可用插入分栏符的方法实现。

（2）自动换行符。通常情况下，文本到达文档页面右边距时 Word 会自动换行。如果需要强制换行则可以在"分隔符"下拉列表中选择"自动换行符"命令，此时在插入点位置可强制换行（换行符显示为灰色↓形）。注意，与直接按 Enter 键不同，这种方法产生的新行仍将作为当前段的一部分。此外，按 Shift+Enter 组合键也可插入自动换行符。

2.3.2　分节符

节是 Word 排版的基本单位，只有在不同的节中，才可以设置不同的页眉和页脚、页码、页边距、页面方向、文字方向等页面布局和格式。通常情况下，Word 文档即使有多页也会被默认为一节，此时所有对该文档的页面格式设置都是应用于整篇文档的。

如果需要在同一篇文档中设置不同的页面布局和格式，可以使用分节符将文档分为不同的节，然后为每一节设置不同的、相对独立的页面布局和格式。

通过插入分节符将 Word 文档分为多个节，基本方法如下：在 Word 文档中将插入点置于要插入分节符的位置，单击"布局"选项卡→"页面设置"组中的"分隔符"下拉按钮。在弹出的下拉列表中选择实际需要的分节符类型，如"下一页""连续""偶数页""奇数页"等，即可插入指定的分节符。

1. 分节符类型

在 Word 中，分节符有 4 种类型，包括"下一页""连续""偶数页""奇数页"，具体说明如下。

（1）"下一页"分节符。插入"下一页"分节符后，新节从下一页开始。注意，"下一页"分节符与分页符的区别在于，前者分页又分节，而后者仅仅起到分页的效果。

（2）"连续"分节符。插入"连续"分节符后，接下来的内容会在同一页上开始新节，而不会从新的一页开始新节。"连续"分节符适用于在同一页中需要用到多种排版形式的情况，例如，在标题和正文之间插入一个"连续"分节符，标题部分仍然一栏排版，而"连续"分节符之后的正文部分可以设置为两栏排版。

（3）"偶数页"分节符。插入"偶数页"分节符后，新节从下一个偶数页开始。如果"偶数页"分节符所在的页是奇数页，那么其效果与"下一页"分节符一样，上下页正好为奇偶，页码连续；如果"偶数页"分节符所在的页是偶数页，下页页码为下一偶数，那么上下页为偶偶，此时会自动在两页之间插入一个隐藏的奇数空白页，使上下页为偶奇偶，页码连续，该奇数空白页仅在打印预览时可以看到。例如，当前"偶数页"分节符所在页的页码为 2，则下页页码为 4，这里面存在一个隐含的第 3 页，打印预览时可以看到。

（4）"奇数页"分节符。插入"奇数页"分节符后，新节从下一个奇数页开始。如果"奇数页"分节符所在的页是偶数页，那么其效果与下一页分节符一样，上下页正好为偶奇，页码连续；如果"奇数页"分节符所在的页是奇数页，下页页码为下一奇数，那么上下页为奇奇，此时会自动在两页之间插入一个隐藏的偶数空白页，使上下页为奇偶奇，页码连续，该偶数空白页仅在打印预览时可以看到。例如，当前"奇数页"分节符所在页的页码为 1，则下页页码为 3，这里面存在一个隐含的第 2 页，打印预览时可以看到。

2. 在文档中分页

使用"下一页"分节符在指定位置分页的基本方法与使用分页符类似，基本方法如下：在 Word 文档中将插入点置于要插入"下一页"分节符的位置，单击"布局"选项卡→"页面设置"组中的"分隔符"下拉按钮，在弹出的下拉列表中选择分节符中的"下一页"即可。此时，在文档的指定位置处不仅在文档排版上实现了分页操作，并且将整个文档分为了不同的节。"节"是 Word 中很重要的一个概念，文档的每一节都可以设置独立的文档排版格式，此时每一节都可以有不同的页面大小、页眉页脚、页边距等。与前文所述使用分页符来手动强制分页的区别是，分页符是分页而不是分节，所以分页符前后仍然为一节，前后文档内容仍然使用相同的页面格式设置。

3. 在文档中分栏

在 Word 中，默认情况下文档是以一栏形式呈现的。分栏是指将文本分为多栏，并在每栏中显示不同的内容，Word 分栏可以设置栏数、栏宽、栏间距和分隔线等，基本方法如下：选中需要分栏的文本或者段落，单击"布局"选项卡→"页面设置"组中的"分栏"下拉按钮，在弹出的下拉列表中根据需要选择对应的分栏方式，如"一栏""两栏""三栏""偏左""偏右"等。如果需要设置栏宽、间距、分隔线等，可以单击"更多分栏"按钮，在弹出的"分栏"对话框中设置，如图 2-24 所示。

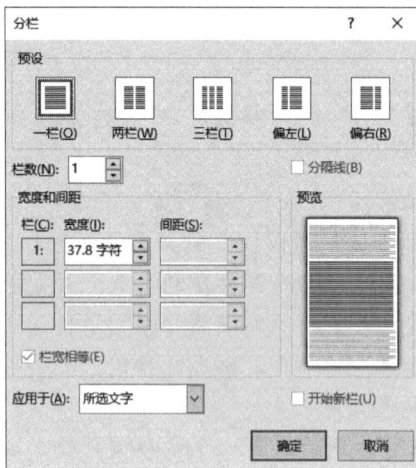

注意，如果不选择分栏的文本或者段落，则默认为整篇文档分栏。当分栏不平衡时，可以在分栏后文档的末尾插入一个"连续"分节符，此时各栏的长度会基本平衡。需要注意的是，插入"连续"分节符并不能保证各栏之间内容的绝对平均，它受栏中内容多少的影响。因此，在分栏时需要根据实际情况进行调整。

图 2-24　"分栏"对话框

本节实例

【实例】在 Word 2016 中使用分隔符实现在同一篇文档中设置不同的页面大小，对素材"毕业论文素材 3.docx"的原有封面进行修改，将新封面设置为自定义大小并分栏，其后的页面设置为 A4 大小，最后另存为"毕业论文排版 3.docx"。排版具体要求如下。

（1）排版前设置视图：在文档中选择页面视图、显示标尺和显示编辑标记，方便在排版时查看各类分隔符等，避免误操作。

（2）毕业论文分节：在"摘要"前插入"下一页"分节符，将封面设置为第 1 节，封面后的页面为第 2 节。

（3）修改毕业论文封面：第 1 节即封面，设置纸张大小为自定义大小，宽度 42 厘米，高度 29.7 厘米，页边距上 3 厘米，下 2.5 厘米，左 2.5 厘米，右 2.5 厘米，靠左侧装订，装订线为 0.5 厘米；将封面分为 2 栏，栏间距设置为 5 字符；插入分栏符，使整个毕业论文封面内容位于右侧栏。

（4）对第 2 节页面设置：第 2 节即其他页面，设置纸型为 A4，页边距上 3 厘米，下 2.5 厘米，左 2.5 厘米，右 2.5 厘米，靠左侧装订，装订线为 0.5 厘米。

（5）排版完成后，文档另存为"毕业论文排版 3.docx"。

操作步骤：

（1）打开"毕业论文素材 3.docx"文档，默认为 Word 页面视图，在"视图"选项卡→"显示"组中选中"标尺"复选框，以显示水平和垂直标尺。单击"开始"选项卡→"段落"组中的"显示/隐藏编辑标记"按钮，显示编辑标记。注意，必须在"毕业论文素材 3.docx"中显示编辑标记，以查看"下一页"分节符、分栏符等所在的具体位置，避免后续排版的误操作。

（2）将"毕业论文素材 3.docx"分为 2 节。将光标定位在"摘要"前（即封面页后），单击"布局"选项卡→"页面设置"组中的"分隔符"下拉按钮，在弹出的下拉列表中选择分节符"下一页"，此时在封面页最后一行插入了一个分节符（下一页）。

（3）修改"毕业论文素材 3.docx"的封面，首先对封面页（第 1 节）进行页面设置，然后将封面页分为 2 栏并插入分栏符调整分栏。

① 封面页面设置。将光标定位在封面（即第 1 节任意位置，如"本科毕业论文"前），单击"布局"选项卡→"页面设置"组右下角的对话框启动器按钮🗖，弹出"页面设置"对话框。在弹出的对话框中，选择"纸张"选项卡，设置"纸张大小"为"自定义大小"，"宽度"为"42 厘米"，"高度"为"29.7 厘米"；选择"页边距"选项卡，设置页边距"上"为"3 厘米"，"下"为"2.5 厘米"，"左"为"2.5 厘米"，"右"为"2.5 厘米"，"装订线"为"0.5 厘米"，"装订线位置"为"左"，单击"确定"按钮。此时，会弹出信息提示框提示"部分边距位于页面的可打印区域之外。请尝试将这些边距移动到可打印区域内。"，单击"忽略"按钮不调整打印区域，如图 2-25 所示。

图 2-25　页面设置完成后选择忽略

② 封面分 2 栏。将光标定位在第 1 节任意位置（即封面，如"本科毕业论文"前），单击"布局"选项卡→"页面设置"组中的"分栏"下拉按钮，在弹出的下拉列表中选择"更多分栏"命令，弹出"分栏"对话框，设置"栏数"为"2"、"间距"为"5 字符"，栏宽度、栏宽相等和应用于本节等采用默认设置。此时，毕业论文封面分为 2 栏，但是内容全部分布在左侧栏，需要进一步调整。

③ 插入分栏符。将光标定位在封面的第一行，单击"布局"选项卡→"页面设置"

组中的"分隔符"下拉按钮，在弹出的下拉列表中选择"分栏符"，此时在封面页第一行插入了一个分栏符。此时，分栏符使整个毕业论文封面内容出现在分栏后第 2 栏的顶部（即整个毕业论文封面内容位于右侧栏），如图 2-26 所示。

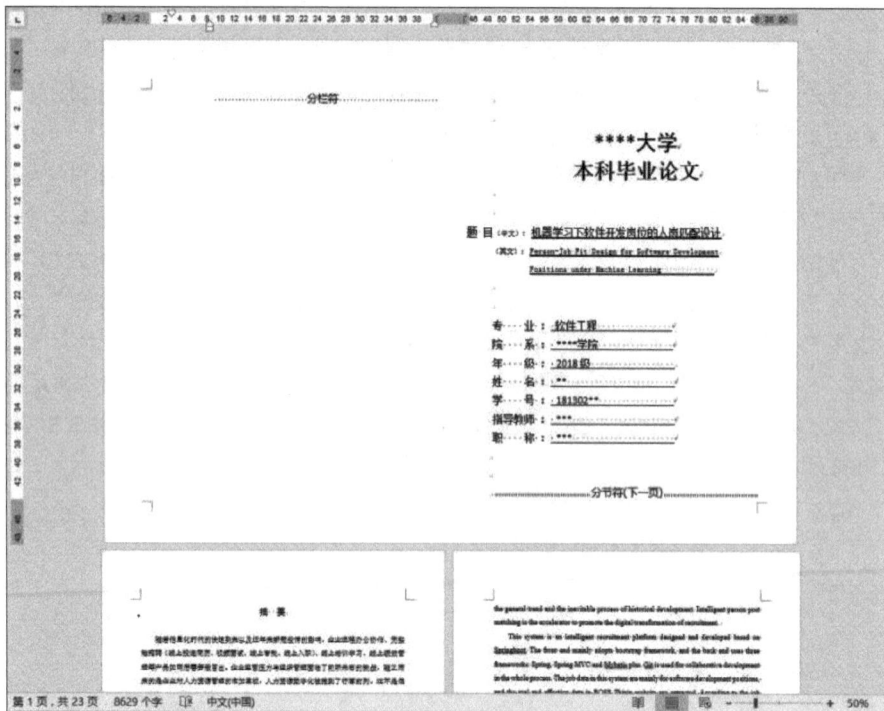

图 2-26   毕业论文封面完成后的效果

（4）第 2 节页面设置。将光标定位在第 2 节任意位置（即封面页之后，如"摘要"后），单击"布局"选项卡→"页面设置"组右下角的对话框启动器按钮，弹出"页面设置"对话框，选择"纸张"选项卡，设置"纸张大小"为"A4"；选择"页边距"选项卡，设置页边距"上"为"3 厘米"，"下"为"2.5 厘米"，"左"为"2.5 厘米"，"右"为"2.5 厘米"，"装订线"为"0.5 厘米"，"装订线位置"为"左"，单击"确定"按钮。此时，即在文档中设置了不同页面，封面为自定义大小，封面后其他页为 A4 大小。

（5）另存为"毕业论文排版 3.docx"。单击"文件"选项卡→"另存为"按钮，在打开的"另存为"窗口中单击"浏览"按钮，在弹出的"另存为"对话框中将"文件名"修改为"毕业论文排版 3.docx"，单击"保存"按钮。

注意，最后保存和关闭所有文档。

2.4   页眉与页脚

Word 长文档排版通常需要设置连续规范的页眉与页脚，并且可以随着文档内容变化而自动更新。页眉和页脚是指位于 Word 文档页面顶部和底部的固定区域（也可以包括两侧页边距中的区域），用于显示文档的附加信息。页眉一般位于页面最上方，页脚一般位于页面最下方，处于文档正文之外，用于显示章节名称、日期和时间、页码等信息，也可以在页眉页脚中插入文本或图形，如在页眉中插入文档标题域、在页脚中插入公司 Logo 等。

2.4.1 添加页眉或页脚

Word 文档中的页眉页脚，既可以是手动输入的常量，也可以是插入的各种自动图文集、文档信息和文档部件等动态变量。此外，还可以通过设置页眉页脚选项实现首页不同、奇偶页不同等特殊设置，或者通过分节操作来自定义页眉页脚。

在 Word 中，默认情况下整篇文档为一节，因此对文档中的某一页添加页眉或页脚后，整篇文档的每一页都会添加页眉或页脚。添加页眉的基本方法如下：打开需要添加页眉的 Word 文档，单击"插入"选项卡→"页眉和页脚"组中的"页眉"下拉按钮，在弹出的下拉列表中选择所需命令，如选择"空白（三栏）"命令，即可将该页眉样式应用于整篇文档中，如图 2-27 所示。如果内置的页眉样式无法满足要求，也可以选择"页眉"下拉列表中的"编辑页眉"命令，进入页眉编辑状态，自定义页眉样式。添加页脚的基本方法与之类似，这里不再赘述。

另外，在 Word 中还可以通过双击页眉或页脚区域进入页眉或页脚编辑状态，然后添加所需的页眉或页脚内容。注意，在添加页眉或页脚时，可以通过设置字体、字号、对齐方式等格式来调整页眉和页脚的内容，以达到更好的排版效果。

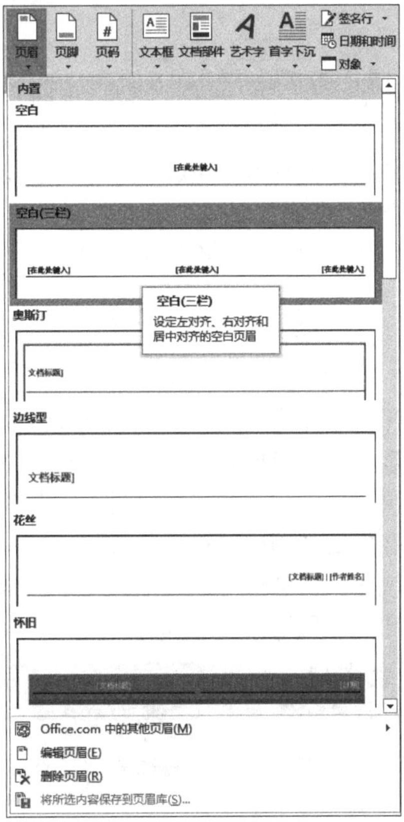

图 2-27 "页眉"下拉列表

2.4.2 添加页码

页码是指 Word 文档中每一页的数字或字母，用于表示文档中的页面数量，这些数字或字母通常出现在页面底部或顶部，用于对文档进行排序和索引。在 Word 文档中添加页码的基本方法如下：打开需要添加页码的 Word 文档，单击"插入"选项卡→"页眉和页脚"组中的"页码"下拉按钮，在弹出的下拉列表中选择需要的页码类型和位置。例如，可以在弹出的下拉列表中选择"页面底端"中的"普通数字 2"命令，此时将自动在文档的页脚区域居中位置添加阿拉伯数字样式的页码。

注意，如果需要自定义页码格式，可以在插入页码前设置页码格式，基本方法如下：单击"插入"选项卡→"页眉和页脚"组中的"页码"下拉按钮，在弹出的下拉列表中选择"设置页码格式"命令，弹出"页码格式"对话框，如图 2-28 所示。此时，可以在弹出的对话框中的"编号格式"下拉列表中选择编号格式，"页码编号"可以设置为

图 2-28 　"页码格式"对话框

"续前节"或"起始页码",若设置为"起始页码"需输入起始页码。最后单击"确定"按钮完成页码格式的设置。

注意,页码格式可以按照常规页码(按页面顺序编号)、自定义页码(如从正文第一页开始编号)、首页不同、奇偶页不同等方式进行设置。在 Word 文档中,默认情况下整篇文档的所有页码会按页面顺序编号,此时页码编号选择为"续前节"。但在 Word 长文档中,通常包括封面、目录和正文等几部分,正文部分第一页的页码编号需要从 1 开始。此时,可以先在正文第一页前插入分节符将整个文档分为两部分,然后设置正文第一页页码为从"1"开始,在图 2-28 所示的"页码格式"对话框中,设置"页码编号"为"起始页码",在其右侧微调框中输入"1",单击"确定"按钮,页码编号完成。此外,还可以在"页眉和页脚工具/设计"选项卡中设置"首页不同""奇偶页不同"等页码格式,也可以通过"导航"组中的"链接到前一条页眉"按钮来设置或取消不同节之间的页码连续性。

2.4.3 设置页眉和页脚选项

添加页眉或页脚时会进入页眉或页脚编辑状态,此时功能区上方出现"页眉和页脚工具/设计"选项卡,如图 2-29 所示。在此编辑状态下,可以进一步设置页眉和页脚选项,对文档页眉和页脚的样式和内容进行自定义操作。此时,既可以输入和编辑页眉或页脚的内容,如文本、图片、表格等,也可以设置页眉或页脚的样式和格式。另外,直接双击文档中的页眉或页脚区域,也可以进入页眉或页脚编辑状态。完成页眉或页脚的编辑后,单击"页眉和页脚工具/设计"选项卡→"关闭"组中的"关闭页眉和页脚"按钮,即可退出页眉或页脚的编辑状态。

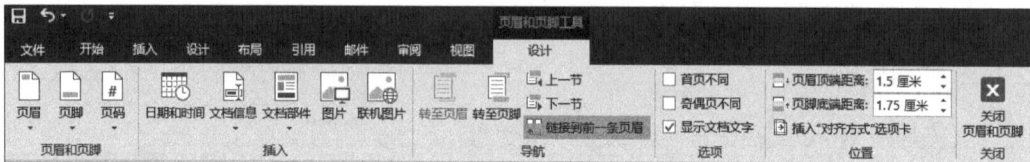

图 2-29 　"页眉和页脚工具/设计"选项卡

注意,如果在 Word 文档中要设置不同的页眉或页脚,首先需要根据实际情况插入多个分节符,将 Word 文档分为多个节,然后才能分别在每一节中设置不同的、相对独立的页眉或页脚。例如,当 Word 长文档排版中包括封面、目录和正文 3 个部分时,通常需要对这 3 个部分单独设置页眉页脚、页码等,此时需要先对这几部分插入相应的分节符分节,然后才可以将封面、目录和正文等部分作为单独的节进行处理。

"页眉和页脚工具/设计"选项卡提供了"导航"组,如果文档已分节或者选中了"首页不同""奇偶页不同"复选框,单击"上一节""下一节"按钮可以在不同节之间、首页与其他页之间、奇数页和偶数页之间切换。另外,单击"转至页眉""转至页脚"按钮可以在页眉区域和页脚区域之间切换。

1. 创建首页不同的页眉或页脚

在 Word 中，如果需要设置文档首页或者文档某节的首页与其他页不同，可以通过选中"首页不同"复选框来实现。创建首页不同的页眉或页脚的基本方法如下：打开需要操作的 Word 文档，进入页眉或页脚编辑状态，在"页眉和页脚工具/设计"选项卡→"选项"组中选中"首页不同"复选框；将光标定位在首页的页眉或页脚处，添加首页的页眉或页脚；然后将光标分别定位在其他页的页眉或页脚处，添加与首页不同的页眉或页脚。注意，如果首页中原先已经添加了页眉或页脚，选中"首页不同"复选框后会将其删除，需要重新输入。

2. 创建奇偶页不同的页眉或页脚

在 Word 中，如果需要分别设置文档奇数页和偶数页不同的页眉或页脚，可以通过选中"奇偶页不同"复选框来实现。创建奇偶页不同的页眉或页脚的基本方法如下：打开需要操作的 Word 文档，进入页眉或页脚编辑状态，在"页眉和页脚工具/设计"选项卡→"选项"组中选中"奇偶页不同"复选框；将光标定位在奇数（偶数）页的页眉或页脚处，添加奇数（偶数）页的页眉或页脚；然后将光标定位在偶数（奇数）页的页眉或页脚处，添加偶数（奇数）页的页眉或页脚。

3. 创建各节不同的页眉或页脚

在 Word 中，往往需要将文档分为多节，然后在每一节中都可以设置不同的页眉或页脚。创建各节不同的页眉或页脚的基本方法如下：打开已经分节的 Word 文档，进入页眉或页脚编辑状态，将光标定位在第 2 节的页眉或页脚区域，可以看到页眉或页脚区域右侧会显示"与上一节相同"的提示信息，如图 2-30 所示；单击"页眉和页脚工具/设计"选项卡→"导航"组中的"链接到前一条页眉"按钮，使之由选中状态变为未选中状态，解除该节（第 2 节）与前一节（第 1 节）之间的链接，页眉或页脚中将不再显示"与上一节相同"的提示信息。使用类似的方法，将光标定位在第 3 节的页眉或页脚区域，可以解除第 3 节与第 2 节之间的链接。此时，第 2 节的页眉或页脚与前后节的页眉或

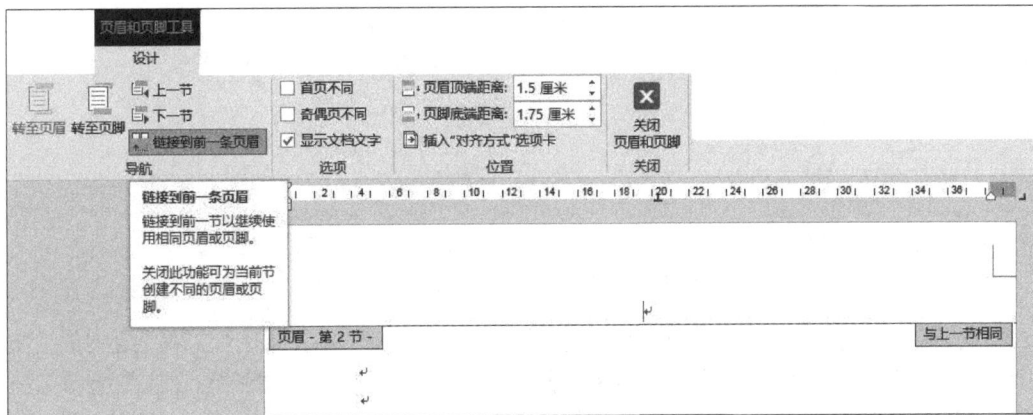

图 2-30　"链接到前一条页眉"按钮

页脚均没有链接了，因此可以根据需要修改该节的页眉或页脚，其内容和格式均可以重新设置。

　　注意，只有当文档中有 2 节及以上节时，"链接到前一条页眉"功能才会起作用（实质是链接到前一节），即后一节链接使用前一节的页眉页脚设置（包括首页不同、奇偶页不同）；如果文档中没有分节，那么该功能不可用。"链接到前一条页眉"功能只能解决各节间的页眉页脚相同与否，不能解决同一节中首页和后续页的页眉页脚设置问题。

　　4. 创建动态页眉或页脚

　　在 Word 中，根据实际需要还可以创建动态页眉或页脚，在页眉或页脚中可以添加页码、日期和时间、文档信息等，基本方法如下：打开需要操作的 Word 文档，进入页眉或页脚编辑状态，然后根据需要在页眉或页脚区域插入动态内容。另外，创建动态页眉或页脚也可以在页眉或页脚编辑状态下使用"插入"选项卡实现。再次强调，完成页眉或页脚的编辑后，必须单击"页眉和页脚工具/设计"选项卡→"关闭"组中的"关闭页眉和页脚"按钮，退出页眉或页脚编辑状态，返回 Word 文档默认状态。

　　动态页眉或页脚的效果会根据文档的不同而有所更新和变化，具体效果可以在编辑过程中进行调整和修改，具体说明如下。

　　（1）添加页码（{Page}域）：在页眉或页脚区域添加的页码会随着文档的当前页数而变化。单击"页眉和页脚工具/设计"选项卡→"插入"组中的"文档部件"下拉按钮，在弹出的下拉列表中选择"域"命令，弹出"域"对话框。在该对话框中设置"域名"为"Page"、"格式"为"1,2,3,…"，如图 2-31 所示，单击"确定"按钮。

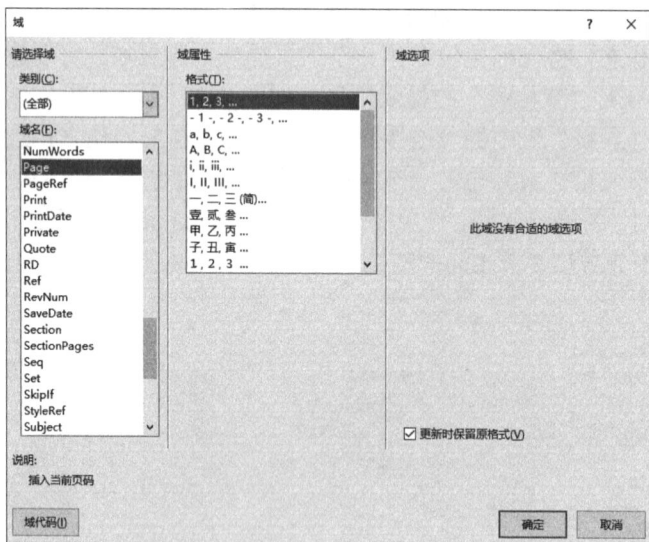

图 2-31　在"域"对话框中设置 {Page} 域

　　另外，也可以在页眉或页脚编辑状态下，单击"插入"选项卡→"文本"组中的"文档部件"下拉按钮，然后重复以上操作。还可以单击"页眉和页脚工具/设计"选项卡→"页眉和页脚"组中的"页码"下拉按钮，然后在弹出的下拉列表中根据需要选择一种页码格式。

（2）添加日期和时间：在页眉或页脚区域可以添加随着系统时间而更新而变化的动态日期和时间。单击"页眉和页脚工具/设计"选项卡→"插入"组中的"日期和时间"按钮，弹出"日期和时间"对话框，选择需要的日期和时间格式，并选中"自动更新"复选框。

（3）添加文档信息或文档部件：在页眉或页脚区域可以添加各种文档信息，如备注、标题、单位、作者等。单击"页眉和页脚工具/设计"选项卡→"插入"组中的"文档部件"下拉按钮，然后在弹出的下拉列表"文档属性"级联菜单中根据需要选择相关文档信息，即可将其添加到页眉或页脚中。文档部件的添加与之类似。

（4）添加域：在页眉或页脚区域也可以插入各种域，与前面添加页码（{Page}域）操作类似。单击"页眉和页脚工具/设计"选项卡→"插入"组中的"文档部件"下拉按钮，在弹出的下拉列表中选择"域"命令，弹出"域"对话框，根据需要选择相应的域名和相关信息即可，例如，在页眉中经常插入{StyleRef}域用于显示对应的章节序号和章节名称，在页脚中经常插入 Page 域即页码。注意，域随着文档内容的变化而自动更新。

2.4.4　删除页眉或页脚

在 Word 文档中，删除页眉或页脚与添加页眉或页脚操作类似，默认情况下整篇文档为一节，因此删除文档中某一页的页眉或页脚，即是删除整篇文档的页眉或页脚。删除页眉或页脚的基本方法如下：打开需要删除页眉或页脚的 Word 文档，单击"插入"选项卡→"页眉和页脚"组中的"页眉"下拉按钮，在弹出的下拉列表中命令"删除页眉"命令即可删除文档中所有页眉。页脚的删除方法与之类似。

注意，如果 Word 文档中存在分节，那么在删除页眉或页脚时需要注意是否删除了所有节的页眉或页脚。如果只删除某一节的页眉或页脚，则只需要在相应的节中进行删除操作。例如，删除文档首页的页眉或页脚，可以定位在文档首页，然后选择"删除页眉"或"删除页脚"命令。另外，在 Word 中还可以通过双击页眉或页脚区域进入页眉或页脚编辑状态，然后删除对应的页眉或页脚内容。

▌本节实例

【实例】在 Word 2016 中进行毕业论文排版，在"毕业论文素材 4.docx"中插入不同页眉和页码，封面无页眉和页码，封面后的页面设置奇偶页不同的页眉和页码，最后另存为"毕业论文排版 4.docx"。排版具体要求如下。

（1）毕业论文分节：在"摘要"前插入"下一节"分节符，将封面设置为第 1 节，封面后的页面（即从"摘要"开始直到文档结尾）为第 2 节。

（2）设置封面的页眉和页码：封面设置首页不同，无页眉也无页码。

（3）设置封面后的页码：封面后页面的页码设置为奇偶页不同，页码从 1 开始，奇数页显示在文档底部靠右，偶数页码显示在文档底部靠左，页脚格式为宋体、小五。

（4）设置封面后的页眉：封面后页面的奇数页页眉插入"本科毕业论文"，偶数页页眉插入当前页面对应的章标题（如当前页面中的章标题为"第 1 章　前言"，则当前页眉为"第 1 章　前言"，即使用{StyleRef}域），页眉格式为宋体、小五、居中对齐。

（5）排版完成后，文档另存为"毕业论文排版 4.docx"。

操作步骤：

（1）打开"毕业论文素材 4.docx"，将光标定位在"摘要"前（即封面页后），单击"布局"选项卡→"页面设置"组中的"分隔符"下拉按钮，在弹出的下拉列表中选择分节符"下一页"，此时"毕业论文素材 4.docx"分为 2 节，封面为第 1 节，其后内容为第 2 节。

再次注意，进行排版时首先选择页面视图、显示标尺和显示编辑标记，这样方便查看各类编辑标记，避免误操作。

（2）转到"毕业论文素材 4.docx"的封面（即第 1 节），直接双击封面的页眉区域，进入页眉编辑状态。在"页眉和页脚工具/设计"选项卡→"选项"组中选中"首页不同"复选框，封面不需要输入页眉或页脚。此时，封面页眉区域右侧显示"首页页眉-第 1节-"，然后单击"导航"组中的"转至页脚"按钮，即可跳转到封面页脚区域，页脚区域右侧显示"首页页脚-第 1 节-"。

注意，设置封面首页不同后，可能会在封面页眉区域出现一条横线。要去除该条多余的横线，可以将光标定位在页眉横线处，然后单击"开始"选项卡→"字体"组中的"清除所有格式"按钮。

（3）转到"毕业论文素材 4.docx"的"摘要"页（即第 2 节首页），设置奇偶页不同，插入奇数页文档底部靠右、偶数页文档底部靠左的页码。

① 直接双击"摘要"页下方的页脚区域，进入页脚编辑状态。在"页眉和页脚工具/设计"选项卡→"选项"组中选中"奇偶页不同"复选框，此时"摘要"页下方的页脚区域右侧显示"偶数页页脚-第 2 节-"。

② 设置页码格式。将光标定位在"摘要"页的页脚区域，单击"页眉和页脚工具/设计"选项卡→"页眉和页脚"组中的"页码"下拉按钮，在弹出的下拉列表中选择"设置页码格式"命令，弹出"设置页码格式"对话框。在该对话框中，设置"页码格式"为"1,2,3,…"、"页码编号"为起始页码"1"，如图 2-32 所示。单击"确定"按钮，可以发现"摘要"页转变为奇数页，页脚区域右侧显示转变为"奇数页页脚-第 2 节-"。

③ 奇数页插入页码。将光标定位在"摘要"页的页脚区域，单击"页眉和页脚工具/设计"选项卡→"页眉和页脚"组中的"页码"下拉按钮，在弹出的下拉列表中选择"页面底端"→"简单"中的"普通数字 3"格式，此时在页脚区域插入一个靠右的页码"1"，格式为宋体、小五。注意，删除原有靠左的多余空回车符。查看整个文档，会发现所有的奇数页页码已经显示在页面底端靠右的位置，格式为连续的奇数 1，3，5……

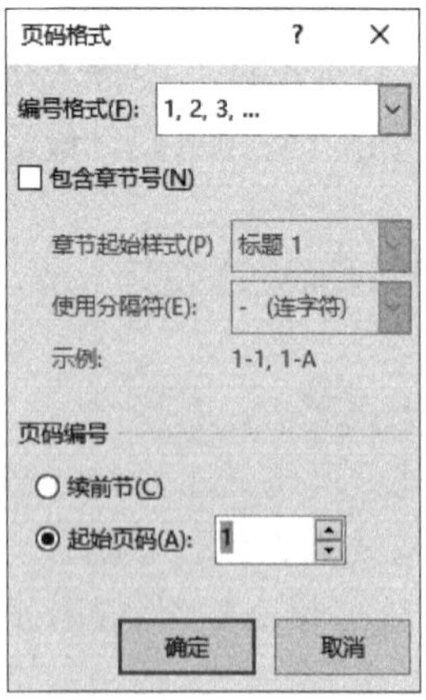

④ 偶数页插入页码。将光标定位在"第 1 章 前言"页的页脚区域，单击"页眉和页脚工具/设计"选项卡→"页眉和页脚"组中的"页码"下拉按钮，在弹出的下拉列表中选择"页面底端"→"简单"中的"普通数字 1"格式，此时在页脚区域插入一个靠左的页码"2"，格式为宋体、小五。注意，删除原有靠左的多余空回车符。查看整个文档，会发

图 2-32 设置页码格式

现所有的偶数页页码已经显示在页面底端靠左的位置，格式为连续的偶数 2，4，6……

（4）转到"毕业论文素材 4.docx"的"摘要"页（即第 2 节首页），设置奇数页页眉为"本科毕业论文"，设置偶数页页眉为该页面对应的章标题。

① 奇数页插入页眉。直接双击"摘要"页的页眉区域，进入页眉编辑状态，输入文本"本科毕业论文"，格式设置为宋体、小五、居中对齐。查看整个文档，会发现所有的奇数页页眉均为"本科毕业论文"。

② 偶数页插入页眉。直接双击"第 1 章　前言"页的页眉区域，进入页眉编辑状态，单击"页眉和页脚工具/设计"选项卡→"插入"组中的"文档部件"下拉按钮，在弹出的下拉列表中选择"域"命令，弹出"域"对话框。然后在该对话框中设置"域名"为"StyleRef"、"样式名"为"论文标题 1"，如图 2-33 所示，单击"确定"按钮。页眉格式设置为宋体、小五、居中对齐。查看整个文档，将会发现所有的偶数页页眉的实质均为{StyleRef}域，具体显示为每个页面对应的章标题。

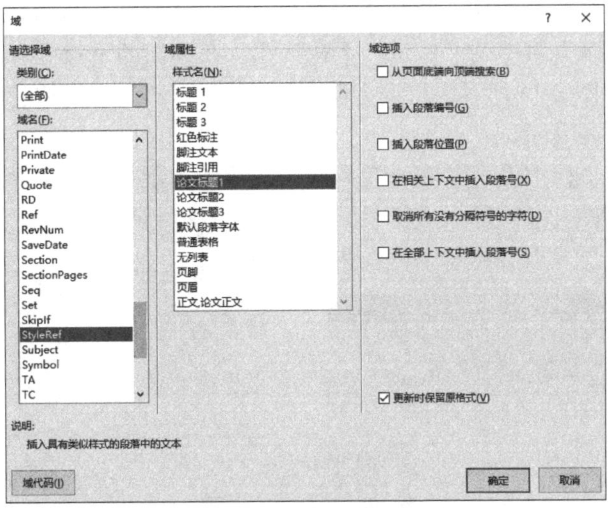

图 2-33　设置偶数页页眉为{StyleRef}域

注意，完成页眉或页脚的编辑后，必须退出编辑状态。

（5）另存为"毕业论文排版 4.docx"。单击"文件"选项卡→"另存为"按钮，打开"另存为"窗口，单击"浏览"按钮，在弹出的"另存为"对话框中，将"文件名"修改为"毕业论文排版 4.docx"，单击"保存"按钮。

2.5　目录与索引

Word 长文档排版往往需要抽取目录与索引，使长文档结构一目了然，同时实现引用内容和被引用内容之间的关联和自动更新。目录是 Word 文档中各级标题及对应页码的列表，通常位于整个文档正文之前，通过目录可以快速浏览和跳转到文档中各级标题的所在位置。索引是 Word 文档中所有关键词或主题的列表，通常放置在整个文档的后面，通过索引可以快速找到每个关键词或主题在文档中的位置。索引通常用于帮助读者快速找到所需的信息，特别适用于大型和复杂的文档。与目录不同，索引不是由标题和页码组成，而是由主题和相关页面列表组成。

2.5.1 创建标题目录

在 Word 中最常用的是标题目录，创建标题目录后，只需按住 Ctrl 键并单击目录中的各级标题，即可方便地跳转到文档各级标题的对应部分。创建标题目录可以使用目录样式库自动生成，也可以根据实际需要自定义目录，如果文档中新增或删除了标题样式，还需要对标题目录进行自动更新或删除。

1. 使用目录样式库创建目录

在 Word 中，使用目录样式库创建目录时，首先需要对 Word 文档中的各级标题应用样式库中的标题样式，如"标题1""标题2"等，同时文档中的页码也应该预先设置。只有在 Word 文档中正确应用标题样式和页码后，才可以使用目录样式库创建目录。使用目录样式库创建目录的基本方法如下：将光标定位在需要插入目录的位置，单击"引用"选项卡→"目录"组中的"目录"下拉按钮，在弹出的下拉列表中选择一种内置的目录样式即可，如图 2-34 所示。此时，Word 会自动识别文档中的各级标题并套用该自动目录的格式来产生目录。

注意，如果该文档中没有预先设置和应用对应的标题样式，将会显示"未找到目录项。"错误信息，如图 2-35 所示。此时可以选择"手动目录"样式来手动创建标题目录，自行填写各级章标题（即各级章节）的内容。

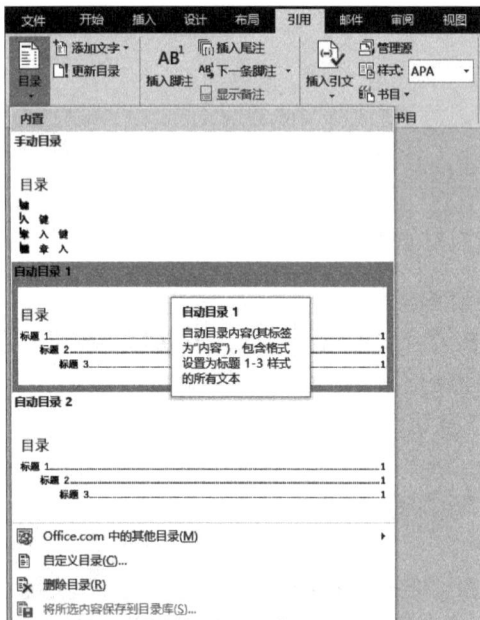

图 2-34　使用目录库样式创建标题目录

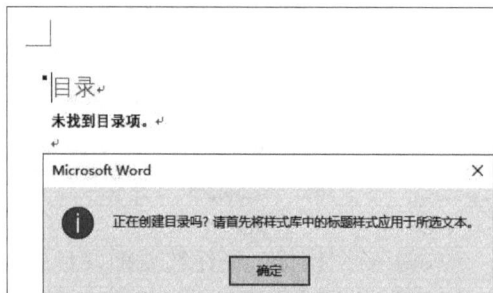

图 2-35　"未找到目录项"错误信息

2. 自定义目录

在 Word 中，还提供了用户自定义目录来创建更加符合实际需要的标题目录，可以通过设置具体的目录引用来源、目录格式和目录级别等参数来避免出错。在 Word 长文档排版中使用自定义目录的基本方法如下：在 Word 文档中将光标定位在需要插入目录的位置，单击"引用"选项卡→"目录"组中的"目录"下拉按钮，在弹出的下拉列表中选择"自定义目录"命令，弹出"目录"对话框，如图 2-36（a）所示。在该对话框中可以设置目录格式、页码格式、制表符前导符和显示级别等。

　　注意，如果需要对标题目录所对应的标题有效样式进行重新设置，可以在"目录"对话框中单击"选项"按钮，然后在弹出的"目录选项"对话框中进行相应设置，如图 2-36（b）所示。该对话框的"有效样式"区域显示了当前文档中使用的所有样式包括用户自定义样式，在样式名称右侧的"目录级别"文本框中可以输入数字 1～9 来将指定的标题样式与目录级别一一对应，有效样式和目录级别设置完成后，单击"确定"按钮返回"目录"对话框，此时在"打印预览"和"Web 预览"区域可以看到最新的标题样式及其目录级别，再次单击"确定"按钮，自定义目录就被保存到 Word 文档中。

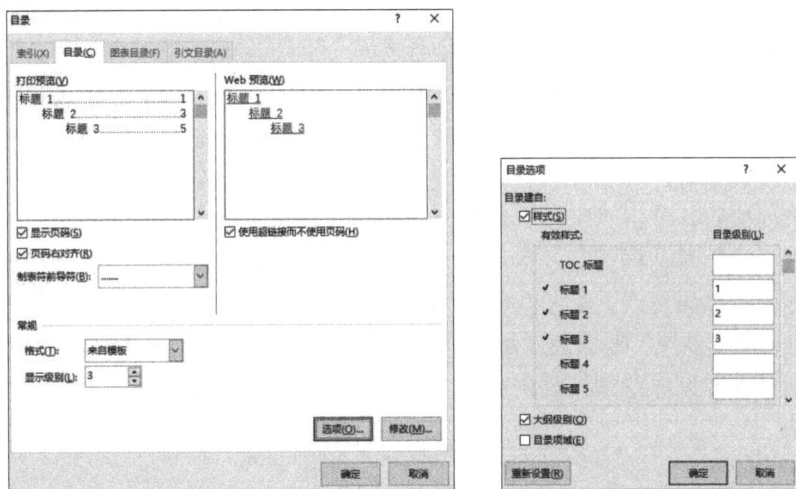

（a）"目录"对话框　　　　　　　　　（b）"目录选项"对话框

图 2-36　"目录"对话框与"目录选项"对话框

3. 更新目录

　　在 Word 中，目录实际上也是以域的方式保存在文档中的。当 Word 文档中的标题有了新的增加、更改或删除时，可以更新目录来实现标题目录的自动更新，基本方法如下：单击"引用"选项卡→"目录"组中的"更新目录"按钮，弹出"更新目录"对话框，如图 2-37 所示。如果文档中的标题仅仅只是页码发生变化，那么可以在弹出的对话框中选中"只更新页码"单选按钮。如果文档中的标题有了新增、更改或者删除，那么需要选中"更新整个目录"单选按钮，此时文档的标题目录及其对应的页码都会重新更新。

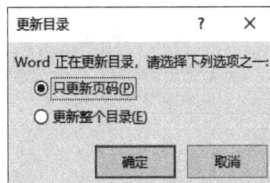

图 2-37　"更新目录"对话框

　　另外，在目录区域的任意位置右击，在弹出的快捷菜单中选择"更新域"命令或者按 F9 键也可以实现目录更新。

4. 删除目录

在 Word 中，删除目录与更新目录类似，基本方法如下：单击"引用"选项卡→"目录"组中的"目录"下拉按钮，在弹出的下拉列表中选择"删除目录"命令。如果是使用目录样式库创建的自动目录，那么在该自动目录上方也可以通过单击"目录"下拉按钮，然后在弹出的下拉列表中选择"删除目录"命令的方式将其删除。另外，还可以在文档中选中整个目录后按 Delete 键实现删除。

2.5.2 创建图表目录

图表目录也是 Word 中的一种常用目录，列出了 Word 文档中图片、表格或其他插图的说明，通常包括各种图表名称（即题注）及它们在文档中对应的页码。注意，图表目录是以预先插入的题注标签为基础的，根据图表题注标签可以创建图表目录，使用图表目录可以精确地定位 Word 文档中的各项图表。

在 Word 中，创建图表目录必须先对图表插入题注，才可以抽取图表目录，基本方法如下：首先，对文档中的所有图表对象插入题注，此时文档中的每个图表对象都已经插入了图题或表题等，并已经进行了自动编号；然后，在 Word 文档中将光标定位在需要插入目录的位置，单击"引用"选项卡→"题注"组中的"插入表目录"按钮，在弹出的"图表目录"对话框[图 2-38（a）]中根据实际需要进行设置，可以选择设置图表目录中的标题和页码格式，还可以在"题注标签"下拉列表中选择不同的题注对象，"打印预览"和"Web 预览"区域会显示图表目录对应的预览效果。设置完成后单击"确定"按钮，图表目录即被保存到文档中。

（a）"图表目录"对话框　　　　　（b）"图表目录选项"对话框

图 2-38　"图表目录"对话框与"图表目录选项"对话框

注意，如果需要对图表目录所对应的题注有效样式进行重新设置，可以在"图表目录"对话框中单击"选项"按钮，在弹出的"图表目录选项"对话框进行相应设置[图 2-38（b）]。在该对话框中不仅可以进一步对图表目录的来源进行设置，还可以设置图表目录建自的样式、目录项域、目录标识符等。

如果在 Word 文档中添加了新的图表对象，或者修改、删除了原有的图表对象，务必要手动更新对应的图表目录以保持其准确性。更新图表目录的基本方法如下：单击"引用"选项卡→"题注"组中的"更新表格"按钮，根据实际需要在弹出的"更新图表目录"对话框中进行相应设置即可。另外，右击图表目录区域的任意位置，在弹出的快捷菜单中选择"更新域"命令；或者选中图表目录，按 F9 键，也可以实现图表目录的更新。

删除图表目录的基本方法如下：在文档中选中整个图表目录后按 Delete 键，即可删除图表目录。

2.5.3　标记并创建索引

索引也是 Word 常用的一种导航工具，通常是一个单独的文档或页面，列出了文档中所有关键词或主题的列表，并指示了每个关键词或主题在文档中的位置。索引通常用于帮助读者快速找到所需的信息，特别适用于大型和复杂的文档。注意，在 Word 中，首先需要标记索引项，然后才能创建索引，标记索引项又分为位置索引和指定文本索引。当索引项有了增加、修改或删除时还需要更新索引，当不再需要索引时可以删除索引。

1.　标记索引项

可以通过定位光标所在位置来标记索引项，此时只能标记该位置的单个索引项（即位置索引），不能标记全部。标记索引项的基本方法如下：将光标定位在要添加索引的位置，单击"引用"选项卡→"索引"组中的"标记索引项"按钮，在弹出的"标记索引项"对话框（图 2-39）中，可以添加主索引项、次索引项，创建对另一个条目的交叉引用，并设置索引中显示的页码格式等。单击"标记"按钮，即可在光标所在位置处添加索引区域{XE"索引关键词或关键字"}。

标记索引项还可以通过选中指定文本进行，此时进行标记索引项操作可以选择标记全部，即标记整篇文档中的所有该文本（关键词或主题），基本方法如下：选中要标记索引项的文本，单击"引用"选项卡→"索引"组中的"标记索引项"按钮，弹出"标记索引项"对话框，该文本框中会自动显示选中的文本内容，单击"标记全部"按钮，整篇文档中所有与"主索引项"文本相同的索引项都会被标记出来。

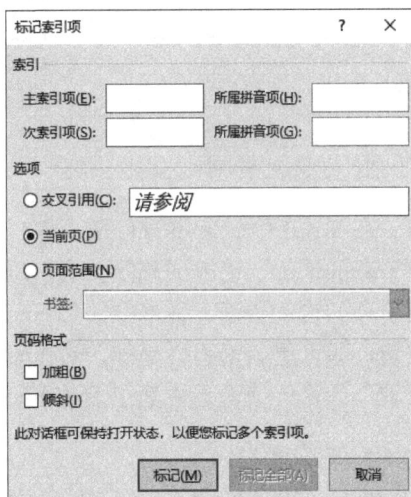

图 2-39　"标记索引项"对话框（位置索引）

注意，按照相同的方法可以对整篇文档中的多个索引项逐一进行标注。标记索引项的实质是以{XE}域的形式标记每个关键词或主题，完成标记后，默认显示索引项。索引项的显示或隐藏，可以通过单击"开始"选项卡→"段落"组中的"显示/隐藏编辑标记"按钮来切换，具体操作见2.3节。注意，索引项标记在 Word 文档中显示时会占用空间，因此在创建索引时应该隐藏所有的索引项标记。

2. 插入索引

标记索引项完成后才可以插入索引，即创建索引目录，基本方法如下：将光标定位在需要插入索引的位置，单击"引用"选项卡→"索引"组中的"插入索引"按钮，弹出"索引"对话框，如图 2-40（a）所示；在该对话框中，可以对索引的类型、栏数等进行设置，还可以通过选择不同的格式来更改索引的整体外观。

注意，如果需要对索引所对应的有效样式进行重新设置，可以在"索引"对话框中单击"修改"按钮，然后在弹出的"样式"对话框[图 2-40（b）]中进行相应设置。

（a）"索引"对话框 （b）"样式"对话框

图 2-40　"索引"对话框与"样式"对话框

3. 更新索引

在 Word 中，索引与目录一样，实际上也是以域的方式放置到文档中的。当索引项有了新的增加、更改或删除，索引项对应的页码有了变化时，可以通过更新索引来实现索引项的自动更新，基本方法如下：单击"引用"选项卡→"索引"组中的"更新索引"按钮，即可更新索引。另外，右击索引区域的任意位置，在弹出的快捷菜单中选择"更新域"命令，或者选中索引后按 F9 键也可实现索引的更新。

4. 删除索引

删除索引的方法也与删除目录类似，只需选中文档中要删除的索引后按 Delete 键。也可以只删除文档中被标记的索引项，索引项实质是索引域{XE "索引关键词或关键字"}，基本方法如下：单击"开始"选项卡→"段落"组中的"显示/隐藏编辑标记"

按钮，将文档中所有的索引项标记显示出来；然后选择需要删除的索引项，包括索引域括号{}，按 Delete 键即可实现删除相应索引项。注意，删除某个或某些索引项后，需要手工更新索引以得到最新页码的索引。

本节实例

【实例】在 Word 2016 中进行毕业论文排版，对"毕业论文素材 5.docx"进行页面设置、标题样式设置，并且创建目录、图表目录和索引，最后另存为"毕业论文排版5.docx"。

注意，"毕业论文素材 5.docx"已经分节并设置了不同的页眉页脚，其中封面、目录、图表目录、索引、摘要、Abstract、正文每一章和参考文献均为单独的一节；封面无页眉无页码；从目录开始后续的页眉均为"本科毕业论文"；目录、图表目录、索引无页码，摘要和 Abstract 的页码为大写罗马数字Ⅰ、Ⅱ，从第 1 章开始后续的页码为阿拉伯数字、起始页码为 1 并连续编号；整个文档中有 11 张图和 3 张表，图和表均已添加相应说明文字但尚未插入题注。

排版具体要求如下。

（1）文档页面设置：设置纸张大小为 A4，页边距上 3 厘米，下 2.5 厘米，左 2.5 厘米，右 2.5 厘米，靠左侧装订，装订线为 0.5 厘米，对称页边距，页眉距边界 1.5 厘米，页脚距边界 1.5 厘米。

（2）设置标题样式：将文档中所有红色加粗的文本设置为论文标题 1，所有绿色加粗倾斜的文本设置为论文标题 2，所有蓝色倾斜的文本设置为论文标题 3。

（3）创建目录并设置格式：在毕业论文的目录页中插入自定义目录，要求显示页码，页码右对齐，格式来自模板，只抽取论文标题 1 和论文标题 2 作为目录；整个目录字体设置为宋体、小四，段落设置为左对齐，左右缩进 0 字符，特殊格式无缩进，段前段后0 行，1.5 倍行距。

（4）插入题注并修改题注样式：对毕业论文中的 11 张图、3 张表插入题注，并修改题注样式字体为宋体、小五，段落为居中对齐，特殊格式无缩进，换行分页为孤行控制。注意，图片和表格设置为居中对齐，特殊格式无缩进。

（5）创建图表目录并设置格式：在毕业论文的图表目录页中分别插入图目录和表目录。整个目录字体设置为宋体、小四，段落设置为左对齐，左右缩进 0 字符，特殊格式无缩进，段前段后 0 行，1.5 倍行距。

（6）标记索引项：在毕业论文中标记 3 个索引项"SpringBoot""人岗匹配""智能招聘"。注意，去掉封面、目录、图表目录和索引中的索引标记（即只标记正文中的内容）。

（7）创建索引：在毕业论文的索引页中插入索引目录，并检查删除不恰当的索引标记。注意，由于索引项标记在 Word 文档中显示时会占用空间，因此在创建索引前应该设置为隐藏索引项标记。

（8）排版完成后，文档另存为"毕业论文排版 5.docx"。

操作步骤：

（1）打开"毕业论文素材 5.docx"，进行整篇文档的页面设置。

① 设置纸张。单击"布局"选项卡→"页面设置"组右下角的对话框启动器按钮 🖫，弹出"页面设置"对话框，选择"纸张"选项卡，设置"纸张大小"为"A4"、"应用于"为"整篇文档"。

② 设置版式。接着选择"版式"选项卡，设置距边界"页眉"为"1.5 厘米"、"页脚"为"1.5 厘米"，应用于"整篇文档"。

③ 设置页边距。选择"页边距"选项卡，设置页边距"上"为"3 厘米"，"下"为"2.5 厘米"，"左"为"2.5 厘米"，"右"为"2.5 厘米"，"装订线"为"0.5 厘米"，"装订线位置"为"左"，"多页"为"对称页边距"，应用于"整篇文档"， 单击"确定"按钮。注意，页面设置范围一定要应用于整篇文档，否则会因为该文档分为多个节而出现不同节使用不同的页面设置的情况。

（2）在"毕业论文素材 5.docx"中对 3 种格式类似的文本分别设置论文标题 1、论文标题 2 和论文标题 3 样式。

① 选中"毕业论文素材 5.docx"中任意红色加粗格式的文本（如"摘要"），单击"开始"选项卡→"编辑"组中的"选择"下拉按钮，在弹出的下拉列表中选择"选定所有格式类似的文本(无数据)"命令，如图 2-41 所示。此时，文档中所有红色加粗格式的文本均被选中，单击"开始"选项卡→"样式"组中的"论文标题 1"图标，将所有红色加粗格式的文本设置为论文标题 1（即设置了毕业论文每一章的章标题）。

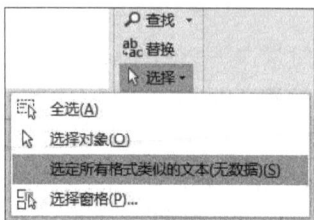

图 2-41　"选定所有格式类似的文本（无数据）"命令

② 采用同样的方法，将"毕业论文素材 5.docx"中所有绿色加粗倾斜的文本设置为论文标题 2，所有蓝色倾斜的文本设置为论文标题 3。

（3）在"毕业论文素材 5.docx"中创建自定义目录，只抽取论文标题 1 和论文标题 2 作为目录同时设置目录的格式。

① 创建目录。将光标定位在目录页中"目录"的下一行处，单击"引用"选项卡→"目录"组中的"目录"下拉按钮，在弹出的下拉列表中选择"自定义目录"命令，弹出"目录"对话框，如图 2-42（a）所示。在该对话框中，单击"选项"按钮，弹出"目录选项"对话框，如图 2-42（b）所示。首先删除原有的有效样式"标题 1""标题 2""标题 3""论文标题 3"对应的目录级别"1""2""3""3"，保留有效样式"论文标题 1""论文标题 2"对应的目录级别"1""2"，单击"确定"按钮，返回"目录"对话框，此时在"打印预览"和"Web 预览"区域会显示自定义目录效果，如图 2-42 所示。再次单击"确定"按钮，在光标所在处即显示整个自定义目录。

② 设置目录格式。选中整个自定义目录，单击"开始"选项卡→"字体"组右下角的对话框启动器按钮 🖫，弹出"字体"对话框，设置中文字体为"宋体"，西文字体为"Times New Roman"，小四；然后单击"开始"选项卡→"段落"组右下角的对话框启动器按钮 🖫，弹出"段落"对话框，设置段落格式为左对齐，左右缩进 0 字符，特殊格式无缩进，段前段后 0 行，1.5 倍行距。

（4）对"毕业论文素材 5.docx"中的 11 张图、3 张表插入题注并修改题注样式，最后将图片和表格设置为居中对齐，特殊格式无缩进。

（a）"目录"对话框　　　　　　　　　（b）"目录选项"对话框

图 2-42　设置自定义目录

① 插入题注。将光标定位在"毕业论文素材 5.docx"中的第 1 张图（即"管理者 Hr 对智能招聘评价图"）前，单击"引用"选项卡→"题注"组中的"插入题注"按钮，在弹出的"题注"对话框中单击"新建标签"按钮，弹出"新建标签"对话框。在该对话框中，在"标签"文本框中输入"图"，单击"确定"按钮，返回"题注"对话框，如图 2-43 所示。此时，"题注"变为新建标签"图 1"，再次单击"确定"按钮，在第 1 张图"管理者 Hr 对智能招聘评价图"前插入了题注"图 1"，"图"为标签，"1"为自动编号。注意，插入题注后，该题注会自动应用 Word 文档的内置"题注"样式。

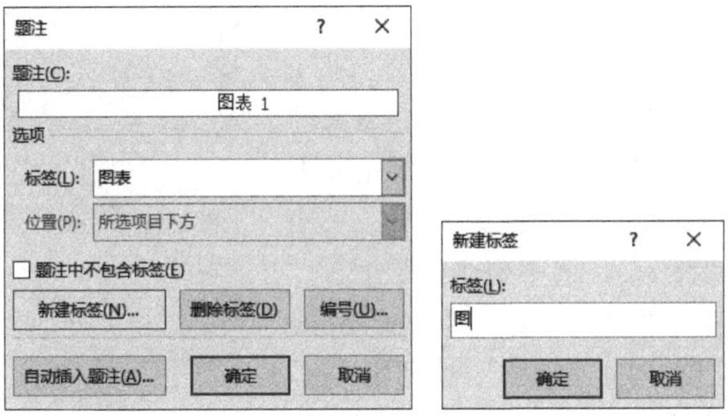

（a）"题注"对话框　　　　　　（b）"新建标签"对话框

图 2-43　新建标签并插入题注

② 修改"题注"样式。单击"开始"选项卡→"样式"组中的"其他"按钮，打开快速样式库，右击"题注"样式，在弹出的快捷菜单中选择"修改"命令，弹出"修改样式"对话框。在该对话框中，单击左下角的"格式"按钮，可以分别对"题注"样式的字体、段落进行修改，修改"题注"样式为宋体、小五，段落设置为居中对齐，换行分页为孤行控制。

注意，修改题注样式不仅是修改字体设置，有时还需要修改段落设置，如将换行分

图 2-44　修改"题注"样式

页设置为孤行控制，如图 2-44 所示。

③ 重复以上操作，对"毕业论文素材 5.docx"中的 11 张图、3 张表插入相应的图题和表题，并应用"题注"样式。

④ 设置图和表的格式。选中"毕业论文素材 5.docx"中的第 1 张图（即图 1 管理者 Hr 对智能招聘评价图），单击"开始"选项卡→"段落"组右下角的对话框启动器按钮，弹出"段落"对话框，设置段落格式为居中对齐，特殊格式无缩进。重复以上操作，对其他图和表设置同样的格式。

（5）在"毕业论文素材 5.docx"中创建图表目录，先插入图目录，再插入表目录。

① 插入图目录。将光标定位在图表目录页中"图表目录"的下一行处，单击"引用"选项卡→"题注"组中的"插入表目录"按钮，弹出"图表目录"对话框，在该对话框中选中"显示页码"和"页码右对齐"复选框，选择"题注标签"为"图"，如图 2-45 所示。此时，在"打印预览"和"Web 预览"区域会显示图表目录对应的预览效果，单击"确定"按钮，在光标所在处即显示整个图目录（题注标签为"图"）。

② 创建表目录。同样方法，将光标定位在整个图目录的下一行处，单击"引用"选项卡→"题注"组中的"插入表目录"按钮，弹出"图表目录"对话框，选择"题注标签"为"表"。此时，在"打印预览"和"Web 预览"区域会显示图表目录对应的预览效果，单击"确定"按钮，在光标所在处即显示整个表目录（题注标签为"表"）。

③ 设置图表目录格式。选中整个图表目录，单击"开始"选项卡→"字体"组右下角的对话框启动器按钮，在弹出的"字体"对话框中，设置中文字体为"宋体"，西文字体为"Times New Roman"，小四；然后单击"开始"选项卡→"段落"组右下角的对话框启动器按钮，弹出"段

图 2-45　插入图目录

落"对话框，设置段落格式为左对齐，左右缩进 0 字符，特殊格式无缩进，段前段后 0 行，1.5 倍行距。

（6）在"毕业论文素材 5.docx"中标记 3 个索引项"SpringBoot""人岗匹配""智能招聘"，并检查全文去掉不恰当的索引标记。

注意，一般索引标记的是正文内容，不要标记封面、目录和图表目录等特殊页面中的文本，一是封面和各种目录通常没有页码，二是标记索引项会占用空间改变封面和各

种目录的排版（如封面本来为一页，标记索引项后会变成两页），这些都会引起混乱。

① 标记"SpringBoot"。选中摘要页的"SpringBoot"文本，单击"引用"选项卡→"索引"组中的"标记索引项"按钮，弹出"标记索引项"对话框，单击"标记全部"按钮，即标记了所有的"SpringBoot"文本（即在所有的"SpringBoot"文本处添加了索引域{XE"SpringBoot"}，如图 2-46 所示。注意，索引项区分大小写，因此 Abstract 页中的"Springboot"没有被索引标记。

② 去掉目录中不恰当的索引标记。经过检查，在目录页选中"2.2 SpringBoot"后的{XE"SpringBoot"}域，如图 2-47 所示，按 Delete 键即可删除该索引标记。

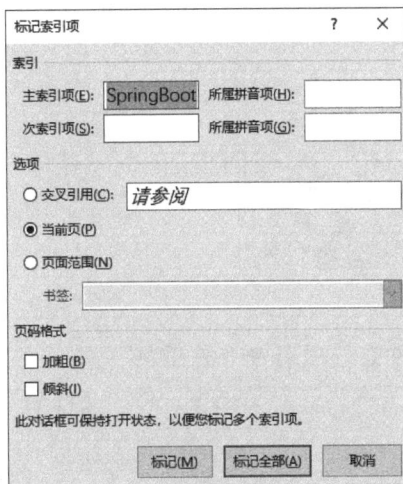

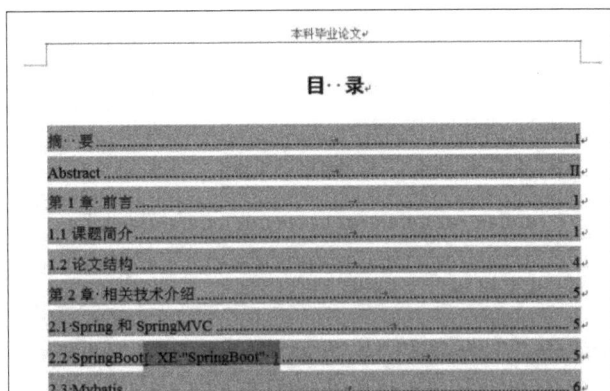

图 2-46　标记所有的"SpringBoot"　　图 2-47　删除"目录"中不恰当的{XE"SpringBoot"}域

③ 标记"人岗匹配"并删除论文题目中不恰当的索引标记。用同样的方法，选中摘要页的"人岗匹配"文本，在"标记索引项"对话框中单击"标记全部"按钮，标记全文中的所有"人岗匹配"文本。然后检查封面页、目录页和图表目录页，删除封面页中论文题目中的{XE"人岗匹配"}域。

④ 标记"智能招聘"并删除图表目录中不恰当的索引标记。用同样的方法，选中摘要页的"智能招聘"文本，在"标记索引项"对话框中单击"标记全部"按钮，标记全文中的所有"智能招聘"文本。然后检查封面页、目录页和图表目录页，删除图表目录页中图 1 和图 2 后的{XE"智能招聘"}域。

⑤ 设置隐藏索引标记。在"毕业论文素材 5.docx"中完成标记索引项后，默认方式为显示索引项，此时会占用空间，因此在创建索引前应该隐藏索引项标记。单击"开始"选项卡→"段落"组中的"显示/隐藏编辑标记"按钮，使之不为选中状态即可切换为隐藏索引标记。

（7）在"毕业论文素材 5.docx"中插入索引。将光标定位在索引页中"索引"的下一行处，单击"引用"选项卡→"索引"组中的"插入索引"按钮，在弹出的"索引"对话框中设置"栏数"为"1"，选中"页码右对齐"复选框，单击"确定"按钮（图 2-48），此时在光标所在处即显示整个索引。

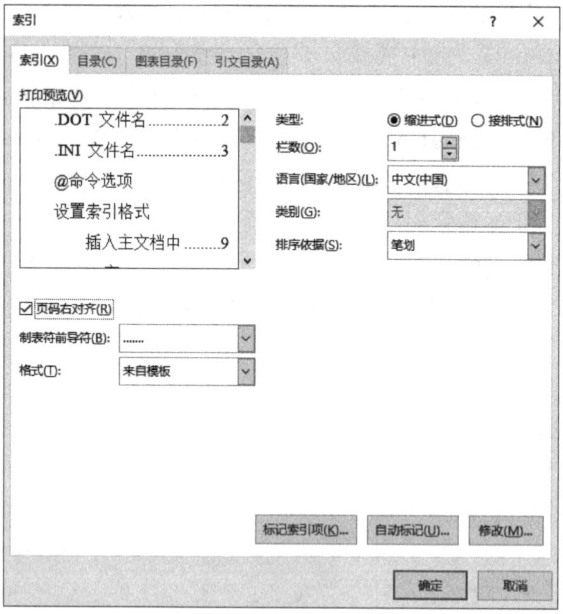

图 2-48　插入索引

（8）另存为"毕业论文排版 5.docx"。单击"文件"选项卡→"另存为"按钮，打开"另存为"窗口，单击"浏览"按钮，在弹出的"另存为"对话框中，将"文件名"修改为"毕业论文排版 5.docx"，单击"保存"按钮。

注意，最后保存和关闭所有文档。

第 3 章　审阅与修订

本章主要介绍 Word 软件提供的多人协作共同完成文档审阅与修订的相关操作，包括批注、修订、比较、合并、管理与共享文档等。

3.1　批注与修订文档

Word 提供了批注与修订功能来进行文档审阅，批注是审阅文档时为文档附加的注释、说明、建议意见和额外信息等，可以有多个审阅者对文档添加批注，并以不同的颜色进行标识。修订是审阅文档时用于跟踪文档更改和编辑的历史，并对文档所做的插入、删除或其他编辑操作进行标记，最后可以选择接受或拒绝所做的修订。

3.1.1　批注

在审阅 Word 文档的过程中会用到批注功能，批注用来注释、解释和评论文档内容，用户可以对批注做出答复或者保存批注的版本等，从而方便文档审阅者与作者之间的沟通。

注意，批注是文档的附加说明，并不影响或修改文档原本的内容，也不影响文档的排版，一般以对话框注释文本的形式存在。

1. 添加和编辑批注

添加和编辑批注默认在对应的批注框中完成。在文档中添加批注的基本方法如下：选中文档中需要添加批注的文本或短句，单击"审阅"选项卡→"批注"组中的"新建批注"按钮，右侧页边距旁即插入一个批注框，选中的文本或短句前后会加上一对括号，文本或短句本身也会加上类似选中的颜色，最后在批注框中输入批注内容即可。注意，如果是将光标定位在需要添加批注的位置，Word 将自动选中前后邻近的短语，并对之添加批注。

添加批注后如果希望对添加的批注框中的内容进行修改，可以编辑批注，基本方法如下：单击需要修改的批注框，将光标移至批注框中即可直接修改批注内容。注意，修改完成后单击文档页面上的任意位置，即可完成批注并跳出批注框。

2. 查看和隐藏批注

添加批注后可以查看或隐藏批注，基本方法如下：单击"审阅"选项卡→"修订"组中的"显示标记"下拉按钮，在弹出的下拉列表中选择"批注"命令，选中了选择标记即可显示批注（前方会显示一个√），再次选择该命令，取消选中标记即可隐藏批注。在显示批注时，还可以设置批注的显示方式，基本方法如下：单击"审阅"选项卡→"修订"组中的"显示标记"下拉按钮，在弹出的下拉列表中选择"批注框"命令，然后根据需要选中指定的批注显示方式，如图 3-1 所示。

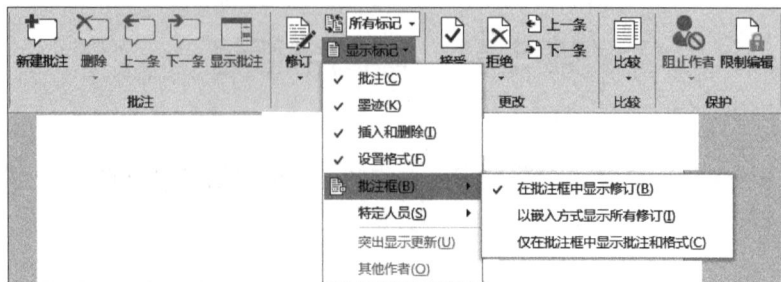

图 3-1 查看批注时设置批注的显示方式

注意，在默认状态下批注为"在批注框中显示修订"，都是以在右侧页边距旁插入的批注框形式显示的，也可以设置批注为"以嵌入方式显示所有修订"。如果选择以嵌入方式显示所有修订，那么查看批注时需要将鼠标指针指向文档中已经添加了批注的对象，鼠标指针附近将出现浮动窗口，窗口内显示审阅者（即添加批注的用户）、批注日期和时间，以及批注的内容。其中，审阅者默认为安装 Office 软件时注册的用户名，如 Admin。审阅者都可以添加自己的批注，查看批注时用户可以查看所有审阅者的批注，也可以根据需要只查看特定人员或其他作者的批注，即可分别查看不同审阅者的批注。

3. 处理批注

文档中的批注一般是审阅者添加的，会转给文档作者处理，方便共享写作。处理批

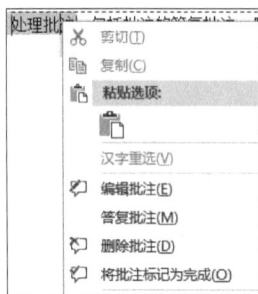

图 3-2 "处理批注"快捷菜单

注的基本方法如下：将光标定位在需要处理批注的对应文本或短句处，然后右击该批注，在弹出的快捷菜单中根据需要选择相应的命令，如图 3-2 所示。

3.1.2 修订

在审阅 Word 文档的过程中还会用到修订功能，修订是对文档进行的修改，Word 可以将这些修改痕迹保留下来形成修订记录，还可以将修订后的文档内容与原文档内容进行对比。注意，修订是对文档的历史操作，是文档的一部分，这样能清晰地保留和展示文档的修改过程。修订主要包括修订选项设置、打开和关闭修订状态、查看修订、审阅修订等操作，但修订可能会影响文档的整洁性，因此需要适当控制修订的数量和范围。同时文档最后定稿前需要审阅修订，对于每一条修订选择接受或拒绝，对于不需要的修订可以删除和修改。

1. 设置修订选项

在审阅 Word 文档内容进行有关批注与修订操作之前，可以根据实际需要事先设置批注与修订的用户名、位置、外观等内容，基本方法如下：单击"审阅"选项卡→"修订"组右下角的对话框启动器按钮 ，弹出"修订选项"对话框，如图 3-3 所示。在弹出的对话框中可以根据需要选择要修改的参数。例如，单击"修订选项"对话框中的"更

改用户名"按钮，弹出"Word 选项"对话框，在该对话框中用户可以根据需要修改用户名。

注意，修订的用户名默认为安装 Office 软件时注册的用户名，在文档中添加批注或进行修订后，用户可以查看到批注者或修订者的名称，即用户名。

2. 打开和关闭修订状态

在 Word 中，系统默认关闭文档的修订功能。打开或关闭文档的修订状态的基本方法如下：单击"审阅"选项卡→"修订"组中的"修订"按钮，如果"修订"按钮以

图 3-3　"修订选项"对话框

加亮突出显示，则文档为打开修订状态，否则文档为关闭修订状态；还可以选择"修订"下拉列表中的"锁定修订"命令关闭修订状态，但需要输入密码，只有密码正确才能关闭修订状态。注意，只有在打开修订状态下，审阅者或作者对文档内容的所有操作，如插入、修改、删除或格式更改等才能被记录下来，后续才能查看修订。

3. 查看修订

打开修订状态对 Word 文档进行修订后，文档中通常包括批注、插入、删除、格式设置等修订标记，可以根据需要查看修订，基本方法如下：单击"审阅"选项卡→"修订"组中的"显示标记"下拉按钮，在弹出的下拉列表中，可以看到"批注""墨迹""插入和删除""设置格式""批注框""突出显示更新"等命令，可以根据需要选中或取消选中这些命令，相应的标注或修订效果会自动隐藏或显示。

如果需要查看 Word 文档修订前后的状态及修订的内容，基本方法如下：单击"审阅"选项卡→"修订"组中的"所有标记"下拉按钮，在弹出的下拉列表中，可以看到"简单标记""所有标记""无标记""原始状态"命令，可以根据需要选择相应命令，查看修订状况。"简单标记"显示文档修改后的最终结果并且显示修订标记，在修订段落左侧会显示一条竖线表示此处有修改；"所有标记"显示对文档所做的全部修改及修订标记，为默认状态；"无标记"只显示文档修改后的最终结果，不显示修订标记；"原始状态"显示文档没有修改前的状态。注意，默认状态下为查看文档中的所有修订。

4. 审阅修订

完成对 Word 文档的修订后，可以打开审阅窗格对文档修订进行审阅，基本方法如下：单击"审阅"选项卡→"修订"组中的"审阅窗格"下拉按钮，在弹出的下拉列表中选择"垂直审阅窗格""水平审阅窗格"命令。"垂直审阅窗格"将在文档的左侧显示审阅窗格，"水平审阅窗格"将在文档下方显示审阅窗格，窗格中会显示批注和修订的内容，以及标记修订和插入批注的用户名。

完成对 Word 文档的修订后，还可以根据需要对这些修订进行接受或拒绝处理。接受修订的基本方法如下：单击"审阅"选项卡→"更改"组中的"接受"下拉按钮，在弹出的下拉列表中可以根据需要选择相应的接受修订命令，如图 3-4 所示。

注意，"接受并移到下一条"表示接受当前这条修订操作并自动移至下一条修订上；

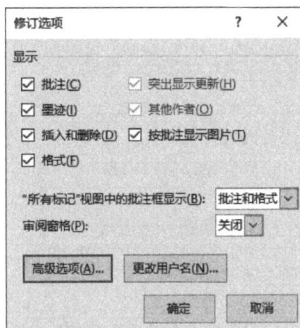

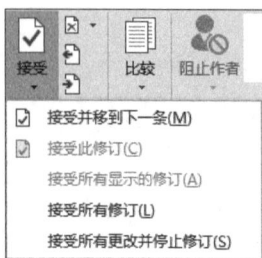

图 3-4 "接受"下拉列表

"接受此修订"表示接受当前这条修订操作；"接受所有显示的修订"表示接受此时显示的指定审阅者所做出的修订操作；"接受所有修订"表示接受文档中所有的修订操作；"接受所有更改并停止修订"表示接受文档中所有的修订操作并关闭修订状态。

拒绝修订的基本方法如下：单击"审阅"选项卡→"更改"组中的"拒绝"下拉按钮，在弹出的下拉列表中可以根据需要选择相应的拒绝修订命令。

注意，"拒绝并移到下一条"表示拒绝当前这条修订操作并自动移至下一条修订上；"拒绝更改"表示拒绝当前这条修订；"拒绝所有显示的修订"表示拒绝此时显示的指定审阅者所做出的修订操作；"拒绝所有修订"表示拒绝文档中所有的修订操作；"拒绝所有更改并停止修订"表示拒绝文档中所有的修订操作并关闭修订状态。

■ 本节实例

【实例】在 Word 2016 中使用批注与修订功能对文档进行审阅，需要审阅的文档为"文献综述初稿.docx"，审阅后接受所有修订并另存为"文献综述审阅稿.docx"。具体要求如下。

（1）设置修订选项，更改用户名为"指导教师"，缩写为"Teacher"。

（2）打开修订状态，设置显示所有标记以查看修订和批注。

（3）修订文档，删除封面论文标题后多余的横线，删除封面中日期前的空格并设置无缩进和居中，删除正文中多余的空格，在正文最后一段开头处插入文本"综上所述，"。

（4）批注文档，对正文中不规范的用词和参考文献进行批注。

（5）审阅完成后接受所有修订，关闭修订，并将文档另存为"文献综述审阅稿.docx"。

操作步骤：

（1）设置修订选项。打开"文献综述初稿.docx"文档，单击"审阅"→"修订"组右下角的对话框启动器按钮 ，在弹出的"修订选项"对话框中单击"更改用户名"按钮。此时，弹出"Word 选项"对话框。在"Word 选项"对话框中选择"常规"选项卡，设置"用户名"为"指导老师"，"缩写"为"Teacher"，如图 3-5 所示，连续单击两次"确定"按钮，完成用户名的更改。

（2）打开修订状态并设置为显示所有标记。首先单击"审阅"选项卡→"修订"组中的"修订"按钮，此时"修订"按钮以加亮突出显示，即为打开修订状态。然后单击"审阅"选项卡→"修订"组中的"所有标记"下拉按钮，在弹出的下拉列表中选择"所有标记"，此时将会显示此后对"文献综述初稿.docx"所做的全部修改及修订标记。

（3）修订"文献综述初稿.docx"，一共有 4 处修订。首先删除封面论文标题后多余的横线，删除封面中日期前的空格并设置无缩进和居中，删除正文中多余的空格（可以手动删除，也可以使用查找替换功能批量删除），在正文最后一段开头处插入文本"综上所述，"。以删除封面中日期前的空格并设置无缩进和居中为例，首先将光标定位在封面"2019 年 11 月 11 日"处，删除"2019"前的 2 个空格；然后将光标定位在该日期处，右击，在弹出的快捷菜单中选择"段落"命令，弹出"段落"对话框；最后在"段落"

对话框"缩进与间距"选项卡中设置"特殊格式"为"无",对齐方式为"居中"。

（4）批注"文献综述初稿.docx",对正文中不规范的用词和参考文献进行批注;首先选中文档中最后一段第一句中的"我"这一文本,然后单击"审阅"选项卡→"批注"组中的"新建批注"按钮,此时会在右侧页边距旁插入一个批注框,在批注框中输入批注的内容"论文写作最好不要用'我',请将所有'我'修改,如可以改为'本课题'。"。使用同样的方法,为"文献综述初稿.docx"参考文献部分的[10]添加批注"参考文献太旧,可以更换为最近 5 年的参考文献"。

（5）审阅完成后接受所有修订并另存为"文献综述审阅稿.docx"。首先单击"审阅"选项卡→"修订"组中的"审阅窗格"下拉按钮,在弹出的下拉列表中选择"垂直审阅窗格"命令,此时将在文档的左侧显示审阅窗格并显示批注和修订的内容,如图 3-6 所示。然后单击"审阅"选项卡→"更改"组中的"接受"下拉按钮,在弹出下拉列表中选择"接受所有修改并停止修订"命令,表示接受文档中所有的修订操作并关闭修订。最后将审阅后的文档另存为"文献综述审阅稿.docx"。

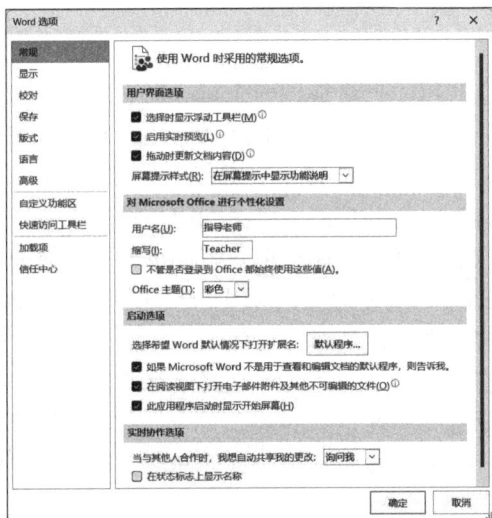

图 3-5　设置修订的用户名及缩写

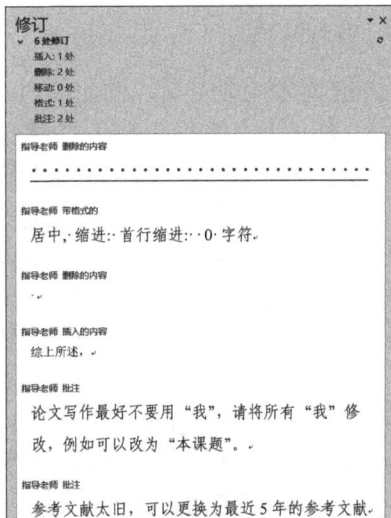

图 3-6　审阅共 6 处
（4 处修订、2 处批注）

3.2　比较与合并文档

Word 比较与合并功能在文档修订、校对及合并不同版本的内容时非常有用,可以使用比较功能来查看两个文档之间的差异和相似之处,还可以使用合并功能将多个文档生成为一个更加全面和准确的文档,从而帮助用户在多个应用场景中迅速完成文档处理。

3.2.1　比较文档

Word 的比较功能应用广泛,在文档修订和校对时,通过 Word 的比较功能可以清楚地看到两个文档的差异,这有助于用户理解文档的修改情况;在进行文档版本控制时,通过 Word 的比较功能可以处理同一文档的不同版本,有助于用户比较两个版本的差异,

图 3-7　"比较文档"对话框

从而更好地理解文档的修改历史和内容的变化；在格式化和排版文档时，Word 比较功能还可以帮助用户在两个文档之间进行格式化和排版方面的比较和调整。

　　Word 比较功能可以帮助用户修改和合并文档，基本方法如下：单击"审阅"选项卡→"比较"组中的"比较"下拉按钮，在弹出的下拉列表中选择"比较"命令，弹出"比较文档"对话框（图 3-7），选择需要比较的两个文档，在"比较设置"组中选择需要的项目，单击"确定"按钮。此时会对两个文档进行精确比较，并用修订来显示两个文档的差异，默认情况下比较结果会显示在一个新建的文档中，被比较的两个文档内容则不变。

3.2.2　合并文档

　　Word 的合并功能可以和比较功能一起使用，最终得到一个新的、更加丰富和完善的文档。如果用户需要将多份文档整合到一个文档中，可以使用 Word 合并功能来快速有效地整合多份文档，避免手动复制和粘贴的麻烦，方便用户进行后续的编辑和管理；当多个用户（审阅者）对同一文档进行修订时，合并功能可以帮助用户将所有修订合并到一个文档中，从而方便用户对修订进行比较和整合；如果用户需要将同一文档的不同版本合并到一个文档中，合并功能可以帮助用户快速地比较和整合不同版本的内容。

　　Word 合并功能还可以生成符合要求的新文档，基本方法如下：单击"审阅"选项卡→"比较"组中的"比较"下拉按钮，在弹出的下拉列表中选择"合并"命令，弹出"合并文档"对话框，如图 3-8 所示；然后选择需要合并的两个文档，在"比较设置"组中选择需要的项目，单击"确定"按钮。此时会显示一个合并后的新文档，该文档内容包含被合并的两个文档。

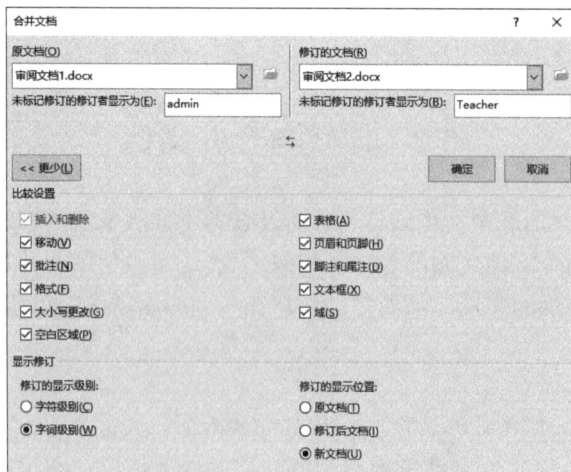

图 3-8　"合并文档"对话框

■ **本节实例** ■

【实例】在 Word 2016 中对文档进行比较与合并，需要进行比较与合并的两个文档为"文献综述初稿.docx"和"文献综述修改稿.docx"，其中"文献综述修改稿.docx"是在"文献综述初稿.docx"基础上根据指导老师的修订和批注进行了修改后的第 2 版文献综述。这两个文档比较后的新文档保存为"比较结果 1.docx"，合并后的新文档保存为"合并结果 1.docx"。具体要求如下。

（1）使用比较功能来比较"文献综述初稿.docx"与"文献综述修改稿.docx"，查看审阅并保存比较后的文档为"比较结果 1.docx"。

（2）使用合并功能来比较"文献综述初稿.docx"与"文献综述修改稿.docx"，最后接受所有修订并保存合并后的文档为"合并结果 1.docx"。

操作步骤：

（1）打开 Word 2016，使用默认选项比较两个文档"文献综述初稿.docx"和"文献综述修改稿.docx"，审阅并将比较后的文档保存为"比较结果 1.docx"。

① 单击"审阅"选项卡→"比较"组中的"比较"下拉按钮，在弹出的下拉列表中选择"比较"命令，弹出"比较文档"对话框，然后在左侧"原文档"下拉列表中通过浏览选择"文献综述初稿.docx"，在右侧"修订的文档"下拉列表中通过浏览选择"文献综述修改稿.docx"。

② 单击"更多"按钮，在对话框的"比较设置"中选择需要的项目，这里使用默认设置不更改已有选择，单击"确定"按钮。此时会对两个文档进行精确比较，默认情况下比较结果会显示在一个新建的文档中，单击"文件"选项卡→"另存为"按钮，在打开的"另存为"窗口中将该比较后的文档保存为"比较结果 1.docx"，如图 3-9 所示。

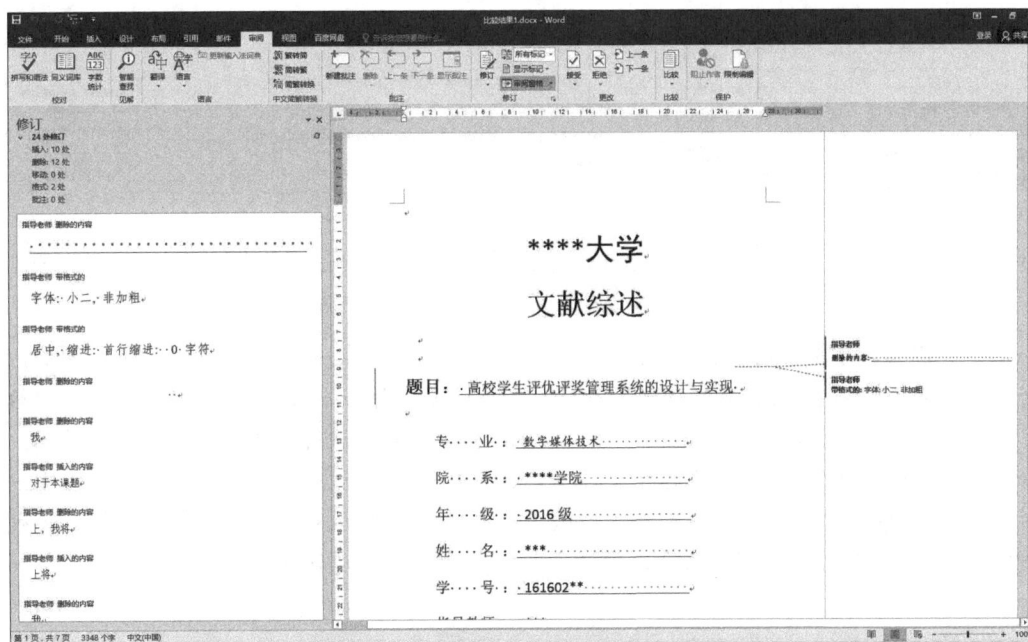

图 3-9　比较结果文档（比较结果 1.docx）

③ 在垂直审阅窗口查看文档中所有的修订和批注。单击"审阅"选项卡→"修订"组中的"所有标记"下拉按钮,在弹出的下拉列表中选择"所有标记"命令;单击"审阅"选项卡→"修订"组中的"审阅窗格"下拉按钮,在弹出的下拉列表中选择"垂直审阅窗格"命令,打开审阅窗格,审阅窗格中会显示批注和修订的内容,以及标记修订和插入批注的用户名。

（2）打开 Word 2016,使用默认设置合并"文献综述初稿.docx"和"文献综述修改稿.docx"文档,查看、审阅和接受所有修订,并将合并后的文档保存为"合并结果 1.docx"。

① 单击"审阅"选项卡→"比较"组中的"比较"下拉按钮,在弹出的下拉列表中选择"合并"命令,弹出"合并文档"对话框,设置左侧"原文档"为"文献综述初稿.docx",设置右侧"修订的文档"为"文献综述修改稿.docx"。

② 在对话框的"比较设置"组中选择需要的项目,这里使用默认设置不更改已有选择,单击"确定"按钮。此时会显示出一个合并后的新文档,该文档内容包含了被合并的两个文档的内容,将其保存为"合并结果 1.docx",如图 3-10 所示。

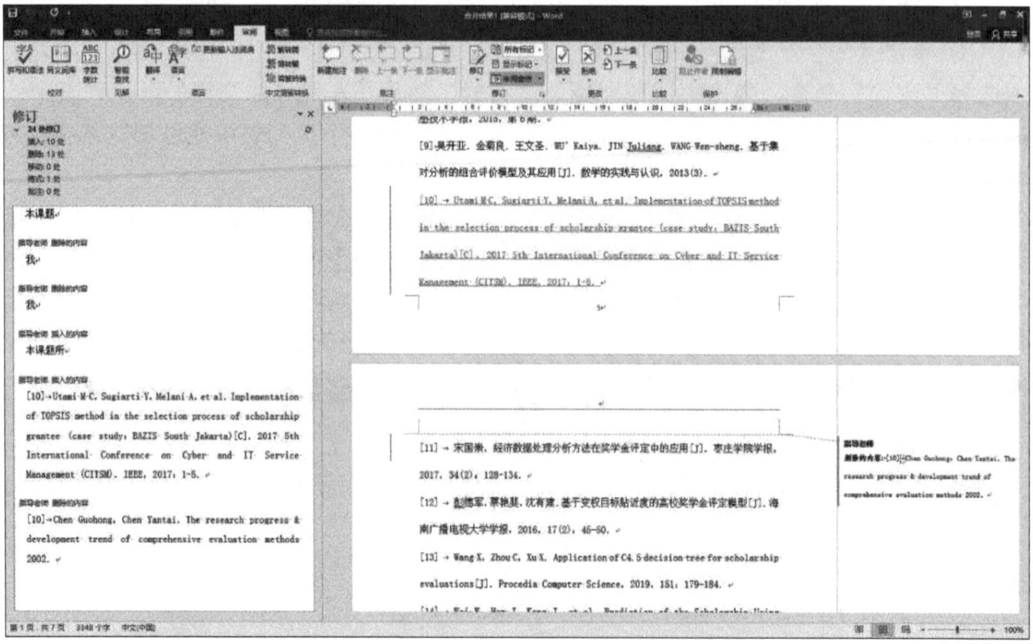

图 3-10　合并结果文档（合并结果 1.docx）

③ 查看、审阅和接受所有修订。单击"审阅"选项卡→"修订"组中的"所有标记"下拉按钮,在弹出的下拉列表中选择"所有标记"命令;单击"审阅"选项卡→"修订"组中的"审阅窗格"下拉按钮,在弹出的下拉列表中选择"垂直审阅窗格"命令,打开审阅窗格,审阅窗格中会显示批注和修订的内容,以及标记修订和插入批注的用户名。最后,单击"审阅"选项卡→"更改"组中的"接受"下拉按钮,在弹出的下拉列表中选择"接受所有修订"命令,再次保存并关闭"合并结果 1.docx"。

3.3　管理与共享文档

Word 提供了多种管理与共享文档的方法，用户可以使用拼写和语法检查功能自动对文档进行校对，也可以使用中文简繁转换功能快速进行文档的语言管理等。此外，Word 还提供了保护、打印和共享文档等常用功能。

3.3.1　拼写和语法检查

在使用 Word 进行文本输入和文档编辑时，难免会出现拼写和语法上的错误，如果完全靠人工进行检查既会花费大量时间，又容易因疏忽而跳过错误，此时可以使用 Word 提供的自动拼写和语法检查功能进行文档的校对。

1. 使用拼写和语法检查功能

使用拼写和语法检查功能可以从拼写和语法两个方面对文档进行校对，基本方法如下：单击"审阅"选项卡→"校对"组中的"拼写和语法"按钮，此时会在文档右侧打开"语法"和"拼写检查"2 个窗格（图 3-11），在此可以根据具体情况进行或者更改忽略等操作。

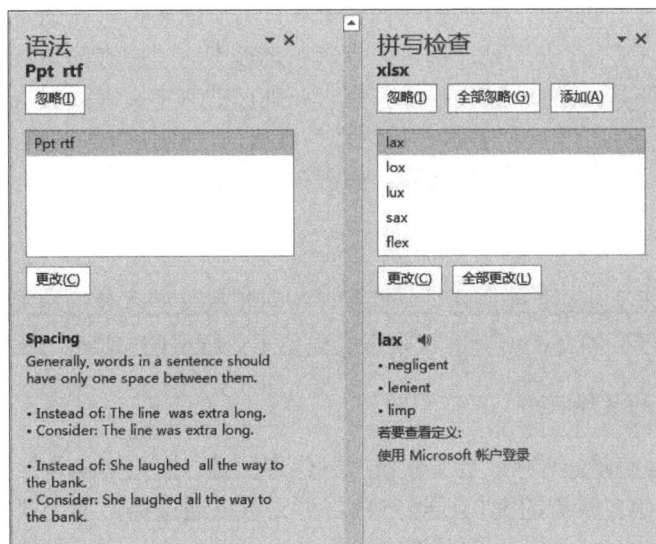

图 3-11　"语法"窗格和"拼写检查"窗格

注意，Word 2016 如果开启了拼写和语法检查功能，那么文档中的一些文字下方会出现红色波浪线或者蓝色波浪线标记，这是因为 Word 2016 自带拼写检查器和语法检查器。拼写检查器使用 Word 2016 内置拼写词典来检查文档中的每一个单词或词语，并根据拼写词典中能够找到的对应词给出修改建议，用户也可以选择忽略不进行修改。语法检查器则会根据 Word 2016 当前语言的语法结构，指出文档中潜在的语法错误，这些文字下会显示蓝色波浪线作为语法错误标记，此时 Word 2016 会给出参考的解决方案，可以使用这些方案来校正句子的结构或短语的使用。

2. 取消拼写和语法检查

取消拼写和语法检查功能可以在 Word 中进行设置，基本方法如下：单击"文件"选项卡→"选项"按钮，弹出"Word 选项"对话框，选择"校对"选项卡，根据需要取消选中"在 Word 中更正拼写和语法时"区域中的相关项目复选框。注意，拼写和语法检查功能一般建议保留，很多时候文档都需要自动校对，这样不仅可以帮助用户在编辑文档时发现文字错误，还可以提醒用户哪些语句或短语需要注意规范使用。

3.3.2　简繁转换

在 Word 中可以设置各种国际校对语言，而在中文语言环境下经常需要使用中文简繁转换功能，实现简体字和繁体字的互换。注意，中文简体字和繁体字转换时除了将字形对应进行变换之外，还可以对常用词汇进行变换，但这些常用词汇的说法会存在差异，如"信息"转换为"資訊"。

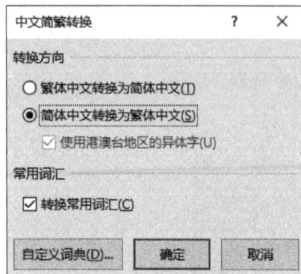

图 3-12　转换常用词汇

Word 提供的中文简繁体转换功能能够从字形和常用词汇两方面进行变换。中文简繁转换的基本方法如下：选中需要进行转换的文本内容，如果不选择则默认对全文进行简繁体转换，单击"审阅"选项卡→"中文简繁转换"组中的"简转繁"或者"繁转简"按钮，即可完成相应转换；单击"审阅"选项卡→"中文简繁转换"组中的"简繁转换"按钮，在弹出的"中文简繁转换"对话框中选中"转换常用词汇"复选框，单击"确定"按钮，完成常用词汇的转换，如图 3-12 所示。

3.3.3　保护文档

在 Word 中既可以对文档内容进行保护，也可以对文档本身的相关信息进行保护，还可以通过设置密码和文档编辑的权限来实现更多更细致的文档管理和保护功能。

1. 标记文档的最终状态

在 Word 文档编辑过程中，会不断修改并保存文档，因此常常会导致文档出现各种不同版本。如果确定目前的文档已经定稿，那么可以通过标记该文档的最终状态来保护文档的最终版本，以免不小心误操作又改动为错误版本。标记文档最终状态的基本方法如下：单击"文件"→"信息"按钮，打开"信息"窗口，单击"保护文档"下拉按钮，在弹出的下拉列表中选择"标记为最终状态"命令，弹出"此文档将先被标记为终稿，然后保存。"提示信息框，单击"确定"按钮，继续弹出"此文档已被标记为最终状态，表示已完成编辑，这是文档的最终版本。"提示信息框，再次"确定"按钮。此时，文档菜单功能区下方出现黄色的提示信息条"标记为最终版本　作者已将此文档标记为最终版本以防止编辑。"，文档为最终版本，为只读状态，内容不能修改，如图 3-13 所示。

图 3-13　标记为最终版本提示信息条

　　注意，打开只读状态的文档最终版本（终稿）后，如果仍然需要编辑修改该最终版本，可以单击黄色提示信息条旁的"仍然编辑"按钮，此时文档才能进行修改和编辑。

2. 删除文档中的个人信息

　　标记了文档的最终状态（即文档最终版本）以后，常常会将文档最终版本发送给其他人查看和共享。由于文档本身或文档属性中一定会包含一些个人信息或者隐私数据，这些信息最好在共享前删除。删除文档中的个人信息可以通过文档属性实现，也可以利用 Word 提供的"文档检查器"工具更加全面地删除文档信息和保护文档。

　　删除文档中的个人信息的基本方法如下：单击"文件"选项卡→"信息"按钮，打开"信息"窗口，单击"检查问题"下拉按钮，在弹出的下拉列表中选择"检查文档"命令，弹出"文档检查器"对话框。在该对话框中设置要检查的项目类型，根据需要选择相关项目，单击"检查"按钮；检查完成后会显示审阅检查结果，单击"全部删除"按钮即可删除检查指定的文档信息。

3. 为文档设置密码

　　在实际应用中，当 Word 编辑的文档属于机密性文件时，如果仅仅标记文档为最终版本，那么其他用户随时可以通过单击"仍然编辑"按钮解除只读状态，因此还需要为文档设置密码来更好地保护文档。为了防止其他用户打开查看文档，可以设置文档的打开密码；为了防止其他用户编辑修改文档，可以设置文档的修改密码。

　　Word 提供了多种为文档设置密码的方法，如果只需要设置用户打开某一文档的权限，可以在"文件"选项卡中设置，基本方法如下：单击"文件"选项卡→"信息"按钮，打开"信息"窗口，单击"保护文档"下拉按钮，在弹出的下拉列表中选择"用密码进行加密"命令，弹出"加密文档"对话框，如图 3-14 所示，输入打开密码，然后再次输入同样的打开密码后单击"确定"按钮。

　　Word 还可以在进行"另存为"操作时设置文档的打开和修改密码，基本方法如下：单击"文件"选项卡→"另存为"按钮，打开"另存为"窗口，单击"浏览"按钮，弹出"另存为"对话框，单击对话框右下方的"工具"下拉按钮，在弹出的下拉列表中选择"常规选项"命令，弹出"常规选项"对话框，根据实际需要在相应的文本框中输入文档打开密码或者修改密码，如图 3-15 所示。

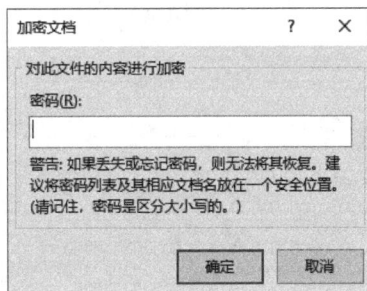

图 3-14　"加密文档"对话框

　　注意，设置文档密码要求输入两次，务必保证两次输入的密码一致。如果取消文档密码，操作和设置密码一样，不同的是只需在弹出的文本框中将设置的密码删除。

图 3-15　设置文档的打开密码

4. 限制编辑

在实际应用中常常需要与其他用户一起编辑同一个文档，但文档的编辑权限不同。限制编辑通常可以设置格式限制和编辑限制，基本方法如下：单击"文件"选项卡→"信息"按钮，打开"信息"窗口，单击"保护文档"下拉按钮，在弹出的下拉列表中选择"限制编辑"命令，弹出"限制编辑"窗格，如图 3-16 所示，根据实际需要选择相应的项目进一步进行设置即可。其中，"1.格式设置限制"可以限制对选定的样式设置格式，在保护文档后除了对文档内容应用样式之外不能再设置其他格式。

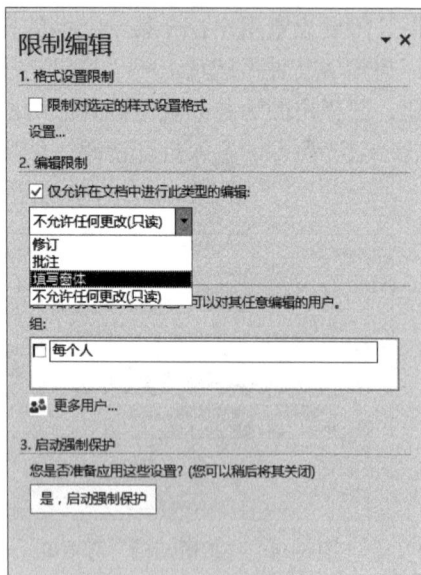

图 3-16　"限制编辑"窗格

注意，在"2.编辑限制"可以选择在文档中允许进行编辑的类型，有"修订""批注""填写窗体""不允许任何更改（只读）"四种类型。如果选择"修订"，则只有在修订模式下才可以编辑文档，其他模式时文档为只读。如果选择"批注"，那么文档为只读但可以添加批注。如果选择"填写窗体"，那么文档中除了窗体类型，文档其他内容为只读不能修改也不能复制。如果选择"不允许任何更改（只读）"，那么文档全部内容为只读。注意，此时虽然不能修改文档内容，但可以复制文档内容到一个新文档中。

文档限制编辑后，可以设置强制保护文档，基本方法如下：单击"限制编辑"窗格下方的"是，启动强制保护"按钮，弹出"启动强制保护"对话框，在该对话框中进行设置后单击"确定"按钮。此时文档启动强制保护，"限制编辑"

窗格下方将显示"停止保护"按钮。注意，如果启动强制保护时输入了密码（即修改文档时的密码），那么后续需要解除强制保护时，必须单击"停止保护"按钮，在弹出的"取消保护文档"对话框中进行密码验证，以解除强制保护和限制编辑。如果强制保护时并没有在"启动强制保护"对话框中输入密码，直接单击"停止保护"按钮即可解除强制保护和限制编辑。

3.3.4　打印文档

在实际应用中往往需要将电子版文档输出打印为纸质版文档，Word 提供了强大而完备的文档打印功能，通过页面设置、打印预览等方法可以达到"所见即所得"的效果，还可以通过设置不同的打印参数来满足不同的打印要求，例如，将多个 Word 页面打印到一页纸上，或者打印带有批注的文档时显示批注。

打印文档前可以先设置页面设置，然后通过打印预览功能预先查看整篇文档的排版效果，最后根据需要再次调整页面设置和打印参数，打印生成纸质文档。打印文档的基本方法如下：单击"文件"选项卡→"打印"按钮，打开"打印"窗口，在"打印"组视图左侧可以设置各项打印参数，如打印范围、打印份数、单面或双面打印、页边距和每版打印页数等；在此视图右侧可以即时预览文档的打印效果。

3.3.5　共享文档

在实际应用中，除了可以打印文档供多个用户查看和审阅以外，Word 还提供了多种共享文档的方式，用户可以根据不同需求通过多种文件类型和电子化的途径来进行共享，例如，可以利用网络功能通过电子邮件、联机演示和发布至博客等方式共享文档，也可以通过转换不同的文档格式更加方便地共享文档。

1. 通过电子邮件共享

互联网已经普及到社会生活工作的方方面面，因此在 Word 中共享文档依赖网络，而通过电子邮件共享文档是目前最常用的一种方式之一。通过电子邮件共享文档的基本方法如下：单击"文件"→"共享"按钮，打开"共享"窗口，设置共享方式为"电子邮件"，选择"作为附件发送"，此时会启动 Office 关联的 Outlook 软件准备发送该电子邮件给收件人来共享文档。

2. 转换文档格式后共享

Word 2016 文档默认的文件格式为 DOCX，在实际应用中往往会将其转换为其他文档格式以方便共享，一般经常转换为的文件格式有 PDF、RTF、单个网页等。转换文档格式后共享基本方法如下：单击"文件"→"导出"按钮，打开"导出"窗口，单击"更改文件类型"按钮，按照需要选择 Word 支持类型的文件格式进行转换。另外，也可以使用"另存为"命令指定类型文件格式进行转换。注意，PDF 文档一般为正规出版物的格式，具有良好的跨平台性，在多种操作系统平台中都能被正常浏览，同时又保证了文档的只读性不会被更改；RTF 文档是通用的帮助文档格式，是一种方便不同的设备、系统查看的文本和图形文档格式；网页文档格式则方便在网络上进行共享和展示。

■ 本节实例

【实例】在 Word 2016 中对文档进行管理和共享，需要进行管理和共享的文档为"文献综述修改稿.docx"，管理和共享完毕后另存为"文献综述定稿.docx"和"文献综述定稿.pdf"。具体要求如下。

（1）对文档进行拼写和语法检查，对有错误的文本进行改正，对没有问题的文本内容进行忽略。

（2）对文档设置打开时的密码。

（3）对文档设置限制编辑，使文档除了窗体类型外其他内容均为只读，同时启动强制保护并设置密码（即修改时的密码）。

（4）将文档另存为"文献综述定稿.docx"，然后标记为最终状态，最后另存为（即导出转换为）"文献综述定稿.pdf"。

操作步骤：

（1）拼写和语法检查。打开"文献综述修改稿.docx"，单击"审阅"选项卡→"校对"组中的"拼写和语法"按钮，打开"拼写检查"窗格。此时会对文档全文进行拼写和语法检查，在"拼写检查"窗格中会依次显示不规范或者不正确的文本。如果经过检查发现文本是正确的，如"综测等""考量"等词语，此时可以选择"忽略"保持原样，同时继续文档其余内容的检查工作，如图 3-17 所示；如果经过检查发现文本需要更正，如"JavaServer"中间缺少一个空格，此时可以单击"更改"按钮，更正为正确的短语，同时继续文档其余内容的检查工作，如图 3-18 所示；当文档全文检查完毕时，会弹出提示信息框，提示拼写和语法检查完成，单击"确定"按钮，完成拼写和语法检查。

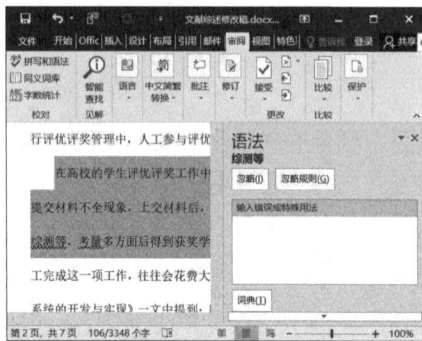

图 3-17　拼写和语法检查后选择"忽略"　　图 3-18　拼写和语法检查后选择"更改"

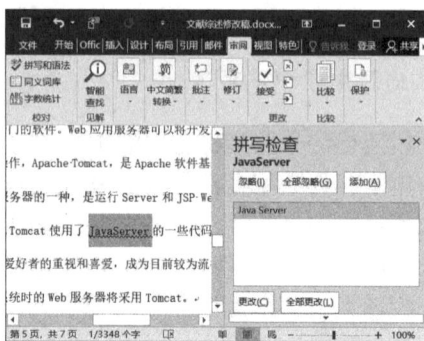

（2）对"文献综述修改稿.docx"设置文档打开时的密码，保存后再次打开该文档，检查打开密码是否设置正确。

① 设置打开密码。单击"文件"选项卡→"信息"按钮，在打开的窗口中单击"保护文档"下拉按钮，在弹出的下拉列表中选择"用密码进行加密文档"命令，弹出"加密文档"对话框，输入打开密码，单击"确定"按钮。此时会要求再次输入密码，两次输入的密码必须一致，输入密码后，单击"确定"按钮。注意，此时务必注意保存文档。

② 检查打开密码。注意，可以再次打开"文献综述修改稿.docx"，检查是否已设置好打开密码。如果已设置打开密码，此时会弹出"密码"对话框，输入正确的密码才能

看到文档内容；如果输入密码的错误，文档将无法打开，并提示"密码不正确，Word 无法打开文档。"如图 3-19 所示。

（3）对"文献综述修改稿.docx"设置限制编辑为仅能填写窗体，同时启动强制保护设置编辑权限密码。

① 设置限制编辑。单击"文件"选项卡→"信息"按钮，在打开的窗口中单击"保护文档"下拉按钮，在弹出的下拉列表中选择"限制编辑"命令，打开"限制编辑"窗格。然后在"限制编辑"窗格中选中"2.编辑限制"下的"仅允许在

图 3-19　输入错误的文档打开密码，提示密码不正确

文档中进行此类型的编辑"复选框，并在其下方的下拉列表中选择"填写窗体"类型。

② 启动强制保护并设置密码。在"限制编辑"任务窗格中单击"3.启动强制保护"下方的"是，启动强制保护"按钮，弹出"启动强制保护"对话框。在该对话框中输入新密码并确认新密码，两次输入的密码必须一致，单击"确定"按钮，整个过程如图 3-20 所示。注意，此时"文献综述修改稿.docx"为限制编辑状态，除了窗体类型外，该文档的其他内容均为只读（既不能修改，也不能复制）。

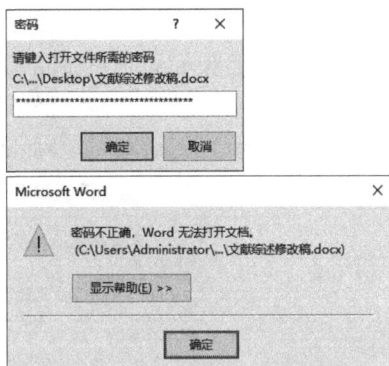

（a）设置文档限制编辑　　　　　　　　（b）设置强制保护密码

图 3-20　设置文档限制编辑和强制保护密码

（4）将"文献综述修改稿.docx"另存为"文献综述定稿.docx"，然后标记"文献综述定稿.docx"为最终状态，最后另存为"文献综述定稿.pdf"。

① 文档另存为定稿。单击"文件"选项卡→"另存为"按钮，打开"另存为"窗口，单击"浏览"按钮，在弹出的"另存为"对话框中，修改"文件名"为"文献综述定稿.docx"，单击"保存"按钮。此时，当前打开的文档为"文献综述定稿.docx"。

② 标记为最终状态。单击"文件"选项卡→"信息"按钮，在打开的"信息"窗口中单击"保护文档"下拉按钮，在弹出的下拉列表中选择"标记为最终状态"命令，

此时会两次弹出提示信息框，如图 3-21 所示。在两次弹出的提示信息框中都单击"确定"按钮，文档被标记为最终状态（终稿）。注意，此时"保护文档"按钮高光显示，并在文档菜单功能区下方显示提示信息"此文档已被标记为最终状态以防编辑。"，同时文档标题栏显示"文献综述定稿.docx[只读]"。

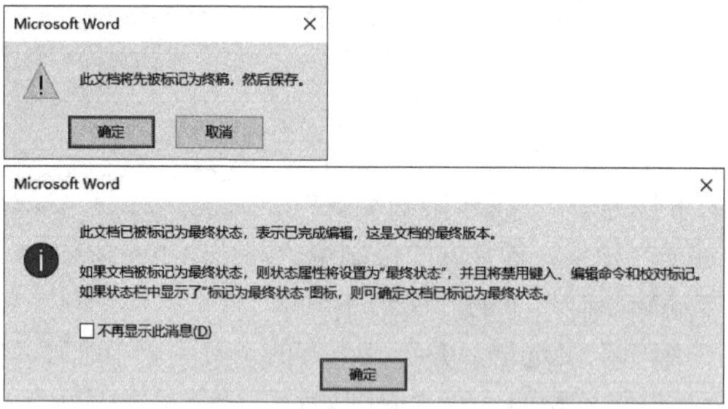

图 3-21　文档标记为终稿

③ 文档另存为 PDF。单击"文件"选项卡→"另存为"按钮，打开"另存为"窗口，单击"浏览"按钮，在弹出的"另存为"对话框中，"文件名"保持不变，设置"文件类型"为"PDF（*.pdf)，单击"保存"按钮。此时，"文献综述定稿.docx"另存为"文献综述定稿.pdf"，并且会自动打开"文献综述定稿.pdf"。注意，最后保存和关闭所有打开的文档。

第4章 邮件合并

本章主要介绍 Word 的邮件合并操作，利用邮件合并功能可以快速高效地实现批量文档的创建，如信函、信封、电子邮件、传真、目录、证件和证书等。

4.1 邮件合并概述

4.1.1 邮件合并的概念

在实际应用中，经常需要使用 Word 生成一类格式类似仅有部分内容变化的文档，例如，寄给多个客户的邀请信件，每个客户的邀请信件格式内容基本一致，只有客户姓名和尊称需要根据客户名单进行变化。生成此类大批量的邀请信件，并不需要逐一输入编辑，也不需要反复复制粘贴信件，可以采用 Word 提供的邮件合并功能进行批量合并。

与邮件合并相关的几个基本概念，包括数据源、主文档、合并域和合并后的最终文档，说明如下。

1. 数据源

数据源实际上是一个数据列表，一般为表格形式，其第一行为标题行，对应每一列的列名，通常为姓名、通信地址等数据字段。Word 邮件合并中的数据源有很多类型，可以是 Excel 工作表、Word 表格、HTML 文件、Access 数据库、Outlook 联系人列表等。注意用作数据源的文件中，一般只能包含 1 个表格，该表格的第一行必须是标题行，其他行则必须包含邮件合并所需要的数据，例如，用作数据源的客户名单，第一行必须是标题行，如"姓名""性别""职务""手机号码"等，从第二行开始是具体的客户信息，如"张楠""男""经理""13888888888"等。

2. 主文档

主文档是一个具有共有内容和格式的，类似模板的 Word 文档，注意在邮件合并中主文档有且只有 1 个。一方面，主文档中含有共有内容和格式，例如，寄给多个客户的参加同一个会议的邀请信件，这些在合并后的文档中是相同的，是常量，在合并前后都固定不变；另一方面，主文档中又有不同的、有变化的内容，例如，邀请信件中每个客户的姓名和尊称，这就需要将这些不同的内容用合并域进行标记，这些合并域是变量，并且在合并后会插入数据源中对应的具体数据，在合并后会对应生成很多个邀请信件，默认情况下，有多少个客户名单就有多少份邀请信件。

3. 合并域

合并域是一个占位符，是一个域（变量名），一般为数据源中数据列表的标题行。

在邮件合并过程中将之插入主文档需要变化、需要引用外部数据的位置（即插入合并域），然后进行邮件合并，即可从数据源中提取对应的具体信息。

4. 邮件合并后的最终文档

邮件合并后的最终文档是一个可以独立保存或输出的 Word 文档。注意，其内容一定是多页重复的、主体大致类似的，其中相同的内容来自主文档，其中不同的、有变化的内容来自数据源中的数据列表，例如，最终生成的多个客户的邀请函信件，默认情况下，数据源中有多少条记录，就对应生成多少份最终结果。

4.1.2　邮件合并的步骤

邮件合并的目的就是将标记了合并域的主文档和数据源一一对应，准确匹配在一起，因此邮件合并的前提条件是已创建和保存好主文档和数据源，数据源中数据列表的标题通常就是合并域。邮件合并的基本方法如下：首先打开主文档，其次选择数据源，再次插入合并域，最后合并生成一个格式规范、内容类似的多页的最终文档，如邀请函、准考证、通知单、获奖证书等。

邮件合并功能可以通过"邮件"选项卡（图 4-1）实现，基本方法如下：在"邮件"选项卡→"开始邮件合并"组中的"开始邮件合并"下拉列表中选择主文档，此时主文档为打开状态；"选择收件人"下拉列表用于选择数据源，注意数据源文件必须为关闭状态才能使用；注意选择数据源成功后，"插入合并域"等按钮才能由灰变亮，表示可以使用，此时单击"插入合并域"下拉按钮，弹出合并域列表（即数据源的列标题），选择指定的合并域并在主文档中插入；单击右侧"完成"组中的"完成并合并"按钮，弹出"合并记录"对话框，选择指定记录后单击"确定"按钮，生成合并后的最终文档。

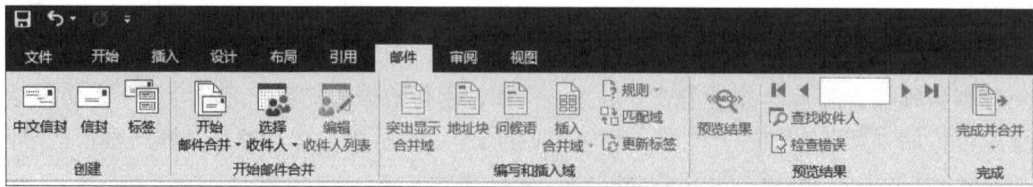

图 4-1　"邮件"选项卡

由此可见，邮件合并类似批处理操作。第一步，单击"开始邮件合并"按钮，即可选择主文档，邮件合并最终得到的一系列文档实质都基于该文档模板；第二步，单击"选择收件人"按钮，选择所需的数据源，数据源即是主文档内容中需要变化的数据列表；第三步，单击"插入合并域"按钮，即可在主文档的多个指定位置分别插入多个对应的合并域，可标注在文档内容中需要变化的位置；第四步，单击"完成并合并"按钮，邮件合并后将批量产生一个最终文档，该文档即为邮件合并的结果文档。

■ 本节实例 ■

【实例】在 Word 2016 中使用邮件合并功能，批量生成会议邀请函。数据源为"客户名单.xlsx"，主文档为"会议邀请函.docx"，邮件合并后得到的最终文档为"合并后的会议邀请函.docx"。具体要求如下。

（1）创建 Excel 数据源文件"客户名单.xlsx"，在 Sheet1 工作表中有一个包括 12 条客户信息的表格。

（2）创建 Word 主文档"会议邀请函.docx"，输入邀请函的内容并进行排版，其中只有客户姓名和职务需要变化，其他内容不变。

（3）关联主文档与数据源，并在主文档中插入合并域《姓名》和《职务》。

（4）完成并合并，将合并后的最终文档保存为"合并后的会议邀请函.docx"。

操作步骤：

（1）创建数据源，保存后关闭。启动 Excel 2016，在 Sheet1 工作表中输入客户名单的内容，如图 4-2 所示。其中第一行为标题行，依次输入"客户编号""姓名""性别""职务""手机号码"等；从第二行开始为数据行，共有 12 行数据，然后给表格添加单实线边框，最后保存为"客户名单.xlsx"，检查无误后关闭文件。

	A	B	C	D	E	F	G	H
1	客户编号	姓名	性别	职务	手机号码	公司	公司地址	邮编
2	0001	张楠	男	经理	13888888888	湖南寰宇科技有限公司	湖南省长沙市一区特1号12楼	410017
3	0002	吴梦梅	女	总经理助理	13800000002	江西景德镇网络设备有限公司	江西省景德镇市景德路34号701室	333000
4	0003	王若婷	女	会计主管	13800000003	湖北软帝工程有限公司	湖北省武汉市洪山区科技大厦1204室	430079
5	0004	许晓航	男	采购主管	13800000004	河南天一有限公司	河南省郑州市郑和区郑和大厦506室	450052
6	0005	李林龙	男	经理	13800000005	湖北好运来科技有限公司	湖北省武汉市江汉区江汉路18号908室	430021
7	0006	梅亚曼	女	经理	13800000006	湖北昊天通讯公司	湖北省武汉市江夏区藏龙品路1号	430205
8	0007	严昊	男	经理	13800000007	深圳成大嘉禾科技公司	广东省深圳市福田区罕南大道8号	518038
9	0008	邓雪娟	女	技术总监	13800000008	广东中盛责任有限公司	广东省广州市五羊新区上海路911号	510030
10	0009	江梓琪	女	总经理	13800000009	湖北至诚科技有限公司	湖北省武汉市江汉区解放大道9号	430025
11	0010	刘敏	女	董事长	13800000010	湖北和润科技有限公司	湖北省武汉市洪山区珞瑜路22号	430070
12	0011	袁洁然	男	运营总监	13800000011	湖北德辉网络信息公司	湖北省武汉市洪山区雄楚大道10号	430077
13	0012	鄢秋宜	女	财务总监	13800000012	湖北鑫新科技有限公司	湖北省武汉市高新开发区88号	430223
14								
15								

Sheet1 ⊕

图 4-2 Excel 数据源（客户名单.xlsx）

（2）创建主文档并保存。启动 Word 2016，输入邀请函的内容并进行排版，注意预先标记合并域（姓名 职务）的位置，最后保存为"会议邀请函.docx"，如图 4-3 所示。

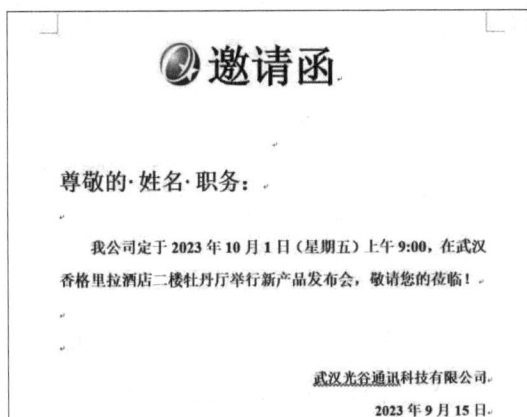

图 4-3 主文档（会议邀请函.docx）

主文档格式如下：纸张大小默认为 A4，页边距也采用默认设置；公司 LOGO 图片，高宽均为 1.7 厘米，浮于文字上方；所有文字全部设为加粗；"邀请函"，宋体，初号，居中，单倍行距；"尊敬的 姓名 职务："，宋体，二号，单倍行距，段落无缩进；正文，中文字体为宋体，西文字体为 Times New Roman，小三，单倍行距，首行缩进 2 个字符；最后两行文字，中文字体为宋体，西文字体为 Times New Roman，四号，右对齐，单倍行距。

（3）打开主文档，选择数据源，然后在主文档中插入合并域（关联主文档与数据源）。

① 打开"会议邀请函.docx"，单击"邮件"选项卡→"开始邮件合并"组中的"开始邮件合并"下拉按钮，在弹出的下拉列表框中选择"普通 Word 文档"命令（此为默认选项），即选择了当前文档为主文档。

② 单击"邮件"选项卡→"开始邮件合并"组中的"选择收件人"下拉按钮，在弹出的下拉列表框中选择"使用现有列表"命令，弹出"选择数据源"对话框。在对话框中按照保存数据源文件的位置选择"客户名单.xlsx"，单击"打开"按钮。此时，弹出"选择表格"对话框，如图 4-4 所示。

图 4-4　"选择表格"对话框

③ 选择数据源所在的工作表，默认为 Sheet1，单击"确定"按钮，返回主文档。注意，此时由于选择了数据源，"邮件"选项卡中的"插入合并域"按钮将由灰变亮表示可用。

④ 在主文档中选中"姓名"，单击"邮件"选项卡→"编写和插入域"组中的"插入合并域"下拉按钮，此时数据源（客户名单.xlsx）表格中的所有列标题都会显示出来，在弹出的下拉列表中选择要插入的域《姓名》。注意，此时《姓名》域将取代原先的"姓名"插入主文档中，按 Alt+F9 组合键切换到域代码状态，再次按 Alt+F9 组合键切换回域名状态，如图 4-5 所示。

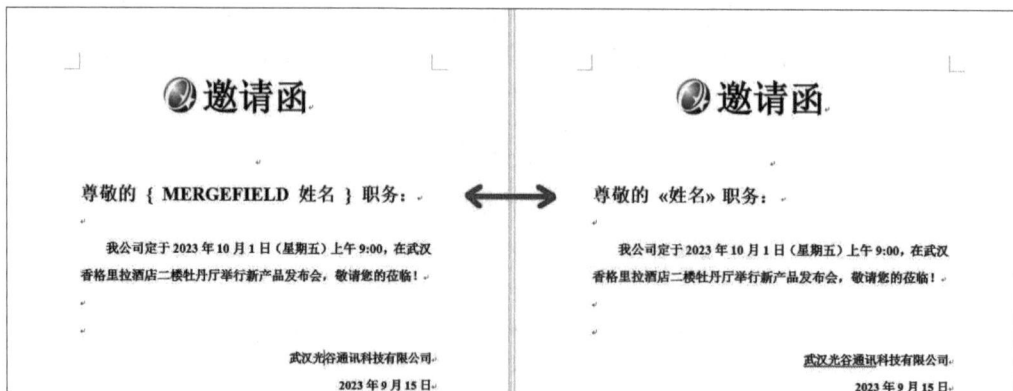

图 4-5　主文档插入合并域后，域代码和域名互相切换

⑤ 在主文档中"职务"这个预留的占位符位置插入《职务》域，方法和步骤③类似。此时关联好了主文档和数据源，单击"保存"按钮，保存最新的主文档（包含合并域）。

（4）完成并合并，保存最终文档。

① 单击"邮件"选项卡→"完成"组中的"完成并合并"按钮，弹出"合并到新文档"对话框，设置"合并记录"为"全部"，单击"确定"按钮。

② 此时，会弹出一个新的文档，其内容包括所有 12 个客户的会议邀请函。由于主文档中的"姓名""职务"已用 Excel 数据源中的对应数据替代，因此这个邮件合并后最终的新文档共 12 页，保存新文档为"合并后的会议邀请函.docx"，如图 4-6 所示。

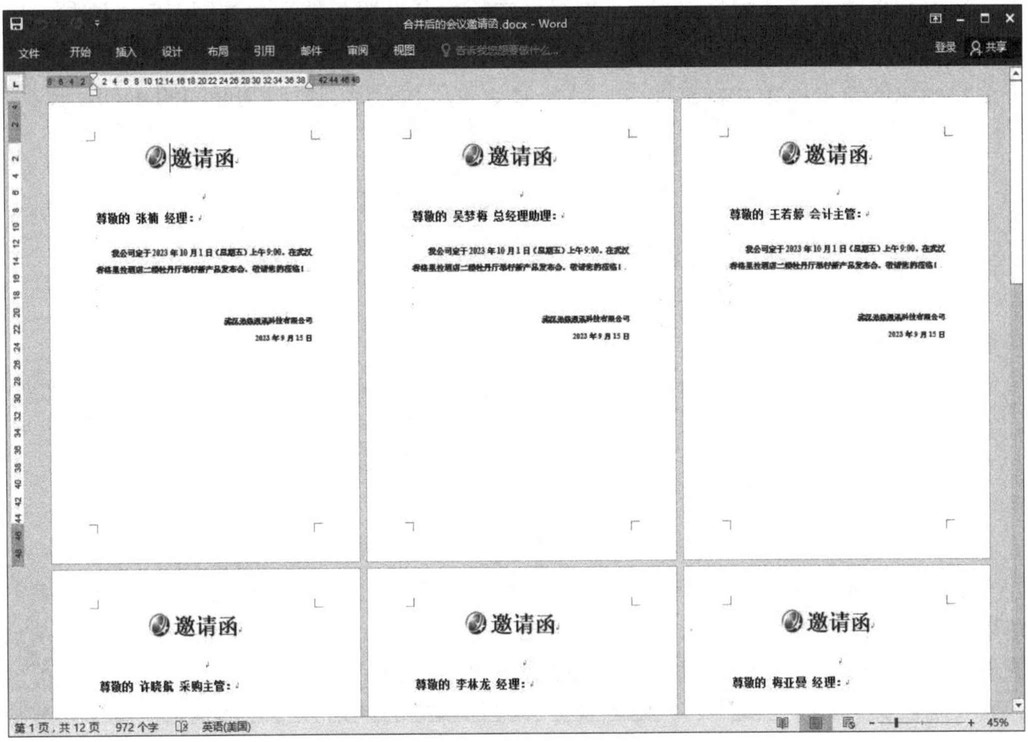

图 4-6　完成合并（合并后的会议邀请函.docx）

4.2　邮件合并高级应用

4.2.1　在邮件合并中设置条件

Word 邮件合并除了基本的关联主文档和数据源操作，还进一步提供了更加详细的合并设置和规则，用以实现一些带条件的邮件合并。例如，寄给多个客户的邀请函，可以选择某几个指定的客户生成对应的邀请函，也可以根据客户的性别设置不同的尊称（先生或女士），还可以在最后合并时选择仅合并某几条连续记录等。

1. 编辑收件人列表

编辑收件人列表可以对数据源表格中的记录进行选择，基本方法如下：当主文档关联了数据源以后，数据源文件中的表格就可以被显示出来，单击"邮件"选项卡→"开始邮件合并"组中的"编辑收件人列表"按钮，弹出"邮件合并收件人"对话框。在该对话框中可以对数据源列表进行选中、排序、筛选等操作，此时可以根据需要来选择并确定最后参与合并的数据记录。注意，没有选中的数据记录将不会出现在邮件合并后的文档中。

2. 设置邮件合并规则

当主文档关联了数据源以后，可以根据实际需要设置邮件合并规则，基本方法如下：单击"邮件"选项卡→"编写和插入域"组中的"规则"下拉按钮，在弹出的下拉列表中选择相应的命令项进行设置即可。这些命令项及其对应的命令功能如图 4-7 所示。

命令项	命令功能
询问(A)	建立一个提示信息
填充(F)	按指定的文字进行填充
如果…那么…否则…(I)	设置条件，在合并时根据条件为真或假得到对应的值；
合并记录 #(R)	将当前记录进行合并；
合并序列 #(Q)	合并记录序列号；
下一记录(N)	转到邮件合并的下一条记录
下一记录条件(X)	设置条件，按条件转到邮件合并的下一条记录；
设置书签(B)	为书签指定新文本；
跳过记录条件(S)	设置条件，在合并时根据条件跳过这些记录，即不合并满足条件的记录。

图 4-7　设置邮件合并规则

通过设置邮件合并规则，在邮件合并时就可以根据这些规则来得到符合规则设置的结果。例如，可以设置"如果…那么…否则…"规则，在邮件合并时根据客户的性别设置不同的尊称，合并后的信函中能更加礼貌和准确地显示"先生"或"女士"；也可以设置"跳过记录条件"规则，在邮件合并时根据客户的性别只合并性别为"女"的客户数据，这可以用于在妇女节时选择女性客户来发送节日信函。

3. 设置合并到新文档

当主文档关联了数据源以后，可以在邮件合并时指定需要合并的记录，基本方法如下：单击"邮件"选项卡"完成"组中的"完成并合并"下拉按钮，在弹出的下拉列表中选择"编辑单个文档"命令，此时会弹出"合并记录"对话框。在该对话框中可以根据需要来选择并确定最后参与合并的数据记录。

4.2.2　在邮件合并中使用域

Word 邮件合并功能还可以通过使用各种域来实现高级功能，从而提高邮件合并效率。Word 提供的一些常用域均可以在邮件合并时使用，例如，使用{IncludePicture}域可以实现带照片的邮件合并。使用域可以设置邮件合并中需要发生变化的数据，邮件合并的结果会随着域自动更新。另外，Word 2016 还提供了专门的邮件合并域用来构建邮件，以及设置邮件合并时的信息，一共有 14 个域，这些域及其对应的域代码和域功能如图 4-8 所示。

注意，在邮件合并时，当在主文档中插入合并域，即关联好了主文档与数据源后，可以按 Alt+F9 组合键切换到域代码状态，此时在主文档将会显示对应的域代码状态，例如，主文档中《姓名》域将会显示为域代码{MERGEFIELD 姓名}。再次按 Alt+F9

组合键可以切换回域名状态。

域　名	域　代　码	域　功　能
AddressBlock	{ ADDRESSBLOCK [Switches] }	插入邮件合并地址块
Ask	{ ASK Bookmark "Prompt" [Switches] }	提示用户指定书签文字
Compare	{ COMPARE Expression1 Operator Expression2 }	比较两个值并返回数字值 1 或 0
Database	{ DATABASE [Switches] }	插入外部数据库中的数据
Fillin	{ FILLIN ["Prompt"] [Switches] }	提示用户输入要插入到文档中的文字
GreetingLine	{ GREETINGLINE [Switches] }	插入邮件合并问候语
If	{ IF Expression1 Operator Expression2 TrueText FalseText }	按条件估算参数
MergeField	{ MERGEFIELD FieldName [Switches] }	插入邮件合并域
MergeRec	{ MERGEREC }	当前合并记录号
MergeSeq	{ MERGESEQ }	合并记录序列号
Next	{ NEXT }	转到邮件合并的下一条记录
NextIf	{ NEXTIF Expression1 Operator Expression2 }	按条件转到邮件合并的下一条记录
Set	{ SET Bookmark "Text" }	为书签指定新文字
SkipIf	{ SKIPIF Expression1 Operator Expression2 }	在邮件合并时按条件跳过一条记录

图 4-8　邮件合并域

本节实例

【**实例 1**】在 Word 2016 中使用邮件合并功能，按照设定的条件批量生成会议邀请函。数据源依然为"客户名单.xlsx"，但是存储位置发生了变化，主文档依然为"会议邀请函.docx"，但是合并域发生了变化，邮件合并后得到的最终文档为"满足条件的会议邀请函.docx"。具体要求如下。

（1）编辑收件人列表，设置不选择"张楠""吴梦梅"这两条记录，其他均选中。

（2）在《姓名》域后设置规则，根据客户的性别显示对应的尊称，性别"女"尊称为"女士"，性别"男"尊称为"先生"；删除原有的《职务》域。

（3）合并到新文档，设置合并记录从 1 到 5，其他记录不合并，将合并后的最终文档保存为"满足条件的会议邀请函.docx"。

准备工作：

① 使用已有数据源"客户名单.xlsx"，打开该文件检查无误后关闭。

② 使用已有主文档"会议邀请函.docx"，双击打开，此时会弹出提示信息框，如图 4-9 所示。之所以会弹出此信息，是因为主文档中已经插入合并域，如果数据源的存储位置没有变化，可单击"是"按钮，然后在随后打开的主文档中进行邮件合并的相关操作；而这里数据源存储位置发生了变化，因此单击"否"按钮，并在随后打开的主文档中重新链接数据源。

③ 在主文档"会议邀请函.docx"中，将该主文档中原有的《姓名》《职务》合并域删除，准备重新选择数据源，重新插入合并域。

操作步骤：

（1）在主文档中重新选择数据源，并按要求编辑收件人列表。

① 单击"邮件"选项卡→"开始邮件合并"组中的"开始邮件合并"下拉按钮，在弹出的下拉列表框中选择"普通 Word 文档"命令，即再次选择当前文档为主文档。

② 单击"邮件"选项卡→"开始邮件合并"组中的"选择收件人"下拉按钮，在弹出的下拉列表框中选择"使用现有列表"命令，在弹出"选择数据源"对话框中选择"客户名单.xlsx"，单击"打开"按钮。在弹出"选择表格"对话框中选择 Sheet1$，单击"确定"按钮，返回主文档，此时"编辑收件人列表"按钮将由灰变亮。

③ 单击"邮件"选项卡→"开始邮件合并"组中的"编辑收件人列表"按钮，弹出"邮件合并收件人"对话框。根据要求在该对话框的收件人列表中不选择"张楠""吴梦梅"这两条记录，因此取消选中这两条记录前方的复选框，如图 4-10 所示。

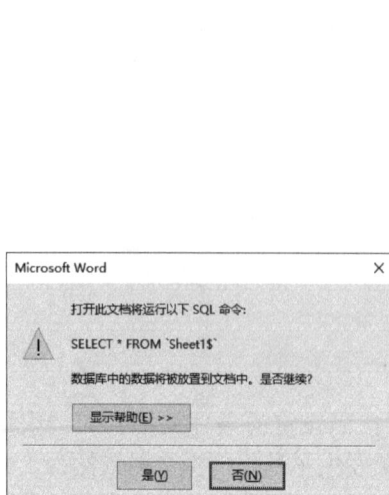

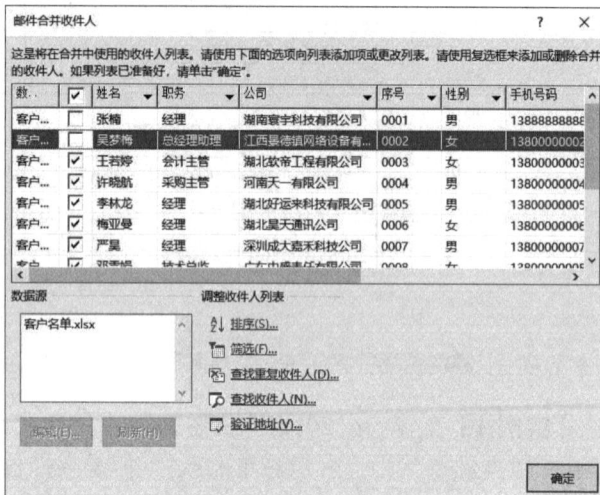

图 4-9　提示信息框　　　　　　　　　　图 4-10　编辑收件人列表

（2）在主文档中插入合并域，并按要求设置邮件合并规则。

① 在主文档中将光标定位在原"姓名"占位符位置，单击"邮件"选项卡→"编写和插入域"组中的"插入合并域"下拉按钮，此时客户名单表格中的所有列标题都会显示出来，在弹出的下拉列表中选择要插入的域"姓名"。此时，即在主文档中插入了《姓名》域。

② 在主文档中将光标定位在《姓名》域后，单击"邮件"选项卡→"编写和插入域"组中的"规则"下拉按钮，在弹出的下拉列表中选择"如果…那么…否则…"命令，准备设置条件实现根据不同性别对应不同尊称。

③ 此时会弹出"插入 Word 域：IF"对话框。在"域名"下拉列表中选择"性别"，在"比较条件"下拉列表中选择"等于"，在"比较对象"文本框中输入"女"，在"则插入此文字"文本框中输入"女士"，在"否则插入此文字"文本框中输入"先生"，如图 4-11 所示，单击"确定"按钮，返回主文档。

注意，此时已经在主文档中插入了指定条件的合并域，但在主文档只会显示数据源中根据条件设置的第一条记录的结果，而不是合并域本身。在本实例中，数据源"客户名单.xlsx"的第一条记录原本是"张楠""男"……，但是在编辑收件人列表时没有选择前两条记录，因此目前有效的第一条记录是第三条记录"王若婷""女"……又根据设置的邮件合并规则，性别为"女"时，插入文字"女士"，因此可以看到主文档上显示的结果为"女士"。

图 4-11　"插入 Word 域：IF"对话框

④　此时已经关联好了主文档和数据源，单击"保存"按钮，保存最新的主文档（包含最新的合并域，因此再次打开主文档时会再次弹出信息框，询问是否链接数据）。

（3）完成并合并，按要求选择需要合并的记录 1 至 5，并保存最终文档。

①　单击"邮件"选项卡→"完成"组中的"完成并合并"按钮，弹出"合并到新文档"对话框，在该对话框中设置"合并记录"为"从 1 到 5"，如图 4-12 所示，单击"确定"按钮。

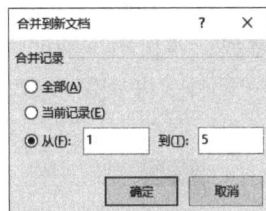

图 4-12　"合并到新文档"对话框

②　此时，会弹出一个新的文档，其内容根据所设置的 3 个条件生成，将主文档中的《姓名》域和《如果…那么…否则…》域用数据源"客户名单.xlsx"中对应数据及设置的条件结果替代，最后保存该新文档为"满足条件的会议邀请函.docx"，如图 4-13 所示。

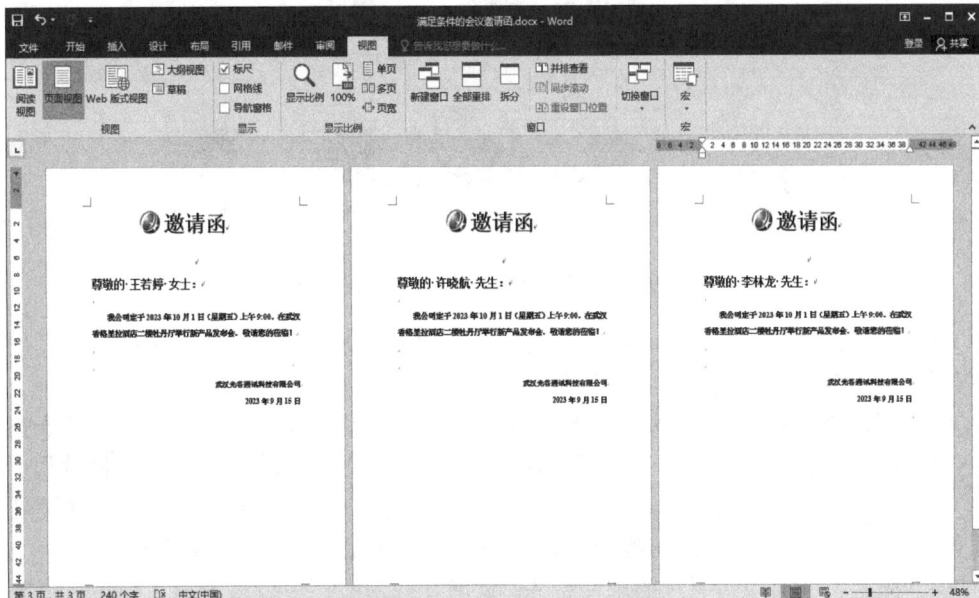

图 4-13　完成合并（满足条件的会议邀请函.docx）

注意，数据源"客户名单.xlsx"中原本有 12 条客户数据，但在主文档设置了 3 个条件，其中第 1 个条件去掉了第 1 条和第 2 条记录，不显示"张楠""吴梦梅"这两条记录；第 3 个条件则只显示第 1 至第 5 共 5 条记录，但由于去掉了原本的第 1 条和第 2 条记录，因此最后满足条件的只有第 3 至第 5 共 3 条记录，因此合并后的"满足条件的会议邀请函.docx"中只有 3 个客户的邀请函。同时根据第 2 个条件，主文档中的《姓名》域和《如果...那么...否则...》域在合并后，这 3 个客户的尊称会根据性别进行对应变化，所以显示为"王若婷　女士""许晓航　先生""李林龙　先生"，其他内容没有变化。

【实例 2】在 Word 2016 中使用邮件合并功能，批量生成带照片的会议证，邮件合并完成后每个客户的会议证上都显示有各自的姓名、职务、公司和照片。数据源依然为"客户名单.xlsx"，但是其内容在之前 12 条客户信息的基础上，增加了一个"照片"列，该列存放每位客户照片文件的位置信息；同时提供 12 个客户的照片，即 12 个 JPG 文件；主文档为"会议证.docx"，内容为一个 4 行 2 列的表格；邮件合并后得到最终文档为"带照片的会议证.docx"。注意，每个客户的照片文件必须按照数据源中"照片"列指定的位置存放；本例所用的文件均放置在指定位置的同一文件夹下（这里是 C:\办公软件高级应用\邮件合并实例），如图 4-14 所示。具体要求如下。

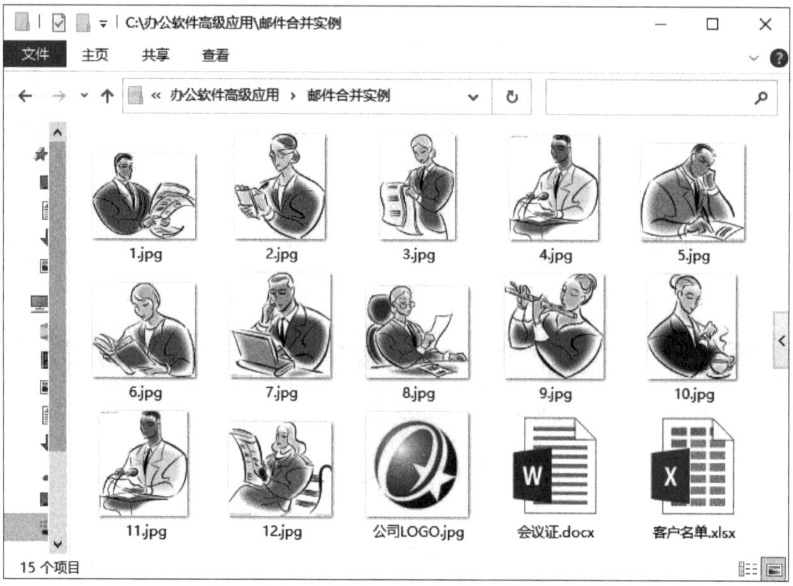

图 4-14　数据源、照片和主文档预先放置在指定位置

（1）修改数据源，在 Excel 数据源文件"客户名单.xlsx"中增加一个"照片"列，该列存放每个客户照片文件的位置信息。

（2）创建主文档，在 Word 主文档"会议证.docx"中，新建一个 4 行 2 列的表格，输入表格标题"会议证"，输入第一列内容依次为"姓名""职务""公司""照片"。

（3）关联主文档与数据源，并在主文档中表格的第二列插入合并域，依次为《姓名》、《职务》、《公司》和{INCLUDEPICTURE　《照片》}（此为一个两层嵌套域）。

（4）在主文档实现带照片的邮件合并。此时，在主文档中表格的第 2 列第 4 行插入一个两层嵌套域{INCLUDEPICTURE　《照片》}，更新后显示第一个客户的照片。

（5）完成并合并，更新合并后的文档依次显示出每位客户的照片，将合并后的最终文档保存为"带照片的会议证.docx"。

操作步骤：

（1）修改 Excel 数据源，增加"照片"列，保存后关闭数据源。打开"客户名单.xlsx"，在最右侧增加一个"照片"列，该列的第一行输入标题"照片"，从第二行开始输入每个客户的照片位置信息，如图 4-15 所示，检查无误后保存并关闭数据源。

	A	B	C	D	E	F	G	H	I
1	客户编号	姓名	性别	职务	手机号码	公司	公司地址	邮编	照片
2	0001	张楠	男	经理	13888888888	湖南寰宇科技有限公司	湖南省长沙市一区特1号12楼	410017	C:\\办公软件高级应用\\邮件合并实例\\1.jpg
3	0002	吴梦梅	女	总经理助理	13800000002	江西景德镇网络设备有限公司	江西省景德镇市景德区34号701室	333000	C:\\办公软件高级应用\\邮件合并实例\\2.jpg
4	0003	王若琳	女	会计主管	13800000003	湖北软帝工程有限公司	湖北省武汉市洪山区科技大厦1204室	430079	C:\\办公软件高级应用\\邮件合并实例\\3.jpg
5	0004	许晓航	男	采购主管	13800000004	河南天一有限公司	河南省郑州市郑和路郑和大厦506室	450052	C:\\办公软件高级应用\\邮件合并实例\\4.jpg
6	0005	李林龙	男	经理	13800000005	湖北好运来科技有限公司	湖北省武汉市江汉区江汉路18号908室	430021	C:\\办公软件高级应用\\邮件合并实例\\5.jpg
7	0006	梅亚曼	女	经理	13800000006	湖北昊天通讯公司	湖北省武汉市江夏区藏龙岛8路1号	430205	C:\\办公软件高级应用\\邮件合并实例\\6.jpg
8	0007	严昊	男	经理	13800000007	深圳成大嘉禾科技公司	广东省深圳市福田区深南大道6号	518038	C:\\办公软件高级应用\\邮件合并实例\\7.jpg
9	0008	邓雪娟	女	技术总监	13800000008	广东中盛费任有限公司	广东省广州市五羊新区百瑞路911号	510030	C:\\办公软件高级应用\\邮件合并实例\\8.jpg
10	0009	江祥琪	女	总经理	13800000009	湖南至诚科技有限公司	湖北武汉市江汉区解放大道9号	430025	C:\\办公软件高级应用\\邮件合并实例\\9.jpg
11	0010	刘敏	女	董事长	13800000010	湖北和润科技电有限公司	湖北武汉市洪山区路瑶路22号	430070	C:\\办公软件高级应用\\邮件合并实例\\10.jpg
12	0011	袁洁然	男	运营总监	13800000011	湖北德辉网络信息公司	湖北武汉市洪山区雄慧大道10号	430077	C:\\办公软件高级应用\\邮件合并实例\\11.jpg
13	0012	郭秋宜	女	财务总监	13800000012	湖北鑫新科技有限公司	湖北武汉市高新开发区88号	430223	C:\\办公软件高级应用\\邮件合并实例\\12.jpg

图 4-15　Excel 数据源（客户名单.xlsx）增加了"照片"列

注意，数据源表格的"照片"列依次对应每个客户的照片文件保存的位置，子文件夹名称之间必须用双反斜杠间隔。例如，该列第 2 行"张楠"的照片位置为"C:\\办公软件高级应用\\邮件合并实例\\1.jpg"，同时其对应的照片文件"1.jpg"必须保存在指定位置"C:\办公软件高级应用\邮件合并实例"，该位置的照片文件一共有 12 个。

（2）创建主文档并保存。启动 Word 2016，首先在第一行输入标题"会议证"，并添加公司 LOGO 图片（也可使用网络上的共享图片）；然后在第二行插入 1 个 4 行 2 列的表格，并在第一列从上往下依次输入文字"姓名""职务""公司""照片"，如图 4-16 所示；最后保存为"会议证.docx"。

主文档格式如下：纸张大小为自定义大小，高和宽均为 15 厘米；页边距上下左右均为 2 厘米；公司 LOGO 图片（也可使用网络上的共享图片），高宽均为 1.7 厘米，浮于文字上方；"会议证"设为宋体，加粗，初号，居中对齐，单倍行距；插入一个 4 行 2 列表格，表格第 1 至第 3 行的行高为 1 厘米，第 4 行的行高为 4.5 厘米，表格第 1 列的列宽为 2 厘米，第 2 列的列宽为 8.5 厘米；表格居中对齐，单元格中的文字水平和垂直均居中（即中部居中）。注意，可以调整表格的格式使之正好占满一页，不要分页。

图 4-16　创建主文档（会议证.docx）

（3）打开主文档，选择数据源，关联主文档和数据源后，在主文档中表格的第 2 列的第 1～3 行依次插入合并域《姓名》《职务》《公司》。

① 双击打开"会议证.docx"，单击"邮件"选项卡→"开始邮件合并"组中的"开始邮件合并"下拉按钮，在弹出的下拉列表中选择"普通 Word 文档"命令，即选择当

前文档为主文档。

②　单击"邮件"选项卡→"开始邮件合并"组中的"选择收件人"下拉按钮，在弹出的下拉列表中选择"使用现有列表"命令，弹出"选择数据源"对话框。在弹出的对话框中选择"客户名单.xlsx"，单击"打开"按钮。在弹出的"选择表格"对话框中选择 Sheet1$（即选择 Sheet1 工作表中的数据），单击"确定"按钮，返回主文档，此时"插入合并域"按钮将由灰变亮。

③　单击"邮件"选项卡→"编写和插入域"组中的"插入合并域"下拉按钮，在弹出的下拉列表中依次选择要插入的域《姓名》《职务》《公司》，将《姓名》插入表格第 2 列第 1 行的单元格中，将《职务》插入表格第 2 列第 2 行的单元格中，将《公司》插入表格第 2 列第 3 行的单元格中。

（4）在主文档实现带照片的邮件合并。此时，在主文档中表格的第 2 列第 4 行插入一个两层嵌套域{INCLUDEPICTURE　《照片》}，更新后显示第一个客户的照片。

注意，这里的原理是《照片》域中存放的仅是客户照片文件所在的位置，而《INCLUDEPICTURE》域则按照指定位置提取图片，因此通过这两层嵌套域即可显示指定的客户照片。注意，如果只是插入一层《照片》域，那么仅仅显示客户照片位置的文本，并不能提取照片。

①　插入《INCLUDEPICTURE》域。单击表格第 2 列第 4 行所在单元格，单击"插入"选项卡→"文本"组中的"文档部件"下拉按钮，在弹出的下拉列表中选择"域"命令，弹出"域"对话框。在弹出的对话框中选择"域名"列表中的"IncludePicture"域，并设置域属性为"照片域"，如图 4-17 所示，单击"确定"按钮。选中插入的图片，调整其大小使会议证正好在一页。

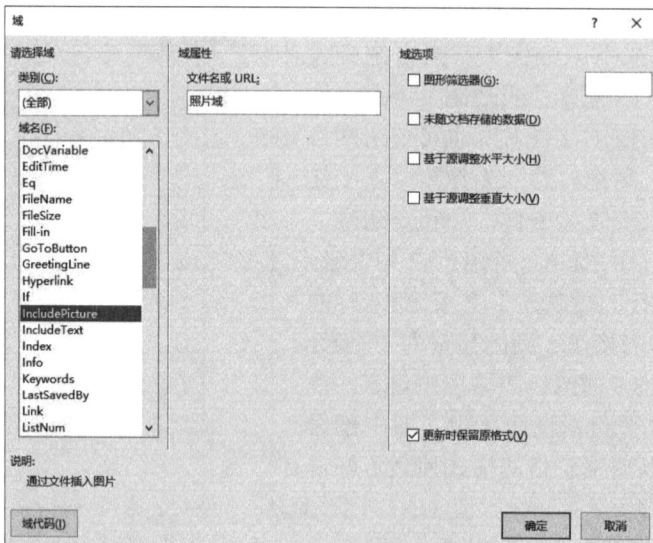

图 4-17　选择"IncludePicture"域

注意，此时会自动返回到主文档，由于《INCLUDEPICTURE》域中并未插入真正的《照片》域，因此在主文档中会提示信息"无法显示链接的图像，该文件可能已被移动、重命名或删除，……"，如图 4-18（a）所示。

② 主文档切换为域代码状态。按 Alt+F9 组合键切换到域代码状态，主文档中会显示对应的域代码状态，选中"照片域"（注意只选中这三个字，不要多选），如图 4-18 （b）所示。

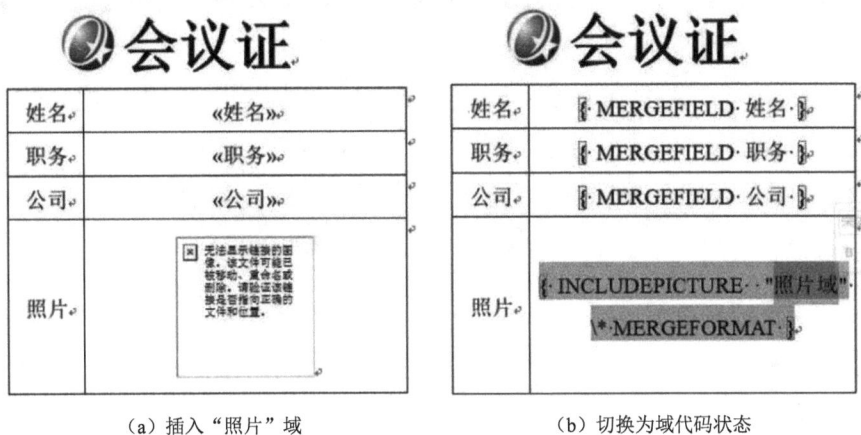

（a）插入"照片"域　　　　　　　　　（b）切换为域代码状态

图 4-18　插入合并域后的主文档（会议证.docx）

③ 插入《照片》域到《INCLUDEPICTURE》域中（两层嵌套域）。选中"照片域"的这三个字后，单击"邮件"选项卡→"编写和插入域"组中的"插入合并域"下拉按钮，在弹出的下拉列表中选择《照片》域，此时即形成了一个两层嵌套域，如图 4-19 （a）所示。

④ 主文档切换为域名（域结果）状态，更新后得到对应的客户照片。再次按 Alt+F9 组合键，由域代码状态切换回域名状态，按 F9 键，此时将在主文档中显示第 1 个客户的照片，如图 4-19（b）所示。单击"保存"按钮，保存最新的主文档。

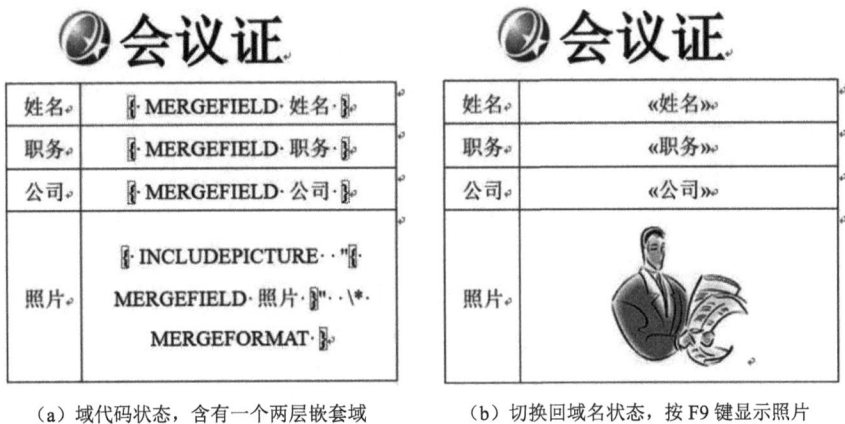

（a）域代码状态，含有一个两层嵌套域　　　（b）切换回域名状态，按 F9 键显示照片

图 4-19　插入一个两层嵌套域后的主文档（会议证.docx）

（5）完成并合并，为每个客户生成带照片的会议证，并保存最终文档。

① 单击"邮件"选项卡→"完成"组中的"完成并合并"按钮，在弹出的"合并到新文档"对话框中设置"合并记录"为"全部"，单击"确定"按钮。

② 此时，会弹出一个新的文档，全选该文档（可以使用组合键 Ctrl+A），然后按

F9 键更新所有的域，该文档中的会议证将依次显示每位客户的照片，最后保存该文档为"带照片的会议证.docx"，如图 4-20 所示。注意，最后保存和关闭所有文档。

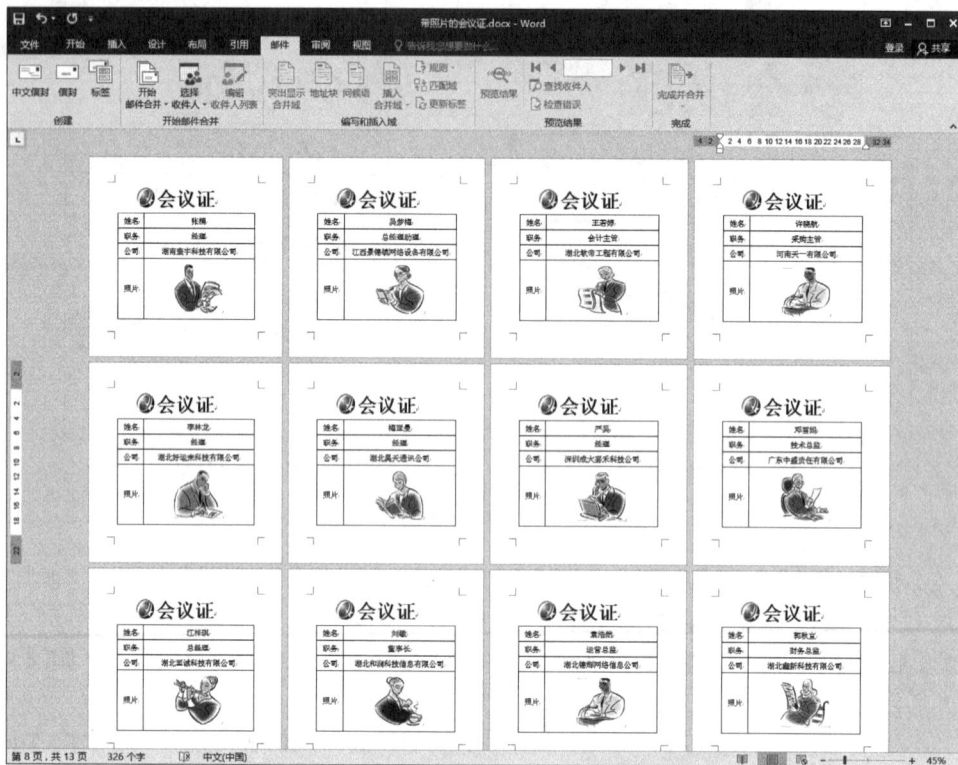

图 4-20　完成合并（带照片的会议证.docx）

第二篇
Excel 2016 高级应用

Excel 是 Microsoft Office 的一个重要组件，拥有强大的数据处理、图表制作、统计分析和辅助决策等功能，广泛应用于财务、统计、金融、管理等各领域。本篇主要从工作表的制作与编辑、公式与函数的应用、图表的创建与编辑、数据分析与管理等方面详细介绍 Excel 2016 的高级应用知识。

第 5 章 工作表的制作与编辑

本章主要介绍自动填充数据、数据验证、工作表的格式化、获取外部数据、工作表的操作和打印输出工作表等方面的知识。

5.1 自动填充数据

利用 Excel 的自动填充数据功能可以节省时间，提高输入数据的效率和准确性。

5.1.1 使用填充柄

单击某一单元格，使其成为活动单元格，其右下角的小方块即为填充柄[图 5-1（a）圆圈标出部分]，将鼠标指针置于填充柄上，鼠标指针会变为实心加号状[图 5-1（b）圆圈标出部分]。此时，输入序列中的第一个数据，向不同方向拖动填充柄，即可完成数据的自动填充。

（a）活动单元格右下角的填充柄　　（b）鼠标指针置于填充柄上时的形状

图 5-1　填充柄

5.1.2 快速填充

Excel 可以基于一定的规则对数据自动拆分填充，如将同时包含汉字和拼音的数据拆分为汉字和拼音两列。快速填充的基本方法如下：输入一两组示例数据，如图 5-2（a）中 C2:D3 区域中的数据，然后选择示例单元格及要填充的区域，如 C2:C6 或 D2:D6，单击“开始”选项卡→“编辑”组中的“填充”下拉按钮，在弹出的下拉列表中选择“快速填充”命令，或者按 Ctrl+E 组合键，即可完成数据的快速填充，结果如图 5-2（b）所示。

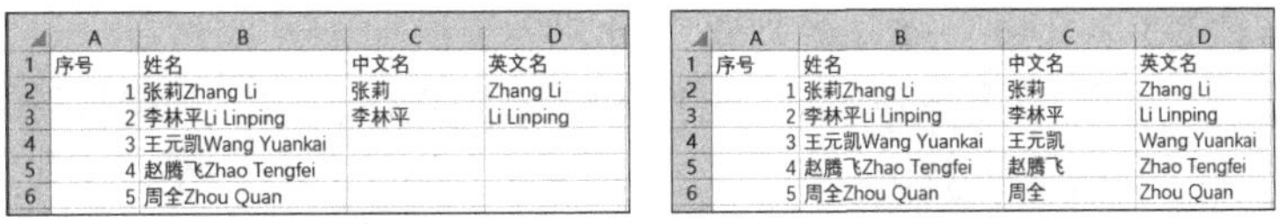

	A	B	C	D
1	序号	姓名	中文名	英文名
2	1	张莉Zhang Li	张莉	Zhang Li
3	2	李林平Li Linping	李林平	Li Linping
4	3	王元凯Wang Yuankai		
5	4	赵腾飞Zhao Tengfei		
6	5	周全Zhou Quan		

	A	B	C	D
1	序号	姓名	中文名	英文名
2	1	张莉Zhang Li	张莉	Zhang Li
3	2	李林平Li Linping	李林平	Li Linping
4	3	王元凯Wang Yuankai	王元凯	Wang Yuankai
5	4	赵腾飞Zhao Tengfei	赵腾飞	Zhao Tengfei
6	5	周全Zhou Quan	周全	Zhou Quan

（a）输入示例数据　　（b）快速填充结果

图 5-2　快速填充

5.1.3 自定义序列

Excel 内置了一些序列，如一月、二月……只要输入序列的第一项，拖动填充柄即可实现内置序列的填充。当内置序列不能满足要求时，用户还可以自定义序列。

1. 基于已有项目列表自定义序列

基于已有项目列表自定义序列的基本方法如下：首先在工作表某个区域输入序列，然后选择序列所在单元格区域，单击"文件"选项卡→"选项"按钮，弹出"Excel 选项"对话框，单击"高级"→"常规"组中的"编辑自定义列表"按钮，弹出"自定义序列"对话框，单击"导入"按钮，再次单击两次"确定"按钮，即可将该序列导入"自定义序列"列表。

2. 直接定义新项目列表

直接定义新项目列表的基本方法如下：先在"自定义序列"对话框中依次输入自定义序列的各项，每项后按 Enter 键，再单击"添加"按钮，最后单击两次"确定"按钮。

■ 本节实例

【实例 1】利用填充柄，输入填充"员工培训成绩统计表.xlsx"文档"Sheet1"工作表中的编号和日期数据。具体要求如下。

（1）将 A3 单元格的编号数据填充到 A27 单元格（假设编号为文本型且连续）。

（2）在 D3 单元格中输入培训日期"2023-9"，将日期格式设置为"2023 年 9 月"的形式，并向下填充到 D27 单元格。

操作步骤：

（1）填充编号。打开"员工培训成绩统计表.xlsx"，在"Sheet1"工作表中单击 A3 单元格，拖动填充柄到 A27 单元格。

（2）输入并填充日期。

① 输入日期并设置日期格式。在"Sheet1"工作表的 D3 单元格中输入培训日期"2023-9"，按 Enter 键确认输入，右击 D3 单元格，在弹出的快捷菜单中选择"设置单元格格式"命令，弹出"设置单元格格式"对话框，在"数字"选项卡的"分类"列表框中选择"日期"分类，在右侧的"类型"列表框中选择"2012 年 3 月"，单击"确定"按钮。

② 填充日期。单击 D3 单元格，同时按住 Ctrl 键和鼠标左键，拖动填充柄到 D27 单元格，先释放鼠标左键再释放 Ctrl 键。注意，此处按 Ctrl 键填充，则 D4～D27 单元格的日期数据和 D3 单元格一样，否则每个日期会依次加 1 天。

【实例 2】在"快速填充案例.xlsx"的"Sheet1"工作表中，利用快速填充删除"籍贯"列中的拼音，只保留汉字。

操作步骤：

（1）输入两组示例数据。打开"快速填充案例.xlsx"，在"Sheet1"工作表中将 D2 单元格的汉字输入 E2 单元格中，将 D3 单元格的汉字输入 E3 单元格中。注意，可先输入两组数据，如果拆分结果正确，再考虑输入更多的数据。

（2）完成快速填充。选择 E2:E19 区域，单击"开始"选项卡→"编辑"组中的"填充"下拉按钮，在弹出的下拉列表中选择"快速填充"命令，如图 5-3 所示。

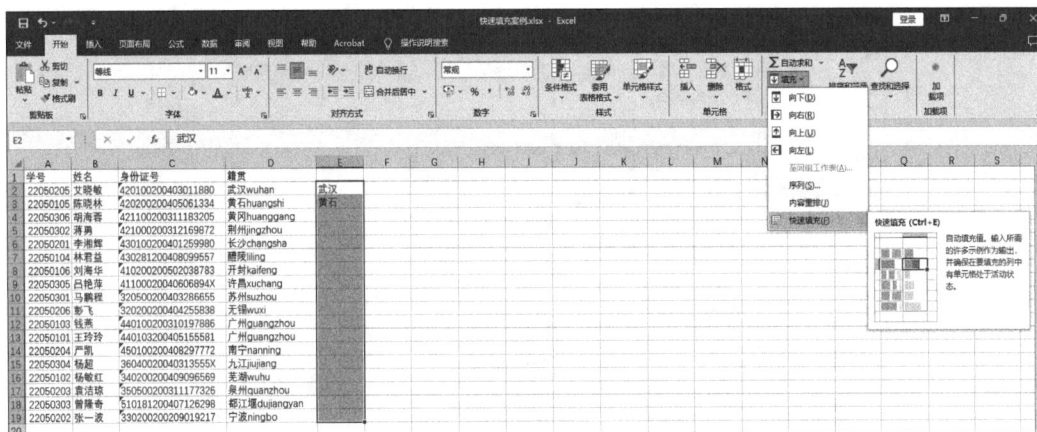

图 5-3　利用快速填充功能拆分籍贯中的汉字和拼音地名

说明：如果需要在 F3:F19 区域存放拆分的籍贯中的拼音，方法和步骤（1）（2）类似。

（3）删除拼音。将 D1 单元格中的"籍贯"两字复制到 E1 单元格，再删除 D 列，最终结果如图 5-4 所示。

	A	B	C	D
1	学号	姓名	身份证号	籍贯
2	22050205	艾晓敏	420100200403011880	武汉
3	22050105	陈晓林	420200200405061334	黄石
4	22050306	胡海蓉	421100200311183205	黄冈
5	22050302	蒋勇	421000200312169872	荆州
6	22050201	李湘辉	430100200401259980	长沙
7	22050104	林君益	430281200408099557	醴陵
8	22050106	刘海华	410200200502038783	开封
9	22050305	吕艳萍	411000200406068894X	许昌
10	22050301	马鹏程	320500200403286655	苏州
11	22050206	彭飞	320200200404255838	无锡
12	22050103	钱燕	440100200310197886	广州
13	22050101	王玲玲	440103200405155581	广州
14	22050204	严凯	450100200408297772	南宁
15	22050304	杨超	360400200403135555X	九江
16	22050102	杨敏红	340200200409096569	芜湖
17	22050203	袁洁琼	350500200311177326	泉州
18	22050303	曾隆奇	510181200407126298	都江堰
19	22050202	张一波	330200200209019217	宁波

图 5-4　删除"籍贯"列拼音后的最终结果

【实例 3】在"员工培训成绩统计表.xlsx"的"Sheet1"工作表中，完成自定义序列的定义和填充。具体要求如下。

（1）利用"直接定义新项目列表"的方法自定义序列"生产部,销售部,财务部,综合部"。

（2）删除自定义的序列，再采用"基于已有项目列表自定义序列"的方法自定义该序列。

（3）在 P3 单元格中输入"生产部"，使用该序列向下填充到 P6 单元格。

操作步骤：

（1）利用"直接定义新项目列表"方法自定义序列。

① 在"员工培训成绩统计表.xlsx"的"Sheet1"工作表中，单击"文件"选项卡→"选项"按钮，弹出"Excel 选项"对话框，单击"高级"选项卡→"常规"组中的"编辑自定义列表"按钮，如图 5-5 所示。

图 5-5　"Excel 选项"对话框

② 此时弹出"自定义序列"对话框，在"输入序列"列表框中输入第一个部门"生产部"，按 Enter 键，然后输入第二个部门"销售部"，采用同样的方法依次输入其他部门，如图 5-6 所示。

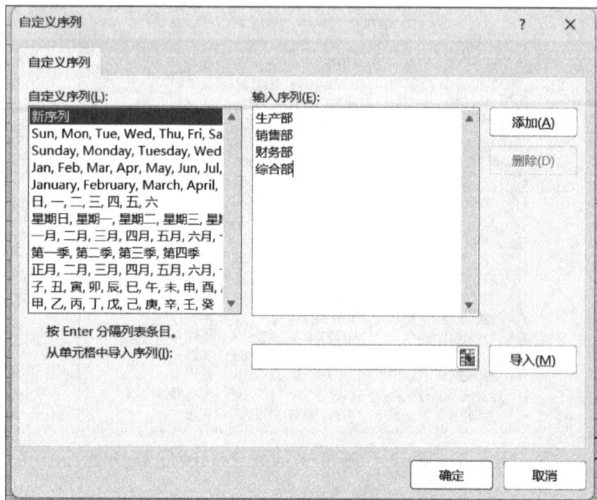

图 5-6　输入自定义序列

③ 单击"添加"按钮，左侧"自定义序列"列表框最下方即增加了序列"生产部,销售部,财务部,综合部"。

④ 单击"确定"按钮，退出"自定义序列"对话框，再次单击"确定"按钮退出"Excel 选项"对话框。

（2）采用"基于已有项目列表自定义序列"方法自定义序列。

① 假设已在 P11:P14 区域输入了部门序列，现将该序列导入"自定义序列"列表。先选中 P11:P14 区域。

② 删除刚才定义的部门序列。在"自定义序列"对话框左侧的"自定义序列"列表框中选中最后一行，即刚才定义的部门序列，单击"删除"按钮即可删除该序列。

③ "从单元格中导入序列"右侧文本框中显示的"$P$11:$P$14"即为选中的区域，

此时单击"导入"按钮,即可在左侧的"自定义序列"列表框最后一行看到基于选中区域生成的新的自定义序列,如图 5-7 所示。

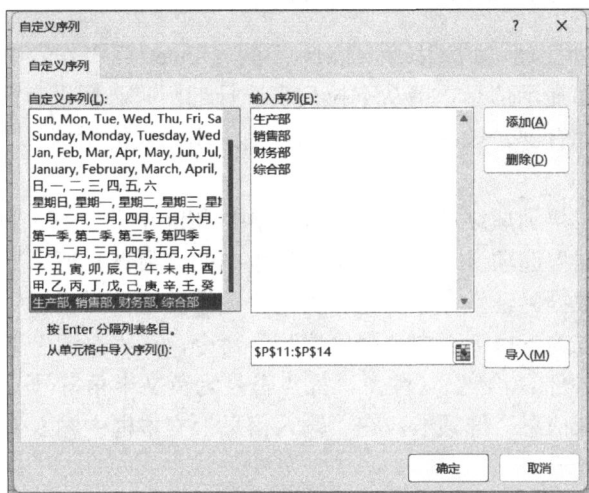

图 5-7 导入自定义序列

④ 单击"确定"按钮,退出"自定义序列"对话框;再次单击"确定"按钮,退出"Excel 选项"对话框。

(3)使用自定义序列填充。在 P3 单元格中输入"生产部",然后拖动填充柄到 P6 单元格。

5.2 数 据 验 证

在输入数据时,可以通过数据验证建立一定的规则从列表中输入数据,或者限制数据的长度、范围等,从而保证输入数据的准确性和一致性,提高数据输入效率。

1. 通过下拉列表输入

使用数据验证可添加下拉列表,从下拉列表中选择输入值,从而规范数据的输入,避免因用户输入数据错误而导致的数据不一致等问题。例如,部门可以设置从下拉列表中获取。

2. 限制数据的长度

例如,一般非少数民族的人名限制长度为 2～6 个字,就可以使用数据验证实现。

3. 限制数据的范围

可以通过数据验证限制数据的范围,如限制成绩为 0～100 分。

数据验证的基本方法如下:选中要操作的单元格或者区域,单击"数据"选项卡→"数据工具"组中的"数据验证"下拉按钮,在弹出的下拉列表中选择"数据验证"命令,在弹出的"数据验证"对话框中设置相应的验证条件、输入提示信息及出错警告信息等。单击对话框左下角的"全部清除"按钮可以取消设置的验证条件。

本节实例

【实例1】在"员工培训成绩统计表.xlsx"的"Sheet1"工作表中，设置从下拉列表中输入部门，并给出提示信息"请从下拉列表选择部门！"。假设有四个部门：生产部、销售部、财务部、综合部。如果不在此范围，则给出错误提示信息"部门输入错误！"。

操作步骤：

（1）打开"员工培训成绩统计表.xlsx"，选中"Sheet1"工作表的 C3:C27 区域。

（2）单击"数据"选项卡→"数据工具"组中的"数据验证"下拉按钮，在弹出的下拉列表中选择"数据验证"命令，在弹出的"数据验证"对话框中选择"设置"选项卡，在"允许"下方的下拉列表中选择"序列"命令，在"来源"下方的文本框中输入"生产部,销售部,财务部,综合部"（注意，标点符号为英文半角符号），如图5-8所示。

（3）选择"输入信息"选项卡，在"输入信息"文本框中输入"请从下拉列表选择部门！"，如图5-9所示。

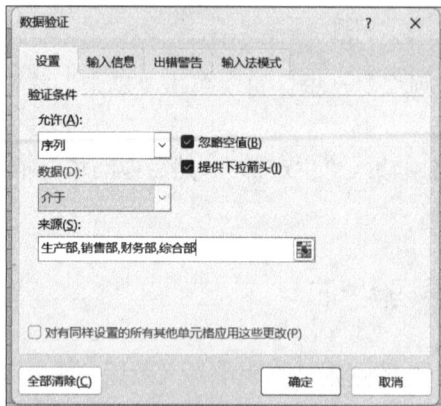

图 5-8　设置部门的验证条件　　　　　图 5-9　设置输入提示信息

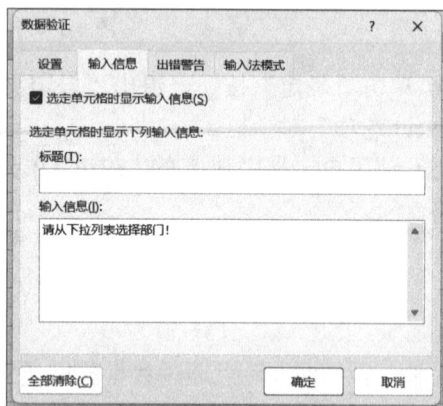

（4）选择"出错警告"选项卡，在"标题"文本框中输入"出错了！"，在"错误信息"文本框中输入"部门输入错误！"，如图5-10所示。

图 5-10　设置出错警告信息

（5）单击"确定"按钮，退出"数据验证"对话框。

（6）此时单击 C3 单元格，会出现如图 5-11 所示输入提示信息；单击 C3 单元右侧的下拉按钮，弹出"部门"下拉列表，如图 5-12 所示。如果在 C3 单元格输入错误的部门，如"规划部"后按 Enter 键，会弹出错误提示信息，如图 5-13 所示。

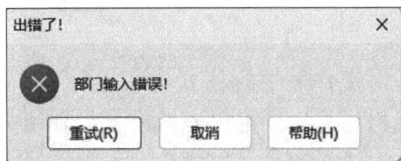

图 5-11 输入提示信息　　图 5-12 "部门"下拉列表　　图 5-13 输入错误部门后提示信息显示结果

【实例 2】在"员工培训成绩统计表.xlsx"的"Sheet1"工作表中，设置姓名的长度最少 2 个字，不超过 6 个字。输入提示信息"姓名长度为 2～6 个字！"，错误提示信息"姓名长度不正确！"。

操作步骤：

（1）选中 B3:B27 区域，按上面的方法打开"数据验证"对话框，选择"设置"选项卡，在"允许"下拉列表中选择"文本长度"选项，在"数据"下拉列表中选择"介于"选项，在"最小值"和"最大值"文本框中分别输入 2 和 6，如图 5-14 所示。

（2）按照上面的方法设置输入提示信息和出错提示信息，完成设置后单击"确定"按钮退出对话框。

（3）尝试在 B3 单元格输入不足 2 个字或者超过 6 个字的姓名，观察出错提示信息。

【实例 3】在"员工培训成绩统计表.xlsx"的"Sheet1"工作表中，指定 6 门培训课的成绩输入范围为 0～100 分，提示信息设为"成绩为 0～100 分！"，如超出范围则给出错误提示信息"成绩超出了 0～100 范围！"。

操作步骤：

（1）选中"员工培训成绩统计表.xlsx"的"Sheet1"工作表中的 E3:J27 区域，按上面的方法打开"数据验证"对话框，选择"设置"选项卡，在"允许"下拉列表中选择"小数"选项，在"数据"下拉列表中选择"介于"选项，在"最小值"和"最大值"文本框中分别输入 0 和 100，如图 5-15 所示。

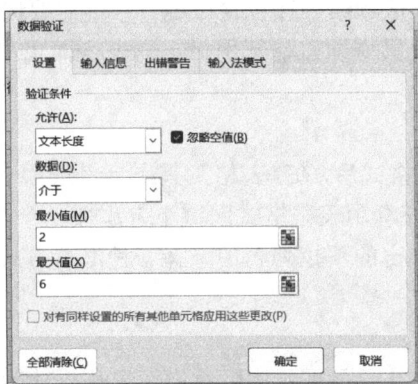

图 5-14 设置文本长度范围　　图 5-15 设置成绩取值范围

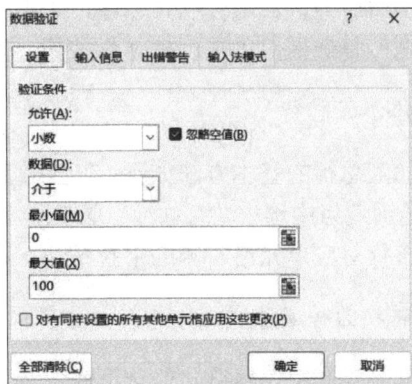

（2）按照上面的方法设置输入提示信息和出错提示信息，设置完成后单击"确定"按钮退出对话框。

（3）尝试在 E3 单元格中输入小于 0 或者大于 100 的值，观察错误提示信息。

5.3   工作表的格式化

对工作表进行格式化可以使工作表看起来更整齐、美观、鲜明。本节主要介绍设置单元格格式、设置单元格样式、套用表格样式、设定与使用主题、使用条件格式等内容。

5.3.1   设置单元格格式

设置单元格格式的基本方法如下：选中要设置格式的单元格或者区域并右击，在弹出的快捷菜单中选择"设置单元格格式"命令，在弹出的"设置单元格格式"对话框中可设置数字格式、对齐方式、字体、边框、底纹等内容。也可利用"开始"选项卡→"字体""对齐方式""数字"组中的按钮设置单元格格式。

5.3.2   设置单元格样式

设置单元格样式的基本方法如下：选中要设置格式的单元格或者区域，单击"开始"选项卡→"样式"组中的"单元格样式"下拉按钮或"其他"按钮，在弹出的下拉列表中选择一种预置单元格样式即可。

5.3.3   套用表格格式

1. 自动套用表格格式

为了节省时间，可通过自动套用表格格式快速设置单元格区域的边框和底纹，同时该区域自动生成"表"，"表"要求有一个标题行以便对数据进行管理与分析，且具有表样式自动扩展、公式自动填充等特点，但不能进行分类汇总、单元格合并等操作。

套用表格格式的基本方法如下：选中要套用表格格式的单元格或区域，单击"开始"选项卡→"样式"组中的"套用表格格式"下拉按钮，在弹出的预置样式列表中选择一种样式，然后确认表是否包含标题，如果所选区域第一行包含标题行，则需要选中"表包含标题"复选框，单击"确定"按钮，所选区域即自动套用指定的表格样式。

2. 添加汇总行

添加汇总行的基本方法如下：在套用表格格式后，在"表格工具/设计"选项卡→"表格样式选项"组中选中"汇总行"复选框，即在套用表格格式区域下方添加一个汇总行，可单击该行对应单元格右侧的下拉按钮，在弹出的下拉列表中选择一种汇总方式。

3. 转换为普通区域

当只需要套用表格格式的边框底纹等格式，而不需要使用数据管理分析功能时，可将其转换为普通区域，基本方法如下：单击"表格工具/设计"选项卡→"工具"组中的

"转换为区域"按钮，在弹出的提示对话框中单击"是"按钮即可，这样既保留了格式，又可以进行分类汇总等操作。

5.3.4 设定与使用主题

通过设定与使用主题可以快速美化工作表，在 Excel 中设定与使用主题的方法与 Word 中的方法类似，基本方法如下：单击"页面布局"选项卡→"主题"组中的"主题"下拉按钮，在下拉列表中选择一种内置主题即可。

5.3.5 使用条件格式

使用条件格式可以突出显示符合条件的单元格或区域。

1. 利用预置规则

利用预置规则可快速设置相对简单的规则，基本方法如下：选中要设置条件格式的单元格区域，单击"开始"选项卡→"样式"组中的"条件格式"下拉按钮，在弹出的下拉列表中选择一种预置规则（如突出显示单元格规则、项目选择规则、数据条、色阶、图标集等）。

2. 自定义规则

使用自定义规则可以方便地设置相对复杂的规则，基本方法如下：选中要设置条件格式的单元格区域，单击"开始"选项卡→"样式"组中的"条件格式"下拉按钮，在弹出的下拉列表中选择"新建规则"命令，在弹出的"新建格式规则"对话框中选择一种规则类型，在"编辑规则说明"区域设置好条件及格式后，单击"确定"按钮。

3. 管理规则

通过管理规则可以新建规则，也可以修改规则或者删除规则，基本方法如下：选中需要设置或编辑条件格式的单元格区域，单击"开始"选项卡→"样式"组中的"条件格式"下拉按钮，在弹出的下拉列表中选择"管理规则"命令，在弹出的"条件格式规则管理器"对话框中既可以单击"新建规则"按钮，新建一条规则，也可以选中一条规则，然后单击"编辑规则"或者"删除规则"按钮，即可修改或者删除所选规则。

▌本节实例

【**实例 1**】在"员工培训成绩统计表.xlsx"素材中，对"Sheet1"工作表中的数据进行基本的格式化操作。具体要求如下。

（1）将 A1:N1 区域合并后居中，设置适当的字体，调大字号。

（2）将"平均分"列设置为保留 1 位小数的数值。

（3）适当加大 A2:N27 区域的行高，改变字体、字号，设置对齐方式，增加适当的边框和底纹以使工作表更加美观。

操作步骤：

（1）设置工作表标题格式。

① 准备工作：打开"员工培训成绩统计表.xlsx"的"Sheet1"工作表，打开"部门.txt"，将其数据复制粘贴到"Sheet1"工作表的 C3:C27 区域，打开"培训成绩.txt"，将其数据复制粘贴到 E3:J27 区域，结果如图 5-16 所示。

	A	B	C	D	E	F	G	H	I	J
1	某公司员工培训成绩统计表									
2	编号	姓名	部门	培训日期	基础知识	财务知识	电脑操作	法律法规	职业素养	技术技能
3	001	张春秋	综合部	2023年9月	76	89	80	69	80	85
4	002	于荣光	财务部	2023年9月	87	92	78	86	76	70
5	003	李莎莎	综合部	2023年9月	76	92	88	85	83	58
6	004	赵静	生产部	2023年9月	52	55	60	61	56	63
7	005	杨晓波	财务部	2023年9月	90	93	96	89	88	92
8	006	苏小雪	生产部	2023年9月	55	76	78	83	80	76
9	007	刘真心	财务部	2023年9月	89	93	88	95	87	96
10	008	朱玉婷	生产部	2023年9月	90	85	89	84	86	85
11	009	曾莹	生产部	2023年9月	80	81	92	76	85	91
12	010	蔡玲	综合部	2023年9月	89	76	88	90	79	77
13	011	夏珍珍	生产部	2023年9月	78	80	60	78	76	85
14	012	叶云飞	销售部	2023年9月	86	79	82	79	77	80
15	013	吴孝全	销售部	2023年9月	57	50	62	54	62	60
16	014	曹宏军	综合部	2023年9月	90	92	90	89	88	93
17	015	陈华秀	销售部	2023年9月	87	91	90	85	80	90
18	016	宋娜	生产部	2023年9月	90	85	75	76	78	49
19	017	李华娇	销售部	2023年9月	92	86	93	89	91	92
20	018	董小瑞	销售部	2023年9月	65	76	83	82	86	68
21	019	华东平	生产部	2023年9月	88	75	53	72	91	89
22	020	刘古丽	销售部	2023年9月	57	61	55	52	60	53
23	021	龙凯	综合部	2023年9月	78	87	85	85	84	92
24	022	黄思思	生产部	2023年9月	93	89	92	89	88	93
25	023	蔡艳琴	销售部	2023年9月	65	77	82	76	78	68
26	024	张秋云	生产部	2023年9月	88	87	82	68	85	90
27	025	吕艳	生产部	2023年9月	75	66	83	72	77	72

图 5-16　从文本文件复制粘贴部门和 6 门课程培训成绩后的结果

② 选中 A1:N1 区域，单击"开始"选项卡→"对齐方式"组中的"合并后居中"按钮，将该区域合并后居中，然后设置一种字体，如"微软雅黑"，调大字号，如设置为 16 号。

（2）设置"平均分"列保留小数位。选中 L3:L27 区域并右击，在弹出的快捷菜单中选择"设置单元格格式"命令，弹出"设置单元格格式"对话框，选择"数字"选项卡，在"分类"列表框选择"数值"，调整小数位数为"1"，单击"确定"按钮。

（3）设置数据区域格式。

① 选中 A2:N27 区域，单击"开始"选项卡→"单元格"组中的"格式"下拉按钮，在弹出的下拉列表中选择"单元格大小"→"行高"命令，弹出"行高"对话框，在"行高"文本框中输入一个大于默认值 13.8 的值，如 15，单击"确定"按钮。

② 单击"开始"选项卡→"对齐方式"组中的某种对齐方式按钮，即可将所选单元格区域中的数据设置为对应的对齐方式。

③ 右击选中的 A2:N27 区域，在弹出的下拉列表中选择"设置单元格格式"命令，弹出"设置单元格格式"对话框，在"边框"选项卡中选择线条样式及颜色，单击右侧的"外边框"按钮、"内部"按钮可将线条样式、颜色应用于所选区域的外边框、内部框线。这里采用默认的线条样式和颜色，故直接单击"外边框"按钮、"内部"按钮。

④ 选择"填充"选项卡，单击"背景色"下的某一颜色块，单击"确定"按钮，完成底纹的设置。

【实例 2】在"员工培训成绩统计表.xlsx"的"Sheet1"工作表中，将区域 P2:R6 设置为一种主题单元格样式。

操作步骤：

选中 P2:R6 区域，单击"开始"选项卡→"样式"组中的"单元格样式"下拉按钮或"其他"按钮，在弹出的下拉列表中选择一种主题单元格样式即可，如"60% - 着色 6"。

【实例3】在"员工培训成绩统计表.xlsx"的"Sheet1"工作表中完成套用表格格式的相关操作。具体要求如下。

（1）对 A2:N27 区域套用一种表格格式。

（2）添加汇总行，统计 6 门课程培训成绩的平均分。

（3）将 A2:N28 区域转换为普通区域。

准备工作：

清除 A2:N27 区域原有的边框和底纹。选中 A2:N27 区域并右击，在弹出的快捷菜单中选择"设置单元格格式"命令，弹出"设置单元格格式"对话框，选择"边框"选项卡，单击右侧的"无"按钮即去掉边框；选择"填充"选项卡，单击"背景色"下的"无颜色"按钮即去掉底纹，单击"确定"按钮退出"设置单元格格式"对话框。

操作步骤：

（1）套用表格格式。选中 A2:N27 区域，单击"开始"选项卡→"样式"组中的"套用表格格式"下拉按钮，在弹出的下拉列表中选择一种表格格式（如"表样式浅色 14"），在弹出的"套用表格式"对话框中，确认已选中"表包含标题"复选框，如图 5-17 所示，单击"确定"按钮。

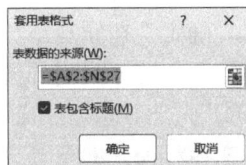

（2）在"表格工具/设计"选项卡→"表格样式选项"组中选中"汇总行"复选框，添加汇总行，然后单击汇总行的 E28 单元格右侧的下拉按钮，在弹出的下拉列表中选择汇总项为选择"平均值"。采同样的方法在 F28～J28 单元格分别统计其他 5 门课程的平均分。

图 5-17　"套用表格式"对话框

（3）将 A2:N28 区域转换为普通区域。选中 A2:N28 区域，单击"表格工具/设计"选项卡→"工具"组中的"转换为区域"按钮，然后在弹出的提示对话框中单击"确定"按钮。最后，删除 N28 单元格中的数据。

【实例4】在"员工培训成绩统计表.xlsx"的"Sheet1"工作表中进行条件格式操作。具体要求如下。

（1）将 6 门课程培训成绩不及格的单元格字体标为红色、加粗。

（2）将"电脑操作"课程排名前 3 的单元格用一种颜色填充。

（3）将总分最高的同学的信息用一种颜色（如橙色）填充。

操作步骤：

（1）将 6 门课程培训成绩不及格的单元格字体标为红色、加粗。

① 选中 E3:J27 区域，单击"开始"选项卡→"样式"组中的"条件格式"下拉按钮，在弹出的下拉列表中选择"突出显示单元格规则"级联菜单中的"小于"命令，在左侧文本框中输入"60"，在"设置为"下拉列表中选择"自定义格式..."命令，如图 5-18 所示。

② 在弹出的"设置单元格格式"对话框的"字体"选项卡中将字形设置为"加粗"，颜色设置为标准色"红色"，单击"确定"按钮，退出"设置单元格格式"对话框，返回"小于"对话框，再次单击"确定"按钮完成设置。

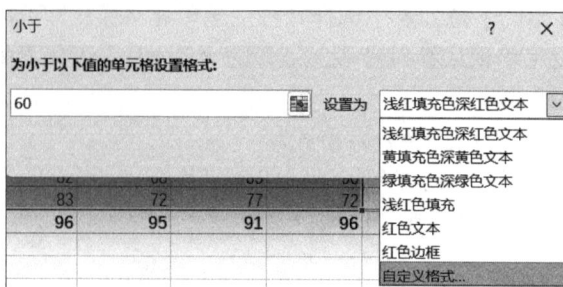

图 5-18 "小于"对话框

（2）将"电脑操作"课程排名前 3 的单元格用一种颜色填充。

① 选中 G3:G27 区域，单击"开始"选项卡→"样式"组中的"条件格式"下拉按钮，在弹出的下拉列表中选择"项目选取规则"级联菜单中的"前 10 项"命令，在弹出的对话框中将左侧数值 10 改为 3，在"设置为"下拉列表中选择"自定义格式…"选项，如图 5-19 所示。

② 在弹出的"设置单元格格式"对话框的"填充"选项卡中选择一种填充颜色。单击"确定"按钮退出"设置单元格格式"对话框，再次单击"确定"按钮完成设置。

（3）将总分最高的同学的信息用一种颜色（如橙色）填充。

① 先计算总分。在 K3 单元格中输入"=SUM(E3:J3)"后按 Enter 键确认，然后拖动填充柄将公式向下填充到 K27 单元格。

说明：SUM 为求和函数，SUM(E3:J3)表示求 E3:J3 区域的和。

② 选中 A3:N27 区域，单击"开始"选项卡→"样式"组中的"条件格式"下拉按钮，在弹出的下拉列表中选择"新建规则"命令，弹出"新建格式规则"对话框，在"选择规则类型"列表框中选择"使用公式确定要设置格式的单元格"选项，在"为符合此公式的值设置格式"文本框中输入公式"=$K3=MAX($K$3:$K$27)"，如图 5-20 所示。

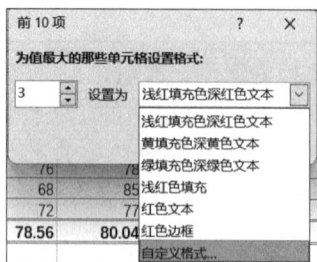

图 5-19 前 10 项对话框

图 5-20 通过公式设置条件格式

说明：$K3 为混合引用，表示列名不变。MAX 为求最大值函数，$K$3:$K$27 表示绝对引用，在公式复制或移动时该地址保持不变。MAX($K$3:$K$27)表示 K3:K27 区域即总分的最高分。

③ 单击“格式”按钮，在弹出的“设置单元格格式”对话框的“填充”选项卡中设置一种填充颜色（注意，此处鼠标指针置于颜色块上并无颜色名称提示，可参考“字体”选项卡中的颜色选择），此处可单击最后一排第三个颜色块，即设置颜色为橙色，最终结果如图 5-21 所示。

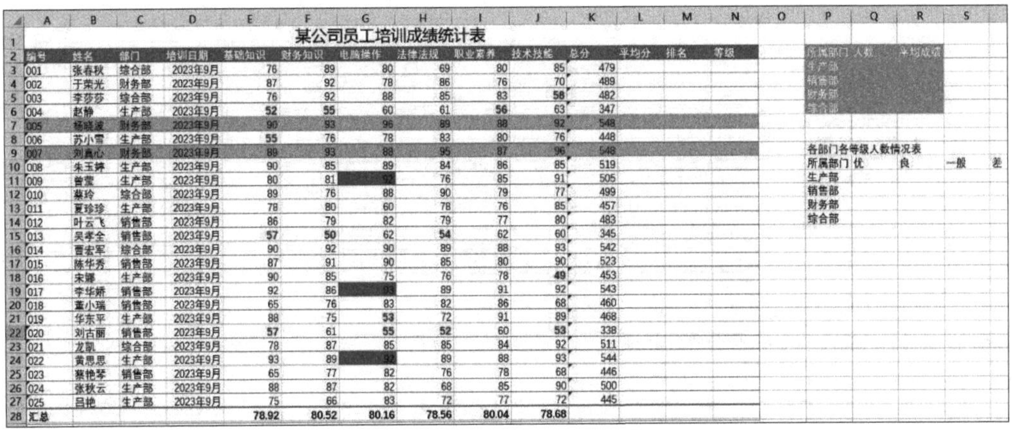

某公司员工培训成绩统计表

编号	姓名	部门	培训日期	基础知识	财务知识	电脑操作	法律法规	职业素养	技术技能	总分	平均分	排名	等级
001	张春秋	综合部	2023年9月	76	89	80	69	80	85	479			
002	于荣光	财务部	2023年9月	87	92	78	86	76	70	489			
003	李莎莎	综合部	2023年9月	76	92	88	85	83	58	482			
004	赵静	生产部	2023年9月	52	55	60	61	56	63	347			
005	杨晓波	财务部	2023年9月	90	93	96	89	88	92	548			
006	苏小雪	生产部	2023年9月	55	76	78	83	80	76	448			
007	刘真心	财务部	2023年9月	89	93	88	95	87	96	548			
008	朱玉婷	生产部	2023年9月	90	85	89	84	86	85	519			
009	曾莹	生产部	2023年9月	80	81	92	76	85	91	505			
010	蔡玲	综合部	2023年9月	89	76	88	90	79	77	499			
011	夏珍珍	生产部	2023年9月	78	80	60	78	76	85	457			
012	叶云飞	销售部	2023年9月	86	79	82	79	77	80	483			
013	吴孝全	销售部	2023年9月	57	50	62	54	62	60	345			
014	曹宏军	综合部	2023年9月	90	92	90	89	88	93	542			
015	陈华秀	销售部	2023年9月	87	91	90	85	80	90	523			
016	宋娜	生产部	2023年9月	90	85	75	76	78	49	453			
017	李华娇	销售部	2023年9月	92	86	93	89	91	92	543			
018	董小瑞	销售部	2023年9月	65	76	83	82	86	68	460			
019	华东平	生产部	2023年9月	88	75	53	72	91	89	468			
020	刘古丽	销售部	2023年9月	57	61	55	52	60	53	338			
021	龙凯	综合部	2023年9月	78	87	85	85	84	92	511			
022	黄思思	生产部	2023年9月	93	89	92	89	88	93	544			
023	蔡艳琴	销售部	2023年9月	65	77	82	76	78	68	446			
024	张秋云	生产部	2023年9月	88	87	82	68	85	90	500			
025	吕艳	生产部	2023年9月	75	66	83	72	77	72	445			
汇总				78.92	80.52	80.16	78.56	80.04	78.68				

所属部门	人数	平均成绩
生产部		
销售部		
财务部		
综合部		

各部门各等级人数情况表

所属部门	优	良	一般	差
生产部				
销售部				
财务部				
综合部				

图 5-21　设置完条件格式后的最终结果

5.4　获取外部数据

Excel 允许从文本文件、网站等获取数据，这样可以提高输入数据的速度、准确性和数据一致性。

5.4.1　从文本文件获取数据

从文本文件获取数据的基本方法如下：选中用于存放数据的起始单元格，单击“数据”选项卡→“获取外部数据”组中的“自文本”按钮，弹出“导入文本文件”对话框，选择文件存放位置并选中文本文件，单击“导入”按钮，按文本导入向导的提示逐步操作即可。

5.4.2　从网站获取数据

从网站获取数据的基本方法如下：选中用于存放数据的起始单元格，单击“数据”选项卡→“获取外部数据”组中的“自网站”按钮，在弹出的“新建 Web 查询”对话框的地址栏中输入网站的网址，单击地址栏右侧的“转到”按钮，进入相应网页；单击需要导入的表格左上角的黄色箭头按钮，该箭头会变为√状，如图 5-22 所示；单击窗口右下角的“导入”按钮，弹出“导入数据”对话框，确定数据的放置位置，单击“确定”按钮，即可将网站上的数据自动导入当前工作表的指定位置。

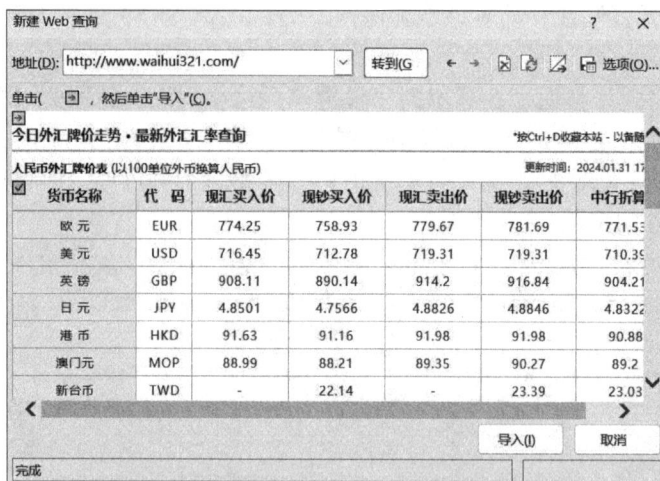

图 5-22　在"新建 Web 查询"对话框中选择表格

本节实例

【实例 1】打开素材"第 6～7 次全国人口普查数据.xlsx",将"第 6 次全国人口普查数据.txt"中的数据导入"Sheet1"工作表以 A1 单元格开始的区域。

操作步骤:

(1)打开"第 6～7 次全国人口普查数据.xlsx",单击"Sheet1"工作表的 A1 单元格,单击"数据"选项卡→"获取外部数据"组中的"自文本"按钮,在弹出的"导入文本文件"对话框中选择文件存放位置并选中文本文件"第 6 次全国人口普查数据.txt"。

(2)单击"导入"按钮,弹出"文本导入向导 - 第 1 步,共 3 步"对话框,在"请选择最适合的文件类型"下选中"分隔符号"单选按钮,选中"数据包含标题。"复选框,如图 5-23 所示。

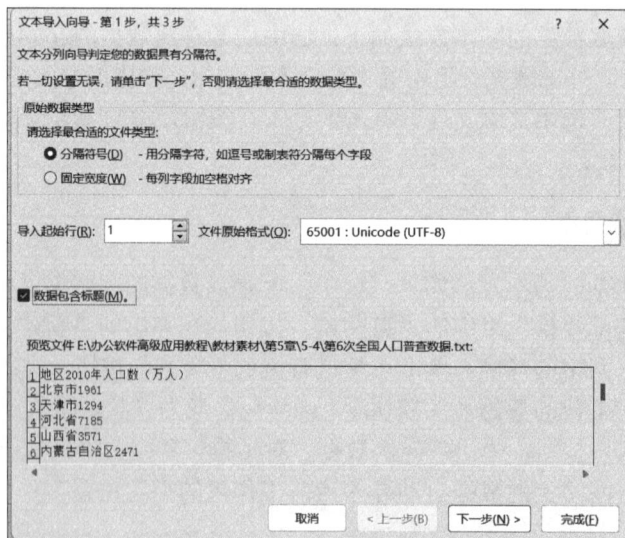

图 5-23　文本导入向导第 1 步设置

（3）单击"下一步"按钮，弹出"文本导入向导 - 第 2 步，共 3 步"对话框，确认分隔符号（此处为 Tab 键），在"数据预览"区域中可以看到导入后的效果，如图 5-24 所示。

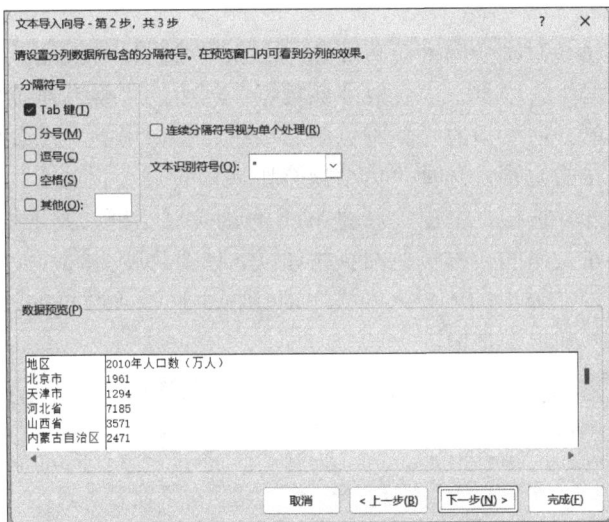

图 5-24　文本导入向导第 2 步设置

（4）单击"下一步"按钮，弹出"文本导入向导 - 第 3 步，共 3 步"对话框，在此可为每列数据指定数据格式，如图 5-25 所示。也可导入数据后再设置，此处选择默认列数据格式"常规"。

（5）单击"完成"按钮，在弹出的"导入数据"对话框中确认数据的放置位置，如图 5-26 所示。

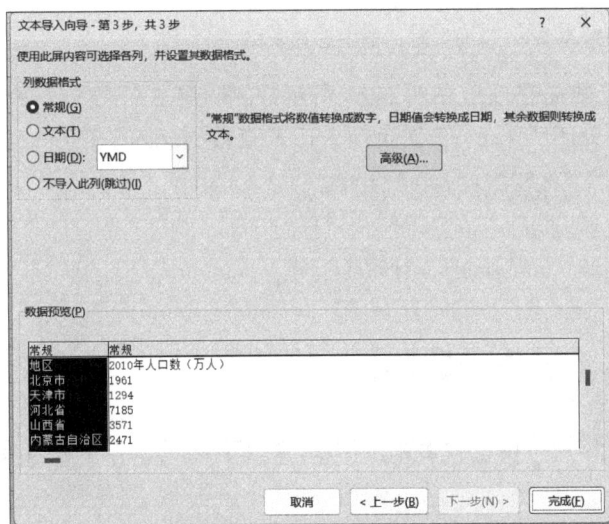

图 5-25　文本导入向导第 3 步设置

图 5-26　"导入数据"对话框

（6）单击"确定"按钮，将文本文件导入当前工作表中，保存"第 6～7 次全国人口普查数据.xlsx"文档。

【实例 2】浏览网页"第 7 次全国人口普查公报.htm",将其中的表格"表 3-1 各地区人口"导入工作表"Sheet2"中以 A1 单元格开始的区域。注意,不得改变所导入数据的排列顺序。

操作步骤:

(1)打开"第 6~7 次全国人口普查数据.xlsx",选择"Sheet2"工作表,单击 A1 单元格,单击"数据"选项卡→"获取外部数据"组中的"现有连接"按钮,弹出"现有连接"对话框,单击左下角的"浏览更多"按钮,在弹出的"选取数据源"对话框中定位到网页文件所在的位置,选择"第 7 次全国人口普查公报.htm"。

(2)单击"打开"按钮,弹出"新建 Web 查询"对话框,向下拖动右侧的滚动条,单击要导入的表格左上角的带框黄色箭头按钮 ⬛,使箭头变为 ☑,如图 5-27 所示,然后单击"导入"按钮,在弹出的"导入数据"对话框中选择"数据的放置位置"(此处为 A1 单元格),单击"确定"按钮。

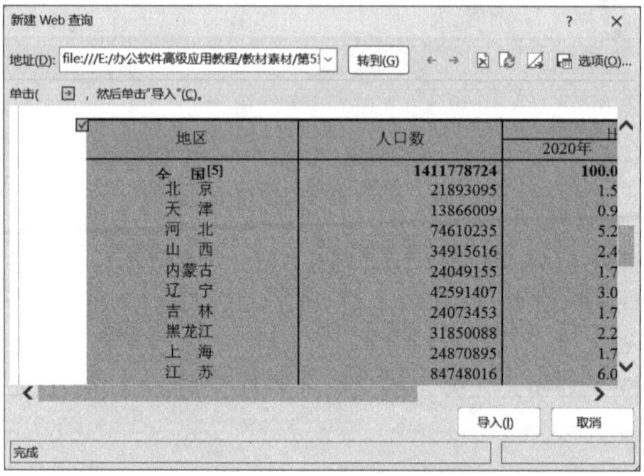

图 5-27　在"新建 Web 查询"对话框中选择表格

(3)整理前 2 行数据,第 1 行数据整理后如图 5-28 所示,删除第 2 行数据,适当调整第 C~D 列列宽。最后保存并关闭"第 6~7 次全国人口普查数据.xlsx"。

	A	B	C	D
1	地区	人口数	2020年比重	2021年比重

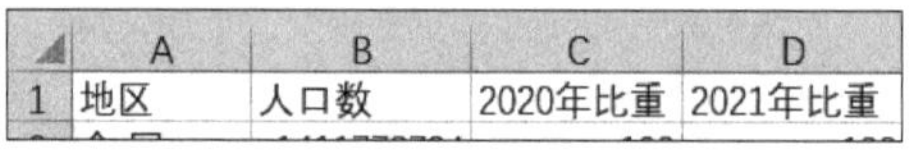

图 5-28　整理后的第 1 行数据

5.5　工作表的操作

Excel 文档又称工作簿,一个工作簿可以包含多张工作表,对工作表的操作十分重要。

5.5.1　工作表的基本操作

工作表的基本操作包括工作表的插入、删除、重命名、移动或复制、隐藏或显示,以及设置工作表标签颜色等,基本方法如下:右击工作表标签,在弹出的快捷菜单中选择相应命令进行操作。

5.5.2 保护工作表

为防止他人对工作表中单元格的数据进行修改，可设置工作表保护。

1. 保护整个工作表

保护整个工作表，即保护整个工作表中所有单元格数据都不被更改。保护整个工作表的基本方法如下：单击"审阅"选项卡→"更改"组中的"保护工作表"按钮，在弹出的"保护工作表"对话框中输入"取消工作表保护时使用的密码"，选择"允许此工作表的所有用户进行"下的项目后，单击"确定"按钮，重复确认输入密码后即完成设置。

2. 取消工作表的保护

取消工作表保护的基本方法如下：单击"审阅"选项卡→"更改"组中的"撤消工作表保护"按钮，在弹出的对话框中输入设置工作表保护时设置的密码后，单击"确定"按钮。

3. 解除对部分工作表区域的保护

为了允许用户编辑部分单元格数据，可在保护工作表之前取消对这些单元格的锁定，基本方法如下：选中要解除锁定的单元格或者区域，右击，在弹出的快捷菜单中选择"设置单元格格式"命令，在弹出的对话框中选择"保护"选项卡，取消选中"锁定"复选框，单击"确定"按钮。

5.5.3 多工作表操作

在 Excel 的一张工作表中可以引用其他工作表中的数据，还可以同时对多张工作表进行相同的操作以提高工作效率。

1. 引用其他工作表数据

在 Excel 的一张工作表中可以引用其他工作表中的数据，在当前工作表中跨表引用的表示方式为"工作表名!单元格或者区域地址"（注意，公式中的标点符号要在英文状态下输入）。当所引用的工作表名是以数字开头、包含空格或一些特殊字符（如$、%、`、~、!、@、#、^、&、(、)、+、-、=、,、|、'、;、{、}等）时，公式中的工作表名称前后将各自添加一个半角单引号。例如，在当前工作表某个单元格引用"Sheet1"工作表 A1 单元格中的数据，可在此单元格中输入公式"=Sheet1!A1"，然后按 Enter 键。

注意，当在公式中引用其他工作簿中的单元格地址时，其表示方式为"[工作簿名称]工作表名!单元格或者区域地址"。

2. 选择多张工作表

要对多张工作表进行相同的操作，首先要同时选中它们。选择多张工作表的基本方法如下。

（1）选择全部工作表：右击其中一个工作表标签，在弹出的快捷菜单中选择"选定全部工作表"命令。

（2）选择多张连续工作表：首先单击第一张工作表的标签，然后按住 Shift 键的同时单击最后一个工作表的标签。

（3）选择不连续的多张工作表：首先单击其中一张工作表的标签，然后按住 Ctrl 键的同时，依次单击所要选择的工作表的标签。

（4）取消工作表组合：当同时对多张工作表的操作完成后，单击组合工作表以外的任意一张工作表标签，或者右击任一组合工作表的标签，在弹出的快捷菜单中选择"取消组合工作表"命令，即可取消工作表组合。

3. 同时对多张工作表进行操作

当同时选择多张工作表后，在一张工作表中进行的操作同时会反映到组合的其他工作表中，这样就可以快速完成多张工作表输入相同数据和公式、基本格式化等相同操作，但无法进行条件格式、套用表格格式等操作。注意，最后要记得取消工作表组合。

■ 本节实例

【实例 1】练习工作表的复制、重命名、设置工作表标签颜色等基本操作。具体要求如下。

（1）将素材"2 班成绩.xlsx"中的"Sheet1"工作表复制到"工作表的操作.xlsx"的"1 班总评"工作表后，并重命名为"2 班总评"。

（2）将"1 班总评"和"2 班总评"工作表标签颜色分别设为标准色"红色"和标准色"绿色"。

操作步骤：

（1）复制和重命名工作表。

① 复制工作表。依次打开"工作表的操作.xlsx"和"2 班成绩.xlsx"，右击"2 班成绩.xlsx"中的"Sheet1"工作表标签，在弹出的快捷菜单中选择"移动或复制"命令，在弹出的"移动或复制工作表"对话框的"工作簿"下拉列表中选择"工作表的操作.xlsx"工作簿（工作簿不打开则此列表将不显示），在"下列选定工作表之前"列表框中选择"1 班平时"工作表，选中"建立副本"复选框（不选中该复选框则为移动），如图 5-29 所示。然后单击"确定"按钮，切换到"2 班成绩.xlsx"，关闭该文档。

② 重命名工作表。在"工作表的操作.xlsx"中双击刚刚复制的"Sheet1"工作表标签，输入"2 班总评"后按 Enter 键。

（2）设置工作表标签颜色。

右击"1 班总评"工作表标签，在弹出的快捷菜单中选择"工作表标签颜色"命令，选择标准色"红色"，采用同样的方法将"2 班总评"工作表标签颜色设为标准色"绿色"。

图 5-29　复制工作表时的"移动或复制工作表"对话框

【**实例 2**】练习跨工作表引用数据。具体要求如下。

在"工作表的操作.xlsx"文档中的"1 班总评"工作表中，平时成绩和期末成绩分别引用"1 班平时"工作表的平时成绩和"1 班期末"工作表的期末成绩。

操作步骤：

（1）单击"1 班总评"工作表标签使其成为当前工作表，在 C3 单元格引用"1 班平时"工作表的 C3 单元格数据，有两种方法。

方法 1：直接输入公式。单击 C3 单元格，输入公式"='1 班平时'!C3"，然后按 Enter 键。

方法 2：用鼠标操作。单击 C3 单元格，先输入"="，再单击"1 班平时"工作表标签，再单击该工作表的 C3 单元格，最后按 Enter 键或者单击编辑栏左侧的"输入"按钮 ✓（图 5-30 中圆圈标出部分）确认完成公式的输入。

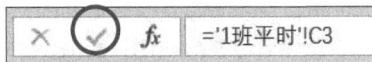

图 5-30　编辑栏中的"输入"按钮

（2）单击"1 班总评"工作表中的 C3 单元格，拖动右下角的填充柄（或者双击该填充柄）将公式填充到 C56 单元格。

（3）采用同样的方法，在"工作表的操作.xlsx"文档中的"1 班总评"工作表中的"期末成绩"列引用"1 班期末"工作表的"期末成绩"列的数据。

注意，此处之所以可以使用跨表引用的方法，是因为两张表的学生信息和顺序是完全一致的；否则，就要使用 VLOOKUP 函数进行查找与引用。

【**实例 3**】在"工作表的操作.xlsx"文档中，利用组合工作表计算"1 班总评"和"2 班总评"两张工作表的总评成绩。具体要求如下。

（1）同时选中"1 班总评"和"2 班总评"两张工作表。

（2）在 E2 单元格输入"总评成绩"，并计算总评成绩，假设总评成绩=平时成绩×30%+期末成绩×70%，且四舍五入为整数。

（3）对这两张工作表的 A2:E56 区域设置边框，A2:E2 区域设置底纹。

（4）取消组合工作表。

操作步骤：

（1）同时选中多张工作表。打开"工作表的操作.xlsx"文档，单击"1 班总评"工作表的标签，按住 Ctrl 键的同时单击"2 班总评"工作表的标签，即同时选中这两张工作表。

（2）计算总评成绩，并设置为整数。在 E2 单元格输入"总评成绩"，在 E3 单元格输入公式"=ROUND(C3*0.3+D3*0.7,0)"后按 Enter 键，然后拖动填充柄（或双击填充柄）将公式填充到 E56 单元格。

说明：ROUND 为四舍五入函数，这里表示将求得的总评成绩四舍五入到最接近的整数。

（3）设置边框和底纹。选中 A2:E56 区域，单击"开始"选项卡→"字体"组中的"边框"下拉按钮，在弹出的下拉列表中选择"所有框线"命令；选中 A2:E2 区域，单击"开始"选项卡→"字体"组中的"填充颜色"下拉按钮，在弹出的下拉列表中选择一种填充颜色。

注意，在操作时不要修改不需要修改的数据，否则两张工作表的数据会同时改变。

（4）取消组合工作表。完成所有操作后，单击其他工作表的标签，如"1 班平时"工作表的标签（或者右击组合的工作表标签，在弹出的快捷菜单中选择"取消组合工作表"命令），取消工作表组合。观察"1 班总评"和"2 班总评"两张工作表的 E2:E56 区域的数据及两张表的边框和底纹是否同时操作成功。

【实例 4】保护"1 班总评"工作表，使 C3:E56 区域可以选中但无法编辑，也无法看到公式，其他单元格都可以正常编辑（不用设置密码）。最后保存"工作表的操作.xlsx"。

操作步骤：

（1）单击"1 班总评"工作表的标签，按 Ctrl+A 组合键或者单击工作表左上角的"全选"按钮，选择整个工作表并右击，在弹出的快捷菜单中选择"设置单元格格式"命令，在弹出的对话框中的"保护"选项卡中，取消选中"锁定"复选框，单击"确定"按钮。然后单击任意位置即取消对整个工作表的选择。

（2）选中 C3:E56 区域并右击，在弹出的快捷菜单中选择"设置单元格格式"命令，在弹出的对话框中的"保护"选项卡中选中"锁定"和"隐藏"复选框，如图 5-31 所示。

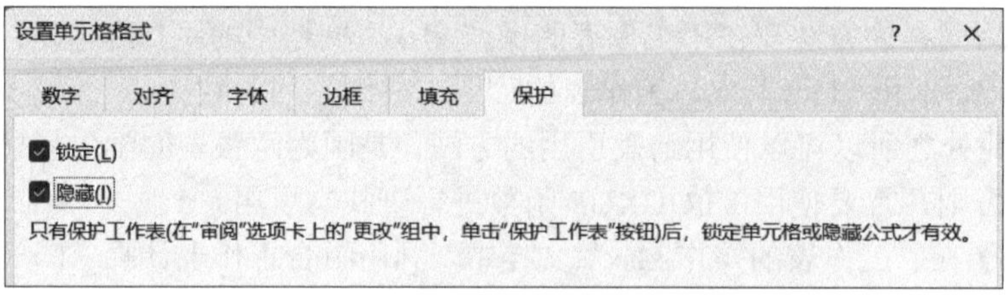

图 5-31　对选定区域进行锁定、隐藏设置

（3）单击"确定"按钮，退出"设置单元格格式"对话框。单击"审阅"选项卡→"更改"组中的"保护工作表"按钮，弹出"保护工作表"对话框，这里不需要输入密码，采用默认设置，单击"确定"按钮。

（4）单击保护区域的单元格，如 E3 单元格，可以观察到只能选中单元格，在编辑栏不会显示公式，如果尝试修改数据，会弹出提示信息框。最后保存并关闭"工作表的操作.xlsx"文档。

5.6　打印输出工作表

为了使工作表打印输出效果更美观，可在打印之前对工作表进行打印设置。

5.6.1　页面设置

页面设置主要包括设置页边距、纸张大小及方向、页眉页脚、打印标题、打印区域等。Excel 中进行页面设置的基本方法如下：单击"页面布局"选项卡→"页面设置"组中相应的按钮，或者单击"页面设置"组右下角的对话框启动器按钮，在弹出的"页面设置"对话框中进行相应设置。

5.6.2　预览并打印

为了保证打印效果的准确，在打印前可先对打印效果进行预览。预览并打印工作表的基本方法如下：选定一个工作表，单击"文件"选项卡→"打印"按钮，打开"打印"窗口，在此可查看打印预览效果，并对打印份数、打印机、打印范围、纸张方向和大小、页边距、缩放等进行设置。确认无误后，单击"打印"按钮即开始打印。打印范围可以是当前工作表、整个工作簿或选定区域。

本节实例

【实例】在"总评成绩表.xlsx"文档中，对"Sheet1"工作表进行打印设置，具体要求如下。

（1）将工作表的打印区域设为 A1:E110 区域。

（2）设置工作表的第 1、2 行重复出现在每一页。

（3）设置水平居中打印。

（4）设置在页脚居中显示页码。

（5）输出为 PDF 文档。

操作步骤：

（1）选中 A1:E110 区域，单击"页面布局"选项卡→"页面设置"组中的"打印区域"下拉按钮，在弹出的下拉列表中选择"设置打印区域"命令（之后选择"取消打印区域"命令即可取消设置的打印区域）。

（2）单击"页面布局"选项卡→"页面设置"组中的"打印标题"按钮，弹出"页面设置"对话框，在"工作表"选项卡"打印标题"组中，单击"顶端标题行"右侧的"压缩对话框"按钮，将鼠标指针置于行号 1 上，按住鼠标左键拖动鼠标到行号 2，即选择前 2 行，然后按 Enter 键返回对话框；或者直接在弹出的"页面设置"对话框的"顶端标题行"右侧的文本框中输入"$1:$2"。

（3）在"页面设置"对话框中选择"页边距"选项卡，设置"居中方式"为"水平"。

（4）在"页面设置"对话框中选择"页眉/页脚"选项卡，单击"自定义页脚"按钮，在弹出的"页脚"对话框中，单击下方中间的文本框，单击"插入页码"按钮 🔲，单击"确定"按钮退出"页脚"对话框，再单击"确定"按钮退出"页面设置"对话框。

（5）在"打印"窗口中预览打印效果，并进行进一步设置。此处，在"打印机"下拉列表中选择一个虚拟 PDF 打印机"Microsoft Print to PDF"（计算机需要提前安装好相关驱动程序），单击"打印"按钮，输入 PDF 文件名（如"打印结果"）并指定文件的存放位置，单击"保存"按钮。

第6章　公式与函数的应用

利用 Excel 的公式和函数可快速地进行统计计算和分析，提高计算的正确率和工作效率。

6.1　公　式

公式是指对 Excel 工作表中的值进行计算的等式。

6.1.1　公式的组成

公式以"="开始，由"="、运算数据、运算符 3 部分组成。运算数据主要包括常量、单元格引用地址、函数等。注意，公式中所有符号必须在英文状态下输入。

6.1.2　运算符

运算符主要包括算术运算符、比较运算符、文本运算符、引用运算符，如表 6-1 所示。

表 6-1　Excel 运算符

类型	表示形式
算术运算符	+（加）、-（减）、*（乘）、/（除）、^（乘方）、%（百分比）、()（括号）
比较运算符	=（等于）、>（大于）、>=（大于等于）、<（小于）、<=（小于等于）、<>（不等于）
文本运算符	&（合并）
引用运算符	:（区域运算符）、,（联合运算符）、空格（交叉运算符）

1. 算术运算符

算术运算符在 Excel 中主要用于基本的数学运算，包括加、减、乘、除等运算。

2. 比较运算符

比较运算符在 Excel 中主要用于对两个值进行比较，结果为逻辑值 TRUE（真）或FALSE（假），包括等于、大于、大于等于、小于、小于等于和不等于等符号。

3. 文本运算符

文本运算符用于连接两个或多个文本字符串，生成一个文本字符串。例如，在某单元格中输入"="湖北"&"武汉""后按 Enter 键，则在该单元格显示"湖北武汉"。

4. 引用运算符

引用运算符是可以将区域引用合并计算的运算符号。

1）区域运算符（:）

区域运算符"："可以对左右两个引用之间，包括两个引用在内的区域进行引用。例如 E3:J26 表示以 E3 为左上角、J26 为右下角的区域。

2）联合运算符（,）

联合运算符","可以将多个引用合并为一个引用。例如，在单元格中输入公式"=SUM(C3:C20,E3:E20)"，表示对 C3:C20 和 E3:E20 两个不连续区域求和。

3）交叉运算符（空格）

交叉运算符可生成对两个引用共有单元格区域的引用。例如，在单元格输入"=SUM(C11:F15 E13:H17)"，表示对 C11:F15 和 E13:H17 共有的单元格区域求和。

6.1.3　公式的输入与编辑

1. 公式的输入

（1）单击要输入公式的单元格，输入"="。

（2）输入公式的具体内容，如果某一个单元格或区域中的数据参与运算，可输入该单元格或区域的地址，或者用鼠标选中该单元格或区域。

（3）按 Enter 键或单击编辑栏中的"输入"按钮（显示为√）。此时运算结果即显示在相应单元格，公式显示在编辑栏。

2. 编辑公式

单击公式所在的单元格，在编辑栏中可修改公式。单击公式所在的单元格，按 Delete 键可删除公式。

6.1.4　公式的移动与复制

移动与复制公式的基本方法如下。

（1）选中要复制的公式所在单元格，将鼠标指针移动到单元格的边框上，当鼠标指针变为十字箭头状时，按住 Ctrl 键，将所选的单元格拖到目标区域的相应单元格处。若不按 Ctrl 键拖动则是移动公式。

（2）若批量复制公式，可将鼠标指针移动到第一个公式单元格的填充柄上，然后拖动填充柄到需要复制公式的最后一个单元格。

6.1.5　单元格引用

在公式中可以引用一个单元格，或者区域。单元格的引用分为 3 种：相对引用、绝对引用和混合引用。

1. 相对引用

相对引用是指在公式移动或复制时，公式中的单元格地址会相对目的单元格发生变化，此类型地址由列名行号表示，如 A1。

2. 绝对引用

绝对引用表示公式中的单元格地址不随复制或移动目的单元格的变化而变化，其表示方法是在相对引用地址的列名和行号前分别加上一个美元符号"$"，如$A$1。

3. 混合引用

混合引用是指单元格引用地址一部分为绝对引用地址，一部分为相对引用地址，例如，$A1 或 A$1。$在行号前，表示行位置绝对不变；$在列名前，表示列位置绝对不变。

▌ 本节实例

【实例】在素材"销售额与比例.xlsx"文档的"Sheet1"工作表中求每种洗发水的销售额、总销售额及所占比例。

操作步骤：

（1）求每种洗发水的销售额。

① 打开"销售额与比例.xlsx"，单击"Sheet1"工作表中的 D3 单元格，输入公式"=B3*C3"后按 Enter 键。或者单击 D3 单元格，输入"="，再单击 B3 单元格，输入"*"，再单击 C3 单元格，按 Enter 键，如图 6-1 所示。

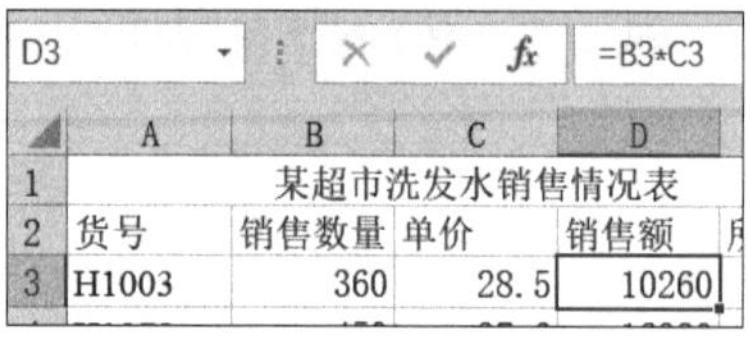

② 拖动填充柄填充公式到 D9 单元格。

（2）求总销售额。单击 D10 单元格，输入公式"=SUM(D3:D9)"后按 Enter 键。

（3）求所占比例。单击 E3 单元格，输入公式"=D3/D10"后按 Enter 键，拖动填充柄复制公式到 E4 单元格，会发现公式变为"=D4/D11"，显示结果为"#DIV/0!"，意思是"被零除"，即除数为 0。这是因为公式 D3/D10 中的 D10 是相对引用，公式在复制的时候会相对目的单元格发生变化，公式复制到 E4 单元格时 D10 变成了 D11，而 D11 为空。要保证分母 D10 在公式复制时不变，可以利用绝对引用或相对引用实现。

① 利用绝对引用实现。即将 D10 改为$D$10，E3 单元格公式改为"=D3/$D$10"。单击 E3 单元格，选中编辑栏的 D10 后按 F4 键（按 F4 键可在相对引用、绝对引用、混合引用之间快速切换）使 D10 变为绝对引用$D$10，然后按 Enter 键确认公式的修改，如图 6-2 所示。

② 利用混合引用实现。观察在 E3 单元格的公式"=D3/D10"复制到 E4 时，D10 变为 D11，发现只有行号发生变化，因此可以只固定行号，即将 E3 单元格公式改为"=D3/D$10"，如图 6-3 所示。

最后单击 E3 单元格，拖动填充柄填充公式到 E9 单元格，保存 Excel 文档。

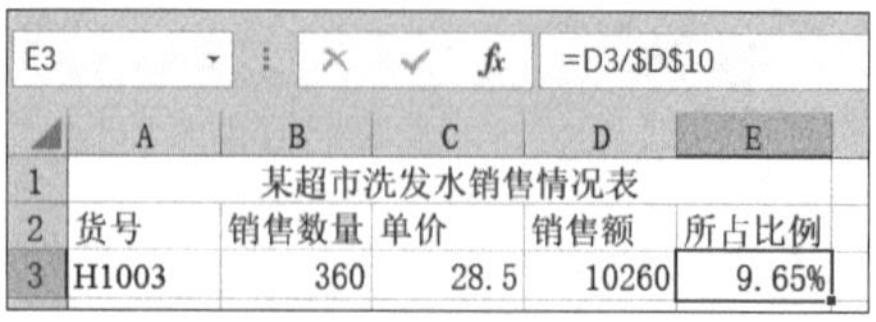

图 6-1　计算销售额公式

图 6-2　利用绝对引用计算所占比例

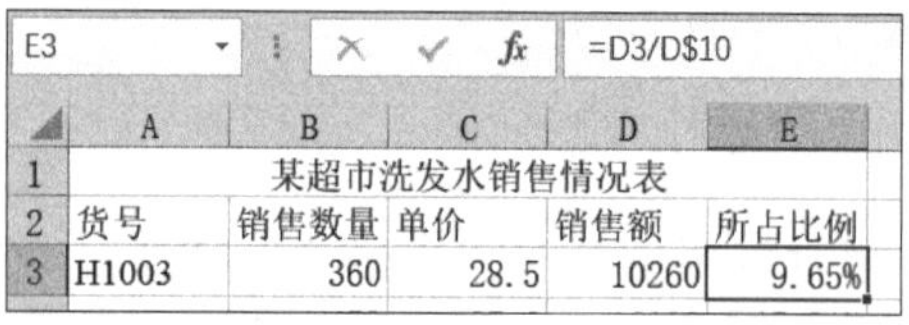

图 6-3　利用混合引用计算所占比例

6.2　定义与引用名称

在 Excel 中，可以给单元格或者区域、常量、表格等定义名称，使公式理解和维护更加方便。

6.2.1　定义名称

定义名称主要有以下 3 种方法。

1. 使用名称框定义名称

选中要定义名称的单元格或者区域（如"销售额与比例.xlsx"中的 D3:D9 区域），单击名称框，输入名称（如"销售额"）后按 Enter 键即可，如图 6-4 所示。

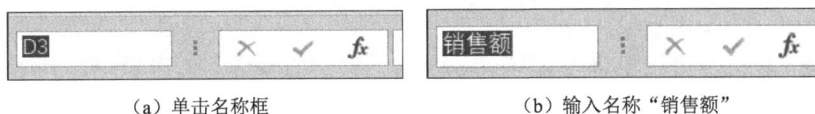

（a）单击名称框　　　　　　（b）输入名称"销售额"

图 6-4　使用名称框定义名称

2. 根据所选内容创建名称

当需要将所选区域的首行或者首列作为名称时，可用此方法。

选中包含行标题或者列标题的区域，单击"公式"选项卡→"定义的名称"组中的"根据所选内容创建"按钮，在弹出的对话框中通过选中"首行"、"左列"、"末行"或"最右列"复选框来指定包含标题的位置。例如，选中"首行"复选框即可将所选区域的第一行的标题设为各列数据（不包含第一行）的名称，如图 6-5 所示。

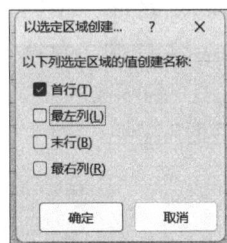

图 6-5　选择以首行标题为各列数据的名称

3. 使用"新建名称"对话框定义名称

（1）选中要定义名称的单元格或者区域，单击"公式"选项卡→"定义的名称"组中的"定义名称"按钮（或右击所选区域，在弹出的快捷菜单中选择"定义名称"选项），弹出"新建名称"对话框。

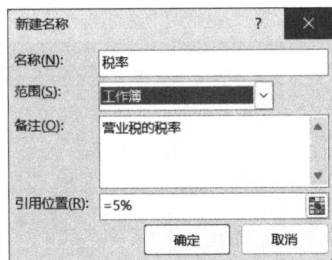

（2）在"名称"文本框输入名称，并设置名称的适用范围，输入备注，修改引用位置（如要为一个常量命名，可先输入"="，再输入常量值，如图 6-6 所示；如要为一个公式进行命名，可先输入"="，再输入公式）。

（3）单击"确定"按钮，完成命名。

图 6-6　为常量定义名称

6.2.2 引用名称

定义名称后，可直接在公式中引用名称，基本方法如下。

（1）在选中的单元格中输入公式，将光标置于公式中要应用此名称的位置。

（2）单击"公式"选项卡→"定义的名称"组中的"用于公式"下拉按钮，然后在弹出的下拉列表中选择名称。也可以直接输入该名称，按 Enter 键确认输入。

6.2.3 使用"名称管理器"管理名称

Excel 中管理名称的基本方法如下：单击"公式"选项卡→"定义的名称"组中的"名称管理器"按钮，在弹出的"名称管理器"对话框中进行相应设置即可，包括查找、创建、编辑、删除工作簿中的所有名称。

■ 本节实例

【实例 1】在"员工培训成绩统计表.xlsx"的"Sheet1"工作表中，为平均分区域 L3:L27 定义名称"PJF"。

操作步骤：

（1）使用名称框定义名称。

打开"员工培训成绩统计表.xlsx"，选中 L3:L27 区域，然后在名称框输入"PJF"，按 Enter 键完成名称的定义。

（2）使用"新建名称"对话框定义名称。

① 删除刚才定义的名称 PJF。单击"公式"选项卡→"定义的名称"组中的"名称管理器"按钮，弹出"名称管理器"对话框，如图 6-7 所示。在该对话框中选中名称 PJF，

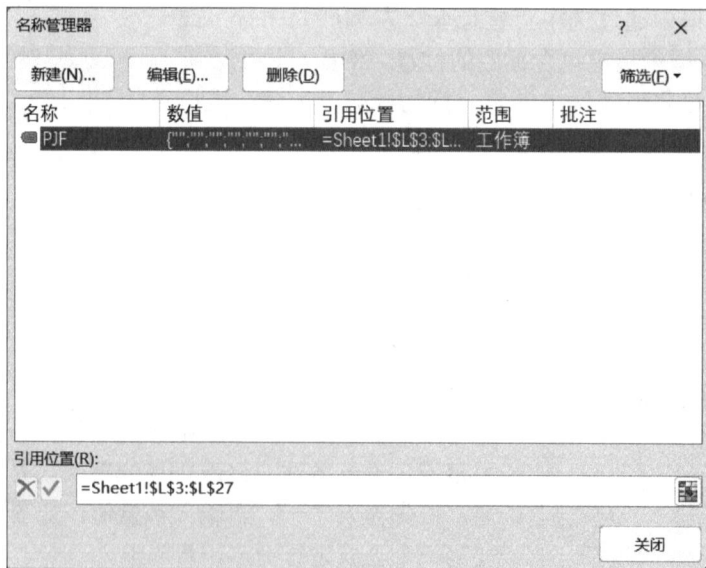

图 6-7 "名称管理器"对话框

单击"删除"按钮,在弹出的确认信息框中单击"确定"按钮,即可删除名称 PJF,单击"关闭"按钮退出对话框。

② 选中 L3:L27 区域,单击"公式"选项卡→"定义的名称"组中的"定义名称"按钮,在弹出的"新建名称"对话框的"名称"文本框中输入名称"PJF",如图 6-8 所示,单击"确定"按钮。

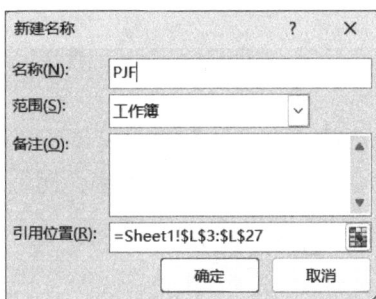

图 6-8 在"新建名称"对话框中输入名称

【实例 2】打开"销售额与比例.xlsx"文档,将"Sheet1"工作表中的 B2:D9 区域的首行定义为各列的名称。在求总销售额公式中使用名称"销售额"代替 D3:D9 区域。

操作步骤:

(1)打开"销售额与比例.xlsx"文档,选中 B2:D9 区域,单击"公式"选项卡→"定义的名称"组中的"根据所选内容创建"按钮,在弹出的对话框中只选中"首行"复选框,取消对其他复选框的选中,单击"确定"按钮。

(2)单击"公式"选项卡→"定义的名称"组中的"名称管理器"按钮,弹出"名称管理器"对话框,在此可以看到新定义的 3 个名称:单价、销售额和销售数量,如图 6-9 所示,单击"关闭"按钮。

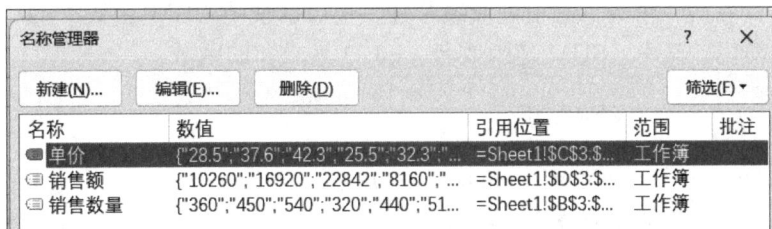

图 6-9 使用"名称管理器"对话框查看名称

(3)单击 D10 单元格,在编辑栏选中 D3:D9,将其改为"销售额",或者单击"公式"选项卡→"定义的名称"组中的"用于公式"下拉按钮,在弹出的下拉列表中选择名称"销售额",如图 6-10(a)所示,按 Enter 键确认。D10 单元格的公式如图 6-10(b)所示。最后保存并关闭"销售额与比例.xlsx"文档。

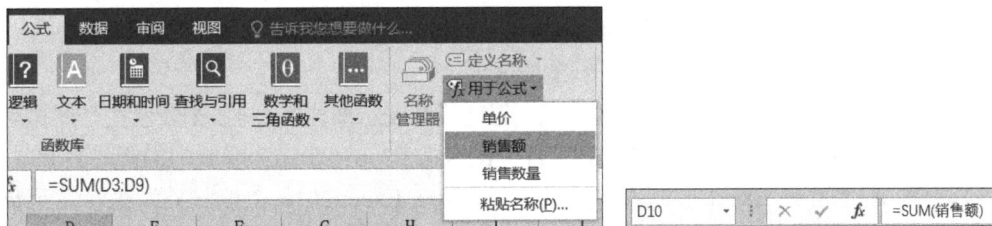

(a)"用于公式"下拉列表　　　　　　　　　(b)D10 单元格的公式

图 6-10 "销售额"名称的引用

6.3　函数的输入与编辑

函数是 Excel 预先定义好的特定计算公式。使用函数不仅可以简化公式，减小工作量，减少输入时出错的概率，而且还可以完成许多复杂的运算。

6.3.1　函数的语法

Excel 函数的一般格式为"函数名(参数 1,参数 2,…)"。其中，函数名代表函数的功能，函数名后紧跟一个英文左括号，后面再跟一个或多个参数，参数与参数之间使用英文逗号进行分隔，最后是英文右括号。

下面以 SUM、AVERAGE、RANK.EQ、IF 等几个常见函数为例说明 Excel 函数的语法。

1. 求和函数 SUM

格式：SUM(number1,[number2],…)。

功能：计算所有参数数值的和。

参数说明：number1 为必选项，number1,number2,…代表需要计算的值，可以是具体的数值、包含数值的名称或引用的单元格（区域）等。

在"员工培训成绩统计表.xlsx"文档的 K3 单元格可以使用公式"=E3+F3+G3+H3+I3+J3"计算第一个员工的培训成绩总分，也可以使用 SUM 函数"=SUM(E3:J3)"对公式进行简化。其中，SUM 是函数名，E3:J3 为求和的区域。

2. 求平均值函数 AVERAGE

格式：AVERAGE(number1,[number2],…)。

功能：求出所有参数的算术平均值。

参数说明：同 SUM 函数。

3. 排位函数 RANK.EQ

格式：RANK.EQ(number,ref,[order])。

功能：返回某一个数值在某一区域内一组数值中的排位。

参数说明：

（1）number 为要确定其排位的数值。

（2）ref 为参与排位的所有数值所在的区域。

（3）order 为一数字，指明排名的方式。省略或 0 表示按降序排名，1 表示按升序排名。

例如，公式"=RANK.EQ(L3,L3:L27)"表示求 L3 在 L3:L27 区域中的降序排名。

注意，RANK 是 Excel 早期版本的排位函数，在 Excel 2016 中被归类为兼容性函数，功能同 RANK.EQ。

4. 条件判断函数 IF

格式：IF(logical_test,value_if_true,value_if_false)。

功能： 如果指定条件的计算结果为逻辑"真"（TRUE），IF 函数将返回某个值；如果指定条件的计算结果为逻辑"假"（FALSE），则返回另一个值。

参数说明：

（1）logical_test 代表作为判断条件的结果为逻辑"真"或"假"的表达式。

（2）value_if_true 代表当判断条件为逻辑"真"（TRUE）时的返回值。

（3）value_if_false 代表当判断条件为逻辑"假"（FALSE）时的返回值。

例如，公式 "=IF(L3>=60,"及格","不及格")"，表示当 L3 单元格的数值大于等于 60 时，返回 "及格"，否则返回 "不及格"。

IF 函数可以嵌套，即包含在另一个 IF 函数中，在 Excel 2016 中，IF 最多可嵌套 64 层。

6.3.2　函数的输入

函数的输入方法有多种。

1. 使用 "自动求和" 按钮输入

使用 "自动求和" 按钮能够快速插入求和、平均值、计数、最大值及最小值等公式。

（1）单击 "公式" 选项卡→ "函数库" 组中的 "自动求和" 下拉按钮（注意，默认情况下，单击上方的 Σ 按钮会自动插入求和函数 SUM），在弹出的下拉列表选择 "平均值" "计数" "最大值" "最小值" 命令，即可直接插入 AVERAGE、COUNT、MAX、MIN 等函数。"自动求和" 下拉列表如图 6-11 所示。

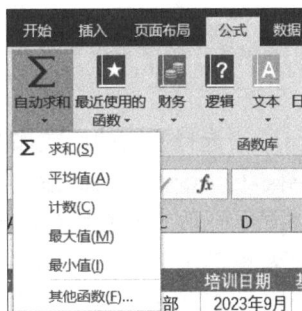

（2）通常情况下，Excel 会自动对公式所在行之上的数据或公式所在列左侧的数据进行统计（求和、平均值、最大值、最小值等）。如果插入自动求和公式的单元格上方或左侧是空白单元格或有其他单元格，则需要用户指定

图 6-11　"自动求和" 下拉列表

统计区域。例如，在 "员工培训成绩统计表.xlsx" 的 L3 单元格用此方法插入平均值函数时，结果如图 6-12 所示。需要将函数参数 E3:K3 改为 E3:J3，然后按 Enter 键确认输入。

图 6-12　利用 "自动求和" 按钮插入平均值函数的结果

（3）在 "自动求和" 下拉列表中选择 "其他函数" 命令时，将弹出 "插入函数" 对话框，在此可选择要插入的函数。其操作方法及说明将在后面介绍。

2. 使用 "插入函数" 按钮插入

当不确定函数属于哪一类时，可用此方法。

（1）选中要插入函数的单元格，单击编辑栏左侧的 "插入函数" 按钮 ，或单击 "公式" 选项卡→ "函数库" 组中的 "插入函数" 按钮，在弹出的 "插入函数" 对话框中选择类别和函数，如图 6-13 所示。默认类别为"常用函数"，当常用函数中没有所需函数时，可在"或选择类别"下拉列表中选择所需函数的类别，若不知道函数的具体类别可选择"全部"类别，再选择相应的函数。

（2）在无法确定具体函数时，可在"搜索函数"文本框中输入简单的描述，如在 M3 单元格要计算排位时，可在"搜索函数"文本框中输入"排位"，单击"转到"按钮，下方"选择函数"列表框中即显示推荐的函数，如图 6-14 所示。

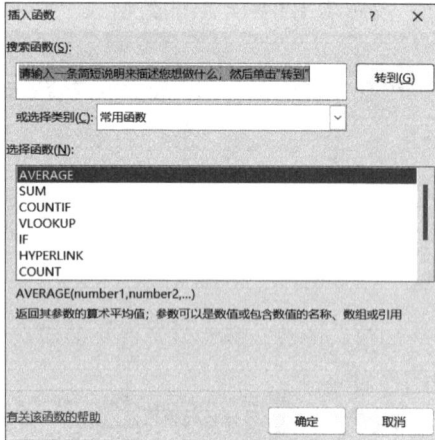

图 6-13　"插入函数"对话框　　　　图 6-14　在"插入函数"对话框中搜索函数

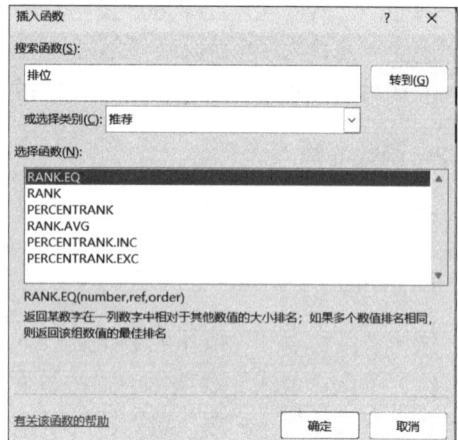

（3）选择所需的函数如 RANK.EQ，单击"确定"按钮，弹出"函数参数"对话框，如图 6-15 所示，然后按提示输入或选择参数（如 SUM 函数系统会自动在 Number 后显示参数，一般为函数所在单元格行之上的数据或列左侧的数据，需要确认是否正确并根据需要修改）。单击对话框左下角的"有关该函数的帮助"链接可获取有关的帮助信息，输入完成后单击"确定"按钮。

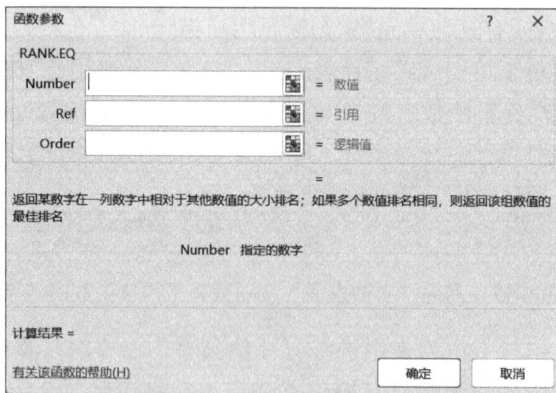

图 6-15　"函数参数"对话框

3. 使用函数库插入

当明确函数属于哪一类时，可用此方法。

选中要插入函数的单元格，然后使用"公式"选项卡→"函数库"组中的某一类函数，进行相应设置即可。这里以排位函数 RANK.EQ 为例，其归为"统计"类别，可单击"公式"选项卡→"函数库"组中的"其他函数"下拉按钮，在弹出的下拉列表中选择"统计"类别中的"RANK.EQ"函数，如图 6-16 所示。然后在弹出的"函数参数"对话框中按提示输入或选择参数，确认无误后，单击"确定"按钮，即插入该函数。

图 6-16　使用函数库插入函数

4. 使用"公式记忆式键入"功能手工输入

Excel 默认开启"公式记忆式键入"功能，只要输入开头部分字母，就会出现相关的所有函数的名称列表供用户选择。当用户对函数的功能、格式比较熟悉时，可采用此方法。

（1）在要插入函数的单元格输入"="和函数的开始字母，例如，在"员工培训成绩统计表.xlsx"的 L3 单元格输入"=A"，则在单元格下方显示所有以 A 开头的函数的动态列表，如图 6-17（a）所示；在列表中双击"AVERAGE"即可插入该函数到单元格，如图 6-17（b）所示。在输入过程中，单击函数名可显示该函数的语法格式。

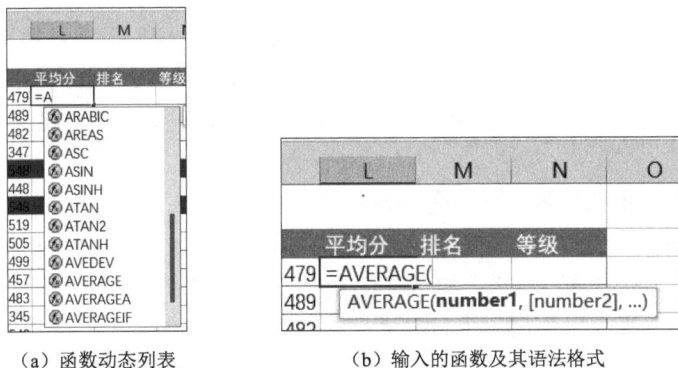

（a）函数动态列表　　　　（b）输入的函数及其语法格式

图 6-17　使用"公式记忆式键入"功能手工输入函数

（2）根据需要输入或选定参数，此时可用鼠标选中求平均分的区域 E3:J3，然后在公式中输入一个英文右括号，如图 6-18 所示。最后按 Enter 键确认输入。

图 6-18　手动输入函数

6.3.3　函数的修改

如果要修改公式中的函数，可单击包含函数的单元格，在编辑栏对函数及参数进行修改后，按 Enter 键确认修改。

■ 本节实例

【实例】在素材"员工培训成绩统计表.xlsx"文档的"Sheet1"工作表中，先计算每个员工 6 门课的平均分，然后按平均分降序排名（不改变表原有顺序），再根据平均分填写等级。其中，平均分和等级的关系如表 6-2 所示。

表 6-2　平均分与等级的关系

平均分	等级
平均分≥90	优
80≤平均分<90	良
60≤平均分<80	一般
平均分<60	差

操作步骤：

说明：本例插入某个函数时，通常只选用一种方法，读者可以自行选择其他方法。

（1）计算每个员工 6 门课的平均分。

① 选中 L3 单元格，单击"公式"选项卡→"函数库"组中的"自动求和"下拉按钮，在弹出的下拉列表中选择"平均值"命令，此时结果如图 6-12 所示。

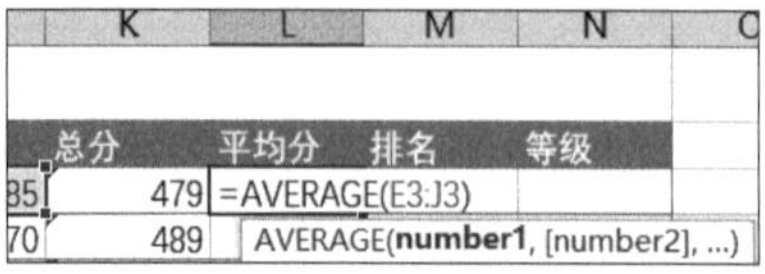

② 在 AVERAGE 函数括号内的"K3"后单击，按 Backspace 键删除"K3"，输入"J3"，如图 6-19 所示，然后按 Enter 键确认。

③ 拖动填充柄将公式向下填充到 L27 单元格。

图 6-19　修改 AVERAGE 函数中的参数

（2）按平均分降序排名（不改变表原有顺序）。

① 选中 M3 单元格，单击编辑栏旁边的"插入函数"按钮 *fx*，在弹出的"插入函数"对话框中默认的"常用函数"列表中，观察是否有 RANK.EQ（或者 RANK）函数，如果没有，再在"或选择类别"下拉列表中选择"统计"类别，如果不知道类别，可选择"全部"类别，再在"选择函数"列表框中选择"RANK.EQ"函数（也可在"全部"类别中选择 RANK 函数），弹出"函数参数"对话框。

② 在"Number"文本框中输入本行要参与排名的数据所在的单元格"L3"，或者单击 L3 单元格；在"Ref"文本框中输入所有参与排名的数据所在的区域"L3:L27"，或者选中区域 L3:L27。为保证公式复制时此区域地址不变，需使用绝对引用地址，即改为$L$3:$L$27，选中"Ref"文本框中的"L3:L27"，然后按 F4 键即可。因本题按平均分降序排名，最后一个参数可以省略。最终参数设置如图 6-20 所示。

③ 单击"确定"按钮退出"函数参数"对话框。观察 M3 单元格中的公式。也可直接在 M3 单元格中输入公式"=RANK.EQ(L3,$L$3:$L$27)"后按 Enter 键确认。

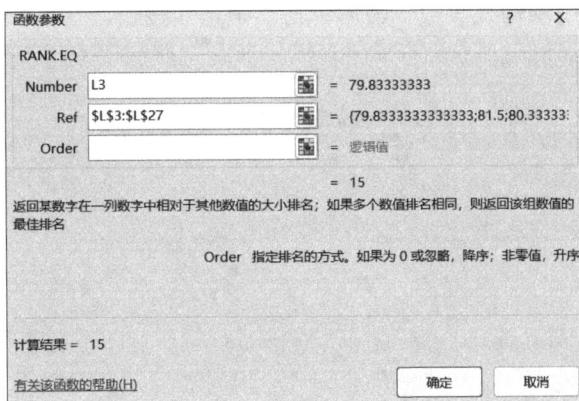

图 6-20　RANK.EQ 函数参数设置

④ 选中 M3 单元格，拖动填充柄填充公式到 M27 单元格。

（3）根据平均分填写等级。

① 此处要用到 IF 函数的嵌套。选中 N3 单元格，单击"插入函数"按钮 f_x，在"常用函数"类别中选择 IF 函数（如果没有，可在"逻辑"或者"全部"类别中选择），弹出"函数参数"对话框。

② 在"Logical_test"文本框中输入条件"L3>=90"，在"Value_if_true"文本框中输入"优"。注意，单击 Value_if_false 文本框，系统会自动在"优"字两侧加上英文的双引号，如图 6-21 所示，但是在编辑栏输入公式时，需要手动输入英文双引号，如"优"。

图 6-21　IF 第一层函数参数输入

③ 在"Value_if_false"中嵌套 IF 函数（注意，一般此时要确保其他参数已全部设置完成，并且已单击"Value_if_false"文本框），单击名称框右侧的下拉按钮，在弹出的函数列表中选择 IF 函数（如果没有，可选择"其他函数"命令，在弹出的"插入函数"对话框中选择 IF 函数），即完成函数的嵌套。此方法也适用于其他函数的嵌套。

④ 在弹出的"函数参数"对话框中用类似的方法按图 6-22 所示输入参数。然后同样单击 Value_if_false 文本框，在名称框函数列表中选择 IF 函数，在弹出的"函数参数"

对话框中按图 6-23 所示输入参数。最后单击"确定"按钮。

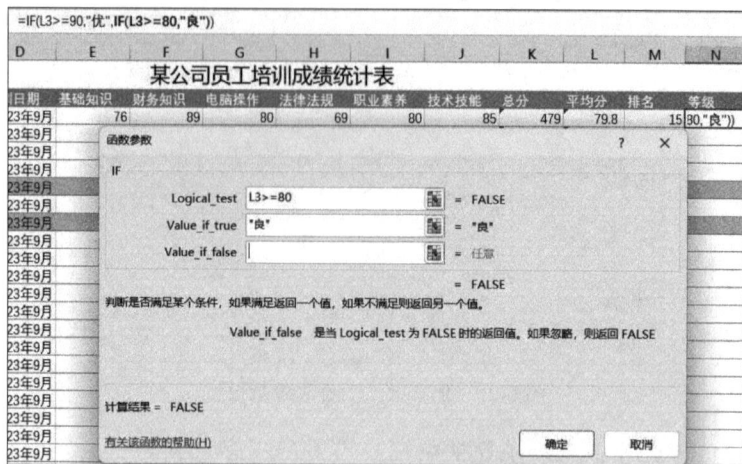

图 6-22　IF 第二层函数参数输入

图 6-23　IF 第三层函数参数输入

⑤　观察编辑栏中的公式，如图 6-24 所示，也可选中 N3 单元格，在编辑栏输入该公式后按 Enter 键确认。

图 6-24　求等级公式

⑥　选中 N3 单元格，拖动填充柄将公式向下填充到 N27 单元格。

6.4　常　用　函　数

人们日常生活和工作中经常会用到一些函数，Excel 为用户提供了一些内置常用函数，以方便用户使用。本节将介绍 Excel 文本函数、数学与统计函数、日期和时间函数、查找与引用函数、逻辑函数的使用方法。

6.4.1 文本函数

文本函数主要用于帮助用户快速处理文本，这里主要介绍文本连接、截取字符串、删除空格字符、返回文本长度等函数。

1. 文本连接函数 CONCATENATE

格式： CONCATENATE(text1,[text2],…)。

功能： 将两个或多个文本字符串连接为一个字符串，最多可连接 255 个文本字符串。

参数说明： text1,text2,…为要连接的文本项，至少有一个文本项，最多可以有 255 个文本项，文本项之间用英文逗号分隔。

例如，在 A2 单元格中输入字符串"湖北　"，在 B2 单元格中输入"武汉　江夏　"，在 C2 单元格输入"=CONCATENATE(A2,B2)"，则函数的返回值为"湖北　武汉　江夏　"。

2. 截取左侧字符串函数 LEFT

格式： LEFT(text,[num_chars])。

功能： 从文本字符串最左边开始返回指定个数的字符。

参数说明：

（1）text 代表要提取字符的字符串。

（2）num_chars 代表要提取的字符个数，如果省略则默认为1。

例如，若在 A4 单元格输入某个学生的计算机等级考试的准考证号"6570420050020054"，其中最左边两位数代表学生报考的科目，在 B4 单元格输入"=LEFT(A4,2)"，则函数返回值为"65"，代表学生考的是二级"MS Office 高级应用与设计"科目。

3. 截取右侧字符串函数 RIGHT

格式： RIGHT(text,[num_chars])。

功能： 从文本字符串最右边开始返回指定个数的字符。

参数说明：

（1）text 代表要提取字符的字符串。

（2）num_chars 代表要提取的字符个数，如果省略则默认为1。

例如，A4 单元格还是"6570420050020054"，最后两位数代表学生的考号，在 C4 单元格输入"=RIGHT(A4,2)"，则函数返回值为"54"，代表学生的考号是 54。

4. 截取字符串函数 MID

格式： MID(text,start_num,num_chars)。

功能： 返回文本字符串中从指定位置开始的特定数目的字符。

参数说明：

（1）text 代表要提取字符的字符串。

（2）start_num 代表要提取的字符起始位置。

（3）num_chars 代表要提取的字符个数。

例如，A4 单元格还是"6570420050020054"，其中第 3、4 位代表第几次考试，在 D4 单元格输入"=MID(A4,3,2)"，则函数返回值为"70"，表示该考生参加的是第 70 次考试。

5. 删除空格函数 TRIM

格式： TRIM(text)。

功能： 除了单词之间的单个空格之外，移除文本中的所有空格。

参数说明： text 代表要删除空格的字符串。

例如，假设 C2 单元格返回字符串"湖北　　武汉　　江夏　　"，在 E2 单元格输入"=TRIM(C2)"，则函数返回"湖北　武汉　江夏"，除了保留单词之间的单个空格外，其余空格全部删除。

6. 字符个数函数 LEN

格式： LEN(text)。

功能： 返回文本字符串中字符的个数。所有字符均按 1 个字符计算。

参数说明： text 代表要返回字符个数的字符串。

例如，在 A6 单元格输入"武汉 Wuhan"，在 B6 单元格输入"=LEN(A6)"，函数返回值为"7"，说明一个汉字也按 1 个字符计算。

7. 字符字节数函数 LENB

格式： LENB(text)。

功能： 返回文本字符串中字节数。汉字和全角字符，每个字符按 2 字节计数，半角状态下的英文字母、数字、空格和标点符号按 1 字节计算。

参数说明： text 代表要返回字节数的字符串。

例如，A6 单元格还是"武汉 Wuhan"，在 C6 单元格输入"=LENB(A6)"，函数返回值为"9"，说明汉字按 2 字节计算，半角状态下的英文字母按 1 字节计算。

◆▌**文本函数实例** ▌

【实例 1】 打开素材"学生信息表.xlsx"，假设学号的第 6 位代表学生所在班级，请在"Sheet1"工作表中通过公式提取每个学生所在的班级号并按下列对应关系填写在"班级"列中。

学号第 5、6 位　　对应班级

01　　　　　　　　1 班

02　　　　　　　　2 班

03　　　　　　　　3 班

分析： 按照题意，结合素材中的学号，可取学号第 6 位，如果是 1、2、3 分别对应班级为 1 班、2 班、3 班，此时只需要从学号中提取第 6 位；如果班级多于 10 个，那就要判断：如果第 5、6 位小于"10"则对应 1 班、2 班……此时从学号提取第 6 位，若大于等于"10"则对应 10 班、11 班……此时要从学号提取第 5、6 位。

操作步骤：

（1）打开"学生信息表.xlsx"的"Sheet1"工作表。

（2）对于分析中的第一种情况，仅考虑从学号提取第 6 位，可先用 MID 函数从学号提取第 6 位，然后用 CONCATENATE 函数或者字符连接运算符&和"班"连接生成"1 班""2 班"……

选中 C2 单元格，可直接输入公式"=CONCATENATE(MID(A2,6,1),"班")"或者"=MID(A2,6,1)&"班""。下面介绍利用"插入函数"按钮输入公式的方法。

① 利用"插入函数"按钮输入公式"=CONCATENATE(MID(A2,6,1),"班")"。

- 选中 C2 单元格，单击编辑栏中的"插入函数"按钮，弹出"插入函数"对话框，在"或选择类别"下拉列表中选择"文本"类别，在"选择函数"列表框选择"CONCATENATE"函数，单击"确定"按钮。

- 在"函数参数"对话框中，在"Text2"文本框中输入"班"，单击"Text1"文本框，然后在名称框下拉列表中选择"其他函数"命令，如图 6-25 所示。

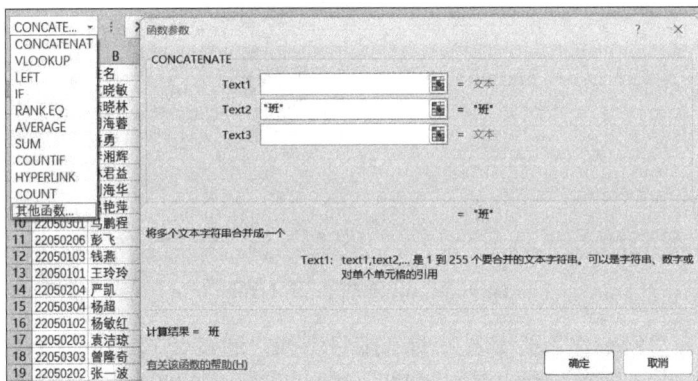

图 6-25　在 CONCATENATE 函数中嵌套其他函数

- 在弹出的对话框中选择"文本"类别中的"MID"函数，单击"确定"按钮。在弹出的"函数参数"对话框中分别输入 A2、6、1，如图 6-26 所示，表示从 A2 代表的学号的第 6 位开始提取 1 位数。输入完成后单击"确定"按钮。

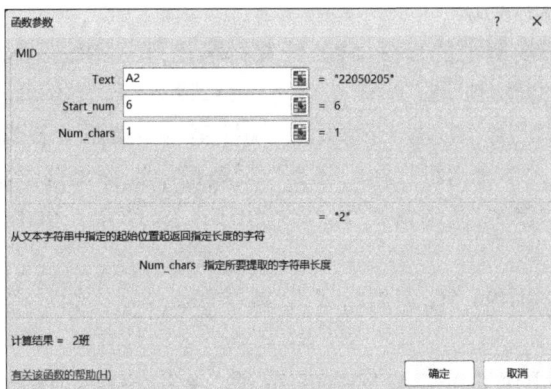

图 6-26　MID 函数参数的输入

② 利用"插入函数"按钮输入公式"=MID(A2,6,1)&"班""。

- 选中 C2 单元格，单击编辑栏中的"插入函数"按钮，在弹出的"插入函数"对话框中选"文本"类别中的"MID"函数后，单击"确定"按钮。
- 按图 6-26 所示输入相应的参数，单击"确定"按钮。
- 在编辑栏的公式的最后（即右括号后面）单击，输入"&"班""，按 Enter 键确认。

最后拖动填充柄将 C2 单元格的公式向下填充到 C19 单元格。

（3）对于分析中的第 2 种情况，假设全面考虑，先用 MID 函数从学号提取第 5、6位，再用 IF 函数进行判断：若第 5、6 位小于 10，则从学号提取第 6 位与"班"连接，否则提取第 5 和第 6 位与"班"连接。此种情况要在 C3 单元格输入公式"=IF(MID(A2,5,2)<"10",MID(A2,6,1)&"班",MID(A2,5,2)&"班")"。

请用分析中第 2 种情况的方法计算填充"班级 2"列。IF 函数参数设置可参考图 6-27。

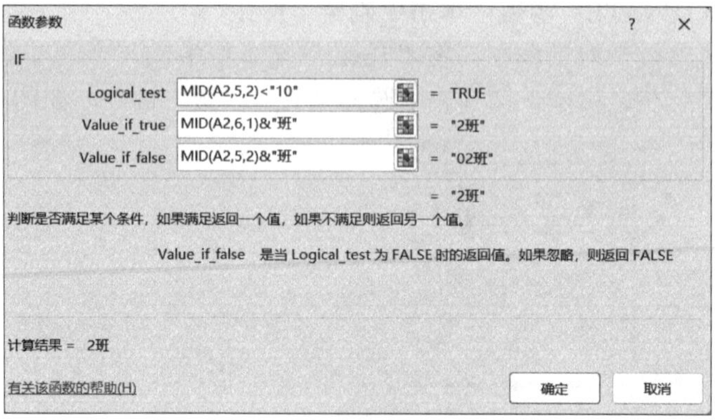

图 6-27　IF 函数参数设置情况

【实例 2】在"Sheet1"工作表中的"排名"列，通过公式计算每个学生入学成绩降序排名，入学成绩排名第一的，显示"第 1 名"，入学成绩排名第二的，显示"第 2 名"，以此类推。

分析：此题有两种实现方法。先排名，再设置格式；先计算排名，再用 CONATENATE或者"&"在排名前后分别连接"第"和"名"。

操作步骤：

（1）先排名再设置格式。

① 可参考 6.3 节实例中的步骤（2）计算排名，排名完成后 N2 单元格中的公式应为"=RANK.EQ(M2,$M$2:$M$19)"，然后再将公式填充到 N19 单元格。

② 选中 N2:N19 区域并右击，在弹出的快捷菜单中选择"设置单元格格式"命令，弹出"设置单元格格式"对话框，在"分类"列表框中选择"自定义"选项，在"类型"下的文本框中输入""第"G/通用格式"名""，如图 6-28 所示，单击"确定"按钮。最后填充公式到 N19 单元格。

说明：自定义格式中的"G/通用格式"，就是 Excel 默认的常规格式，其基本特点是输入什么显示什么。

（2）先计算排名再用 CONCATENATE 或者"&"在排名前后分别连接"第"和"名"。

① 计算排名，方法同上。

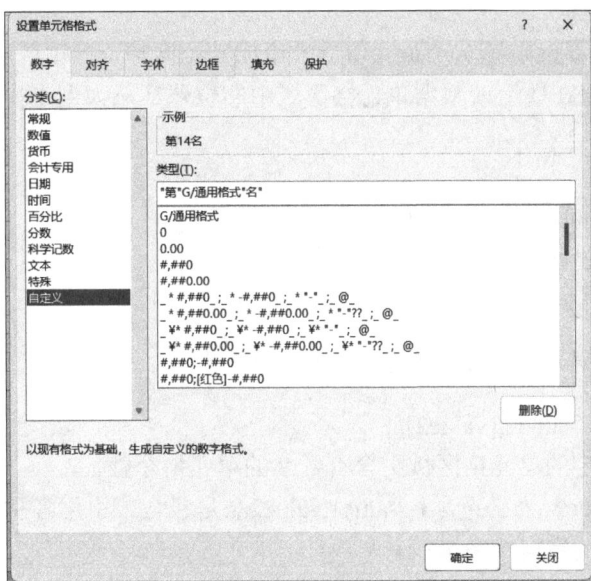

图 6-28 自定义格式

② 选中 N2 单元格，将公式改为"="第"&RANK.EQ(M2,$M$2:$M$19)&"名"",然后将公式填充到 N19 单元格。

【实例 3】利用函数将"籍贯 2"列的汉语拼音删除，并在城市后面添加文本"市"（如"武汉市"）填入"籍贯"列。

分析：本题可用 LEFT 函数从"籍贯 2"列中提取前面的汉字，汉字的个数可用 LENB(O2)–LEN(O2)计算得到，最后在公式结尾加上"&"市""。

操作步骤：

在 L2 单元格输入公式"=LEFT(O2,LENB(O2)-LEN(O2))&"市"",然后将公式填充到 L19 单元格。读者也可以尝试使用"公式记忆式键入"功能输入该公式。

6.4.2　数学与统计函数

前面已介绍了 SUM 函数、AVERAGE 函数和 RANK.EQ 函数，下面来介绍其他常用的数学与统计函数。

1. 求最大值函数 MAX

格式：MAX(number1,[number2],…)。
功能：对指定的区域求最大值。
参数说明：number1 为必选项，number1,number2,…代表需要计算的值，可以是具体的数值、包含数值的名称或引用的单元格（区域）等。

2. 求第 N 个最大值函数 LARGE

格式：LARGE(array,k)。
功能：返回数组或数据区域中的第 k 个最大值。

参数说明：

（1）array 为需要确定第 k 个最大值的数组或数据区域。

（2）k 为返回值在数组或数据单元格区域中的位置（从大到小排列）。

3. 求最小值函数 MIN

格式： MIN(number1,[number2],…)。

功能： 对指定的区域求最小值。

参数说明： 同 MAX 函数。

4. 数值单元格计数函数 COUNT

格式： COUNT(value1,[value2],...)。

功能： 统计指定的单元格区域中含有数字的单元格个数。

参数说明： value1 为必选项，value1,value2,...是包含或引用各种类型数据的参数，其中只有数字类型的数据才会被统计。

5. 非空单元格计数 COUNTA

格式： COUNTA(value1,[value2],...)。

功能： 计算指定的单元格区域中非空数据项的个数。

参数说明： value1 为必选项，value1,value2,...是包含或引用各种类型数据的参数，其中只有非空数据项才会被统计。

6. 条件计数函数 COUNTIF

格式： COUNTIF(range,criteria)。

功能： 求数据区域中满足给定条件的单元格的个数。

参数说明：

（1）range，代表条件区域，即要计数的区域。

（2）criteria，代表条件，其形式可以是数字、表达式、单元格引用或文本等，如 88、">=60"、A2、"部门"等。

例如，公式 "=COUNTIF(E3:E27,"<60")" 表示统计 E3:E27 区域内 "<60" 的单元格个数。

7. 多条件计数函数 COUNTIFS

格式： COUNTIFS（criteria_range1,criteria1,[criteria_range2,criteria2],…）。

功能： 统计指定区域内满足多个条件的单元格的个数。

参数说明：

（1）criteria_range1 为必选项，代表第 1 个要统计的条件区域。

（2）criteria1 为必选项，代表第 1 个统计条件，其形式可以是数字、表达式、单元格引用或文本等。

（3）criteria_range2,criteria2,…为可选项，为附加的条件区域及其关联条件。Excel

多条件计数函数最多允许存在 127 个区域/条件对。

注意，每个附加的条件区域都必须与参数 criteria_range1 具有相同的行数和列数，这些区域无须彼此相邻。

例如，在"员工培训成绩统计表.xlsx"文档的"Sheet1"工作表中，统计"电脑操作"课程成绩（在 G3:G27 区域）大于等于 80 分并且小于 90 分的人数，可在指定单元格中输入公式"=COUNTIFS（G3:G27,">=80",G3:G27,"<90"）"，然后按 Enter 键确认。

8. 条件求和函数 SUMIF

格式：SUMIF(range,criteria,[sum_range])。
功能：对区域中满足给定条件的单元格求和。
参数说明：
（1）range，代表用于条件判断区域。
（2）criteria，代表条件，其形式可以是数字、表达式、单元格引用或文本等。
（3）sum_range 为可选项，代表需要求和的区域，省略则默认对 range 指定的区域求和。

例如，在"员工工资表.xlsx"文档的"Sheet1"工作表中，D3:D26 区域表示部门，E3:E26 区域表示工资，则求生产部员工的工资和可使用公式"=SUMIF(D3:D26,"生产部",E3:E26)"。

9. 多条件求和函数 SUMIFS

格式：SUMIFS（sum_range,criteria_range1,criteria1,[criteria_range2,criteria2],…）。
功能：对指定区域中满足多个条件的单元格求和。
参数说明：
（1）sum_range 为必选项，代表求和的区域。
（2）criteria_range1 为必选项，代表关联条件的第一个条件区域。
（3）criteria1 为必选项，代表求和的第一个条件。其形式可以为数字、表达式、单元格引用或文本等，可用来定义将对 criteria_range1 中的哪些单元格进行求和。
（4）criteria_range2,criteria2,…为可选项，代表附加的条件区域及其关联的条件。Excel 多条件求和函数最多允许存在 127 个区域/条件对。

例如，在"员工工资表.xlsx"文档的"Sheet1"工作表中，假定 E2:E26 区域表示工资，C2:C26 区域表示性别，D2:D26 区域表示部门，求生产部男职工的工资和可使用公式"=SUMIFS(E2:E26,C2:C26,"男",D2:D26,"生产部")"。

10. 条件求平均函数 AVERAGEIF

格式：AVERAGEIF(range,criteria,[average_range])。
功能：根据条件对指定数值单元格求平均。
参数说明：
（1）range 代表用于条件判断的区域。
（2）criteria 代表条件，其形式可以为数字、表达式、单元格引用或文本等。
（3）average_range 为可选项，代表需要求平均的区域，省略则默认对 range 指定的区域求平均。

11. 多条件求平均函数 AVERAGEIFS

格式：

AVERAGEIFS(average_range,criteria_range1,criteria1,[criteria_range2,criteria2],…)。

功能： 对指定区域中满足多个条件的单元格求平均。

参数说明：

（1）average_range 为必选项，代表求平均的区域。

（2）criteria_range1 为必选项，代表关联条件的第一个条件区域。

（3）criteria1 为必选项，代表求平均的第一个条件，其形式可为数字、表达式、单元格引用或文本等，可用来定义将对 criteria_range1 中的哪些单元格进行求平均。

（4）criteria_range2,criteria2,…为可选项，代表附加的条件区域及其关联的条件。Excel 多条件求平均函数中最多允许存在 127 个区域/条件对。

12. 绝对值函数 ABS

格式： ABS(number)。

功能： 返回指定数字的绝对值。

参数说明： number 为需要处理的任意一个实数或其所在单元格地址。

13. 向下取整函数 INT

格式： INT(number)。

功能： 将任意实数向下取整为最接近的整数。

参数说明： number 为需要处理的任意一个实数或其所在单元格地址。

14. 取整函数 TRUNC

格式： TRUNC(number,[num_digits])。

功能： 将数字截取为指定位数的小数或整数。

参数说明：

（1）number 为需要截尾取整的数字。

（2）num_digits 为可选项，用于指定保留的小数位。省略 num_digits 则默认为 0（零），表示只截取数字的整数部分。

15. 四舍五入函数 ROUND

格式： ROUND(number,num_digits)。

功能： 对数字按指定的位数进行四舍五入。

参数说明：

（1）number 为要四舍五入的数字。

（2）num_digits 为指定的四舍五入的位数。

另外，Excel 还有其他两个舍入函数：向上舍入函数 ROUNDUP 和向下舍入函数

ROUNDDOWN。

16. 求余函数 MOD

格式： MOD(number,divisor)。

功能： 求出两数相除的余数。

参数说明： number 为被除数，divisor 为除数。

◆ 数学与统计函数实例

【实例 1】 打开"员工培训成绩统计表.xlsx"，完成下面的操作。

（1）求 6 门培训课程的最高成绩、第二高成绩、最低成绩，分别存放在 E29:J29、E30:J30、E31:J31 区域（假设先在 D29、D30、D31 分别输入"最高成绩""第二高成绩""最低成绩"）。

（2）在 P7 单元格输入"所有部门"，并对 P7:R7 区域设置主题单元格样式如"60%-着色 6"，将 P9:T9 区域合并后居中。

（3）利用 COUNT 或 COUNTA 函数统计所有部门人数，结果存放在 Q7 单元格。

（4）利用 COUNTIF 函数统计各部门人数，结果存放在 Q3:Q6 区域。

（5）利用 SUMIF 函数求各部门平均成绩，保留 1 位小数，结果存放在 R3:R6 区域。

（6）利用 COUNTIFS 函数统计各部门各等级人数，结果存放在 Q11:T14 区域。

操作步骤：

（1）求最高成绩、第二高成绩、最低成绩。

① 在 E29 单元格输入公式"=MAX(E3:E27)"后按 Enter 键确认，然后将公式填充到 J29 单元格。

② 在 E30 单元格输入公式"=LARGE(E3:E27,2)"后按 Enter 键确认，然后将公式填充到 J30 单元格。

③ 在 E31 单元格输入公式"=MIN(E3:E27)"后按 Enter 键确认，然后将公式填充到 J31 单元格。

（2）设置 P7:R7 和 P9:T9 区域的格式。

① 在 P7 单元格输入"所有部门"。

② 选中 P7:R7 区域，单击"开始"选项卡→"样式"组中的"单元格样式"按钮，或"其他"按钮，在弹出的下拉列表中选择一种主题单元格样式，如"60% - 着色 6"。

③ 选中 P9:T9 区域，单击"开始"选项卡→"对齐方式"组中的"合并后居中"按钮，将该区域合并后居中。

（3）统计所有部门人数。

在 Q7 单元格输入公式"=COUNT(E3:E27)"或者"=COUNTA(E3:E27)"后按 Enter 键确认。

（4）统计各部门人数。

① 选中 Q3 单元格，单击"公式"选项卡→"函数库"组中的"其他函数"下拉按钮，在弹出的下拉列表中选择"统计"类别中的"COUNTIF"函数，弹出"函数参数"对话框。

② 单击"Range"文本框，选中 C3:C27 区域（或在"Range"文本框直接输入

"C3:C27"），然后选中"Range"文本框中的"C3:C27"，按 F4 键使其变为绝对引用地址，使公式在复制时此区域地址保持不变。

③ 单击"Criteria"文本框，然后选中 P3 单元格（或者直接在"Criteria"文本框中输入"P3"）。COUNTIF 函数参数设置对话框中的设置如图 6-29 所示。

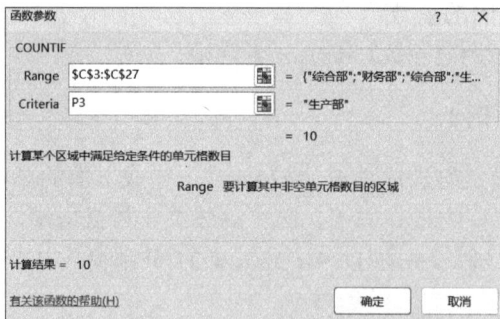

图 6-29 COUNTIF 函数参数设置对话框中的设置

④ 单击"确定"按钮，然后将公式填充到 Q6 单元格。

（5）求各部门平均成绩。

① 选中 R3 单元格，在编辑栏输入公式"=SUMIF($C$3:$C$27,P3,$L$3:$L$27)/Q3"后按 Enter 键确认，然后右击 R3 单元格，在弹出的快捷菜单中选择"设置单元格格式"命令，弹出"设置单元格格式"对话框，在"数字"选项卡中设置"分类"为"数值"、"小数位数"为"1"，单击"确定"按钮。

② 拖动填充柄将 R3 单元格的公式填充到 R6 单元格。

（6）统计各部门各等级人数。

① 选中 Q11 单元格，单击"公式"选项卡→"函数库"组中的"其他函数"下拉按钮，在弹出的下拉列表中选择"统计"类别中的"COUNTIFS"函数，弹出"函数参数"对话框。

② 按图 6-30 所示输入参数，为保证第 1 个和第 3 个参数在复制公式时地址不变，这里改为绝对引用地址。确认无误后，单击"确定"按钮。

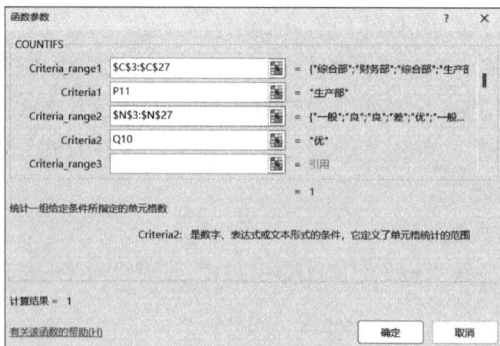

图 6-30 COUNTIFS 函数参数设置对话框中的设置

③ 这时会发现 Q11 单元格的公式为"=COUNTIFS($C$3:$C$27,P11,$N$3:$N$27,Q10)"，将 Q11 单元格中的公式填充到 Q12 单元格，会发现公式变为"=COUNTIFS

($C$3:$C$27,P12,$N$3:$N$27,Q11)"。第 2 个参数变为了 P12 没问题，第 4 个参数应该仍是 Q10，但是这里变为了 Q11，即列名没变，行号变了。这里可以单击 Q11 单元格，在编辑栏中将公式中的第 4 个参数由 Q10 改为 Q$10，即将公式改为 "=COUNTIFS($C$3:$C$27,P11,$N$3:$N$27,Q$10)"。

④ 将 Q11 单元格的公式填充到 R11 单元格，会发现公式变为 "=COUNTIFS($C$3:$C$27,Q11,$N$3:$N$27,R$10)"。第 4 个参数变为了 R$10 没问题，第 2 个参数变为了 Q11，即行号没变，列名变了。这里应该还是 P11，因此要固定列名，即将 P11 改为$P11。Q11 单元格的公式最后变为 "=COUNTIFS($C$3:$C$27,$P11,$N$3:$N$27,Q$10)"。

⑤ 将 Q11 单元格的公式向右填充到 T11 单元格，再向下填充到 T14 单元格。

总结：

- 绝对引用：用$锁住列名和行号，公式向下或向右拖动都不改变引用的单元格地址，如$A$1。
- 相对引用：列名和行号都不锁定，公式向下或向右拖动都会改变引用的单元格地址，如 A1。
- 混合引用：绝对列和相对行（如$A1 锁定列名不锁定行号，向右拖动还是$A1，向下拖动变为$A2）；绝对行和相对列（如 A$1 锁定行号不锁定列名，向右拖动变为 B$1，向下拖动还是 A$1）。

【**实例 2**】打开 "图书产品销售情况表 1.xlsx"，完成下面的操作。

（1）在 "销售订单" 工作表中，删除订单编号重复的记录（保留第一次出现的那条记录），但须保持原订单明细的记录顺序。

（2）假设销量低于 30 本，按原价销售，否则按原价的 95 折销售，按照此规则计算 "销售订单" 中的金额，保留 2 位小数。要求该工作表中的金额以显示精度参与后续的统计计算。

（3）在 "统计报告" 工作表中，分别根据 "统计项目" 列的描述，计算并填写所对应的 "销售额" 单元格中的信息。

操作步骤：

（1）删除订单编号重复的记录。

在 "销售订单" 工作表中的 A2:H678 区域单击任意一个单元格，单击 "数据" 选项卡→ "数据工具" 组中的 "删除重复项" 按钮，在弹出的 "删除重复项" 对话框中，单击 "取消全选" 按钮，选中 "订单编号" 复选框，如图 6-31（a）所示。单击 "确定" 按钮，弹出系统提示框[图 6-31（b）]，单击 "确定" 按钮。

（a） "删除重复项" 对话框中的设置 　　　　（b）系统提示框

图 6-31 删除重复项图示

（2）计算"销售订单"中的金额。

① 在 H3 单元格输入公式"=IF(G3<30,F3,F3*0.95)*G3"后按 Enter 键确认，然后双击填充柄将公式填充到 H675 单元格。

② 选中 H3:H675 区域并右击，在弹出的快捷菜单中选择"设置单元格格式"命令，弹出"设置单元格格式"对话框，在"数字"选项卡中，设置"分类"为"数值"、"小数位数"为"2"，单击"确定"按钮。

③ 单击"文件"选项卡→"选项"按钮，在弹出的对话框的"高级"选项卡中，选中"计算此工作簿时"组中的"将精度设为所显示的精度"复选框，在弹出的确认信息框中单击"确定"按钮，如图 6-32 所示，再单击"Excel 选项"对话框中的"确定"按钮完成设置。

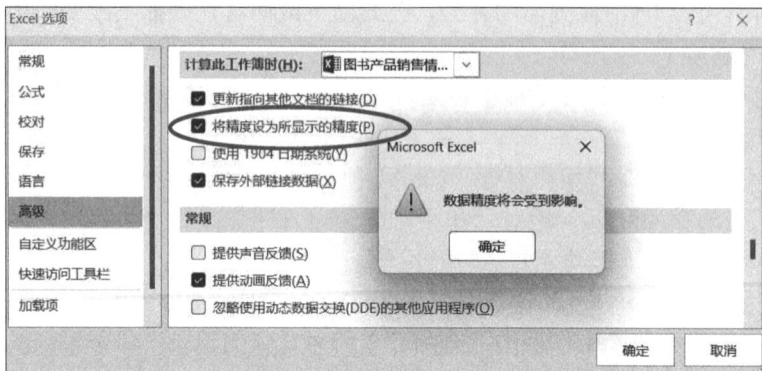

图 6-32　设置金额以显示精度参与后续的统计计算

（3）填写"统计报告"工作表"销售额"单元格中的信息。

① 求 2022 年所有订单的总销售额。

此处需使用 SUMIFS 函数，求和区域为"销售订单"工作表的"金额"列，2022 年的判断有两个条件，一个是">=2022-1-1"，一个是"<=2022-12-31"，对应的区域均为"销售订单"工作表的"日期"列。具体操作步骤如下。

单击"统计报告"工作表标签选中该工作表，选中 B3 单元格，单击编辑栏中的"插入函数"按钮，弹出"插入函数"对话框，选择在"数学与三角函数"类别中的"SUMIFS"函数，单击"确定"按钮，弹出"函数参数"对话框，单击"Sum_range"文本框，再单击"销售订单"工作表标签，然后选中 H3:H675 区域（可先单击 H3 单元格，再拖动右侧的滚动条使 H675 单元格显示出来，然后按住 Shift 键的同时单击 H675 单元格）。采用同样的方法，在"Criteria_range1"参数框中选择"销售订单"工作表的 B3:B675 区域，在"Criteria1"参数框中输入">=2022-1-1"，在"Criteria_range2"参数框中选中"销售订单"工作表的 B3:B675 区域，在"Criteria2"参数框中输入"<=2022-12-31"，如图 6-33 所示，单击"确定"按钮。

或直接在编辑栏输入公式"=SUMIFS(销售订单!H3:H675,销售订单!B3:B675,">=2022-1-1",销售订单!B3:B675,"<=2022-12-31")"后按 Enter 键确认。

② 求《Office 商务办公好帮手》图书在 2021 年的总销售额。选中 B4 单元格，单击编辑栏中的"插入函数"按钮，在弹出的对话框中选择 SUMIFS 函数，弹出"函数参

图 6-33 SUMIFS 函数参数设置对话框设置 1

数"对话框,按图 6-34 所示输入参数后单击"确定"按钮。

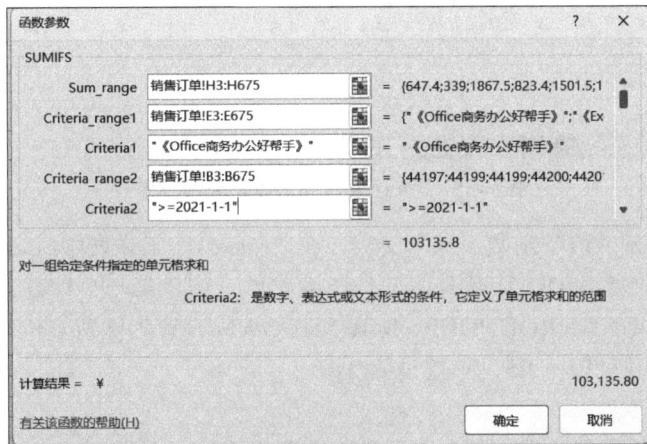

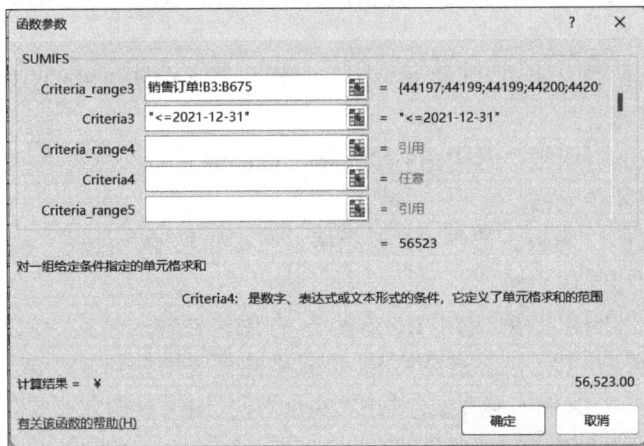

图 6-34 SUMIFS 函数参数设置对话框设置 2

或直接在 B4 单元格输入公式"=SUMIFS(销售订单!H3:H675,销售订单!E3:E675,"
《Office 商务办公好帮手》",销售订单!B3:B675,">=2021-1-1",销售订单!B3:B675,"

<=2021-12-31")”后按 Enter 键确认。

③ 求文化书店在 2021 年第 1 季度（1 月 1 日～3 月 31 日）的总销售额。在 B5 单元格输入公式“=SUMIFS(销售订单!H3:H675,销售订单!C3:C675,"文化书店",销售订单!B3:B675,">=2021-1-1",销售订单!B3:B675,"<=2021-3-31")”后按 Enter 键确认。

④ 求文化书店在 2021 年的每月平均销售额。在 B6 单元格输入公式“=SUMIFS(销售订单!H3:H675,销售订单!C3:C675,"文化书店",销售订单!B3:B675,">=2021-1-1",销售订单!B3:B675,"<=2021-12-31")/12”后按 Enter 键确认。

“统计报告”工作表最终效果如图 6-35 所示。

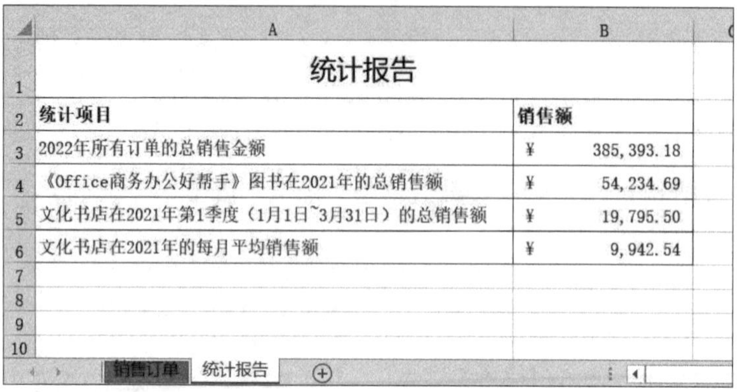

统计报告	
统计项目	销售额
2022年所有订单的总销售金额	¥ 385,393.18
《Office商务办公好帮手》图书在2021年的总销售额	¥ 54,234.69
文化书店在2021年第1季度（1月1日~3月31日）的总销售额	¥ 19,795.50
文化书店在2021年的每月平均销售额	¥ 9,942.54

图 6-35 “统计报告”工作表最终效果

【实例 3】打开“数学函数.xlsx”文档，在“Sheet1”工作表中练习使用其中的数学函数。具体要求：除 MOD 函数外，其他函数参数（或者第一个参数）分别为 B1～E1 单元格，其中 ROUND、ROUNDUP、ROUNDDOWN 设置为保留 0 位小数；MOD 函数的第一个参数分别为 B5～E5，除数设为 2。

操作步骤：

① 练习 ABS 函数。选中 B2 单元格，在编辑栏输入公式“=ABS(B1)”，然后将公式填充到 E2 单元格。

② 练习 INT 函数。选中 B3 单元格，在编辑栏输入公式“=INT(B1)”，然后将公式填充到 E3 单元格。

③ 练习 TRUNC 函数。选中 B4 单元格，在编辑栏输入公式“=TRUNC(B1)”，然后将公式填充到 E4 单元格。

④ 练习 ROUND 函数。选中 B5 单元格，在编辑栏输入公式“=ROUND(B1,0)”，然后将公式填充到 E5 单元格。

⑤ 练习 ROUNDUP 函数。选中 B6 单元格，在编辑栏输入公式“=ROUNDUP(B1,0)”，然后将公式填充到 E6 单元格，最后将 F2 单元格的公式填充到 F19 单元格。

⑥ 练习 ROUNDDOWN 函数。选中 B7 单元格，在编辑栏输入公式“=ROUNDDOWN(B1,0)”，然后将公式填充到 E7 单元格。

⑦ 练习 MOD 函数。选中 B8 单元格，在编辑栏输入公式“=MOD(B5,2)”，然后将公式填充到 E8 单元格。

【实例 4】打开“一周水果价格统计表.xlsx”，在“Sheet1”工作表中完成下列操作。

（1）利用公式计算"平均值"列。

（2）分别利用 ROUND 函数、INT 函数、ROUNDUP 函数、ROUNDDOWN 函数，计算"四舍五入两位"列、"舍去小数"列、"向上取整两位"列、"向下取整两位"列，对"平均值"列的数据四舍五入保留 2 位小数、舍去小数、向上取整保留 2 位小数、向下取整保留 2 位小数。

操作步骤：

（1）计算"平均值"列。

在 I3 单元格输入公式"=AVERAGE(B3:H3)"，然后将公式向下填充到 I13 单元格。

（2）计算"四舍五入两位"列、"舍去小数"列、"向上取整两位"列、"向下取整两位"列。

① 计算"四舍五入两位"列。在 J3 单元格中输入公式"=ROUND(I3,2)"，然后将公式向下填充到 J13 单元格。

② 计算"舍去小数"列。在 K3 单元格中输入公式"=INT(I3)"，然后将公式向下填充到 K13 单元格。

③ 计算"向上取整两位"列。在 L3 单元格中输入公式"=ROUNDUP(I3,2)"，然后将公式向下填充到 L13 单元格。

④ 计算"向下取整两位"列。在 M3 单元格中输入公式"=ROUNDDOWN(I3,2)"，然后将公式向下填充到 M13 单元格。

【实例 5】打开"学生信息表.xlsx"文档，在"Sheet1"工作表中利用公式根据身份证号计算并填写"性别"列，其中身份证号第 17 位用于判断性别，奇数为男性，偶数为女性。

分析：此题要先利用 MID 函数从身份证号中提取性别位（第 17 位），再用 MOD 函数将它除以 2，通过余数是 1 还是 0 判断是奇数还是偶数，再用 IF 函数根据 MOD 的结果进行判断，奇数返回"男"，偶数则返回"女"。

可用利用 6.3 节实例中介绍的嵌套函数的方法或者直接输入公式的方法实现。

操作步骤：

（1）利用函数参数框嵌套函数的方法的步骤如下。

① 选中 F2 单元格，单击"插入函数"按钮，在弹出的"插入函数"对话框中，选择"逻辑函数"类别中的 IF 函数。

② 在"Value_if_true"参数框中输入"男"，在"Value_if_false"参数框中输入"女"。

③ 单击"Logical_test"文本框，然后单击名称框右侧的下拉按钮，在弹出的下拉列表中查看是否有 MOD 函数，有则选择该函数，没有则选择下方的"其他函数"命令，在弹出的对话框中选择"数学与三角函数"类别中的 MOD 函数，单击"确定"按钮。

④ 在弹出的 MOD 函数参数设置对话框中，在"Divisor"参数框中输入"2"，单击"Number"文本框，采用与步骤③类似的方法，选择"文本"类别中的 MID 函数。

⑤ 在弹出的 MID 函数参数设置对话框中，在 3 个参数框中依次输入 E2、17、1，单击"确定"按钮。

（2）直接输入公式的方法的步骤如下。

选中 F2 单元格，在编辑栏输入公式"=IF(MOD(MID(E2,17,1),2),"男","女")"后按

Enter 键确认。然后将 F2 单元格的公式填充到 F19 单元格。

6.4.3 日期和时间函数

本小节主要介绍一些常见的日期和时间函数。

1. 当前日期函数 TODAY

格式：TODAY()。
功能：返回当前日期，无参数。

2. 当前日期和时间函数 NOW

格式：NOW()。
功能：返回当前日期和时间，无参数。

3. 年函数 YEAR

格式：YEAR(serial_number)。
功能：返回对应于某个日期的年份。
参数说明：serial_number，代表要查找年份的日期。

4. 星期几函数 WEEKDAY

格式：WEEKDAY(serial_number,[return_type])。
功能：返回对应于某个日期的一周中的第几天。默认情况下，天数是 1（星期日）到 7（星期六）范围内的整数。
参数说明：
（1）serial_number，代表要查找是星期几的日期。
（2）return_type 为可选项，用于确定返回值类型的数字。return_type 与返回数字的对应关系如表 6-3 所示。

表 6-3　return_type 与返回的数字的对应关系

return_type	返回的数字
1 或省略	数字 1（星期日）到 7（星期六）。同 Microsoft Excel 早期版本
2	数字 1（星期一）到 7（星期日）
3	数字 0（星期一）到 6（星期日）
11	数字 1（星期一）到 7（星期日）
12	数字 1（星期二）到数字 7（星期一）
13	数字 1（星期三）到数字 7（星期二）
14	数字 1（星期四）到数字 7（星期三）
15	数字 1（星期五）到数字 7（星期四）
16	数字 1（星期六）到数字 7（星期五）
17	数字 1（星期日）到 7（星期六）

█日期和时间函数实例█

【实例】 打开"学生信息表.xlsx"，在"Sheet1"工作表中完成下列操作。

（1）根据身份证号计算填写"出生日期"列，格式为"××××年××月××日"，身份证号的第 7～14 位代表出生年月日。

（2）根据"出生日期"列计算填写"年龄 1"列、"年龄 2"列和"出生星期"列。

年龄 1：当前日期年份-出生日期年份。

年龄 2：按周岁计算，满 1 年才计 1 岁。

出生星期，1～7 代表星期一～星期日。

操作步骤：

（1）根据身份证号计算填写"出生日期"列。

分析： 先利用 MID 函数从身份证号中的第 7 位开始提取 4 位年份，然后加上"&"年""，接着利用 MID 函数从身份证号中的第 11 位开始提取 2 位月份，再加上"&"月""，再利用 MID 函数从身份证号中的第 13 位提取 2 位日，再加上"&"日""。

具体操作步骤：选中 G2 单元格，在编辑栏输入公式"=MID(E2,7,4)&"年"&MID(E2,11,2)&"月"&MID(E2,13,2)&"日""后按 Enter 键确认，然后将公式向下填充到 G19 单元格，适当调整"出生日期"列的列宽。

（2）计算填写"年龄 1"列、"年龄 2"列和"出生星期"列。

① 计算填写"年龄 1"列。

分析： 此题可利用 YEAR 函数从当前日期（利用 TODAY 函数）中提取年份，再减去从出生日期中提取的年份。

具体操作步骤：在 H2 单元格中输入公式"=YEAR(TODAY())-YEAR(G2)"后按 Enter 键确认，再将公式向下填充到 H19 单元格。

② 计算填写"年龄 2"列。

分析： 先用当前日期减去出生日期得到天数，再除以 365，最后用 INT 函数向下取整，即满一年才计 1 岁。

具体操作步骤：在 I2 单元格中输入公式"=INT((TODAY()-G2)/365)"后按 Enter 键确认，再将公式向下填充到 I19 单元格。

③ 计算填写"出生星期"列。在 K2 单元格中输入公式"=WEEKDAY(G2,2)"后按 Enter 键确认，再将公式向下填充到 K19 单元格。

6.4.4 查找与引用函数

利用查找与引用函数可以实现对数据按指定的条件进行查询、选择、引用等操作。常用的查找与引用函数有 VLOOKUP、LOOKUP 等。

1. 纵向查找函数 VLOOKUP

格式： VLOOKUP(lookup_value,table_array,col_index_num,[range_lookup])。

功能： 在数据表的首列查找指定的数值，并由此返回数据表当前行中指定列处的数值。

参数说明：

（1）lookup_value 代表要查找的值。

（2）table_array 代表要查找的区域。

（3）col_index_num 代表返回数据在查找区域的列序号。

（4）range_lookup 代表查找方式，FALSE 或者 0 表示精确查找，TRUE 或者 1 或者省略表示模糊查找。

模糊查找：对于数值查询，从 table_array 第一个格子开始，向下查找，只要出现一个比当前要查找的值大的数，那么前一个数就是结果，如果一直没出现，则将最后一行作为结果。

因此，使用模糊查找，要将数据按被查找的第一列进行从小到大的排序，此时所有超过某项而没达到下一项的数值都会被匹配到这项。

总结：

如果使用精确查找，第四项必须为 0 或者 FALSE，不能省略。

如果使用模糊查找，第四项可以省略，但是务必要将被查找的数据按第一列从小到大排序。

例如，图 6-36 中的 A1:C12 区域为获奖学生的相关信息，E1:F4 区域为成绩及对应等级，85、90、95 分别代表获得三等、二等、一等奖的最小值，使用 VLOOKUP 函数求 20 级三个同学的成绩和获奖等级。先利用 VLOOKUP 的精确查找功能根据学号查找成绩，可在 J2 单元格中输入公式"=VLOOKUP(H2,$A$2:$C$12,3,0)"后按 Enter 键确认，如图 6-37（a）所示，其中 H2 表示要查找的值，$A$2:$C$12 表示查找的区域，此处利用绝对引用保证公式在向下填充时查找的区域地址不变，3 表示返回找到的成绩在查找区域中位于第 3 列，0 表示精确查找，将公式向下填充到 J3 单元格；再利用 VLOOKUP 的模糊查找功能根据成绩判断其获奖等级，在 K2 单元格中输入公式"=VLOOKUP(J2,$E$2:$F$4,2)"后按 Enter 键确认，如图 6-37（b）所示，此例为模糊查找，因此第 4 个参数可以省略，但查找区域第一列的成绩要按升序排列，再将公式向下填充到 K4 单元格。最终查找结果如图 6-37（c）所示。

	A	B	C	D	E	F	G	H	I	J	K
1	学号	姓名	成绩		成绩	获奖等级		学号	姓名	成绩	获奖等级
2	20120108	张楠	98		85	三等		20010133	严昊		
3	21120203	吴梦梅	99		90	二等		20040351	袁浩然		
4	21110319	王若婷	94		95	一等		20120108	张楠		
5	22120135	许晓航	88								
6	20110228	李林龙	87								
7	21100115	梅亚曼	85								
8	20010133	严昊	91								
9	21050227	邓雪娟	86								
10	21020110	江梓琪	87								
11	21060131	刘敏	89								
12	20040351	袁浩然	88								

图 6-36　获奖学生相关信息

=VLOOKUP(H2,$A$2:$C$12,3,0)					
D	E	F	G	H	I	J
	成绩	获奖等级		学号	姓名	成绩
	85	三等		20010133	严昊	91

（a）精确查找

=VLOOKUP(J2,$E$2:$F$4,2)						
E	F	G	H	I	J	K
成绩	获奖等级		学号	姓名	成绩	获奖等级
85	三等		20010133	严昊	91	二等

（b）模糊查找

H	I	J	K
学号	姓名	成绩	获奖等级
20010133	严昊	91	二等
20040351	袁浩然	88	三等
20120108	张楠	98	一等

（c）查找结果

图 6-37　利用 VLOOKUP 函数查找示例

2. 单行/单列查找函数 LOOKUP

LOOKUP 有两种使用方式：向量形式和数组形式。下面介绍最常用的向量形式的使用方法。数组形式建议用 VLOOKUP 函数或者 HLOOKUP 函数。

格式：LOOKUP(lookup_value,lookup_vector,[result_vector])。

功能：LOOKUP 函数的向量形式在单行或单列区域（称为"向量"）中查找值，然后返回第二个单行或单列区域中相同位置的值。

参数说明：

（1）lookup_value 代表 LOOKUP 函数在第一个向量中搜索的值。lookup_value 可以是数字、文本、逻辑值、名称或对值的引用。

（2）lookup_vector 代表只包含一行或一列的区域。lookup_vector 中的值可以是文本、数字或逻辑值。

（3）result_vector 为可选项，代表只包含一行或一列的区域。result_vector 参数必须与 lookup_vector 参数大小相同。

注意：如果 LOOKUP 函数找不到 lookup_value，则该函数会与 lookup_vector 中小于 lookup_value 的最大值进行匹配；如果 lookup_value 小于 lookup_vector 中的最小值，则 LOOKUP 函数会返回#N/A 错误值。

例如，在图 6-37 中，假设已用 VLOOKUP 求出 J2:J4，即 20 级三个学生的成绩，现改为利用 LOOKUP 判断其获奖等级，可在 K2 单元格输入公式"=LOOKUP(J2,{85,90,95},{"三等","二等","一等"})"后按 Enter 键确认，再向下填充公式，结果如图 6-37（c）所示。

■查找与引用函数实例■

【实例 1】打开素材"图书产品销售情况表 2.xlsx"，在"销售订单"工作表中完成以下操作。

（1）利用 VLOOKUP 函数填写"图书名称"列，图书编号和图书名称、单价的关系见"图书编目表"工作表。

（2）计算金额，其中单价可用 VLOOKUP 函数根据图书编号从"图书编目表"工作表中获取，结果保留 2 位小数，使用千位分隔符。

操作步骤：

（1）填写"图书名称"列。

选中 E3 单元格，单击"插入函数"按钮，弹出"插入函数"对话框，选择"查找与引用"类别中的 VLOOKUP 函数，单击"确定"按钮，在弹出的 VLOOKUP"函数参数"对话框中，按图 6-38 所示输入各参数的值，单击"确定"按钮。

或在编辑栏中输入公式"=VLOOKUP(D3,图书编目表!$A$2:$B$9,2,0)"后按 Enter 键确认。

最后双击填充柄向下填充公式。

（2）计算金额。

① 选中 G3 单元格，在编辑栏中输入公式"=VLOOKUP(D3,图书编目表!$A$2:

\$C\$9,3,0)*F3"后按 Enter 键确认，再双击填充柄向下填充公式。

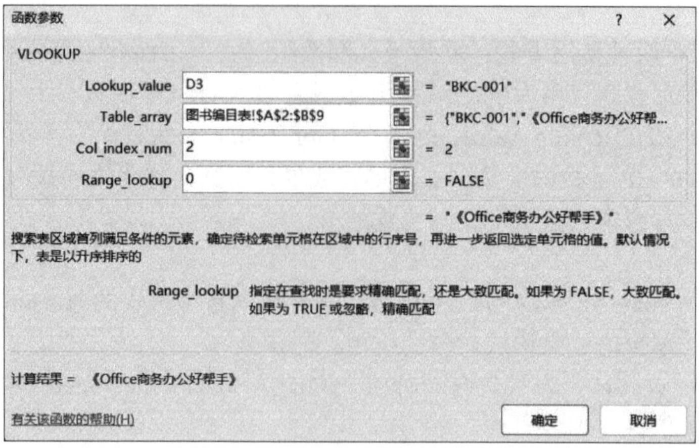

图 6-38　在"函数参数"对话框中设置参数

② 选中 G3:G675 区域并右击，在弹出的快捷菜单选择"设置单元格格式"命令，在弹出的"设置单元格格式"对话框中的"数字"选项卡中，设置"分类"为"数值"、小数位数为 2，选中"使用千位分隔符"复选框，单击"确定"按钮。

【实例 2】打开素材"成绩等级表.xlsx"文档，在"Sheet1"工作表中利用 VLOOKUP 函数的模糊查找功能根据成绩填写等级。

操作步骤：

打开"成绩等级表.xlsx"文档，在"Sheet1"工作表中选中 D2 单元格，在编辑栏输入公式"=VLOOKUP(C2,\$G\$2:\$H\$5,2)"后按 Enter 键确认，再向下填充公式到 D26 单元格。

【实例 3】打开"学生信息表.xlsx"文档，利用 LOOKUP 和 WEEKDAY 函数修改"出生星期"列的数据，使该列显示星期几。

操作步骤：

① 选中 K2:K19 区域，按 Delete 删除其中的数据。

② 选中 K2 单元格，在编辑栏输入公式"=LOOKUP(WEEKDAY(G2,2),{1,2,3,4,5,6,7},{"星期一","星期二","星期三","星期四","星期五","星期六","星期日"})"后按 Enter 键确认，再向下填充公式到 K19 单元格。

公式的含义：在{1,2,3,4,5,6,7}中查找 WEEKDAY(G2,2)的结果，找到则返回{"星期一","星期二","星期三","星期四","星期五","星期六","星期日"}中对应列的值。

6.4.5　逻辑函数

逻辑函数是用来对条件进行判断的函数，可以根据条件的真假，返回相应的值，常用的逻辑函数包括 IF、AND、OR、IFERROR 等。IF 函数在 6.3 节已经介绍过。

1. 逻辑与函数 AND

格式：AND(logical1,[logical2],...)。

功能：当所有参数的结果均为逻辑"真"（TRUE）时，返回"TRUE"，否则返回"FALSE"。

参数说明：

（1）logical1 代表要检验的第一个条件。

（2）logical2 为可选项，代表要检验的其他条件。

例如，假设成绩信息如图 6-39（a）所示，根据笔试和面试的成绩求录取结果，当笔试成绩和面试成绩均大于等于 80 时结果为录取，否则淘汰，则可在 D2 单元格输入公式"=IF(AND(B2>=80,C2>=80),"录取","淘汰")"后按 Enter 键确认，如图 6-39（b）所示。再向下填充公式到 D4 单元格，最后结果如图 6-39（c）所示。

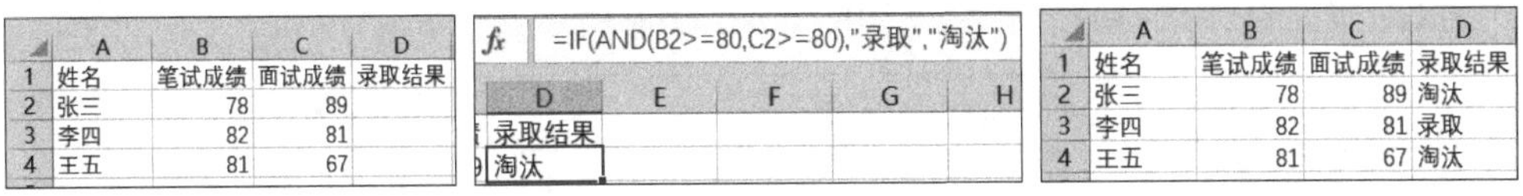

（a）成绩信息　　　（b）利用 IF 和 AND 求录取结果　　　（c）最后结果

图 6-39　AND 函数的使用

2. 逻辑或函数 OR

格式： OR(logical1,[logical2],...)。

功能： 当所有参数的结果均为逻辑"假"（FALSE）时，返回"FALSE"，否则返回"TRUE"。

参数说明：

（1）logical1 代表要检验的第一个条件。

（2）logical2 为可选项，代表要检验的其他条件。

例如，图 6-40（a）为商品销售信息，现要判断城市"是否北上广"，可在 D2 单元格输入公式"=OR(A2="北京",A2="上海",A2="广州")"后按 Enter 键确认，如图 6-40（b）所示，如果结果为"TRUE"表示是，为"FALSE"表示否。然后向下填充公式到 D7 单元格，最终结果如图 6-40（c）所示。

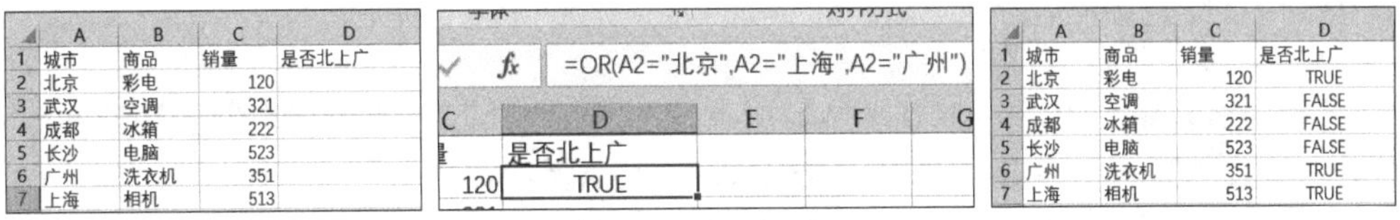

（a）销售信息　　　（b）利用 OR 函数判断　　　（c）最终结果

图 6-40　OR 函数的使用

3. 错误处理函数 IFERROR

格式： IFERROR(value,value_if_error)。

功能： IFERROR 函数计算结果错误时返回公式指定的值；否则，返回公式的结果。可以使用 IFERROR 函数捕获和处理公式中的错误。

参数说明：

（1）value 代表检查是否存在错误的参数。

（2）value_if_error 代表公式计算结果为错误时要返回的值。评估以下错误类型：#N/A、#VALUE!、#REF!、#DIV/0!、#NUM!、#NAME? 或 #NULL!。

例如，图 6-41（a）中 A1:C5 区域为导出的学生练习成绩，E1:F7 区域为学生名单，如果用 VLOOKUP 函数根据学号查找成绩，结果会出现#N/A，表示没找到。假设 A2:A5 区域学号正确，则表示学生未参加练习，可利用 IFERROR 函数将没练习的学生成绩记为 0 分。将图 6-41（a）中的公式改为“=IFERROR(VLOOKUP(E2,$A$2:$C$5,3,0),0)”，表示当 VLOOKUP 查找结果为错误值时，结果为 0，否则为查找到的值，然后向下填充公式到 G7 单元格。最终公式和结果如图 6-41（b）所示。

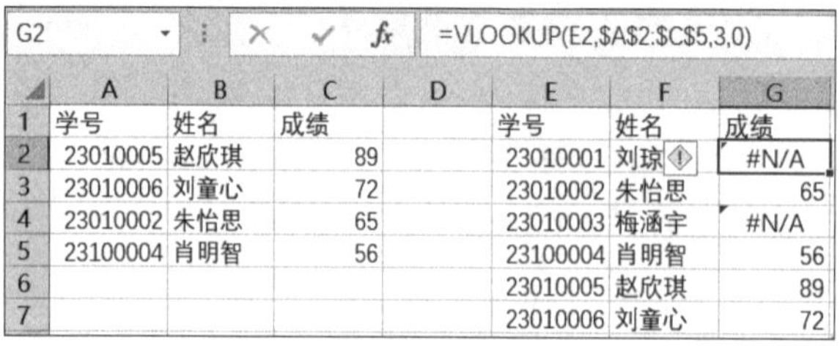

G2 =VLOOKUP(E2,$A$2:$C$5,3,0)

	A	B	C	D	E	F	G
1	学号	姓名	成绩		学号	姓名	成绩
2	23010005	赵欣琪	89		23010001	刘琼	#N/A
3	23010006	刘童心	72		23010002	朱怡思	65
4	23010002	朱怡思	65		23010003	梅涵宇	#N/A
5	23100004	肖明智	56		23100004	肖明智	56
6					23010005	赵欣琪	89
7					23010006	刘童心	72

（a）利用 VLOOKUP 获取学生信息

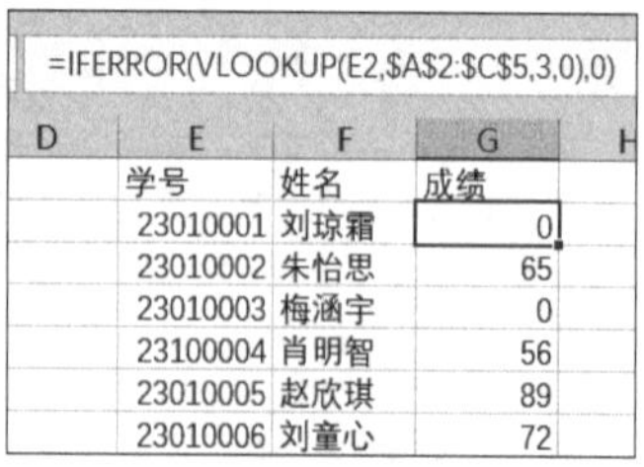

=IFERROR(VLOOKUP(E2,$A$2:$C$5,3,0),0)

D	E	F	G	H
	学号	姓名	成绩	
	23010001	刘琼霜	0	
	23010002	朱怡思	65	
	23010003	梅涵宇	0	
	23100004	肖明智	56	
	23010005	赵欣琪	89	
	23010006	刘童心	72	

（b）利用 IFERROR 处理错误值

图 6-41　IFERROR 函数的使用

逻辑函数实例

【实例】打开素材“逻辑函数.xlsx”文档，在“Sheet1”工作表中按下列规则填写“评语 1”、“评语 2”和“报名二级”列的内容。

（1）评语 1：三门课均大于等于 90，填写“优秀”，否则不填写。

（2）评语 2：三门课只要有一门不及格，填写“不合格”，否则不填写。

（3）报名二级：如果在报考二级名单中找到学生信息，则填写“已报名”，否则不填写。

操作步骤：

（1）填写“评语 1”列。

分析：可以结合 IF 和 AND 函数，用 AND 函数判断三门课是否均大于等于 90，并作为 IF 函数的第一个参数，结果为逻辑真时，IF 函数返回"优秀"，否则返回""。

方法一：选中 F3 单元格，单击编辑栏中的“插入函数”按钮，在弹出的对话框中选择 IF 函数，在 IF 函数参数设置对话框内设置第 2、3 个参数分别为"优秀"和""，如图 6-42 所示；然后单击第一个参数右侧的文本框，单击名称框右侧的下拉按钮，在弹出的下拉列表中选择“其他函数”命令，在弹出的对话框中选择“逻辑”类别中的 AND 函数，在弹出的“函数参数”对话框中输入 3 个条件：C3>=90,D3>=90,E3>=90，如图 6-43 所示，单击“确定”按钮。

方法二：直接在 F3 单元格中输入公式“=IF(AND(C3>=90,D3>=90,E3>=90),"优秀","")”后按 Enter 键确认。

最后向下填充公式到 F27 单元格。

图 6-42　IF 嵌套 AND 时函数参数设置

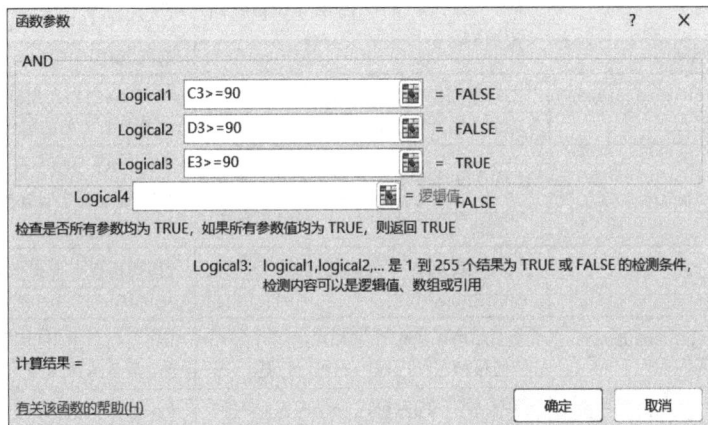

图 6-43　AND 函数参数设置

（2）填写"评语 2"列。方法与填写"评语 1"列类似，结合 IF 函数和 OR 函数进行判断。直接在 G3 单元格输入公式"=IF(OR(C3<60,D3<60,E3<60),"不合格","")"后按 Enter 键确认，然后向下填充公式到 G27 单元格。

（3）填写"报名二级"列。可先用 VLOOKUP 函数根据学生的学号到 J3:K7 区域找其对应的姓名，再用 IFERROR 函数判断，如果找不到就返回""，否则返回找到的值。再用 IF 函数判断 IFERROR 函数的结果，如果为""，则返回""，否则返回"已报名"。

也可直接在 H3 单元格输入公式"=IF(IFERROR(VLOOKUP(A3,$J$3:$K$7,2,0),"")="","","已报名")"后按 Enter 键确认。

最后向下填充公式到 H27 单元格。

6.5　其他重要函数

除了上述常用函数外，Excel 还提供了一些其他重要函数，这些函数的格式、功能及示例如表 6-4 所示。

表 6-4　其他重要函数列表

函数名及格式	功能	示例
COLUMN([reference])	返回指定单元格引用的列号	=COLUMN()，返回当前单元格的列号 =COLUMN(D5)，返回 D5 单元格的列号
DATE(year,month,day)	根据年份、月份、天数返回代表特定日期的序列号	=DATE(2023,10,8)，返回日期格式的数据 2023/10/8
DATEDIF(start_date,end_date,unit)	计算两个日期之间相隔的天数、月数或年数	假设 B1 单元格存放某人生日"2005-9-8"，则 =DATEDIF(B1,TODAY(),"Y")返回该人的年龄
DAY(serial_number)	返回以序列号表示的某日期的天数，用整数 1～31 表示	B1 单元格值同上，则=DAY(B1)返回结果为 8
HOUR(serial_number)	返回时间值的小时数。小时数是介于 0(12:00am)到 23(11:00pm)之间的整数	假设 C1 单元格的值为 "2005/9/8 13:25:00"，则=HOUR(C1)返回 13
HYPERLINK(link_location,[friendly_name])	创建一个快捷方式或链接，以打开一个存储在指定路径的文档，或跳转到指定位置	=HYPERLINK("#Sheet2!A1","跳转到Sheet2 的 A1 单元格")会创建一个跳转到当前工作簿 Sheet2 工作表 A1 单元格的链接
INDEX(reference,row_num,[column_num],[area_num])	返回指定的单元格区域中行与列交叉处的单元格的值或引用	=INDEX(A1:C6,5,3)，返回 A1:C6 区域第 5 行第 3 列的单元格的值
INDIRECT(ref_text,[a1])	返回由文本字符串指定的引用，然后立即对引用进行计算，并显示其内容	假设 A1 单元格的值为 18，则=INDIRECT("A1")返回 A1 单元格的值 18
ISODD(number)	如果参数 number 为奇数,返回 TRUE,否则返回 FALSE	=ISODD(9)，返回"TRUE"，表示 9 是奇数
MATCH(lookup_value,lookup_array,[match_type])	在单元格区域中搜索特定的项，然后返回该项在此区域中的相对位置	假设彭飞位于 B2:B19 区域的 B11 单元格，则=MATCH("彭飞",B2:B19,0)返回 10
MONTH(serial_number)	返回日期中的月份，为介于 1（一月）到 12（十二月）之间的整数	假设 B1 单元格存放某人生日 "2005-9-8"，则=MONTH(B1)返回为 9
OFFSET(reference,rows,cols,[height],[width])	返回对单元格或区域中指定行数和列数的区域的引用。返回的引用可以是单个单元格或区域	=SUM(OFFSET(D2,2,-1,2,2)) 表示对D2 单元格下方的 2 行、左方的 1 列单元格（C4）开始的 2 行 2 列区域求和
ROW([reference])	返回指定单元格引用的行号	=ROW()，返回当前单元格的行号 =ROW(D5)，返回 D5 单元格的行号 5
TEXT(value,fomat_text)	按指定的数字格式将数值转换成文本	假设 B1 单元格存放某人生日"2005-9-8"，则=TEXT(B1,"[dbnum1]m月")返回"九月"

▎本节实例

【实例 1】在素材"学生信息表.xlsx"文档的"Sheet1"工作表中，完成下列操作。

（1）利用 TEXT 函数重新填写"出生日期"列。

（2）利用 DATE 函数重新填写"出生日期"列。

（3）利用 DATEDIF 函数计算"年龄 3"列，规则为"××岁××个月"（不足 1 个月按 0 个月计算）。

操作步骤：

（1）利用 TEXT 函数重新填写"出生日期"列。

① 选中 G2:G19 区域，按 Delete 键删除区域中的数据。

② 选中 G2 单元格，在编辑栏中输入公式"=TEXT(MID(E2,7,8),"00 年 00 月 00 日")"后按 Enter 键确认，表示将从 E2 单元格中的身份证号提取的 8 位文本转换为"XX 年 XX 月 XX 日"格式，再向下填充公式到 G19 单元格。

（2）利用 DATE 函数重新填写"出生日期"列。

① 选中 G2:G19 区域，按 Delete 键删除区域中的数据。

② 选中 G2 单元格，在编辑栏中输入公式"=DATE(MID(E2,7,4),MID(E2,11,2), MID (E2,13,2))"后按 Enter 键确认。该公式表示将分别从 E2 单元格的身份证号中提取 4 位年份、2 位月份、2 位日组合成出生日期。

③ 右击 G2 单元格，在弹出的快捷菜单选择"设置单元格格式"命令，在弹出的对话框"数据"选项卡中，设置"分类"为"自定义"；设置类型先为"yyyy"年"m"月"d"日""，再改为"yyyy"年"mm"月"dd"日""。最后向下填充公式到 G19 单元格。

（3）利用 DATEDIF 函数计算"年龄 3"列。首先，在 J2 单元格输入公式"=DATEDIF (G2,TODAY(),"y")&"岁"&DATEDIF(G2, TODAY(),"ym")&"个月""后按 Enter 键确认。然后，向下填充公式到 J19 单元格，并适当调整列宽。

说明：DATEDIF 是 Excel 的隐藏函数，其最后一个参数"y"表示前两个时间参数之间间隔的整年数，"ym"表示起始日期与结束日期的同年间隔月数，忽略日期中的年份。

【实例 2】打开素材"员工工资表.xlsx"，假设员工的工资没有相同的值。在"Sheet1"工作表中利用 INDEX 和 MATCH 函数分别统计员工工资最高的人和最低的人的姓名，结果分别存放在 H2 和 H3 单元格。

分析：先用 MATCH 找到工资最高或者最低的人所在的行，再用 INDEX 找到 A2:B26 区域该行第 2 列对应的姓名。

操作步骤：

（1）统计员工工资最高的人的姓名。选中 H2 单元格，在编辑栏中输入公式"=INDEX (A2:B26,MATCH(MAX(E2:E26), E2:E26,0),2)"后按 Enter 键确认。

（2）统计员工工资最低的人的姓名。选中 H3 单元格，在编辑栏中输入公式"=INDEX (A2:B26,MATCH(MIN(E2:E26), E2:E26,0),2)"后按 Enter 键确认。

6.6　数　组　公　式

6.6.1　数组

Excel 中的数组是一行、一列或多行多列的一组具有相同类型的数据的集合。

Excel 中的数组通常又分常量数组和区域数组两种。

常量数组的所有组成元素均为常量数据，由"{}"包裹，其中同一行的元素用英文逗号隔开，不同行的元素用英文分号隔开。例如，{1,2,3,4,5,6,7}、{"星期一","星期二","星期三","星期四","星期五","星期六","星期日"}均为一维常量数组，而{1,5,4;2,8,6;3,7,9}

表示一个 3 行 3 列的二维常量数组。

区域数组实际上就是公式中对单元格的区域的直接引用，如 E1:J3、L3:L27 等。

6.6.2 数组公式的建立

数组公式可以理解为以一个或多个单元格区域作为输入参数，输出一个或者多个结果的公式。

数组公式的功能非常强大，可用于完成更多复杂的计算，例如，计算某单元格区域中的字符数，对满足某些条件的数字求和、求平均值、求最大值、求最小值等，对一系列值中的每第 n 个值求和等。

数组公式指区别于普通公式，并可以通过快捷键来完成编辑的特殊公式。一个数组公式可以占用一个或多个单元格，它对一组数或多组数进行多重计算，并返回一个或多个结果。

1. 数组公式的创建

创建数组公式的基本方法：首先选择用来存放数组公式的单元格或区域，再在编辑栏中输入数组公式，最后按 Ctrl+Shift+Enter 组合键，作为标识，Excel 会自动在编辑栏中给数组公式的两边加上花括号“{}”。

例如，打开“销售额与比例.xlsx”文档，利用数组公式分别计算每种洗发水的销售额和总销售额，总销售额放在 D10 单元格，操作步骤如下。

（1）选中 D3:D9 区域，在编辑栏中输入公式“=B3:B9*C3:C9”。

（2）按 Ctrl+Shift+Enter 组合键完成数组公式的输入，结果如图 6-44 所示。

（3）选中 D10 单元格，在编辑栏中输入公式“=SUM(B3:B9*C3:C9)”。

（4）按 Ctrl+Shift+Enter 组合键完成数组公式的输入，结果如图 6-45 所示。

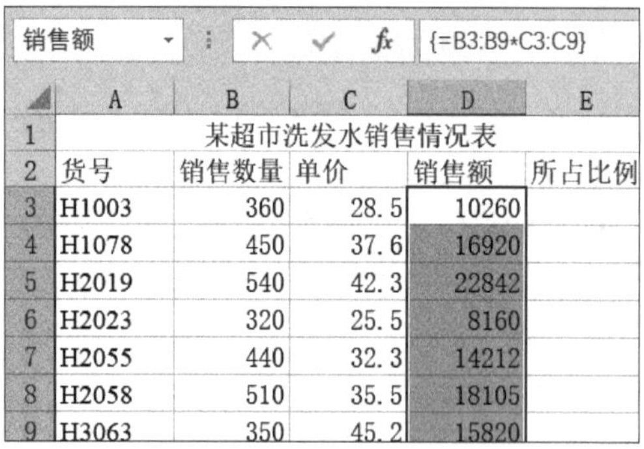

销售额 {=B3:B9*C3:C9}

	A	B	C	D	E
1	某超市洗发水销售情况表				
2	货号	销售数量	单价	销售额	所占比例
3	H1003	360	28.5	10260	
4	H1078	450	37.6	16920	
5	H2019	540	42.3	22842	
6	H2023	320	25.5	8160	
7	H2055	440	32.3	14212	
8	H2058	510	35.5	18105	
9	H3063	350	45.2	15820	

图 6-44　数组公式的建立 1

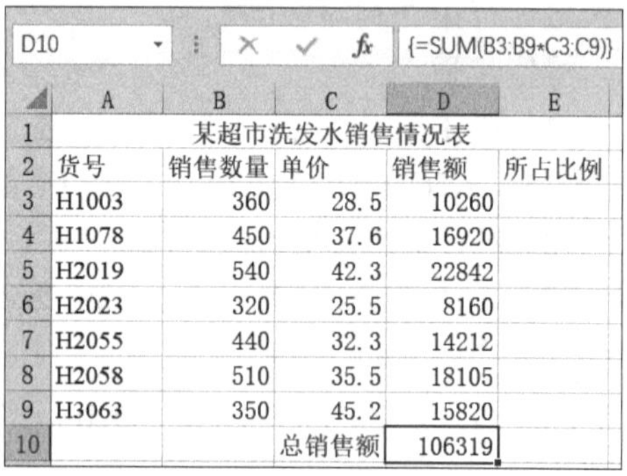

D10 {=SUM(B3:B9*C3:C9)}

	A	B	C	D	E
1	某超市洗发水销售情况表				
2	货号	销售数量	单价	销售额	所占比例
3	H1003	360	28.5	10260	
4	H1078	450	37.6	16920	
5	H2019	540	42.3	22842	
6	H2023	320	25.5	8160	
7	H2055	440	32.3	14212	
8	H2058	510	35.5	18105	
9	H3063	350	45.2	15820	
10			总销售额	106319	

图 6-45　数组公式的建立 2

2. 数组公式的修改

修改数组公式的基本方法如下：选中包含数组公式的单元格或者区域，单击编辑栏中的数组公式对其进行修改（此时“{}”会消失），然后按 Ctrl+Shift+Enter 组合键。

■本节实例

【实例】打开素材"图书产品销售情况表 3.xlsx"文档，在"销售订单"工作表中利用数组公式根据"统计项目"列的描述，计算并填写所对应的"销售额"单元格中的信息。

操作步骤：

（1）统计所有订单的总销售额。

分析："图书产品销售情况表 3.xlsx"文档的"销售订单"工作表中没有"销售额"这一列，因此需用数组公式求解。可在 J3 单元格输入公式"=SUM(F3:F675*G3:G675)"，然后按 Ctrl+Shift+Enter 组合键完成数组公式的输入。

该公式含义为用单价所在的区域数组 F3:F675 和销量所在的区域数组 G3:G675 相乘。其实质就是将两个数组对应的元素相乘，结果是一个同样大小的销售额数组，然后利用 SUM 函数对该结果数组求和。

选中 J3 单元格，在编辑栏选中 F3:F675*G3:G675，按 F9 键，可以看到两个公式相乘的结果，按 Esc 键可返回公式状态。

（2）统计《Office 商务办公好帮手》的总销售额。

分析：该题在第（1）小题的基础上增加了一个条件，即图书名称为《Office 商务办公好帮手》，因此可在 J4 单元格输入公式"=SUM((E3:E675="《Office 商务办公好帮手》")*F3:F675*G3:G675)"，再按 Ctrl+Shift+Enter 组合键完成数组公式的输入。

选中 J4 单元格，在编辑栏选中 E3:E675="《Office 商务办公好帮手》"，按 F9 键可以发现其结果为值为 TRUE 或 FALSE 的数组，其中 TRUE 表示 1，即图书名称为《Office 商务办公好帮手》，FALSE 表示 0；将该数组与 F3:F675*G3:G675 的结果相乘，即得到《Office 商务办公好帮手》的销售额的数组；用 SUM 函数求该数组的和，即得到《Office 商务办公好帮手》的总销售额。

（3）统计《Office 商务办公好帮手》在 2021 年的总销售额。

分析：该题在第（2）小题的基础上，增加了两个条件，日期大于等于 2021-1-1，且日期小于等于 2021-12-31。

选中 J5 单元格，在编辑栏中输入公式"=SUM((E3:E675="《Office 商务办公好帮手》")*(B3:B675>=DATE(2021,1,1))*(B3:B675<=DATE(2021,12,31))*F3:F675*G3:G675) "，按 Ctrl+Shift+Enter 组合键完成数组公式的输入。

（4）统计《Office 商务办公好帮手》在 2021 年的最高销售额。

分析：该题是将第（3）小题的求和改为了求最大值。

选中 J6 单元格，在编辑栏中输入公式"=MAX((E3:E675="《Office 商务办公好帮手》")*(B3:B675>=DATE(2021,1,1))*(B3:B675<=DATE(2021,12,31))*F3:F675*G3:G675) "，按 Ctrl+Shift+Enter 组合键完成数组公式的输入。

第 7 章　图表的创建与编辑

图表可以直观形象地展现数据，提高获取和分析信息的效率。本章将介绍 Excel 中图表的创建与编辑方法。

7.1　创 建 图 表

创建图表是图表编辑的基础，Excel 2016 支持常用图表、迷你图和数据透视图，其中数据透视图与传统图表的类型相同。本节主要介绍传统图表的创建。

7.1.1　创建基本图表

创建图表需要数据源，可以将暂时空白的区域作为图表的数据源，当数据更新后，图表会发生相应变化。也可事先完成数据的输入和编辑，这样能更方便地确定图表的表现形式。数据源可以按照行或列来组织，除标题外，每行或每列的数据类型保持一致。建立图表步骤如下。

1. 选择数据源

如果图表数据位于连续的单元格区域中，可选择该区域中的任意单元格，图表将包含该区域中的所有数据，否则需要手动选择数据源。先选中某行或某列区域，然后按住 Ctrl 键，选择其他不连续的行或列，或按住 Shift 键，选取连续区域，如图 7-1 所示。

	A	B	C	D	E
1	某超市洗发水销售情况表				
2	货号	销售数量	单价	销售额	所占比例
3	H1003	360	28.5	10260	9.65%
4	H1078	450	37.6	16920	15.91%
5	H2019	540	42.3	22842	21.48%
6	H2023	320	25.5	8160	7.68%
7	H2055	440	32.3	14212	13.37%
8	H2058	510	35.5	18105	17.03%
9	H3063	350	45.2	15820	14.88%
10			总销售额	106319	
11					

图 7-1　选取图表数据源

2. 根据数据源的特点确定图表类型

单击“插入”选项卡→“图表”组中的“推荐的图表”按钮，弹出“插入图表”对话框，如图 7-2 所示。Excel 会根据选定的数据的特征，推荐几种图表，在“推荐的图表”选项卡中单击某一类型的图表，即可在窗口右侧预览该类型图表的效果。默认情况下，会直接选用推荐的簇状柱形图，单击“确定”按钮，即在当前工作表中生成一个簇状柱形图类型的图表。如果对推荐的图表不满意；也可以在“所有图表”选项卡选择更适合的图表类型。

Excel 图表分为柱形图、折线图等十几个大类，每个大类下包含若干子类，部分类型仅支持 Excel 2016 及更高版本。Excel 中常用的图表类型有柱形图、折线图、饼图、条形图、组合图等。

（1）柱形图。柱形图通常沿水平（类别）轴显示类别，沿垂直（值）轴显示值，适合展示类别间的数据差别。

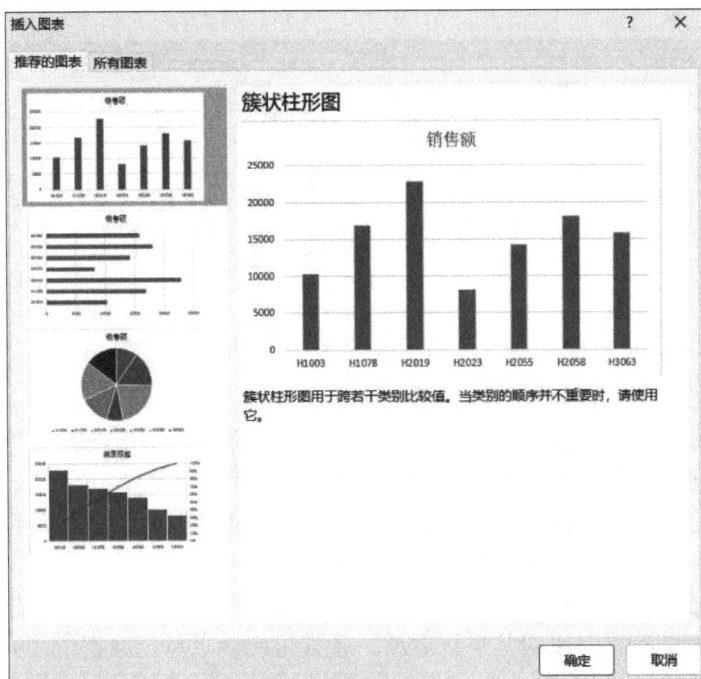

图 7-2 选择图表类型

（2）折线图。在折线图中，类别数据沿水平轴均匀分布，所有值数据沿垂直轴均匀分布。折线图可在均匀按比例缩放的坐标轴上显示一段时间的连续数据，适合显示相等时间间隔（如月、季度或会计年度）下数据的趋势。

（3）饼图。饼图能显示各个数据与整体之间的关系，适用于同一系列中，类别不超过 7 个且数值大于 0 的场景。饼图通常只显示一个数据系列中各项的大小与各项总和的比例，圆环图可以包含多个数据系列。

（4）条形图。条形图通常沿垂直坐标轴显示类别，沿水平坐标轴显示值，是平躺的柱形图，适用于轴标签很长的情况下。

（5）组合图。组合图可将柱形图和折线图等两种或更多图表类型组合在一起显示，适用于不同数据系列的取值范围差距太大的情况，此时可以启用次坐标轴，使数据趋势变化清晰明了了。

7.1.2 图表的组成

1. 图表的基本组成

在默认参数下生成的图表主要由图表区、绘图区、数据系列、坐标轴、图表标题 5 个部分组成，如图 7-3 所示。

（1）图表区：包含图表内所有元素。在绘图区外至图表边框内的空白区域单击，可以选中图表区，此时拖动鼠标，可以改变图表的位置。

（2）绘图区：由横坐标和纵坐标圈出来的矩形区域，包含所有数据系列及其标签值、坐标轴、网格线。单击选中绘图区后，可以在图表区内改变绘图区的位置，拖动绘图区

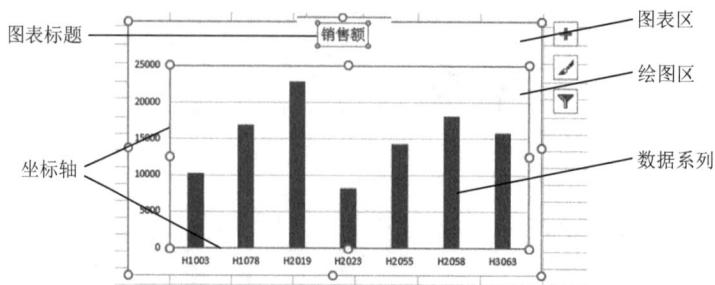

图 7-3　初始图表

边线上的八个控制点，可以更改绘图区的大小。

（3）数据系列：由源数据生成的图形，如矩形、条形、扇形或折线等，通常每行或每列生成同色图形。数据系列可以更改颜色和间距，可以添加数据点值。

（4）图表标题：用来描述整个图表的主要内容，通常根据数据系列的标题自动生成在图表顶部，用户可以自行更改其文字内容和位置。

（5）坐标轴：由水平坐标轴和垂直坐标轴组成。水平坐标轴上显示分类，标签值默认来自分类的行或列，可以对其进行更改。垂直坐标轴上显示数据值。

2. 可添加的图表元素

选中图表后，单击图表右侧的"图表元素"按钮，或者单击"图表工具/设计"选项卡→"图表布局"组中的"添加图表元素"按钮，可以为基础图表添加元素，如图 7-4 所示。

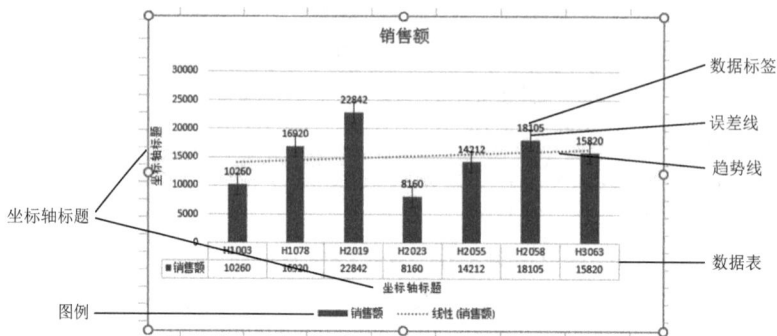

图 7-4　添加图表元素示例

（1）数据标签：用来显示数据系列或其单个数据点的详细信息，其中数值来源于数据表，有助于更精准地理解图表。

（2）误差线：用来反映基线的偏差范围。默认情况下，使用标准误差来衡量数据值偏离算术平均值的程度。

（3）趋势线：按照一定的计算方程，以直线或曲线的形式显示数据的趋势，可用于数据预测。

（4）数据表：将用来制作图表的源数据显示在图表的下方。

（5）坐标轴标题：对坐标轴的文字说明，每个坐标轴拥有单独的标题。

（6）图例：用不同的颜色或图案标识数据系列，可以视为数据系列的标题。

7.1.3　移动图表到单独工作表

新建立的图表默认显示在当前工作表，有以下两种方式可以将其移动到其他工作表。

（1）选中图表，单击"图表工具/设计"选项卡→"位置"组中的"移动图表"按钮，如图 7-5 所示。

图 7-5　"图表工具/设计"选项卡及"移动图表"按钮

在弹出的"移动图表"对话框中，选中"新工作表"单选按钮并输入放置图表的新工作表，如"销售额图表"，如图 7-6 所示。也可选中"对象位于"单选按钮，将图表放在工作簿的其他工作表中。

（2）右击图表区的空白区域，在弹出的快捷菜单中选择"移动图表"命令。

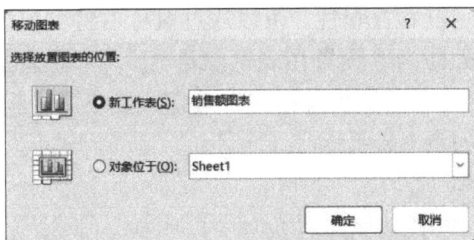

图 7-6　"移动图表"对话框

本节实例

【实例】打开素材文档"华美超市销售统计.xlsx"，以工作表"一季度销售统计"中的数据为数据源，创建一个饼图和一个堆积柱形图，参考效果如图 7-7 所示。具体要求如下。

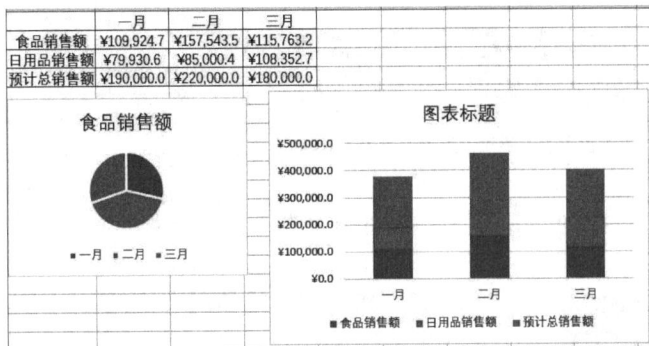

图 7-7　创建图表实例效果

（1）以"一季度销售统计"工作表中 A1:D2 区域为数据源，创建一个饼图，适当调整图表的大小和位置。

（2）以"一季度销售统计"工作表中 A1:D4 区域为数据源，创建一个堆积柱形图，适当调整图表的大小和位置。

操作步骤：

（1）创建饼图。打开素材文档，选中"一季度销售统计"工作表的 A1:D2 区域，单击"插入"选项卡→"图表"组中的"推荐的图表"按钮，在弹出的对话框中选择"饼图"类型中的"饼图",单击"确定"按钮。将鼠标指针置于图表右下角的控制点上,当指针变成双向箭头状时,拖动鼠标调整图表大小。将鼠标指针置于图表区空白处,当鼠标指针变为十字箭头状时,拖动鼠标移动图表到适当位置。

(2)创建堆积柱形图。选中 A1:D4 区域,单击"插入"选项卡→"图表"组中的"推荐的图表"按钮,在弹出的"插入图表"对话框中选择"所有图表"选项卡,选择"柱形图"类型中的"堆积柱形图",单击"确定"按钮。按上述方法调整图表的大小,移动图表的位置。

7.2　编辑与修饰图表

图表创建完成后,可对其做进一步修饰或编辑数据,以丰富其表现形式,提升其美观度和直观性。可以通过鼠标右键菜单中的"设置……格式"命令(如选中图表区,此处即为"设置图表区域格式")、"图表工具/格式"选项卡→"当前所选内容"组中的"设置所选内容格式"按钮或图表右上角的"图表元素"按钮 ➕,进入格式设置界面,如图 7-8 所示。

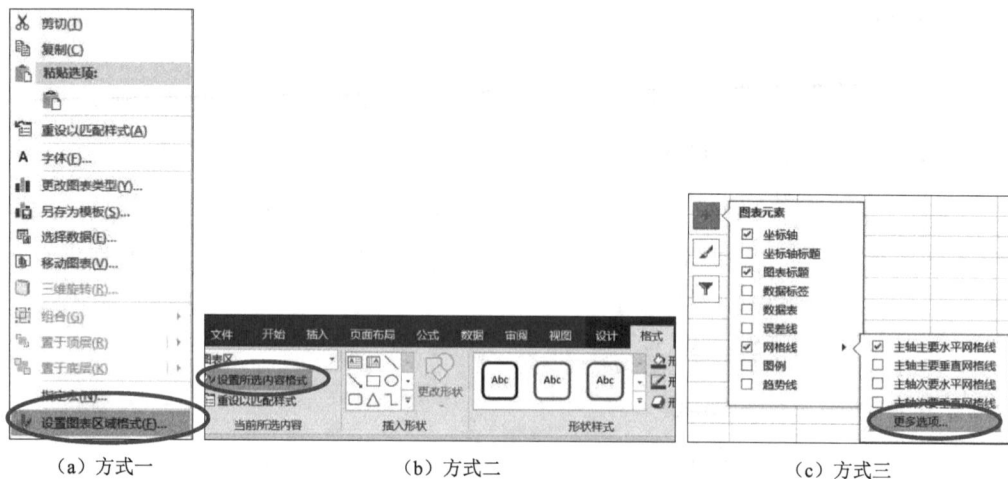

(a)方式一　　　　　　　　(b)方式二　　　　　　　　(c)方式三

图 7-8　进入格式设置界面的方式

7.2.1　更改图表的布局和样式

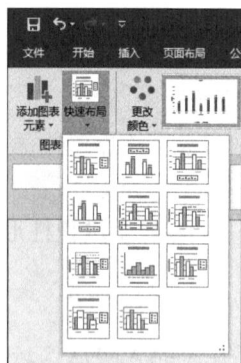

图 7-9　"快速布局"下拉列表

图表的布局主要是布置各元素的相对位置。单击图表中的任何位置,单击"图表工具/设计"选项卡→"图表布局"组中的"快速布局"下拉按钮,在弹出的下拉列表中选择一种布局即可,如图 7-9 所示。如果希望自定义布局,可以单击"图表布局"组中的"添加图表元素"按钮,或者图表右上角的"图表元素"按钮,添加或删除元素,并在后期调整其位置。

图表的样式包括图表的配色和阴影等外观效果,可以单击图表右侧的"图表样式"按钮，在打开的图表样式面板中设置；或者在"图表工具/设计"选项卡→"图表样式"组中进行设置，如图 7-10 所示。"图表样式"组中有一些预设样式，单击即可应用这些样式，也可以单击"更改颜色"按钮，自行设置图表颜色。

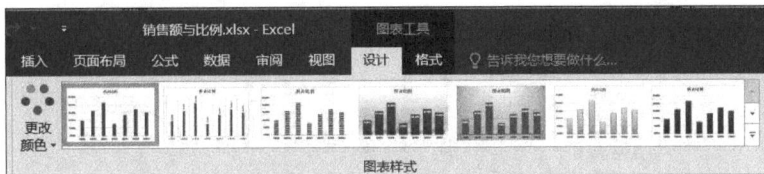

图 7-10　设置图表样式

7.2.2　更改数据来源

生成图表后，仍然可以修正数据来源，基本方法如下：选中图表，单击"图表工具/设计"选项卡→"数据"组中的"选择数据"按钮，弹出"选择数据源"对话框，如图 7-11 所示。将光标定位在"图表数据区域"文本框中，输入引用的数据区域，或拖动鼠标重新选择数据区域，例如，按 Ctrl 键增加"单价"列，此时图表内容会同步发生变化。

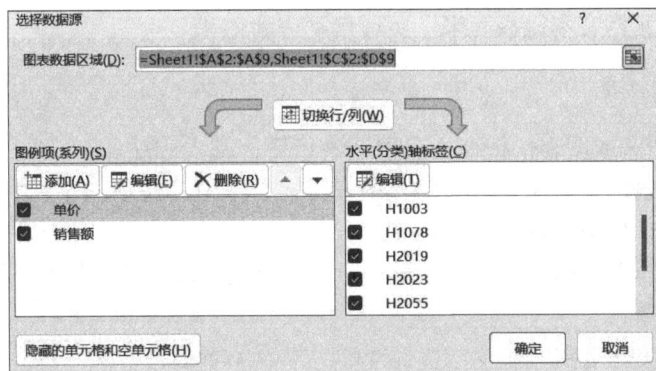

图 7-11　"选择数据源"对话框

7.2.3　更改图表类型

可以更改已创建图表的类型，对于存在多列数据的复合型图表，可对其中的某列或某几列数据单独修改类型，基本方法如下。

（1）选中要修改类型的图表，单击"图表工具/设计"选项卡→"类型"组中的"更改图表类型"按钮，弹出"更改图表类型"对话框，如图 7-12 所示。

（2）如果是单一类型的图表，直接在该对话框中选择新的图表类型后单击"确定"按钮即可；如果是包含两个及以上数据系列的图表，先选择左侧的"组合"类型，在右侧要修改类型的数据系列的"图表类型"下拉列表中，选择合适的类型。如有必要，还可选中要修改类型的数据系列右侧的"次坐标轴"复选框，将该系列显示在不同的坐标系中。

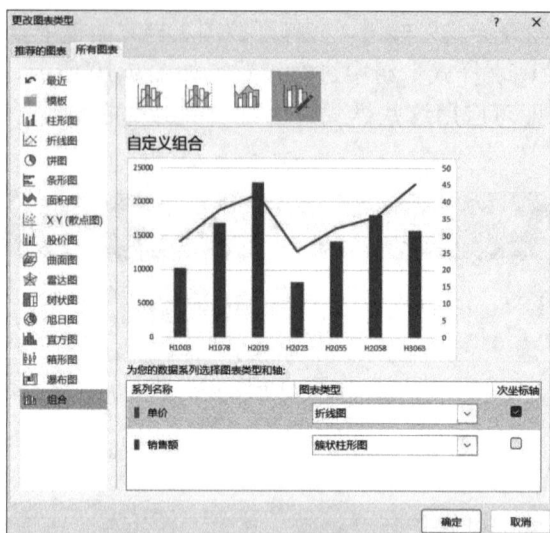

图 7-12 "更改图表类型"对话框

7.2.4 设置标题

标题可以更清楚地表明图表和坐标轴的显示内容。标题文本内容可以自行输入，也可以将标题与单元格文本链接起来，实现自动更新效果。

1. 设置图表标题

可以使用功能区或图表快捷命令设置图表标题，基本方法如下。

（1）选中图表，单击图表右侧的"图表元素"按钮，在图表元素中选择图表标题，此时图表标题默认生成在图表上方。

（2）单击"图表标题"右边的三角按钮，展开其级联菜单，如有需要，可将标题位置改为"居中覆盖"。

（3）选择"更多选项"命令，在打开的"设置图表标题格式"窗格中，可对标题框颜色、边框、对齐方式和文本的颜色等属性进行设置，如图 7-13 所示。

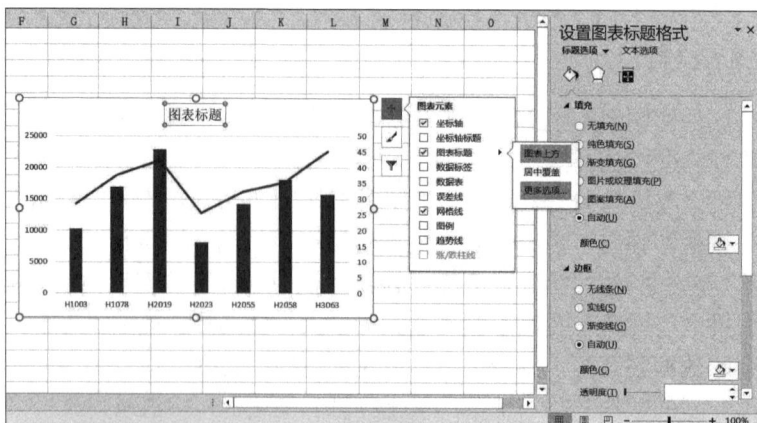

图 7-13 设置图表标题

2. 设置坐标轴标题

图表类型支持坐标轴时，还可以设置坐标轴标题，方法与设置图表标题类似，基本方法如下。

（1）选中图表后，单击"图表元素"按钮，添加图表元素"坐标轴标题"。此时默认添加所有坐标轴标题。其中，横坐标标题默认为水平中部居中显示，纵坐标标题为"所有文字旋转 270°"。

（2）选中纵坐标标题，单击图表元素→"坐标轴标题"右侧的三角按钮，在其级联菜单中选择"更多选项"选项，打开"设置坐标轴标题格式"窗格，单击"标题选项"中的"大小与属性"图标，在"对齐方式"组中修改文字方向，将其从默认的"所有文字旋转 270°"改为"竖排"，如图 7-14 所示。

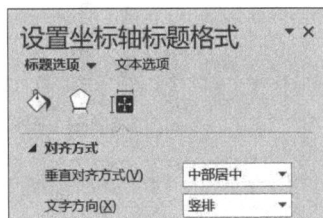

（3）依次选中各坐标轴标题，删除原占位文字，输

图 7-14　设置坐标轴标题格式

入新的标题内容。选中标题边框，当鼠标指针变为十字箭头状时，拖动标题至合适的位置。

3. 标题的自动更新

将图表标题或坐标轴标题链接到某个单元格，可以实现标题的自动更新，当单元格内容发生变化时，标题会随之改变。自动更新标题的基本方法如下：选中某标题（如图表标题），在编辑栏中输入"="，然后单击需要链接到标题的单元格（如 A1）即可，如图 7-15 所示。采用同样的方法，也可将坐标轴标题链接到对应的单元格。

图 7-15　链接图表标题

7.2.5　设置图例和坐标轴

1. 设置图例

新建图表时，如果没有显示图例，可自行添加。设置图例的基本方法如下。

（1）选中图表，单击"图表元素"按钮，在打开的面板中添加"图例"元素，此时图例默认显示在图表右侧。单击"图表元素"→"图例"元素右侧的三角按钮，在其级联菜单中可更改其显示方向。

（2）选择"更多选项"选项，在打开的"设置图例格式"窗格中，可以设置图例的颜色和位置等属性。

（3）单击图例，再选中某个图例项，可对其单独设置颜色和边框。需要注意的是，某些图例适用填充色，如柱形图，某些图例适用边框色，如折线图。选中"单价"图例项，将折线设置为绿色，宽度设为 2.25 磅，如图 7-16 所示。

（4）图例的文本内容，由图表源数据的系列标题自动确定，只能修改相应单元格数据，不能单独更改。

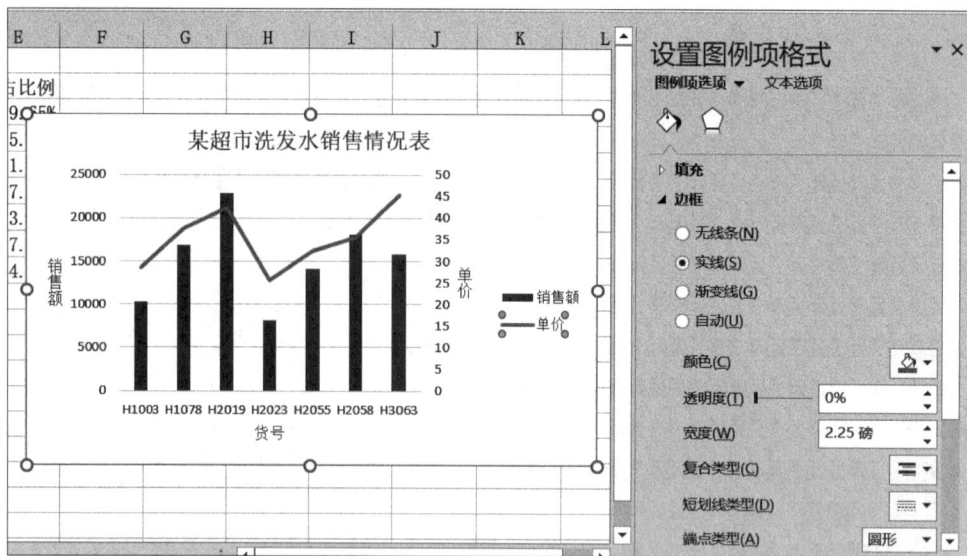

图 7-16　设置图例项格式

2. 设置坐标轴

可以通过更改坐标轴的刻度线、颜色、位置等属性来调整图表显示效果。每个坐标轴还可以设置成独立的格式。设置坐标轴的基本方法如下。

（1）右击某一坐标轴，在弹出的快捷菜单中选择"设置坐标轴格式"命令，打开"设置坐标轴格式"窗格。

（2）在"坐标轴选项"的 4 个子项"填充与线条""效果""大小与属性""坐标轴选项"中，选择需要修改的属性类别，如"坐标轴选项"。

（3）进行详细参数设置。例如，将主坐标轴的边界值修改为 2000.0～35000.0，刻度单位设置为 3000.0 和 600.0，如图 7-17 所示。

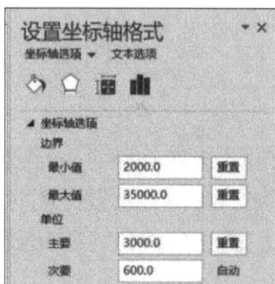

图 7-17　设置坐标轴格式

7.2.6　设置数据标签和标记

在数据系列上添加数据标签和数据标记并合理设置其属性，可以更清楚地展示数值。

1. 设置数据标签

可以对整个数据系列设置相同的数据标签，也可以对某一个数据点单独设置。

（1）选中某个数据系列（如选中"单价"系列），再次单击，可选中某个数据点。

（2）单击图表右侧的"图表元素"按钮，添加"数据标签"元素。右击某数据标签，从弹出的快捷菜单中选择"设置数据标签格式"命令。

（3）设置标签属性。例如，在"设置数据标签格式"窗格的"数据标签"选项的"标签位置"下，修改标签位置为"靠上"。

2．设置数据标记

在某些图表类型（如折线图）中，可以设置数据标记。

（1）选择数据系列（如"单价"系列），右击选中的数据系列，在弹出的快捷菜单中选择"设置数据系列格式"命令，打开"设置数据系列格式"窗格，如图 7-18 所示。

（2）在该窗格中单击"填充与线条"图标，展开"标记"下的"数据标记选项""填充""边框"选项，设置合适的标记类型、标记大小、线型和颜色等。最终的数据标记效果如图 7-19 所示。

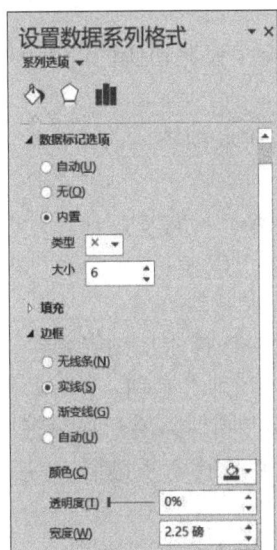

图 7-18　"设置数据系列格式"窗格

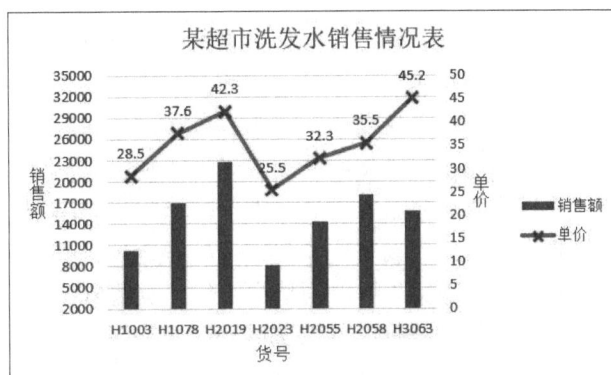

图 7-19　数据标记效果示例

■ 本节实例 ■

【实例】打开素材"华美超市销售统计.xlsx"，在工作表"一季度销售统计"中，编辑修改 7.1 节实例中创建的两张图表，参考效果如图 7-20 所示。具体要求如下。

	一月	二月	三月
食品销售额	¥109,924.7	¥157,543.5	¥115,763.2
日用品销售额	¥79,930.6	¥85,000.4	¥108,352.7
预计总销售额	¥190,000.0	¥220,000.0	¥180,000.0

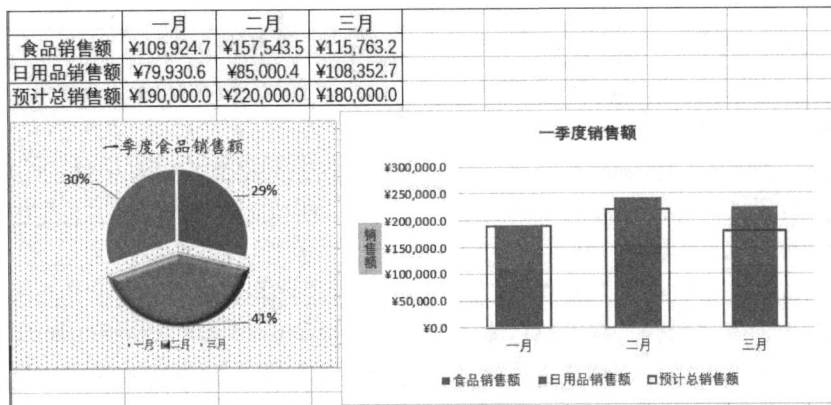

图 7-20　编辑图表实例效果

（1）对创建的饼图调整大小，扩大绘图区，为图表区添加背景。

（2）对饼图添加带引导线的数据标签，标签显示为百分比。

（3）修改饼图标题为"一季度食品销售额"，为标题和图例设置合适的字体字号。

（4）将二月的扇形数据分离并设置立体效果。

（5）修改堆积柱形图为复合堆积柱形图，将"预计总销售额"系列显示在次坐标轴。

（6）调整堆积柱形图数据系列的间隙宽度和填充色。

（7）调整堆积柱形图次坐标轴的边界和单位后将其隐藏。

（8）设置堆积柱形图显示纵坐标轴标题和图表标题。

操作步骤：

（1）选中饼图，在"图表工具/格式"选项卡→"大小"组中设置饼图的高度和宽度，如高度设为 5 厘米、宽度设为 6.8 厘米。

单击紧挨饼图色块外侧的空白区域，选中绘图区。向外拖动绘图区的 4 个控制柄，扩大绘图区域。

右击图表区，在弹出的快捷菜单中选择"设置图表区域格式"命令，在打开的"设置图表区格式"窗格中，单击"图表选项"→"填充与线条"图标，在"填充"组中选中"图案填充"单选按钮，在展开的图案中选择一种作为图表背景。

（2）单击图表右侧的"图表元素"按钮，在打开的面板中选择添加图表元素"数据标签"并单击其右侧的三角按钮，在其级联菜单中选择"更多选项"选项，在打开的"设置数据标签格式"窗格中，单击"标签选项"→"标签选项"图标，展开"标签选项"组，在"标签包括"下取消选中"值"复选框，改为选中"百分比"复选框。将图表中的数据标签用鼠标拖动到绘图区外，引导线即显示出来。

（3）单击饼图标题，将光标定位在文本框中，在最前面输入文字"一季度"，选中标题内所有文字，设置字体为楷体、字号为 10.5。选中图例，设置字号为 6。

（4）单击饼图中代表二月数据的扇形，选中所有数据系列。再次单击饼图中代表二月数据的扇形，选中二月数据，向外拖动二月数据将其分离。

在"设置数据点格式"窗格中，单击"系列选项"→"效果"图标，展开"三维格式"，设置其"三维格式"为"顶部棱台"中的第一个效果"圆"。

（5）选中堆积柱形图，在"图表工具/格式"选项卡中，设置堆积图的高度和宽度，如将高度设为 6 厘米、宽度设为 10.3 厘米，适当调整图表的位置。

选中代表预计总销售额的灰色数据系列，在"设置数据系列格式"窗格中单击"系列选项"图标，选择将系列绘制在"次坐标轴"。

（6）选中预计总销售额数据系列，在"设置数据系列格式"窗格中单击"填充与线条"图标，设置"填充"效果为"无填充"。展开"边框"选项，设置边框线类型为"实线"，颜色为绿色，宽度为 1.25 磅。

在"设置数据系列格式"窗格中单击"系列选项"图标，将"分类间距"改为 85%。

（7）选中次纵坐标轴，在"设置坐标轴格式"窗格中单击"坐标轴选项"图标，将边界最大值改为 300000.0。然后选中次纵坐标轴，按 Delete 键将其删除（不显示）。

（8）选中堆积柱形图，单击图表右侧的"图表元素"按钮，在打开的面板中单击"坐标轴标题"元素右侧三角按钮，在其级联菜单中选择显示"主要纵坐标轴"。

选中坐标轴标题，在"设置坐标轴标题格式"窗格中，单击"大小与属性"图标，将文字方向设置为"竖排"。单击"填充与线条"图标，将填充方式设置为"纯色填充"，颜色为"绿色，个性色 6，淡色 60%"。

将坐标轴标题文字改为"销售额"，图表标题文字改为"一季度销售额"。

将坐标轴标题、坐标轴和图例文字的字号设为 8；图表标题文字的字号设为 9.6，加粗。

7.3　创建与编辑迷你图

迷你图嵌入在一个单元格中，根据选中的数据源来绘制简单的微型图表。与基础图表相比，迷你图的格式设置比较少，界面更加清爽，可以帮助用户快捷比较数据的变化趋势，迅速找到最高值和最低值的位置。

7.3.1　创建迷你图

迷你图通常会创建在数据源旁，可以只生成一个图表，也可以一次生成一行或一列迷你图。创建迷你图的基本方法如下。

（1）选中数据源区域或将要生成迷你图的单元格，在"插入"选项卡→"迷你图"组中选择一种图表，如"折线图"，弹出"创建迷你图"对话框，如图 7-21 所示。

（2）在"创建迷你图"对话框中，单击"位置范围"文本框，在源数据区域选择创建迷你图的位置范围，输入数据范围或位置范围后，单击"确定"按钮，迷你图创建完成，效果如图 7-22 所示。

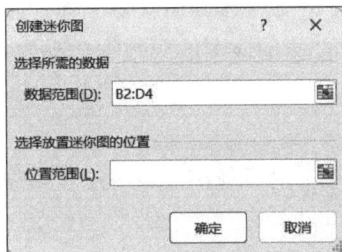

图 7-21　"创建迷你图"对话框

食品销售额	¥109,924.7	¥157,543.5	¥115,763.2	
日用品销售额	¥79,930.6	¥85,000.4	¥108,352.7	
预计总销售额	¥190,000.0	¥220,000.0	¥180,000.0	

图 7-22　折线型迷你图

（3）迷你图以背景图的形式嵌入单元格中，单元格可以正常输入文字并设置文字的字体、字号等属性。

7.3.2　更改迷你图类型

选中某个迷你图单元格，功能区将显示"迷你图工具/设计"选项卡，如图 7-23 所示。单击"类型"组中的三种图形按钮，可在三种迷你图之间进行切换。此时一行或一列的迷你图，会同时变换类型。

如果需要更改单个迷你图类型，可以先选中需要修改的单元格，单击"迷你图"选项卡→"分组"组中的"取消组合"按钮，再选择"类型"组中的某种迷你图。

图 7-23　"迷你图工具/设计"选项卡

7.3.3　设置坐标轴和数据点

1. 迷你图坐标轴

根据迷你图的源数据特征来设置坐标轴，可以优化图表的显示效果。

图 7-24　迷你图坐标轴选项菜单

选中迷你图，单击"迷你图工具/设计"选项卡→"分组"组中的"坐标轴"下拉按钮，弹出迷你图坐标轴选项菜单，如图 7-24 所示，以下将介绍几个常用设置。

（1）日期坐标轴类型。数据点是相对于日期绘制的，坐标轴产生于日期型数据，数据点也产生于日期型数据。

（2）显示坐标轴。在数据为零处显示水平坐标轴，适用于数据点同时有正负两类值的场景，可以很好地分辨数据的正负。

（3）从右到左的绘图数据。反转横坐标轴，让数据从右到左显示。

（4）纵坐标轴自动设置每个迷你图。每个迷你图的最小值和最大值都不相同，基于该图的源数据自动生成。

2. 数据点

选中迷你图所在单元格，在"迷你图工具/设计"选项卡→"显示"组中，可以添加数据点，以菱形点或变色的形式突出显示数据标记，如图 7-25 所示。

（1）高、低点。在图中最大或最小值上显示数据点。

（2）首、尾点。在图中第一个或最后一个值上显示数据点。

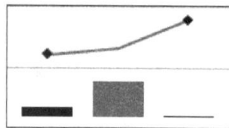

图 7-25　迷你图数据点

（3）负点。在图中所有负值上显示数据点。

（4）标记。标记所有数据点。

7.3.4　设置迷你图样式和颜色

在"迷你图工具/设计"选项卡的"样式"组中，可以设置迷你图的颜色。预览"样式"类型后，可以选择一种预定义的样式，快速设置图表的数据系列和数据点的颜色。

单击"标记颜色"下拉按钮，在弹出的下拉列表中可以分别设置每种数据点的颜色。

单击"迷你图颜色"下拉按钮，在弹出的下拉列表中除了可以设置数据系列的颜色外，还可以设置折线图的线条粗细。

7.3.5 清除迷你图

选中要清除的迷你图，单击"迷你图工具/设计"选项卡→"分组"组中的"清除"下拉按钮，在弹出的下拉列表中可以选择清除单个或所有迷你图。

■ 本节实例

【实例】打开素材"员工培训成绩统计表.xlsx"，根据"Sheet1"工作表中的基础知识、财务知识、电脑操作、法律法规、职业素养、技术技能成绩，在 O 列制作迷你图，参考效果如图 7-26 所示。具体要求如下。

（1）在"Sheet1"工作表中，选择 E3:J27 区域中的数据，在 O3:O27 区域制作迷你柱形图，适当加大 O 列的列宽。

（2）修改迷你图的坐标轴参数、样式和突出显示数据点，并进行修饰。

操作步骤：

（1）创建迷你图。选中 E3:J27 区域，单击"插入"选项卡→"迷你图"组中的"柱形图"按钮，在弹出的"创建迷你图"对话框中，单击"选择放置迷你图的位置"→"位置范围"文本框，在源数据区域选中 O3:O27 区域，单击"确定"按钮，适当加大 O 列的列宽。

图 7-26 迷你图案例效果图

（2）修改坐标轴参数、样式和突出显示数据点，并进行修饰。

① 修改坐标轴参数。选中迷你图，单击"迷你图工具/设计"选项卡→"分组"组中的"坐标轴"下拉按钮，在弹出的下拉列表中选择"纵坐标轴的最小值选项/自定义值"命令。在弹出的对话框中将纵坐标最小值设置为 50.0。参照上述操作将纵坐标最大值设置为 100.0。

② 改变迷你图样式。选中迷你图，单击"迷你图工具/设计"选项卡→"样式"组中的"迷你图样式着色 2，深色 25%"图标，改变迷你图的配色。

③ 突出显示数据点。选中迷你图，在"迷你图工具/设计"选项卡→"显示"组中选中"高点"和"低点"两个复选框。然后单击"样式"组中的"标记颜色"下拉按钮，在弹出的下拉列表中将"高点"的颜色设置为绿色，"低点"的颜色设置为橙色。

④ 修饰迷你图单元格。单击 O3 单元格，输入文字"六科成绩"，设置对齐方式为居中。单击"开始"选项卡→"样式"组中的"单元格样式"下拉按钮，在弹出的下拉列表中选择"适中"命令。

第8章 数据分析与管理

Excel 有丰富的数据处理手段，可以利用合并计算、排序、筛选、分类汇总和数据透视表功能对输入的原始数据进行数据处理，实现数据的再加工，为信息的管理和分析提供支撑。

进行数据分析的源数据，一般应组织为数据清单形式。数据清单是一个有序的数据集合。其特征如下。

（1）清单是一个矩形区域，区域内没有空白的行或列。

（2）清单中不包含合并的单元格。

（3）如果有列标题，标题应在第一行，表明本列数据的含义。

（4）除标题行外，每列的数据类型应一致。

通常在一个工作表中仅放置一个数据清单，在进行数据管理操作时，选中清单内任一单元格即可选中整个数据清单。如果数据不完全符合清单要求，在处理数据之前，需要圈定处理范围，以使其符合规范。

8.1 合 并 计 算

合并计算功能可以将多个数据清单的内容快速整合在一起，当多个清单具有一个或多个相同的行或列时，数据会根据设置的参数自动汇总。原始清单可以位于同一张工作表，也可以位于不同的工作表或不同的工作簿中。

8.1.1 按位置合并计算

按位置做合并计算的多张数据清单应具有完全相同的结构，即所有行和列的标题内容和顺序应相同，如图 8-1 所示，两张源图的 A2:D4 区域，数据结构相同。合并后的清单只有具体数据，没有行列标题。

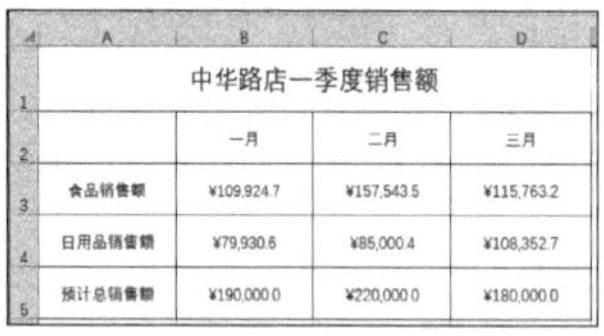

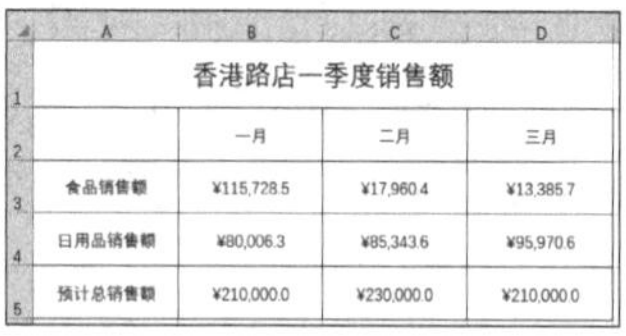

（a）位置合并源图 1　　　　　　（b）位置合并源图 2

图 8-1　位置合并源数据布局

按位置合并计算的基本方法如下。

（1）选择合并计算结果所在工作表区域的左上角起始单元格，依次输入列标题和行标题。

（2）选择数据区域起始单元格，单击"数据"选项卡→"数据工具"组中的"合并计算"按钮，弹出"合并计算"对话框。

（3）选择合并计算函数，如"求和""平均值"等。

（4）单击"引用位置"文本框，切换至源工作表，选择合并区域，如图 8-2 所示。如果引用位置在不同的工作簿，可以单击"浏览"按钮选择工作簿文档。

（5）单击"添加"按钮。重复步骤（4），添加多个合并区域。

（6）单击"确定"按钮，完成合并计算。

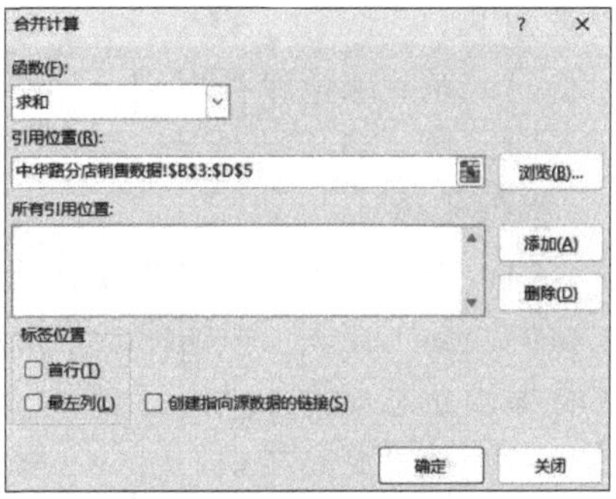

图 8-2　添加合并区域

8.1.2　按分类合并计算

如果需要合并的多张数据清单，其数据排列结构不完全相同，如图 8-3 所示，则需要用到分类合并计算功能。

▲	A	B	C	D
1		一月	二月	三月
2	食品销售额	¥109,924.7	¥157,543.5	¥115,763.2
3	日用品销售额	¥79,930.6	¥85,000.4	¥108,352.7
4	预计总销售额	¥190,000.0	¥220,000.0	¥180,000.0

（a）分类合并源图 1

▲	A	B	C	D
1		四月	五月	六月
2	食品销售额	¥9,724.7	¥86,523.4	¥73,542.5
3	服装销售额	¥11,570.3	¥46,320.9	¥97,285.5
4	日用品销售额	¥80,033.5	¥78,350.6	¥89,542.7
5	预计总销售额	¥100,000.0	¥160,000.0	¥250,000.0

（b）分类合并源图 2

图 8-3　分类合并源数据布局

按分类合并计算的基本方法如下。

（1）选择合并计算结果所在工作表区域的左上角起始单元格，单击"数据"选项卡→"数据工具"组中的"合并计算"按钮，弹出"合并计算"对话框。

（2）与按位置合并计算的方法类似，选择函数和源数据区域。

（3）选中"标签位置"组中的"首行"或"最左列"复选框，可以选中其中之一，也可以全部选中。

（4）单击"确定"按钮，完成合并计算，如有必要，还可调整列宽和行列次序。按分类合并计算结果如图 8-4 所示。

▲	A	B	C	D	E	F	G
1		一月	二月	三月	四月	五月	六月
2	食品销售额	¥109,924.7	¥157,543.5	¥115,763.2	¥9,724.7	¥86,523.4	¥73,542.5
3	服装销售额				¥11,570.3	¥46,320.9	¥97,285.5
4	日用品销售额	¥79,930.6	¥85,000.4	¥108,352.7	¥80,033.5	¥78,350.6	¥89,542.7
5	预计总销售额	¥190,000.0	¥220,000.0	¥180,000.0	¥100,000.0	¥160,000.0	¥250,000.0

图 8-4　按分类合并计算结果

▌本节实例 ▌

【实例】利用 Excel 2016 的"合并计算"功能将素材"家电库存表.xlsx"中的 3 张工作表"武汉仓""广州仓""通州仓"中指定的数据合并到工作表"库存合计"中，参考效果如图 8-5 所示。具体

▲	A	B	C
1	商品类别	入库数量	现有库存
2	冰箱	4860	2493
3	电视机	3400	1968
4	空调	20500	9410
5	洗衣机	2800	1422
6	暖风机	4800	1642

图 8-5　"合并计算"实例效果

要求如下。

（1）在"家电库存表.xlsx"中新建"库存合计"工作表来存放合并计算结果。

（2）按"商品类别"合并 3 张工作表中的"入库数量"和"现有库存"。

操作步骤：

（1）新建"库存合计"工作表。打开"家电库存表.xlsx"，单击"工作表标签"最右侧的"新工作表"按钮 ⊕，即新建一张工作表。双击新建的工作表标签，进入工作表名称编辑状态，输入"库存合计"，"库存合计"工作表创建完成。

（2）按"商品类别"合并 3 张工作表中的"入库数量"和"现有库存"

① 选择"库存合计"工作表中的 A1 单元格，单击"数据"选项卡→"数据工具"组中的"合并计算"按钮，弹出"合并计算"对话框。

② 单击"引用位置"文本框，切换工作表至"武汉仓"，选中 B1:E38 区域。单击"添加"按钮，即添加一个引用位置。

③ 按照步骤②的方法，添加"广州仓"和"通州仓"的 B1:E38 区域到"所有引用位置"列表。

④ 选中"标签位置"组中的"首行"和"最左列"复选框，单击"确定"按钮，在 A～D 列添加 4 列数据。

⑤ 删除多余的列 B，补全 A1 单元格的列标题"商品类别"，适当调整数据清单的行高、列宽和字号。

8.2　数　据　排　序

排序功能可以让数据按指定的顺序显示，使用户能够更快速地查找和比较数据。可以在单列或多列上进行排序操作，排序依据可以是单元格数值或颜色，次序可以是升序、降序或自定义序列。

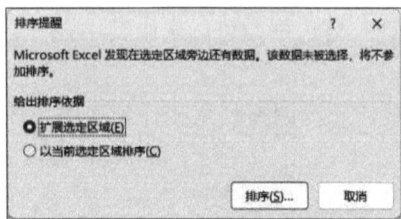

图 8-6　"排序提醒"对话框

对单列进行排序操作时，应选中整个数据清单或数据清单中的单个单元格，尽量避免选中单列，否则会弹出如图 8-6 所示的"排序提醒"对话框，此时应选中默认的"扩展选定区域"单选按钮并单击"排序"按钮。如果坚持按照"以当前选定区域排序"，会导致原始数据错乱。此外，如果数据清单中有隐藏的行或列，也应提前取消隐藏。

8.2.1　单关键字排序

关键字是数据清单的列名，单关键字排序就是对单列进行排序。简单排序可以快速完成单关键字排序。进行简单快速排序时，数据清单中不应含有合并的单元格或汇总这类经过函数计算的行。单关键字排序的基本方法如下。

（1）单击需要排序的列中的任一单元格，例如，对图 8-7 所示的数据清单按"培训日期"降序进行排序，可以单击 D4 单元格。

	A	B	C	D	E	F	G	H	I	J	K	L	M	N
1	编号	姓名	部门	培训日期	基础知识	财务知识	电脑操作	法律法规	职业素养	技术技能	总分	平均分	排名	等级
2	001	张春秋	综合部	2023年7月	76	89	80	69	80	85	479	79.8	15	一般
3	002	于荣光	财务部	2023年9月	87	92	78	86	76	70	489	81.5	12	良
4	003	李莎莎	综合部	2023年9月	76	92	88	85	83	58	482	80.3	14	良
5	004	赵静	生产部	2023年8月	52	55	60	61	56	63	347	57.8	23	差
6	005	杨晓波	财务部	2023年8月	90	93	96	89	88	92	548	91.3	1	优
7	006	苏小雪	生产部	2023年9月	55	76	78	83	80	76	448	74.7	20	一般
8	007	刘真心	财务部	2023年8月	89	93	88	95	87	96	548	91.3	1	优
9	008	朱玉婷	生产部	2023年7月	90	85	89	84	86	85	519	86.5	7	良
10	009	曾莹	生产部	2022年12月	80	81	92	76	85	91	505	84.2	9	良
11	010	蔡玲	综合部	2023年7月	89	76	88	90	79	77	499	83.2	11	良
12	011	夏珍珍	生产部	2023年9月	78	80	60	78	76	85	457	76.2	18	一般
13	012	叶云飞	销售部	2022年12月	86	79	82	79	77	80	483	80.5	13	良
14	013	吴孝全	销售部	2022年12月	57	50	62	54	62	60	345	57.5	24	差
15	014	曹宏军	综合部	2023年8月	90	92	90	89	88	93	542	90.3	5	优
16	015	陈华秀	销售部	2023年9月	87	91	90	85	80	90	523	87.2	6	良
17	016	宋娜	生产部	2023年9月	90	85	75	76	78	49	453	75.5	19	一般
18	017	李华娇	销售部	2023年1月	92	86	93	89	91	92	543	90.5	4	优
19	018	董小瑞	销售部	2023年8月	65	76	83	82	86	68	460	76.7	17	一般
20	019	华东平	生产部	2023年9月	88	75	53	72	91	89	468	78.0	16	一般
21	020	刘古丽	销售部	2023年1月	57	61	55	52	60	53	338	56.3	25	差
22	021	龙凯	综合部	2023年1月	78	87	85	85	84	92	511	85.2	8	良
23	022	黄思思	生产部	2022年12月	93	89	92	89	88	93	544	90.7	3	优
24	023	蔡艳琴	销售部	2023年9月	65	77	82	76	78	68	446	74.3	21	一般
25	024	张秋云	生产部	2023年9月	88	87	82	68	85	90	500	83.3	10	良
26	025	吕艳	生产部	2023年8月	75	66	83	72	77	72	445	74.16667	22	一般
27														

图 8-7 数据清单

（2）单击"数据"选项卡→"排序和筛选"组中的"降序"按钮 或"升序"按钮 ，完成按培训日期的降序或升序排列。

如果排序的依据不是单元格的数值，而是颜色等其他条件，需要在选中单元格后，单击"数据"选项卡→"排序和筛选"组中的"排序"按钮，此时弹出"排序"对话框，如图 8-8 所示。在"排序依据"下拉列表和"次序"下拉列表中分别选择合适的排序依据和次序。

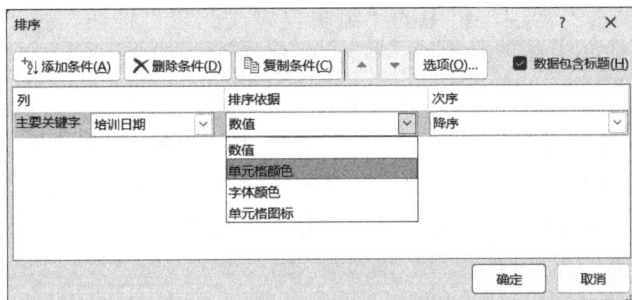

图 8-8 "排序"对话框

8.2.2 多关键字排序

排序时如果有关键字相同的情况出现，可以使用更多关键字来完成多条件排序。例如，在图 8-7 所示的数据清单中，当"培训日期"相同时，让"电脑操作"成绩高的排列在前，就需要用到多关键字排序。多关键字排序的基本方法如下。

（1）选中数据清单。

（2）单击"数据"选项卡→"排序和筛选"组中的"排序"按钮，弹出"排序"对话框。

（3）设置主要关键字为"培训日期"，次序为"降序"。

（4）单击"添加条件"按钮，设置次要关键字为"电脑操作"，次序为"降序"。如果是按文字排序，还可以单击"选项"按钮，在弹出的"排序选项"对话框中设置排序参数，如图 8-9 所示。

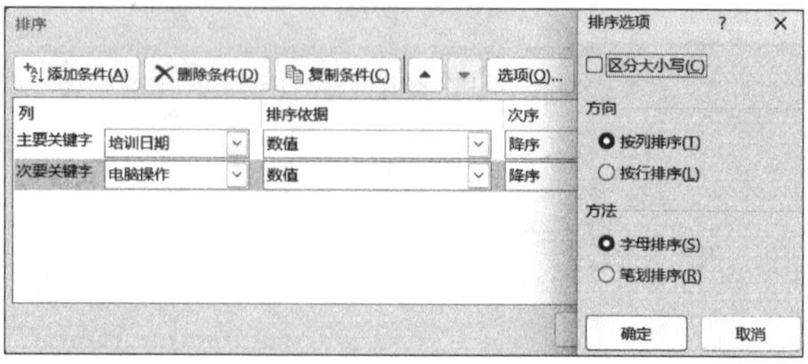

图 8-9　多条件"排序"和"排序选项"对话框

（5）如有更多条件，可重复步骤（4）的操作，添加新的条件。最后单击"确定"按钮，完成排序。

8.2.3　按自定义序列排序

在某些特定情况下，无论是升序还是降序排列可能都达不到要求，需要根据指定的文本或日期数据顺序进行排序，此时可以使用自定义序列排序。自定义序列需要在排序前设置，一般应包含排序列中出现的所有值。如果有值不在自定义序列中，则会放在排序后的数据尾部。按自定义序列排序的基本方法如下。

（1）单击"文件"选项卡→"选项"按钮，弹出"Excel 选项"对话框。

（2）选择对话框左侧列表中的"高级"命令，右侧出现所有高级选项。拖动垂直滚动条至底部，单击"常规"组中的"编辑自定义列表"按钮，弹出"自定义序列"对话框。

（3）在该对话框的"输入序列"文本框中，可以逐条手动输入自定义序列，单击"添加"按钮，即将新建的自定义序列添加到左侧"自定义序列"列表中。也可以单击对话框下方的"从单元中导入序列"文本框，然后选择现有工作表中的数据区域，此处选择P10:P13 区域，如图 8-10 所示，然后单击"导入"按钮，完成自定义序列的增加操作。

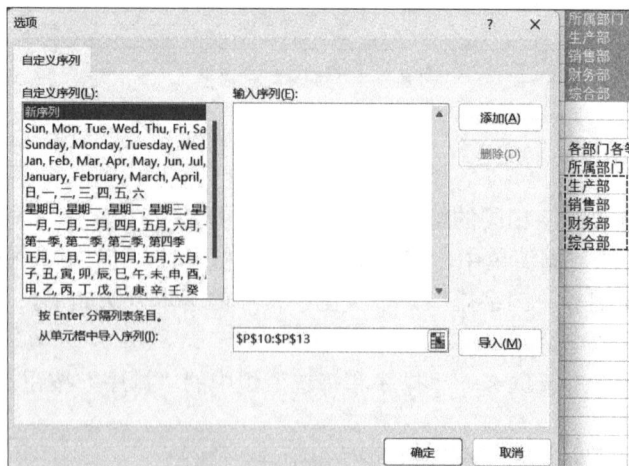

图 8-10　添加自定义序列

（4）连续单击两次"确定"按钮，返回工作表编辑界面。选中数据清单，单击"数据"选项卡→"排序和筛选"组中的"排序"按钮，弹出"排序"对话框。在该对话框中，设置主要关键字为"部门"，在"次序"下拉列表中选择"自定义序列"命令，弹出"自定义序列"对话框。

（5）在"自定义序列"对话框的左侧列表中，选择最下方新建的序列单击"确定"按钮两次，完成排序操作。

▌ 本节实例

【实例】将素材"家电库存表.xlsx"文档中的"武汉仓"工作表数据备份至新工作表"武汉数据排序"中，并对新工作表中的数据进行排序，参考效果如图 8-11 所示。具体要求如下。

	A	B	C	D	E	F	G
1	入库日期	商品类别	规格型号	入库数量	现有库存	单价	经办人
2	2022/1/13	电视机	EG100HMATE31S	200	5	1800	李波
3	2022/5/4	空调	KFRd-46GW/D-SWA11Bp(B1)	500	12	2899	李波
4	2022/5/4	空调	KFR-35GW/NhGc1B	500	13	2480	李波
5	2022/3/4	冰箱	BCD-480WSPZM(E)	200	11	2250	周立平
6	2022/1/13	电视机	MG100VT55DY	200	12	1750	李波
7	2022/1/13	电视机	50r5	200	19	1600	李波
8	2022/5/4	空调	KFR-35GW/N8ZHA1	500	26	2200	张晓帆
9	2022/5/4	空调	KFR-26GW/R1X1	500	24	1800	张晓帆
10	2022/5/4	冰箱	BCD—165L9RSZ	200	26	220	周立平
11	2022/5/4	空调	KFR-51LW/N8HA3	500	144	4850	张晓帆
12	2023/6/2	空调	KFRd-46GW/D-SWA11Bp(B1)	500	500	2920	周立平
13	2023/6/2	空调	KFR-35GW/NhGc1B	500	500	2500	周立平
14	2023/6/2	空调	KFR-35GW/N8ZHA1	500	500	2250	周立平
15	2022/5/4	空调	KFR-35GW/N8KS1-1	500	115	2200	李波

图 8-11　数据排序实例效果

（1）对现有库存设置条件格式，库存量小于 10 的单元格用浅红色（自定义标签 RGB 值为红色 255，绿色 199，蓝色 206）填充，库存量在 10～20 的单元格用黄色填充，库存量在 20～30 的单元格用绿色填充。

（2）添加自定义序列"空调,冰箱,电视机,洗衣机,暖风机"。

（3）排序规则：先按"现有库存"的单元格填充色排序，次序是"浅红、黄、绿、白"；再按"商品类别"的自定义序列排序；最后按单价降序排序。

准备工作：

右击"武汉仓"工作表标签，在弹出的快捷菜单中选择"移动或复制"命令，弹出"移动或复制工作表"对话框。在该对话框中，选中"建立副本"复选框，单击"确定"按钮。在新建立的"武汉仓（2）"工作表标签上双击，将工作表名重命名为"武汉数据排序"。

操作步骤：

（1）设置条件格式。

① 选中"武汉数据排序"工作表的 E2:E38 区域，单击"开始"选项卡→"样式"组中的"条件格式"下拉按钮，在弹出的下拉列表中选择"突出显示单元格规则"级联菜单中的"小于"命令，弹出"小于"对话框，设置小于值为 10，在"设置为"下拉列表中选择"自定义格式"命令，在弹出的"设置单元格格式"对话框中选择"填充"选项卡，单击"其他颜色"按钮；在弹出的"颜色"对话框中选择"自定义"选项卡，设置"颜色模式"为"RGB"，在红色、绿色、蓝色微调框中分别输入 255、199、206，连续三次单击"确定"按钮。

②　选中"武汉数据排序"工作表的 E2:E38 区域,单击"开始"选项卡→"样式"组中的"条件格式"下拉按钮,在弹出的下拉列表中选择"突出显示单元格规则"级联菜单中的"介于"命令,在弹出的"介于"对话框中,设置介于值为 10 到 20。在"设置为"下拉列表中选择"自定义格式"命令。在弹出的"设置单元格格式"对话框中,选择"填充"选项卡,选择填充黄色。连续两次单击"确定"按钮。用相同的方法,为介于 20 至 30 的值填充绿色。

(2)添加自定义序列。单击"文件"选项卡→"选项"按钮,弹出"Excel 选项"对话框。选择左侧列表中的"高级"命令,将右侧垂直滚动条拉到最下方,单击"常规"组中的"编辑自定义列表"按钮,在弹出的"自定义序列"对话框中输入序列"空调,冰箱,电视机,洗衣机,暖风机"。注意,各序列项目之间应使用回车符或英文逗号分隔开。连续两次单击"确定"按钮,返回工作表编辑界面。

(3)对新工作表中的数据进行排序。

①　单击数据清单内任何一个单元格,然后单击"数据"选项卡→"排序和筛选"组中的"排序"按钮,在弹出的"排序"对话框中设置主要关键字为"现有库存",排序依据为"单元格颜色",次序为"浅红"。单击"添加条件"按钮,设置次要关键字为"现有库存",排序依据为"单元格颜色",次序为"黄"。单击"添加条件"按钮,设置次要关键字为"现有库存",排序依据为"单元格颜色",次序为"绿"。

②　单击"添加条件"按钮,设置次要关键字为"商品类别",排序依据为"数值"。在"次序"下拉列表中选择"自定义序列"命令,弹出"自定义序列"对话框,将左侧"自定义序列"列表框的滚动条拉到最下方,选择新添加的自定义序列"空调,冰箱,电视机,洗衣机,暖风机",单击"确定"按钮。

③　单击"添加条件"按钮,设置次要关键字为"单价",排序依据为"数值",次序为"降序",单击"确定"按钮。

8.3　数据筛选

数据筛选功能会根据给定条件,显示符合要求的数据,同时隐藏其他数据。筛选条件可以在单列,也可以在多列上定义。

8.3.1　自动筛选

如果作用于多列上的筛选条件需要同时被满足,即为"并且"关系,可以用自动筛选功能来快速方便地进行设置。例如,在图 8-7 所示的数据清单中,筛选出"生产部"所有"电脑操作"大于等于 90 分或小于 60 分的员工,操作步骤如下。

(1)选中数据清单,单击"数据"选项卡→"排序和筛选"组中的"筛选"按钮。此时,每个列标题右侧出现一个自动筛选按钮(自动筛选标记),进入自动筛选状态。

(2)单击"部门"列右侧的自动筛选按钮,弹出自动筛选器列表,可以看到本列的全部数值。取消选中"全部"复选框,只选中"生产部"复选框,如图 8-12 所示。单击"确定"按钮,完成部门的筛选。

(3)单击"电脑操作"列右侧的自动筛选按钮,在弹出的自动筛选器列表中选择"数字筛选"级联菜单中的"大于或等于"命令，如图 8-13 所示。

图 8-12　"部门"的自动筛选

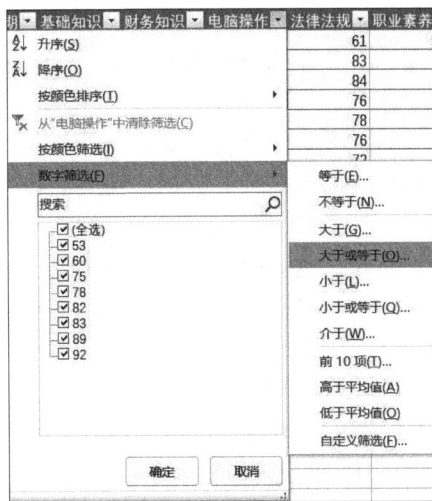

图 8-13　设置数字筛选

（4）在弹出的"自定义自动筛选方式"对话框中，在第一行左侧下拉列表中选择"大于或等于"，在第一行右侧文本框中输入数字"90"。在第二行左侧下拉列表中选择"小于"，在第二行右侧的文本框中输入数字 60。在两行间的"与"和"或"选项中，选择"或"选项，如图 8-14 所示。单击"确定"按钮后，即可以筛选出生产部电脑操作成绩大于等于 90 或小于 60 分的员工。本例的自动筛选结果如图 8-15 所示。

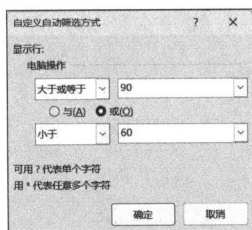

图 8-14　"自定义自动筛选方式"
　　　　　对话框

图 8-15　自动筛选结果示例

自动筛选的结果会显示在原始清单的位置，自动筛选器右侧的下拉按钮会变为漏斗状，行序号会变为蓝色，表示有隐藏的行。

8.3.2　高级筛选

当多个列上的条件，存在"或者"关系，即满足一个就达到筛选要求时，自动筛选无法完成操作，此时可以使用高级筛选功能实现操作。

高级筛选功能需要用户输入条件，建立一个条件区域。条件区域的构造规则如下。

- 条件区域与数据清单之间最好空开一行或一列，第一行是列标题，标题名与数据清单的相应列标题名相同。条件区域内可以包含空列，但不应包含空行。
- 条件关系表达式写在列标题下方。关系运算符包括"<""<="">"">=""=""<>"，如果为"等于"关系，"="符号可以不写。

- 关系表达式左边没有数据，数据直接来源于标题指向的列。关系表达式右边的数据，如果为文本类型，则需要加英文双引号；如果为数字，则不用加英文双引号。文本数据可以使用通配符"*"代替部分字符，使用通配符"?"代替一个字符。
- 条件关系为"并且"时，应写在同一行中。
- 条件关系为"或者"时，应写在不同行中。

例如，在图 8-7 所示的数据清单中，筛选出所有财务部电脑操作成绩高于 90 分或"财务知识"和"电脑操作"成绩均不低于 85 的员工，操作步骤如下。

（1）在 P17、Q17 和 R17 单元格中分别输入标题"部门""财务知识""电脑操作"，注意不要额外添加空格，可以直接从原数据清单复制。

（2）在 P18 单元格中输入条件"财务部"，R18 单元格中输入条件">90"，表示财务部电脑成绩高于 90 分。

（3）在 Q19 单元格中输入条件">=85"，R19 单元格中输入条件">=85"，表示财务知识和电脑操作成绩均不低于 85 分，如图 8-16 所示。

部门	财务知识	电脑操作
财务部		>90
	>=85	>=85

图 8-16 "高级筛选"条件区域

（4）单击"数据"选项卡→"排序与筛选"组中的"高级"按钮，弹出"高级筛选"对话框。在该对话框中，单击"列表区域"文本框，选中数据清单范围$A$1:$N$26；单击"条件区域"文本框，选中条件区域$P$17:$R$19。将显示方式从"在原有区域显示筛选结果"切换为"将筛选结果复制到其他位置"，此时"复制到"文本框变为可输入状态。单击"复制到"文本框，不用选择区域，单击筛选结果预定显示区域的第一个单元格即可，如图 8-17 所示。如有必要，还可以选中"选择不重复的记录"复选框。

（5）单击"确定"按钮，得到的筛选结果如图 8-18 所示。

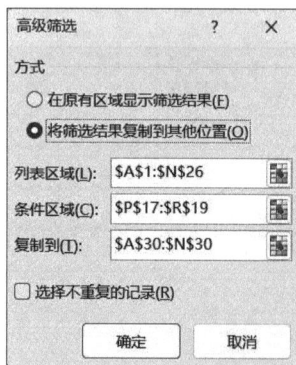

图 8-17 高级筛选设置

图 8-18 高级筛选结果

8.3.3 清除筛选

选择数据清单，单击"数据"选项卡→"排序和筛选"组中的"清除"按钮，可以清除当前的所有自动筛选，显示原始数据表单，此时自动筛选标记仍显示。单击"筛选"按钮可清除筛选的同时取消自动筛选标记。

■本节实例 ■■■■■■■■■■■■

【实例】将素材"家电库存表.xlsx"文档的"武汉仓"工作表数据备份至新工作表"武汉数据筛选"，对新工作表中的数据进行筛选，参考效果如图 8-19 所示。具体要求如下。

	A	B	C	D	E	F	G
1	入库日期	商品类别	规格型号	入库数量	现有库存	单价	经办人
11	2022/5/4	空调	KFR-35GW/N8KS1-1	500	115	2200	李波
12	2022/5/4	空调	KF-26GW/B169+A5A	500	103	1350	李波
16	2022/5/4	空调	KFR-51LW/N8HA3	500	144	4850	张晓帆
39							
40	入库日期	商品类别	规格型号	入库数量	现有库存	单价	经办人
41	2022/3/4	冰箱	BCD-480WSPZM(E)	200	11	2250	周立平
42	2022/5/4	空调	KFR-35GW/NhGc1B	500	13	2480	李波
43	2022/5/4	空调	KFRd-46GW/D-SWA11Bp(B1)	500	12	2899	李波
44	2022/5/4	空调	KFR-26GW/R1X1	500	24	1800	张晓帆
45	2022/5/4	空调	KFR-35GW/N8ZHA1	500	26	2200	张晓帆

图 8-19　数据筛选实例效果

（1）复制工作表"武汉仓"，在新工作表 A40 开始的区域内，筛选出所有库存量小于 20 的冰箱和库存量小于 50 的空调。

（2）筛选所有 2023 年之前入库的，库存量大于 100 的空调。

操作步骤：

（1）复制工作表，筛选出所有库存量小于 20 的冰箱和库存量小于 50 的空调。

① 右击"武汉仓"工作表标签，在弹出的下拉列表中选择"移动或复制"命令，弹出"移动或复制工作表"对话框，选中"建立副本"复选框，单击"确定"按钮。在新建立的"武汉仓（2）"工作表标签上双击，将工作表重命名为"武汉数据筛选"。

② 在"武汉数据筛选"工作表的 J7 单元格中输入"商品类别"，K7 单元格中输入"现有库存"。在 J8 和 J9 单元格中分别输入"冰箱"和"空调"，在 K8 和 K9 单元格中分别输入"<20"和"<50"。

③ 单击数据清单中任一单元格，单击"数据"选项卡→"排序和筛选"组中的"高级"按钮，弹出"高级筛选"对话框，将显示方式改为"将筛选结果复制到其他位置"；确认列表区域为"$A$1:$G$38"；单击"条件区域"文本框，在工作表 J7:K9 区域选择条件区域；在"复制到"文本框输入"A40"，单击"确定"按钮。

（2）筛选所有 2023 年之前入库的，库存量大于 100 的空调。

① 选中数据清单中任一单元格，单击"数据"选项卡→"排序和筛选"组中的"筛选"按钮，为第一行的每个列标题添加一个自动筛选按钮。

② 单击"入库日期"右侧的自动筛选按钮，在弹出的自动筛选器列表中选择"日期筛选"级联菜单中的"之前"命令，弹出"自定义自动筛选"对话框。设置入库日期为"在以下日期之前"，日期值输入为"2023-1-1"，单击"确定"按钮。

③ 单击"商品类别"右侧的自动筛选按钮，在弹出的自动筛选器列表中选择"空调"。单击"现有库存"右侧的自动筛选按钮，在弹出的自动筛选器列表中选择"数字筛选"级联菜单中的"大于"命令，设置现有库存为"大于"，大于值为 100，单击"确定"按钮。

8.4 分 类 汇 总

分类汇总能在指定的字段上对数据进行分类，然后按类对相关数据进行求和、计数、平均值等汇总操作，可以分级显示统计结果。完成分类汇总操作前，有以下两个需要注意的事项。

（1）如果数据清单套用过表格格式，"分类汇总"按钮会变为不可用的灰色状态，需要先将数据清单转换为普通区域，在转换的过程中，数据清单会失去筛选的状态。方法是选中数据清单，单击"表格工具/设计"选项卡→"工具"组中的"转换为区域"按钮。

（2）分类汇总时会对分类字段的数值从上至下扫描，当数值与上一个值不同时，就执行汇总操作。如果分段字段的数值没有经过排序，处于零散分布状态，则同一个数值可能被多次分类汇总。

8.4.1 创建分类汇总

分类汇总时，可以按单字段分类，也可以按多字段分类。例如，按"部门"汇总电脑操作平均成绩，属于单字段分类；按"部门"和"培训日期"汇总电脑操作成绩，属于多字段分类。单字段分类汇总的基本方法如下。

（1）选中数据清单，单击"数据"选项卡→"排序和筛选"组中的"排序"按钮，按分类字段"部门"进行排序，默认排序次序为升序。

（2）选中数据清单，单击"数据"选项卡→"分级显示"组中的"分类汇总"按钮，弹出"分类汇总"对话框。

（3）从"分类字段"下拉列表中选择"部门"字段，从"汇总方式"下拉列表中选择"平均值"。在"选定汇总项"列表框中取消选中"等级"复选框（即取消其默认选中状态），选中"电脑操作"复选框，如图 8-20 所示。

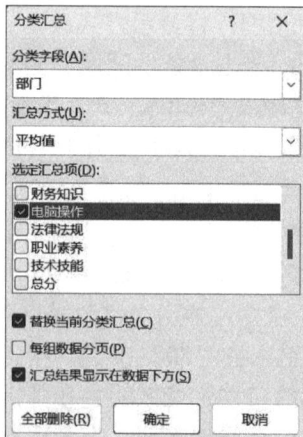

图 8-20 分类汇总设置

（4）单击"确定"按钮，完成一次分类汇总。

（5）在汇总时，可以同时选择多个汇总字段，但如果同一汇总字段有多种不同的汇总需求，如同时要完成平均值和计数，则需要再次打开“分类汇总”对话框，重新进行设置，并且取消选中“替换当前分类汇总”复选框，使多次分类汇总结果可以同时显示，单击“确定”按钮。多级分类汇总效果如图 8-21 所示。

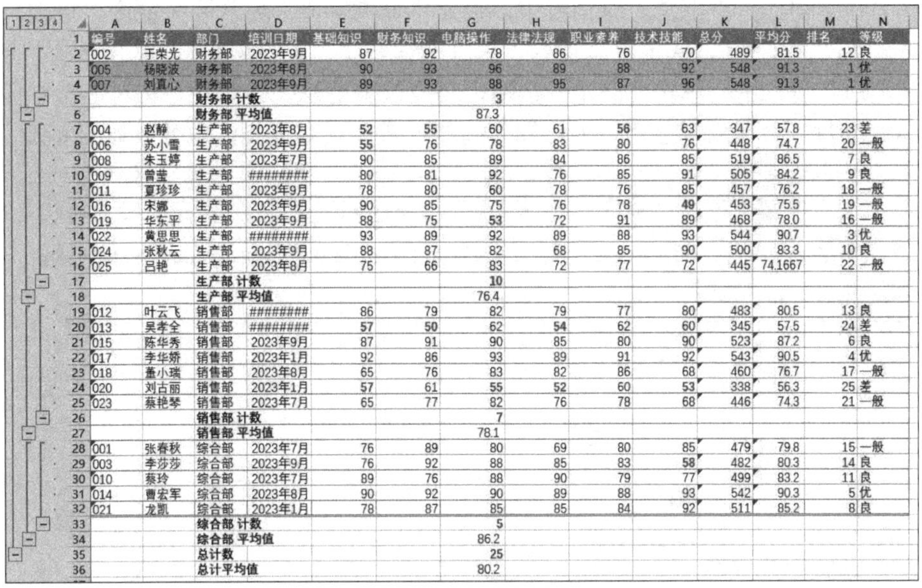

	A	B	C	D	E	F	G	H	I	J	K	L	M	N
1	编号	姓名	部门	培训日期	基础知识	财务知识	电脑操作	法律法规	职业素养	技术技能	总分	平均分	排名	等级
2	002	于荣光	财务部	2023年9月	87	92	78	86	76	70	489	81.5	12	良
3	005	杨晓波	财务部	2023年8月	90	93	96	89	88	92	548	91.3	1	优
4	007	刘真心	财务部	2023年9月	89	93	88	95	87	96	548	91.3	1	优
5			财务部 计数				3							
6			财务部 平均值				87.3							
7	004	赵静	生产部	2023年8月	52	55	60	61	56	63	347	57.8	23	差
8	006	苏小雪	生产部	2023年9月	55	76	78	83	80	76	448	74.7	20	一般
9	008	朱玉婷	生产部	2023年7月	90	85	89	84	86	85	519	86.5	7	良
10	009	曾莹	生产部	########	80	81	92	76	85	91	505	84.2	9	良
11	011	夏珍珍	生产部	2023年9月	78	80	60	78	76	85	457	76.2	18	一般
12	016	宋娜	生产部	2023年9月	90	85	75	76	78	49	453	75.5	19	一般
13	019	华东平	生产部	2023年9月	88	75	53	72	91	89	468	78.0	16	一般
14	022	黄思思	生产部	########	93	89	92	89	88	93	544	90.7	3	优
15	024	张秋云	生产部	2023年9月	88	87	82	68	85	90	500	83.3	10	良
16	025	吕艳	生产部	2023年8月	75	66	83	72	77	72	445	74.1667	22	一般
17			生产部 计数				10							
18			生产部 平均值				76.4							
19	012	叶云飞	销售部	########	86	79	82	79	77	80	483	80.5	13	良
20	013	吴孝全	销售部	########	57	50	62	54	62	60	345	57.5	24	差
21	015	陈华秀	销售部	2023年9月	87	91	90	85	80	90	523	87.2	6	良
22	017	李华娇	销售部	2023年1月	92	86	93	89	91	92	543	90.5	4	优
23	018	董小瑞	销售部	2023年8月	65	76	83	82	86	68	460	76.7	17	一般
24	020	刘古丽	销售部	2023年1月	57	61	55	52	60	53	338	56.3	25	差
25	023	蔡艳琴	销售部	2023年7月	65	77	82	76	78	68	446	74.3	21	一般
26			销售部 计数				7							
27			销售部 平均值				78.1							
28	001	张春秋	综合部	2023年7月	76	89	80	69	80	85	479	79.8	15	一般
29	003	李莎莎	综合部	2023年9月	76	92	88	85	83	58	482	80.3	14	良
30	010	蔡玲	综合部	2023年7月	89	76	88	90	79	77	499	83.2	11	良
31	014	曹宏军	综合部	2023年8月	90	92	90	89	88	93	542	90.3	5	优
32	021	龙凯	综合部	2023年1月	78	87	85	85	84	92	511	85.2	8	良
33			综合部 计数				5							
34			综合部 平均值				86.2							
35			总计数				25							
36			总计平均值				80.2							

图 8-21　多级分类汇总效果

8.4.2　删除分类汇总

删除一个分类汇总，会导致所有汇总全部被删除，因此不能单独删除其中一个。删除分类汇总的一般方法如下。

（1）选中数据清单。

（2）单击“数据”选项卡→“分级显示”组中的“分类汇总”按钮，弹出“分类汇总”对话框。

（3）单击对话框左下角的“全部删除”按钮。

8.4.3　嵌套分类汇总

如果有两个以上分类字段，就会形成嵌套分类汇总。例如，根据部门和培训日期汇总基础知识和电脑操作两门课的平均成绩，需要在部门组别下按培训日期再次分组。嵌套分类汇总的一般方法如下。

（1）选中数据清单，单击“数据”选项卡→“排序和筛选”组中的“排序”按钮，弹出“排序”对话框。

（2）设置主要关键字为“部门”，单击“添加条件”按钮，设置次要关键字为“培训日期”。单击“确定”按钮，完成排序操作。

（3）选中数据清单，单击“数据”选项卡→“分级显示”组中的“分类汇总”按钮，弹出“分类汇总”对话框。

（4）设置“分类字段”为主要关键字“部门”，汇总方式为“平均值”，选定汇总项为“基础知识”和“电脑操作”，单击“确定”按钮，完成一级汇总。

（5）选中数据清单，再次单击“数据”选项卡→“分级显示”组中的“分类汇总”按钮。

（6）在弹出“分类汇总”对话框中，设置“分类字段”为次要关键字“培训日期”，汇总方式为“平均值”，选定汇总项为“基础知识”和“电脑操作”，取消选中“替换当前分类汇总”复选框，单击“确定”按钮，完成嵌套汇总。必要时，可对汇总字段设置保留小数位数，并适当调整“培训日期”列的列宽。嵌套分类汇总效果如图 8-22 所示。

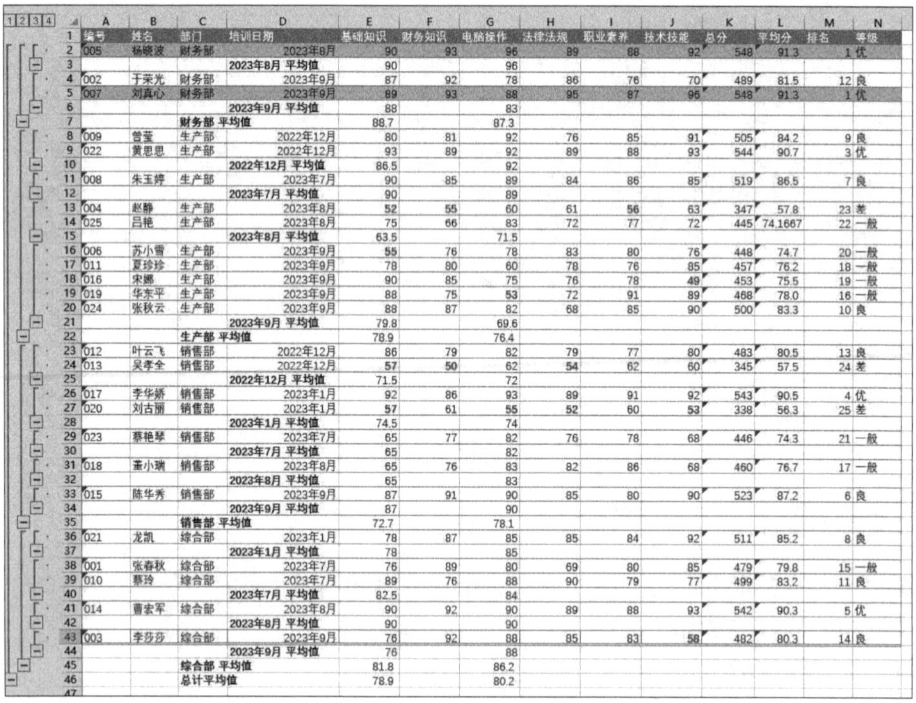

	A	B	C	D	E	F	G	H	I	J	K	L	M	N
1	编号	姓名	部门	培训日期	基础知识	财务知识	电脑操作	法律法规	职业素养	技术技能	总分	平均分	排名	等级
2	005	杨晓波	财务部	2023年8月	90	93	96	89	88	92	548	91.3	1	优
3				2023年8月 平均值	90		96							
4	002	于荣光	财务部	2023年9月	87	92	78	86	76	70	489	81.5	12	良
5	007	刘真心	财务部	2023年9月	89	93	88	95	87	96	548	91.3	1	优
6				2023年9月 平均值	88		83							
7			财务部 平均值		88.7		87.3							
8	009	曾莹	生产部	2022年12月	80	81	92	76	85	91	505	84.2	9	良
9	022	黄思思	生产部	2022年12月	93	89	92	89	88	93	544	90.7	3	优
10				2022年12月 平均值	86.5		92							
11	008	朱玉婷	生产部	2023年7月	90	85	89	84	86	85	519	86.5	7	良
12				2023年7月 平均值	90		89							
13	004	赵静	生产部	2023年8月	52	55	60	61	56	63	347	57.8	23	差
14	025	吕艳	生产部	2023年8月	75	66	83	72	77	72	445	74.1667	22	一般
15				2023年8月 平均值	63.5		71.5							
16	006	苏小雪	生产部	2023年9月	55	76	78	83	80	76	448	74.7	20	一般
17	011	夏珍珍	生产部	2023年9月	78	80	60	78	76	85	457	76.2	18	一般
18	016	宋娜	生产部	2023年9月	90	85	75	76	78	49	453	75.5	19	一般
19	019	华东平	生产部	2023年9月	88	75	53	72	91	89	468	78.0	16	一般
20	024	张秋云	生产部	2023年9月	88	87	82	68	85	90	500	83.3	10	良
21				2023年9月 平均值	79.8		69.6							
22			生产部 平均值		78.9		76.4							
23	012	叶云飞	销售部	2022年12月	86	79	82	79	77	80	483	80.5	13	良
24	013	吴孝全	销售部	2022年12月	57	50	62	54	62	60	345	57.5	24	差
25				2022年12月 平均值	71.5		72							
26	017	李华娇	销售部	2023年1月	92	86	93	89	91	92	543	90.5	4	优
27	020	刘古丽	销售部	2023年1月	57	61	55	52	60	53	338	56.3	25	差
28				2023年1月 平均值	74.5		74							
29	023	蔡艳琴	销售部	2023年7月	65	77	82	76	78	68	446	74.3	21	一般
30				2023年7月 平均值	65		82							
31	018	董小瑞	销售部	2023年8月	65	76	83	82	86	68	460	76.7	17	一般
32				2023年8月 平均值	65		83							
33	015	陈华秀	销售部	2023年9月	87	91	90	85	80	90	523	87.2	6	良
34				2023年9月 平均值	87		90							
35			销售部 平均值		72.7		78.1							
36	021	龙凯	综合部	2023年1月	78	87	85	85	84	92	511	85.2	8	良
37				2023年1月 平均值	78		85							
38	001	张春秋	综合部	2023年7月	76	89	80	69	80	85	479	79.8	15	一般
39	010	蔡玲	综合部	2023年7月	89	76	88	90	79	77	499	83.2	11	良
40				2023年7月 平均值	82.5		84							
41	014	曹宏军	综合部	2023年8月	90	92	90	89	88	93	542	90.3	5	优
42				2023年8月 平均值	90		90							
43	003	李莎莎	综合部	2023年9月	76	92	88	85	83	58	482	80.3	14	良
44				2023年9月 平均值	76		88							
45			综合部 平均值		81.8		86.2							
46			总计平均值		78.9		80.2							
47														

图 8-22　嵌套分类汇总效果

8.4.4　分级显示

1. 分级显示数据

完成分类汇总后，在数据清单的左侧会自动形成分组树形结构，如图 8-22 左侧区域所示。区域上方出现小按钮“1”“2”“3”“4”，表示分组级别，数字越小，级别越高。数字按钮下方出现小按钮“+”或“-”和连接它们的线条。

如果只想查看汇总条目，而不是明细数据，可以通过单击按钮或线条来隐藏数据。单击高级别的按钮，可以将该级别向下的明细数据全部隐藏，只显示本级别以上的数据。例如，单击按钮“2”或其下的连接线，隐藏效果如图 8-23 所示。单击按钮“3”，可以显示 1、2、3 级汇总结果，隐藏第 4 级明细数据。

单击“+”按钮，可以折叠隐藏一个数值分组下的明细数据，此时按钮变成“-”按钮。单击"–"按钮，可以展示该分组下的全部数据。

1 2 3 4		A	B	C	D	E	F	G
	1	编号	姓名	部门	培训日期	基础知识	财务知识	电脑操作
	7			财务部 平均值		88.7		87.3
	22			生产部 平均值		78.9		76.4
	35			销售部 平均值		72.7		78.1
	45			综合部 平均值		81.8		86.2
	46			总计平均值		78.9		80.2
	47							

图 8-23　隐藏明细数据效果示例

2. 使用分级显示的数据

在 Excel 中，可以将分级显示的数据复制到其他工作表或形成图表源数据。

使用分级显示结果制作图表的基本方法如下。

（1）单击相应级别按钮折叠数据。

（2）选择相关数据列，标题行和分类汇总的小标题应包含在内。

（3）生成指定类型图表。

折叠起来的分级显示数据，按普通方法复制时，会显示出原本的隐藏数据。如果只需要汇总结果，可采用以下复制方法。

（1）单击相应级别按钮折叠数据。

（2）选中需要复制的数据区域，单击"开始"选项卡→"编辑"组中的"查找和选择"下拉按钮，在弹出的下拉列表中选择"定位条件"命令，弹出"定位条件"对话框。

（3）在弹出的对话框中，选中"可见单元格"单选按钮，如图 8-24 所示。单击"确定"按钮，完成设置。

（4）通过"开始"选项卡中的"复制"和"粘贴"命令，将数据复制到指定区域。

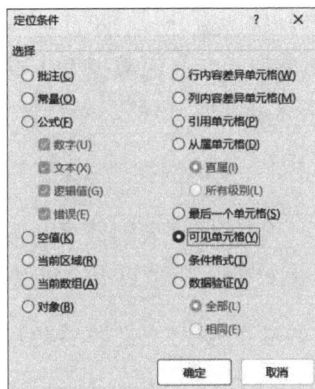

图 8-24　设置定位条件

■ 本节实例 ■

【实例】将素材"家电库存表.xlsx"文档的"武汉仓"工作表数据备份至新工作表"武汉分类汇总"，并进行分类汇总，参考效果如图 8-25 所示。具体要求如下。

（1）为"武汉仓"工作表建立一个新的副本工作表，并重命名为"武汉分类汇总"工作表。

（2）在"武汉分类汇总"工作表中统计每个规格型号商品的入库数量和现有库存的和。

操作步骤：

（1）复制"武汉仓"工作表，生成新工作表"武汉分类汇总"。

右击"武汉仓"工作表标签，在弹出的快捷菜单中选择"移动或复制"命令，弹出"移动或复制

C	D	E
规格型号	入库数量	现有库存
50r5 汇总	400	219
BCD—165L9RSZ 汇总	200	26
BCD-183DKT 汇总	200	57
BCD-480WSPZM(E) 汇总	400	211
BCD-517WLHSSEDB9 汇总	200	150
BCD-630WPUCX 汇总	200	110
CDN-RN41PJ-1 汇总	500	48
DS-A215ACW 汇总	500	210
EG100HMATE31S 汇总	700	405
HP21-K26 汇总	500	120
KF-26GW/B169+A5A 汇总	500	103
KFR-26GW/R1X1 汇总	1000	524
KFR-32GW/02FCC81XU1 汇总	500	84
KFR-35GW/N8KS1-1 汇总	500	115

图 8-25　"分类汇总"实例效果

工作表"的对话框，选中"建立副本"复选框，单击"确定"按钮。在新建立的"武汉仓（2）"工作表标签上双击，将工作表重命名为"武汉分类汇总"。

（2）在"武汉分类汇总"工作表中按要求进行分类汇总。

① 选中"规格型号"列中的某一个单元格，单击"数据"→"排序和筛选"组中的"升序"按钮。

② 单击"数据"选项卡→"分级显示"组中的"分类汇总"按钮，弹出"分类汇总"对话框。设置分类字段为规格型号，汇总方式为"求和"，选定汇总项为"入库数量"和"现有库存"，其他选项保持默认状态，单击"确定"按钮。

③ 在数据清单左侧区域，单击数字按钮"2"，折叠明细数据。

8.5　数据透视表

分类汇总功能可以对数据进行分组统计，但当数据量比较大，尤其是包含嵌套过多时，查阅会比较烦琐，此时可以选用数据透视表。数据透视表可以快速对明细数据进行各种筛选统计，在此过程中，支持多种交互式操作，如动态改变页面布局，更改行、列、页字段等。当源数据发生更改时，透视表可以随之更新。合理地使用数据透视表，可以快速直观地进行数据分析，生成各类报表。

8.5.1　创建数据透视表

数据透视表的数据源可以来自 Excel，也可以来自关系型数据库，如 Access 或 SQL Server 等，本节以 Excel 数据为例介绍如何创建数据透视表。

1. 使用 Excel 推荐的数据透视表

选中一个规范的数据清单，单击"插入"选项卡→"表格"组中的"推荐的数据透视表"按钮，弹出"推荐的数据透视表"对话框，如图 8-26 所示。

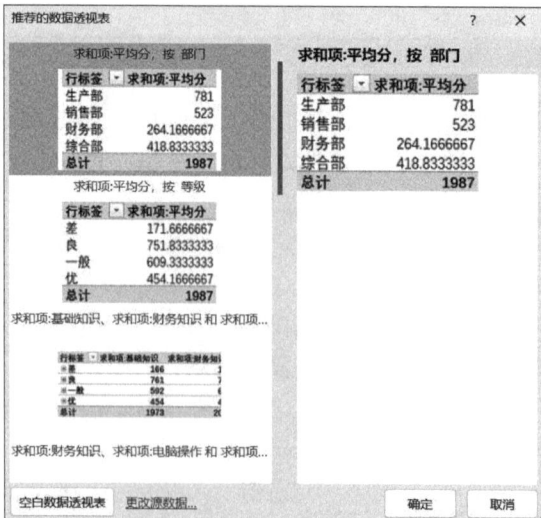

图 8-26　"推荐的数据透视表"对话框

该对话框的左侧列出了推荐的透视表样式，它们的主要区别在于行标签和求和项，可以拖动滚动条进行浏览、选择。如果都不符合要求，可以单击对话框左下角的"空白数据透视表"按钮，Excel 会在一张新的工作表中生成空白数据透视表，用户可自行完成标签设置。

2. 自行创建数据透视表

自行创建数据透视表的基本方法如下。

（1）选中数据清单，单击"插入"选项卡→"表格"组中的"数据透视表"按钮，弹出"创建数据透视表"对话框，如图 8-27 所示。

（2）观察自动填写完整的"表/区域"文本框，如果范围正确，可以在对话框中选择放置数据透视表的位置，然后单击"确定"按钮。新生成的数据透视表是空白的，单击"数据透视表"，工作表右侧会出现相关联的"数据透视表字段"窗格，如图 8-28 所示。

（3）在"数据透视表字段"窗格中，选中字段前的复选框可选中该字段，字段会根据数据类型出现在布局中，非数值数据生成为"行"，数值型数据生成"值"。如果自动生成的布局不符合要求，可以按住鼠标左键将字段名拖动到指定区域。例如，将"部门"字段拖动到"筛选器"

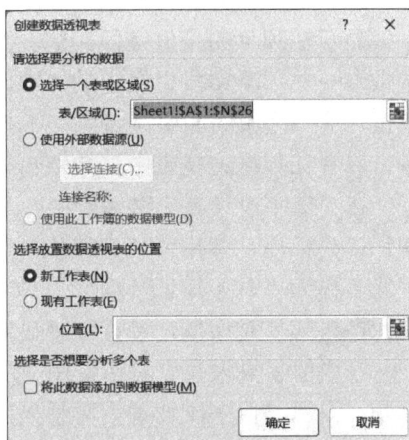

图 8-27　"创建数据透视表"对话框

区域，将"培训日期"拖动到"行"区域，将"电脑操作"和"财务知识"字段拖动到"值"区域。此时，行字段自动增加"年"和"季度"分组，列字段名自动显示求和值，如图 8-29 所示。

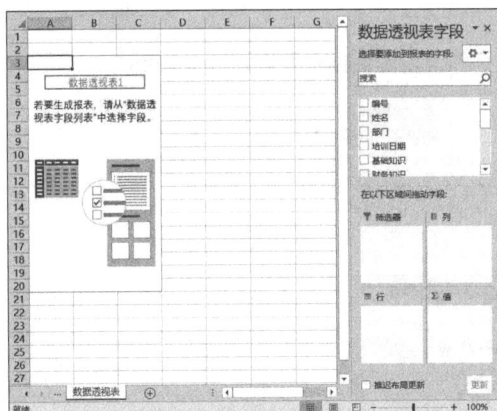

图 8-28　数据透视表布局

图 8-29　自行创建的数据透视表

8.5.2　修改数据透视表

在创建好的数据透视表中，可以完成布局的修改、数据的维护和格式的设置等操作。

1. 定义数据透视表名称

新建透视表默认的名称为"数据透视表 n"，重定义数据透视表名称的方法如下。

（1）选中数据透视表的任一单元格，功能区上方会出现"数据透视表工具"选项卡，包括"分析"和"设计"两个子选项卡。

（2）在"数据透视表工具/分析"选项卡→"数据透视表"组中的"数据透视表名称"文本框中输入新的数据透视表名称。

2. 设置值字段

显示在列上的是值字段。选择数据透视表的列标题后，单击"数据透视表工具/分析"选项卡→"活动字段"组中的"字段设置"按钮，或者在"数据透视表字段"窗格中，单击"值"区域中的字段右侧的下拉按钮，在弹出的下拉列表中选择"值字段设置"命令；或者在数据透视表中直接双击列标题，均可打开"值字段设置"对话框。

在"值字段设置"对话框中，可设置值字段的名称和汇总方式。例如，双击"财务知识"列标题，弹出"值字段设置"对话框，设置值汇总方式为"平均值"，自定义其字段名称为"财务知识平均分"，如图 8-30 所示。单击"数字格式"按钮，弹出"设置单元格格式"对话框，设置数字显示格式，如设为数值，保留一位小数。

在"值字段设置"对话框中，还可以改变值显示方式。例如，双击"电脑操作"列标题，弹出"值字段设置"对话框，选择"值显示方式"选项卡，设置"值显示方式"为"列汇总的百分比"，如图 8-31 所示。单击"确定"按钮，结果如图 8-32 所示。

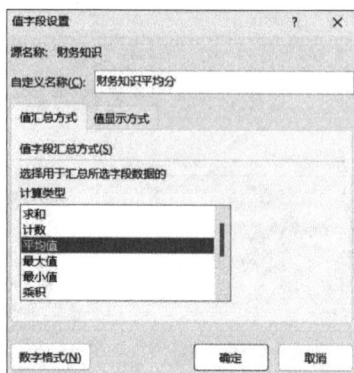

图 8-30　设置值汇总方式

图 8-31　设置值显示方式

图 8-32　值字段设置结果

3. 修改数据透视表的布局

数据透视表的布局包括字段排列、缩进、列宽等。调整区域字段可以直接在"数据透视表字段"窗格内完成。例如，将"值"区域的"财务知识平均分"字段拖动到"电脑操作成绩"字段上方，可以使数据透视表中的值字段交换列位置。单击"行"区域中的"季度"字段右侧的下拉按钮，在弹出的下拉列表中选择"删除字段"命令，可以删除"季度"分组。要增加字段，可以从字段列表中拖动字段到相关区域。

选中数据透视表，单击"数据透视表工具/分析"选项卡→"数据透视表"组中的"选项"按钮，弹出"数据透视表选项"对话框，在"布局和格式"选项卡中可以设置数据透视表的缩进、默认错误值等参数，如图 8-33 所示。

4. 修改数据透视表的格式

修改数据透视表的格式，可以使其更加美观。修改数据透视表格式的方法与普通工作表类似。选中需

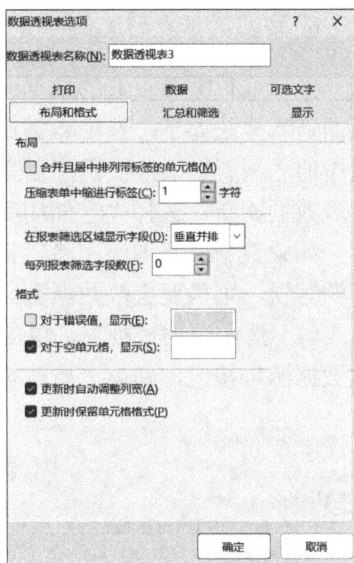

图 8-33　设置透视表布局

要修饰的单元格或区域，在"开始"选项卡中可以更改字体、对齐方式和数字类型。选中数据透视表，单击"数据透视表工具/设计"选项卡→"数据透视表样式"组中的"其他"按钮，在展开的快速样式列表中可以为数据透视表快速指定一个内置样式。

5. 筛选、排序与分组

单击数据透视表"筛选"区域的字段或行标签右侧的下拉按钮，可以展开筛选菜单项，筛选方法与 8.3.1 小节介绍的自动筛选相同。

需要按升序或降序排列行字段值时，可以单击相应行标签右侧的下拉按钮，然后在弹出的下拉列表中选择"升序"或"降序"命令。如果希望按自定义顺序排序，可以单击某个行标题数值单元格，将鼠标指针指向单元格的边框线，当其变为双向十字箭头状时，按住鼠标左键将单元格拖动到指定的位置。此时，同行的数据会一并移动。

放置在行或列区域中的日期类字段会被自动分组为年、季度和月的模式。也可以将字段设置为其他的分组方式或直接显示明细数据，基本方法如下：选中数据透视表中分组字段的某个单元格，单击"数据透视表工具/分析"选项卡→"分组"组中的"取消组合"按钮，可以删除当前组合，显示明细数据。单击"数据透视表工具/分析"选项卡→"分组"组中的"组字段"按钮，弹出"组合"对话框，如图 8-34 所示。在该对话框中，可以设置日期的起始值，选择"步长"为"季度"和"年"，单击"确定"按钮。

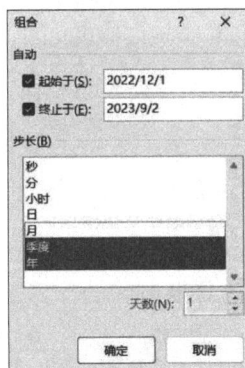

图 8-34　设置季度组合

除了日期数据外，数字和文本也可以手动分组显示。基本方法如下：选中需要分组的数据并右击，在弹出的快捷菜单中选择"创建组"命令。

6. 适应数据源的变化

当形成数据透视表的数据源内容发生变化时，需要刷新数据透视表。刷新数据透视表的基本方法如下：选中数据透视表，单击"数据透视表工具/分析"选项卡→"数据"组中的"刷新"下拉按钮，在弹出的下拉列表中选择"刷新"命令，可完成当前数据透视表数据刷新，选择"全部刷新"命令，可以完成所有数据透视表数据批量刷新。

如果数据源新增或删除了行或列，导致数据源区域范围发生了变化，或者选择的数据源有误，则需要更改数据源。更改数据源的基本方法如下。

（1）选中数据透视表，单击"数据透视表工具/分析"选项卡→"数据"组中的"更改数据源"按钮，弹出"更改数据透视表数据源"对话框，如图 8-35 所示。

图 8-35　"更改数据透视表数据源"对话框

（2）Excel 会自动跳转到源数据所在工作表，单击对话框中的"表/区域"文本框，选择新的源数据区域。

（3）单击"确定"按钮，完成数据源的更改操作。数据透视表会自动完成更新。

7. 计算字段

在数据透视表的值字段中，可以使用内置汇总函数或值显示方式中的汇总显示方法对源数据进行计算。如果提供的汇总函数不能满足要求，可在计算字段和计算项中创建自己的公式。计算操作要通过指定对话框完成，不能在数据透视表单元格内直接输入。例如，将财务知识成绩提高 5 分的基本方法如下。

（1）选中数据透视表，单击"数据透视表工具/分析"选项卡→"计算"组中的"字段、项目和集"下拉按钮，在弹出的下拉列表中选择"计算字段"命令，弹出"插入计算字段"对话框，如图 8-36 所示。

（2）在"名称"文本框中输入名称"财务成绩修正"。在"公式"文本框中输入公式。公式和函数的用法与第 6 章类似，但操作数不能写单元格引用或单元格名称，必须写字段名称。在对话框的字段列表中双击字段或选中字段后单击"插入字段"按钮，可在公式中插入字段名。

（3）单击"确定"按钮完成新的计算字段的添加并在透视表中显示。

图 8-36　"插入计算字段"对话框

要删除已有的计算字段，可先按步骤（1）的方法打开"插入计算字段"对话框，然后在"名称"下拉列表中选择要删除的计算字段，单击"删除"按钮。

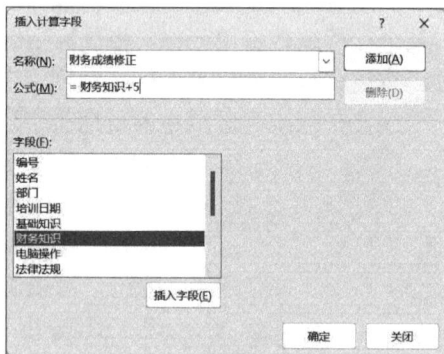

8. 拆分数据透视表

可以为数据透视表的"报表筛选"字段中选定的值单独生成一个数据透视表，方法如下。

（1）单击数据透视表的"报表筛选"字段右侧的自动筛选按钮，在弹出的自动筛选器列表中选择筛选项，如图 8-37 所示选择"销售部""财务部""综合部"，单击"确定"按钮。

（2）单击"数据透视表工具/分析"选项卡→"数据透视表"组中的"选项"下拉按钮，在弹出的下拉列表中选择"显示报表筛选页"命令，弹出"显示报表筛选页"对话框，如图 8-38 所示。

图 8-37　筛选报表字段　　　图 8-38　"显示报表筛选页"对话框

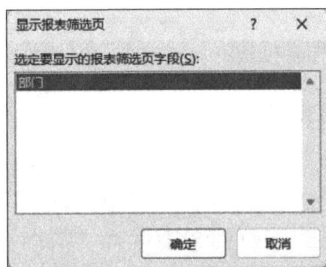

（3）在对话框中选中要显示的报表筛选页字段后，单击"确定"按钮，可以在多个工作表上生成结构相同的数据透视表，本例中生成三个名为"销售部""财务部""综合部"的工作表，每个工作表各包含一张数据透视表。

9. 插入切片器

切片器是与数据透视表配合使用的一种直观化的快速筛选工具，在切片器中，会列出该字段的所有取值，通过单击鼠标即可完成筛选。切片器的使用方法如下。

（1）选中数据透视表，单击"数据透视表工具/分析"选项卡→"筛选"组中的"插入切片器"按钮，弹出"插入切片器"对话框。

（2）在该对话框的字段列表中，选择需要筛选的字段，如"部门""培训日期""排名"，如图 8-39 所示。

（3）单击"确定"按钮，数据透视表旁出现三个切片器，如图 8-40 所示，默认的状态是可多选数据。通过单击鼠标选中或取消选中状态时，数据透视表和其他切片器的状态将发生变化。例如，选择部门为"财务部"，数据透视表只显示财务部的统计表，而排名切片器中，可选的名次只有"1"和"12"，说明财务部的人员排名是 1 和 12。

（4）按住 Ctrl 键，依次单击切片器，可以选中多个切片器。选中一个或多个切片器后，在"切片器工具/选项"选项卡中可以设置其样式和对齐方式等属性，按 Delete 键可删除切片器。

图 8-39　"插入切片器"对话框

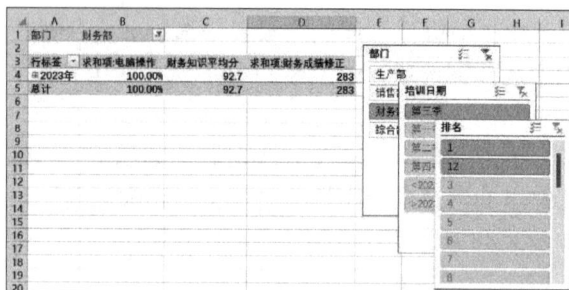

图 8-40　用切片器筛选数据

8.5.3　创建数据透视图

根据数据透视表，还可以绘制数据透视图，用来更直观地表现数据的变化趋势。数据透视表中数据的变化，会直接反映在数据透视图中。数据透视图可以在已建立好的数据透视表上生成，也可以通过单击"插入"选项卡→"图表"组中的"数据透视图"下拉按钮，在弹出的下拉列表中选择"数据透视图"命令，一次性生成空白数据透视表和数据透视图。在已建立好的数据透视表（可先按 8.5.1 小节中自行创建数据透视表的方法再创建一个数据透视表，日期按"年"和"季度"分组，数字格式为保留 1 位小数）上创建数据透视图的基本方法如下。

（1）选中已建立的数据透视表，单击"数据透视表工具/分析"选项卡→"工具"组中的"数据透视图"按钮，弹出"插入图表"对话框，如图 8-41 所示。

图 8-41　"插入图表"对话框

（2）选择合适的图表类型，如簇状柱形图，单击"确定"按钮。

（3）设置数据透视图。操作方法与设置数据透视表类似：在"数据透视图字段"窗格中，单击"值"区域中的"财务知识"字段右侧的下拉按钮，在弹出的下拉列表中选择"值字段设置"命令，在弹出的对话框中更改汇总方式为"平均值"。单击"值"区域中的"电脑操作"字段右侧的下拉按钮，在弹出的下拉列表中选择"删除字段"命令。双击数据透视图的标题，将其更改为"财务知识成绩汇总"。生成的数据透视图如图 8-42 所示。

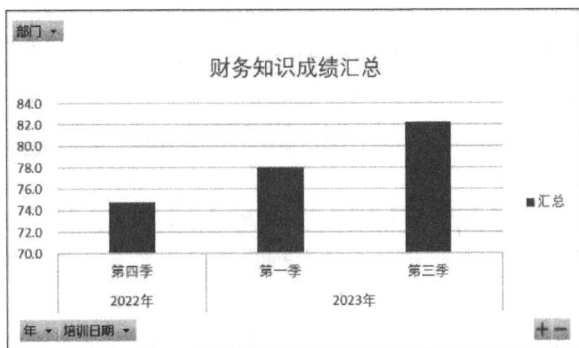

图 8-42　生成的数据透视图

删除数据透视图的方法与删除普通图表类似，选中数据透视图，然后按 Delete 键即可删除。

▌本节实例

【实例】打开素材"家电库存表.xlsx"，为"武汉仓"工作表建立数据透视表和数据透视图，参考效果如图 8-43 所示。具体要求如下。

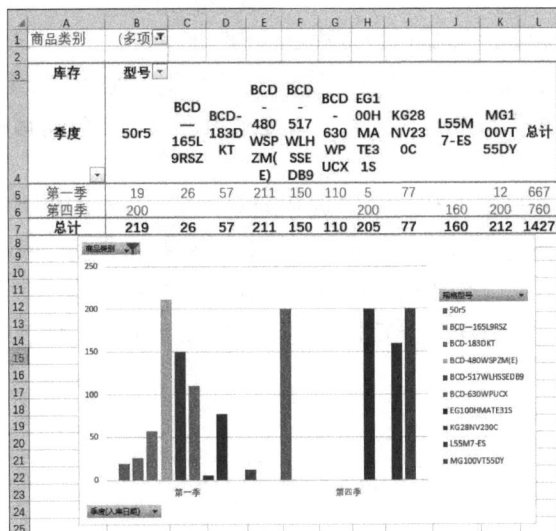

图 8-43　"数据透视表"实例效果

（1）按商品类别统计不同时段、不同规格型号的现有库存，并将其放置在名为"武汉数据透视"的独立工作表中。

（2）按季度分类日期，将行标签改为"季度"，列标签改为"型号"。

（3）调整数据透视表的行高、列宽、字号、对齐方式和样式。

（4）为每类商品的库存生成独立的透视表，分别以商品类别名称命名各自的工作表。

（5）在工作表"武汉数据透视"中生成冰箱和电视机的数据透视图。

操作步骤：

（1）选中"武汉仓"工作表数据清单中的任一单元格，单击"插入"选项卡→"表格"组中的"数据透视表"按钮，弹出"创建数据透视表"对话框，单击"确定"按钮。

双击新建立的工作表标签，将其重命名为"武汉数据透视"。在该工作表右侧的"数据透视表字段"窗格中，分别将字段"商品类别"拖动到"筛选器"区域，将字段"入库日期"拖动到"行"区域，将字段"规格型号"拖动到"列"区域，将字段"现有库存"拖动到"值"区域。

（2）在"数据透视表字段"窗格的"行"区域中，单击"年（入库日期）"字段右侧的下拉按钮，在弹出的下拉列表中选择"删除字段"命令。用同样的方法，删除"入库日期"字段，只保留"季度（入库日期）"字段。双击 A4 单元格，输入文字"季度"。双击 B3 单元格，输入文字"型号"。双击 A3 单元格，输入文字"库存"。

（3）选中 B~AC 列，单击"开始"选项卡→"单元格"组中的"格式"下拉按钮，在弹出的下拉列表中选择"单元格大小"中的"列宽"命令，将列宽设置为 8。单击"开始"选项卡→"单元格"组中的"格式"下拉按钮，在弹出的下拉列表中选择"设置单元格格式"命令，在弹出的对话框中选择"对齐"选项卡，选中"文本控制"组中的"自动换行"复选框。选中第 4 行数据，单击"开始"选项卡→"单元格"组中的"格式"下拉按钮，在弹出的下拉列表中选择"单元格大小"中的"自动调整行高"命令。

选中整个透视表，在"开始"选项卡中将字号设置为"14"，对齐方式设置为"居中"和"垂直居中"，单击"样式"组中的"套用表格格式"下拉按钮，在弹出的下拉列表中选择"浅色"中的"数据透视表样式浅色 10"。

（4）单击"数据透视表工具/分析"选项卡→"数据透视表"组中的"选项"按钮，选择"显示报表筛选页"命令。在打开的"显示报表筛选页"对话框中，直接单击"确定"按钮。

（5）单击"数据透视表工具/分析"选项卡→"工具"组中的"数据透视图"下拉按钮，在弹出的"插入图表"对话框中选择默认的簇状柱形图后，单击"确定"按钮。单击 B1 单元格右侧的自动筛选按钮，选中"选择多项"复选框，取消选中"全部"复选框，选中"冰箱"和"电视机"复选框，单击"确定"按钮。适当调整数据透视图的大小和位置。

第三篇
PowerPoint 2016 高级应用

PowerPoint 是 Microsoft Office 的一个重要组件，能够实现设计、制作和放映图文并茂、声影交融的演示文稿，广泛应用于培训、演讲、宣传、推介、展示、演示等多种场景。本篇主要从幻灯片的编辑与设计、动画效果的设置及放映输出等方面详细介绍 PowerPoint 2016 的高级应用知识。

第9章 幻灯片的编辑与设计

本章主要介绍演示文稿的快速创建、文本内容的编辑、图形图片的处理与应用、表格与图表的使用、多媒体处理与应用、演示文稿的修饰等内容。

9.1 演示文稿的快速创建

本节主要介绍演示文稿的快速创建方法。

9.1.1 依据主题和模板

演示文稿可以通过"新建"命令和本地模板文件快速创建。

1. 通过"新建"命令创建

通过"新建"命令创建演示文稿的基本方法如下：打开 PowerPoint 2016 软件，单击"文件"选项卡→"新建"按钮，打开"新建"窗口，单击想要选择的主题或模板（如"离子会议室"），在弹出的该主题预览对话框中单击"创建"按钮，即可依据主题快速创建一个新的演示文稿。

2. 利用本地模板文件创建

PowerPoint 的默认模板文件扩展名为".potx"，双击模板文件（如在本地电脑搜索扩展名为".potx"的模板文件，再选择其中的一个模板文件双击打开）即可自动创建一个默认命名为"演示文稿 1"的演示文稿。如果右击模板文件，在弹出的快捷菜单中选择"打开"命令，则可直接打开编辑模板文件。

9.1.2 从 Word 文档

如果 Word 文档已经应用了标题 1、标题 2、标题 3……内置样式，分别对应幻灯片中的标题、一级文本、二级文本……内容，那么可以在 Word 文档中将其大纲发送到 PowerPoint 中快速生成新的演示文稿，基本方法如下：首先打开准备好的 Word 文档，单击"文件"选项卡→"选项"按钮，选择"快速访问工具栏"选项卡，在"从下列位置选择命令"下拉列表中选择"不在功能区中的命令"，在下方列表框中选择"发送到 Microsoft PowerPoint"命令，单击"添加"按钮，单击"确定"按钮，这个命令即显示在快速访问工具栏中；然后，单击快速访问工具栏中新添加的"发送到 Microsoft PowerPoint"按钮，即可根据已经设置好标题样式的 Word 文档生成一个新的演示文稿。

▌ 本节实例

【实例 1】依据主题新建一个演示文稿，主题可任选，文件名自定。

操作步骤：

启动 PowerPoint（如果已经打开一个演示文稿，则先单击"文件"选项卡→"新建"按钮），在打开的"新建"窗口中选择"离子会议室"主题，弹出该主题的预览对话框，如图 9-1 所示，单击"创建"按钮，然后保存依据主题新建的演示文稿，文件名自定。

图 9-1　主题预览对话框

【实例 2】 依据"模板.potx"新建一个演示文稿，保存该演示文稿，命名为"我的大学生活.pptx"。

操作步骤：

双击"模板.potx"，会依据模板文件生成一个新的演示文稿，单击"文件"选项卡→"保存"按钮，在弹出的"另存为"窗口中单击"浏览"按钮，选择保存位置，输入文件名"我的大学生活"，单击"保存"按钮，将其保存为"我的大学生活.pptx"。

【实例 3】 利用"从 Word 文档中发送"的方法，将"大学四年规划.docx"中应用了"标题 1""标题 2""标题 3"样式的文本内容分别对应演示文稿中每页幻灯片的标题文字、第一级文本内容和第二级文本内容，保存为"大学四年规划.pptx"。

操作步骤：

在 Word 2016 中单击"文件"选项卡→"选项"按钮，在弹出的"Word 选项"对话框左侧选择"快速访问工具栏"选项卡，然后在"从下列位置选择命令"下拉列表中选择"不在功能区的命令"，在下方的列表框中选择"发送到 Microsoft PowerPoint"命令，单击"添加"按钮，所选命令即添加到右侧列表框中，如图 9-2 所示，单击"确定"按钮，所选命令即添加到快速访问工具栏，单击快速访问工具栏中的"发送到 Microsoft PowerPoint"按钮，按上述保存文档的方法，将其保存为"大学四年规划.pptx"。

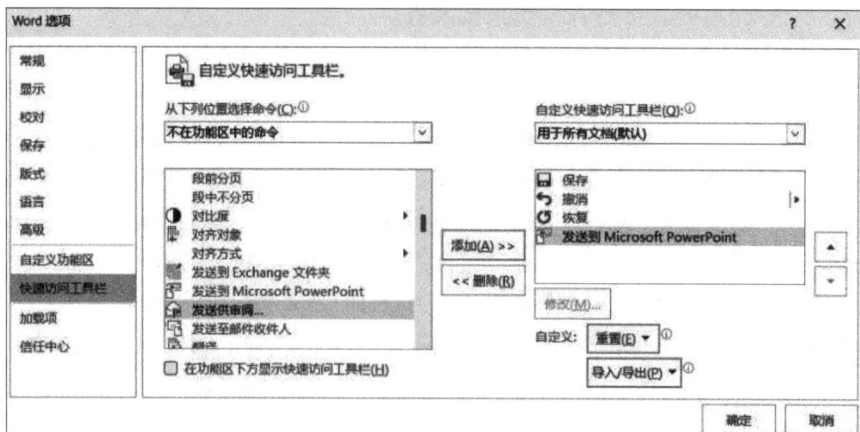

图 9-2　添加"发送到 Microsoft PowerPoint"命令

9.2　编辑文本内容

新演示文稿建立完成后，可以对演示文稿进行文本编辑和段落格式设置，还可以在大纲中编辑文本及直接导入 Word 中的文本。

9.2.1　设置文本和段落格式

1. 设置文本格式

设置文本格式的基本方法如下：单击"开始"选项卡→"字体"组中的相应按钮，或者单击"字体"组右下角的对话框启动器按钮，在弹出的"字体"对话框中进行更详细的文本格式设置。

2. 设置段落格式

设置段落格式的基本方法如下：单击"开始"选项卡→"段落"组中的相应按钮，或单击"段落"组右下角的对话框启动器，在弹出的"段落"对话框中进行更加详细的段落格式设置。

3. 设置项目符号和编号

设置项目符号的基本方法如下：选中要设置项目符号的段落，单击"开始"选项卡→"段落"组中的"项目符号"下拉按钮，在弹出的下拉列表中选择一种项目符号或选择下方的"项目符号和编号"命令，在弹出的对话框中定义新的符号或图片作为项目符号。选择"项目符号"下拉列表中的"无"命令可取消设置的项目符号。

设置"编号"的基本方法如下：选中要设置编号的段落，单击"开始"选项卡→"段落"组中的"编号"下拉按钮，在弹出的下拉列表中选择一种编号或选择"项目符号和编号"命令，在弹出的对话框中设置编号的大小、颜色和起始值等属性。选择"编号"下拉列表中的"无"命令可取消编号。

9.2.2　在大纲中编辑文本

PowerPoint 可以在大纲视图下的大纲窗格中直接输入和编辑文本，同时可以调整大纲的层次结构。在大纲中编辑文本的基本方法如下。

（1）单击"视图"选项卡→"演示文稿视图"组中的"大纲视图"按钮，切换到大纲视图，如图 9-3 所示。

（2）在左侧大纲窗格中的幻灯片图标右边单击，可以输入标题内容，此时在标题后按 Enter 键可以添加一张新的幻灯片；按 Shift+Enter 组合键可以实现标题文本的换行输入；按 Ctrl+Enter 组合键可以实现在标题行下方增加一个正文行。

（3）对于正文行，按 Enter 键可插入一行同级正文；按 Ctrl+Enter 组合键可插入一张新的幻灯片；按 Tab 键可以增加本行段落的缩进，按 Shift+Tab 组合键可以减少本行段落的缩进；对于已经是第一级的正文，按 Shift+Tab 组合键将会以本行为标题行新生成一张新的幻灯片。

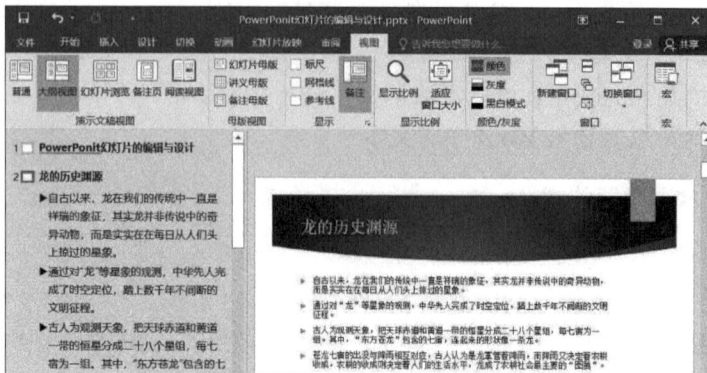

图 9-3 "视图"选项卡与"大纲视图"按钮

（4）当光标定位在某张幻灯片图标之后（即标题行的最左侧）时，按 Backspace 键可合并两张相邻的幻灯片内容。

9.2.3　导入 Word 中的文本

除了支持上述的文本与段落编辑方法外，PowerPoint 还支持将已经设置好标题样式的 Word 文档直接导入，主要有以下两种基本方法。

1. 在 PowerPoint 演示文稿中打开 Word 文档

基本方法如下：在 PowerPoint 演示文稿中，单击"文件"选项卡→"打开"按钮，打开"打开"窗口，单击"浏览"按钮，在弹出的"打开"对话框中指定要打开的 Word 文档的位置，文件名后的类型改为"所有文件（*.*）"，选中已经设置好样式的 Word 文档后单击"打开"按钮，即可将 Word 文档的大纲导入一个新的 PowerPoint 演示文稿。

2. 利用"新建幻灯片"下拉按钮导入 Word 文档

基本方法如下：在 PowerPoint 演示文稿中，单击"开始"选项卡→"幻灯片"组中的"新建幻灯片"下拉按钮，在弹出的下拉列表中选择"幻灯片（从大纲）"命令，在弹出的"插入大纲"对话框中选择 Word 文档所在的位置，选中 Word 文档后单击"插入"按钮，即可将 Word 大纲导入当前演示文稿中。

注意，不管是生成一个新的演示文稿，还是导入当前演示文稿，都要求 Word 文档要导入的文本段落应用了标题 1、标题 2、标题 3 等内置样式，分别对应幻灯片中的标题、一级文本、二级文本等内容。

9.2.4　删除所有备注

PowerPoint 还支持对演示文稿中的备注进行一键删除，基本方法如下：单击"文件"选项卡→"信息"按钮，打开"信息"窗口，单击"检查问题"下拉按钮，在弹出的下拉列表中选择"检查文档"命令（如果文档没有保存会弹出提示框，单击"是"按钮），弹出"文档检查器"对话框，拖动右边的滚动条到最下方，选中"演示文稿备注"复选框，其他复选框可以根据需要选中或取消选中，单击"检查"按钮，在"演示文稿备注"左侧会出现一个感叹号，右边会出现"全部删除"按钮，单击"全部删除"按钮，"演示文稿备注"下会显示"已删除所有演示文稿备注"，最后单击"关闭"按钮。

■ 本节实例

【实例 1】在"中国五大名楼.pptx"中完成导入 Word 文档和字体段落格式设置等操作，参考效果如图 9-4 所示。具体要求如下。

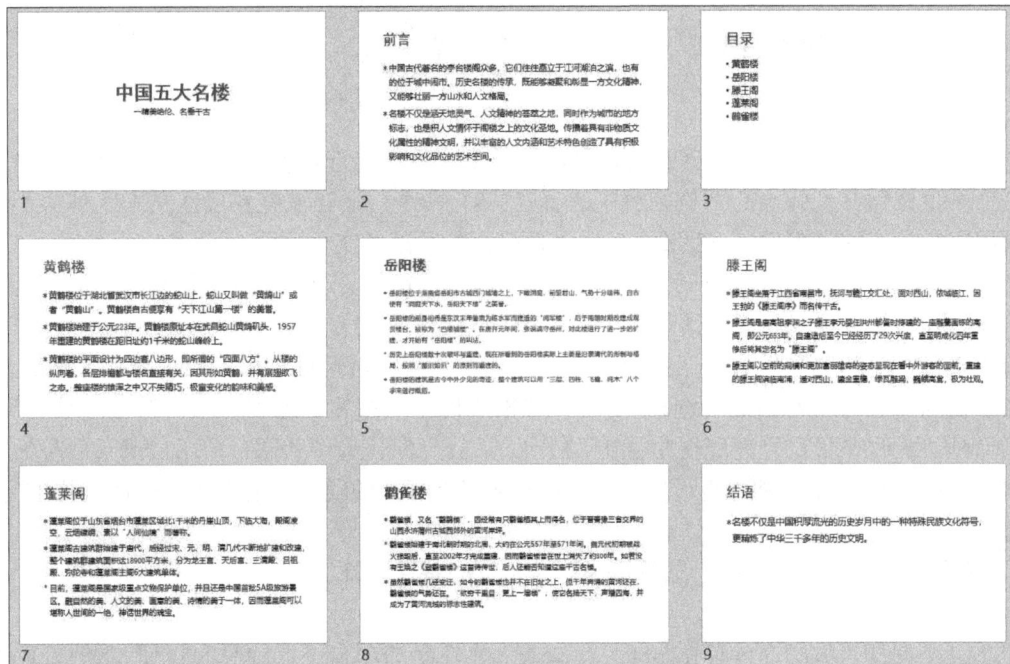

图 9-4　"中国五大名楼.pptx"参考效果

（1）打开"中国五大名楼.pptx"，将"文字素材-中国五大名楼.docx"中应用了"标题 1""标题 2""标题 3"样式的文本内容分别对应该演示文稿中每页幻灯片的标题文字、第一级文本内容和第二级文本内容。

（2）在该演示文稿中，将所有幻灯片的标题文字颜色设置为"绿色,个性色 6,深色 25%"，第 1 张幻灯片版式改为标题幻灯片，标题字号设为 60 磅，适当调整其他幻灯片文本字体大小和段落的行间距。

（3）除了标题和目录幻灯片外，其他幻灯片的文本项目符号设为"＊"。

操作步骤：

（1）导入 Word 中应用了标题样式的文本。

打开"中国五大名楼.pptx"，单击"开始"选项卡→"幻灯片"组中的"新建幻灯片"下拉按钮，在弹出的下拉列表中选择"幻灯片(从大纲)"命令，如图 9-5 所示。

（2）调整字体格式和段落格式，修改版式。

① 选择第 1 张幻灯片的标题中的文字，单击"开始"选项卡→"字体"组中的"字体颜色"下拉按钮，在弹出的下拉列表中选择"主题颜色"中的"绿色,个性色 6,深色 25%"。

单击"开始"选项卡→"幻灯片"组中的"版式"下拉按钮，在弹出的下拉列表中选择"标题幻灯片"版式，如图 9-6 所示。选择幻灯片上的标题文字，将其字号设置为"60"（即 60 磅）。采用同样的方法设置其他幻灯片的标题字体颜色，适当调整字体大小。

图 9-5　导入 Word 文本

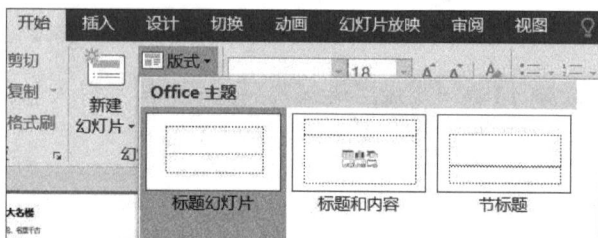

图 9-6　修改幻灯片版式

② 选中第 2 张幻灯片上的文本段落，单击"开始"选项卡→"段落"组中的"行距"下拉按钮，在弹出的下拉列表中选择"1.5"命令。适当调整各段落文本字体大小。采用同样的方法调整第 4~9 张幻灯片中各段落的行距和文本字号。

（3）设置第 2 张及第 4~9 张幻灯片的文本项目符号。选中第 2 张幻灯片中的段落，单击"开始"选项卡→"段落"组中的"项目符号"下拉按钮，在弹出的下拉列表中选择"项目符号和编号"命令，弹出"项目符号和编号"对话框，单击"自定义"按钮，在弹出的"符号"对话框中选择"＊"，单击"确定"按钮，返回"项目符号和编号"对话框，此时项目符号列表框中会出现"＊"，且为默认选中状态，单击"确定"按钮，文本中的项目符号即变为"＊"。选择第 4~9 张幻灯片的段落中的文本，采用同样的方法设置项目符号为"＊"。

【实例 2】将"大学必考证书.pptx"中所有的备注删除。

操作步骤：

（1）打开"大学必考证书.pptx"，单击"文件"选项卡→"信息"按钮，在打开的"信息"窗口中单击"检查问题"下拉按钮，在弹出的下拉列表中选择"检查文档"命令，如图 9-7 所示。

（2）在弹出的"文档检查器"对话框中，取消对其他选项的选择，拖动右侧的滚动条到最下方，选中"演示文稿备注"复选框，如图 9-8 所示，单击"检查"按钮。

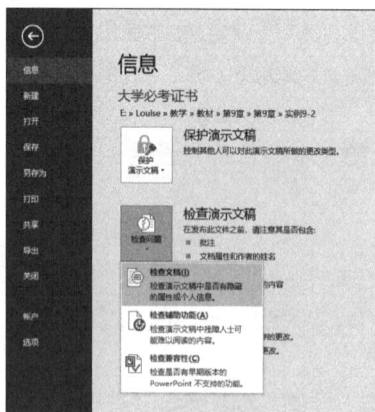

图 9-7　"检查文档"选项

图 9-8　"文档检查器"对话框

（3）"文档检查器"对话框中的"演示文稿备注"后面出现"全部删除"按钮，单击该按钮，将幻灯片的备注全部删除，对话框中"演示文稿备注"下方会出现"已删除所有演示文稿备注"提示，最后单击"关闭"按钮。

9.3　图形和图片的处理与应用

恰当、合理地使用图形和图片，可以制作图文并茂的演示文稿，更直观、生动地表现主题，增强演示文稿的吸引力和观赏性。本节将重点介绍幻灯片中各种形状和图片的使用方法和技巧。

9.3.1　使用形状

1. 绘制形状

绘制形状的基本方法如下：单击"插入"选项卡→"插图"组中的"形状"下拉按钮，在弹出的下拉列表中选择需要的形状，然后在幻灯片拖动鼠标绘制形状。右击绘制的形状，在弹出的快捷菜单中选择"编辑文字"，即可在形状框中输入文字。

2. 调整形状格式

（1）利用"绘图工具/格式"选项卡对形状进行格式设置。选中要编辑的形状，单击"绘图工具/格式"选项卡中的功能按钮，可以对选中的图形进行格式设置，如设置形状的大小、颜色、样式、排列方式、位置、旋转角度等，还可以对多个形状设置叠放次序、对齐方式及组合、取消组合等。例如，单击"绘图工具/格式"选项卡→"插入形状"组中的"编辑形状"下拉按钮，在弹出的下拉列表中选择"更改形状"命令可以改为其他形状。

（2）利用"设置形状格式"窗格设置。右击要调整格式的形状，在弹出的快捷菜单中选择"设置形状格式"命令，即可打开"设置形状格式"窗格，可利用"形状选项"和"文本选项"两个选项卡对选中形状的填充颜色和线条、文本填充和文本边框等属性进行设置。

9.3.2　使用 SmartArt 图形

使用 SmartArt 图形可以轻松设计出具有专业水准的图形，更直观生动地展现文本信息。

1. 利用 SmartArt 占位符插入 SmarArt 图形

基本方法如下：选择带有内容占位符或者 SmartArt 占位符的幻灯片版式，单击占位符中的"插入 SmartArt 图形"图标，如图 9-9 所示，弹出"选择 SmartArt 图形"对话框，从中选择需要的 SmartArt 图形。

图 9-9　"插入 SmartArt 图形"图标

2. 直接插入 SmartArt 图形

基本方法如下：单击"插入"选项卡→"插图"组中的"SmartArt"按钮，在弹出的"选择 SmartArt 图形"对话框中选择需要的 SmartArt 图形样式。

利用上面两种方法插入 SmartArt 图形后，选择一个图形即可输入文本，也可在左侧的文本窗格根据需要按级别输入文字。

3. 将文本转换为 SmartArt 图形

基本方法如下：首先在文本框和其他可以输入文本的形状中输入文本，并设置好文本的级别（如在占位符中直接输入的是一级文本，按 Tab 键可将文本降级为二级文本，再按 Shift+Tab 组合键可将二级文本升级为一级文本），如图 9-10 所示；然后选中文本，单击"开始"选项卡→"段落"组中的"转换为 SmartArt"下拉按钮，在弹出的下拉列表中选择需要的 SmartArt 图形，如图 9-11 所示，或者右击选中的文本，在弹出的快捷菜单选择"转换为 SmartArt"命令，再选择一种 SmartArt 图形，如"水平项目符号列表"样式，其效果如图 9-12 所示。如果没有所需要的样式，可选择下拉列表下方的"其他 SmartArt 图形"命令，在弹出的"选择 SmartArt 图形"对话框中选择需要的 SmartArt 图形。

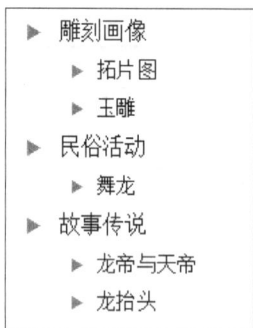

图 9-10　输入文本并设置级别　　　图 9-11　"转换为 SmartArt 图形"下拉列表

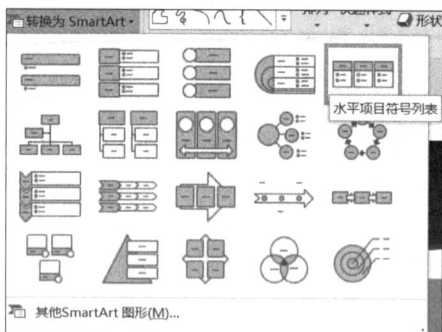

图 9-12　水平项目符号列表效果

4. 编辑 SmartArt 图形

选中 SmartArt 图形后，可利用"SmartArt 工具/设计"和"SmartArt 工具/格式"两个选项卡对 SmartArt 图形进行编辑。

1）添加或删除形状

基本方法如下：选中 SmartArt 图形中的一个形状，单击"SmartArt 工具/设计"选项卡→"创建图形"组中的"添加形状"下拉按钮，在弹出的下拉列表中选择合适的位置添加形状；删除形状的方法很简单，选中要删除的形状，按 Delete 键即可将其删除。

2）更换 SmartArt 图形布局

如要换为其他 SmartArt 图形，可单击"SmartArt 工具/设计"选项卡→"版式"组中的"其他"按钮 ，在弹出的 SmartArt 图形列表中选择一种样式。如列表中没有所需样式，可选择下方的"其他布局"命令，在弹出的"选择 SmartArt 图形"对话框中选择要更换的 SmartArt 图形。

3）编辑文本或图片

在 SmartArt 图形左侧的文本窗格中可以编辑文本，利用 Shift+Tab 组合键、Tab 键，或单击"SmartArt 工具/设计"选项卡→"创建图形"组中的"升级""降级"按钮调整文本级别。单击 SmartArt 图形左侧的箭头按钮，或单击"SmartArt 工具/设计"选项卡→"创建图形"组中的"文本窗格"按钮，可隐藏或显示文本窗格。

如果选择的是包含图片的 SmartArt 图形，还可单击图片图标 插入图片。

4）更改颜色

基本方法如下：单击"SmartArt 工具/设计"选项卡→"SmartArt 样式"组中的"更改颜色"下拉按钮，在弹出的下拉列表选择一种内置的颜色搭配。

5）修改样式

基本方法如下：单击"SmartArt 工具/设计"选项卡→"SmartArt 样式"组中的"其他"按钮 ，在打开的 SmartArt 样式库中选择一种 SmartArt 样式。

6）修改形状格式

基本方法如下：选中 SmartArt 图形中要修改的形状，单击"SmartArt 工具/格式"选项卡→"形状"组中的"更改形状"下拉按钮，在弹出的下拉列表中选择一种形状；单击"SmartArt 工具/格式"选项卡→"形状样式"组中的"其他"按钮 ，在打开的样式库中选择一种形状样式；也可以利用"形状样式"组中的"形状填充""形状轮廓""形状效果"等按钮来修改形状格式。

9.3.3 使用图片

PowerPoint 可以插入图片，并对图片进行各种编辑，从而达到图文并茂的效果。

1. 插入图片

在演示文稿中插入图片的方法与 Word 类似，在此不再赘述。

2. 设置图片格式

选中图片后，利用"图片工具/格式"选项卡中的功能按钮，可以设置图片的大小和位置，也可以设置图片样式、图片边框、图片效果、图片颜色、艺术效果，还可以裁剪图片，删除图片背景等，具体操作方法请参考 1.2 节的相关内容。

3. 图片给文字做背景

在 PowerPoint 中将图片作为背景置于文字下方时，可能会出现文字显示不清晰的情况，可以通过设置文本框的背景色，选择合适的透明度来突出显示文字，基本方法如下：单击文字所在文本框的边框，单击"绘图工具/格式"选项卡→"形状样式"组中"形状填充"下拉按钮，在弹出的下拉列表中选择一种填充颜色，如图9-13（a）所示，再选择下方的"其他填充颜色"命令，在弹出的"颜色"对话框中设置合适的透明度，如图9-13（b）所示。效果对比如图9-14所示。

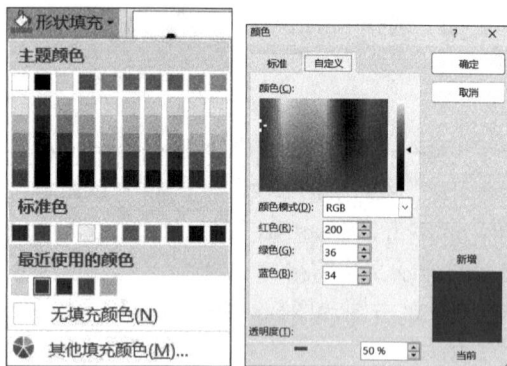

（a）"形状填充"下拉列表　　（b）"颜色"对话框

图 9-13　设置文框的填充颜色和透明度

图 9-14　图片给文字做背景效果对比图

4. 压缩图片

有时候PPT因插入的图片素材过多，导致文件体积太大影响传输速度，这时可通过PowerPoint的压缩图片功能，有效地减小演示文稿文件的大小。基本方法如下：单击"图片工具/格式"选项卡→"调整"组中的"压缩图片"按钮，在弹出的"压缩图片"对话框中设置"压缩选项"和"目标输出"，如图9-15所示，设置"压缩选项"为"删除图片的剪裁区域"，在"目标输出"组中根据需要选择合适的选项，如仅共享可选中"电子邮件（96ppi）；尽可能缩小文档以便共享"单选按钮，最后单击"确定"按钮。

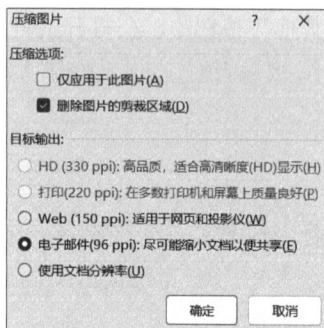

图 9-15　"压缩图片"对话框

9.3.4　制作电子相册

利用 PowerPoint 的电子相册功能，可以方便地将多张图片制作成精美的专业电子相册进行展示，基本方法如下。

（1）将需要展示的图片存放在一个文件夹中，新建一个演示文稿。

（2）单击"插入"选项卡→"图像"组中的"相册"下拉按钮，在弹出的下拉列表中选择"新建相册"命令，在弹出的"相册"对话框中插入图片，设置图片版式、相框形状和主题等。

① 单击"文件/磁盘"按钮，在弹出的"插入新图片"对话框中可选择图片所在的位置，按 Ctrl 键或 Shift 键选择多张图片，或按 Ctrl+A 组合键全选所有图片，然后单击"插入"按钮返回"相册"对话框。

② 选中一张图片，利用"相册中的图片"下的按钮可以调整图片的顺序或者删除图片，还可以利用"预览"下的按钮对图片的明暗度、旋转角度、对比度等进行设置。

③ 在"相册版式"组中可以设置电子相册的图片版式、相框形状和主题。

（3）单击"创建"按钮，即生成一个新的电子相册演示文稿。

如果要修改电子相册的版式、主题等内容，可单击"插入"选项卡→"图像"组中的"相册"下拉按钮，在弹出的下拉列表中选择"编辑相册"命令，在弹出的"相册"对话框中进行修改，然后单击"更新"按钮完成修改。

■ 本节实例

【实例 1】请运用形状和图片对"中国五大名楼.pptx"进行美化，图片来源于"文字素材-中国五大名楼.docx"，参考效果如图 9-16 所示。

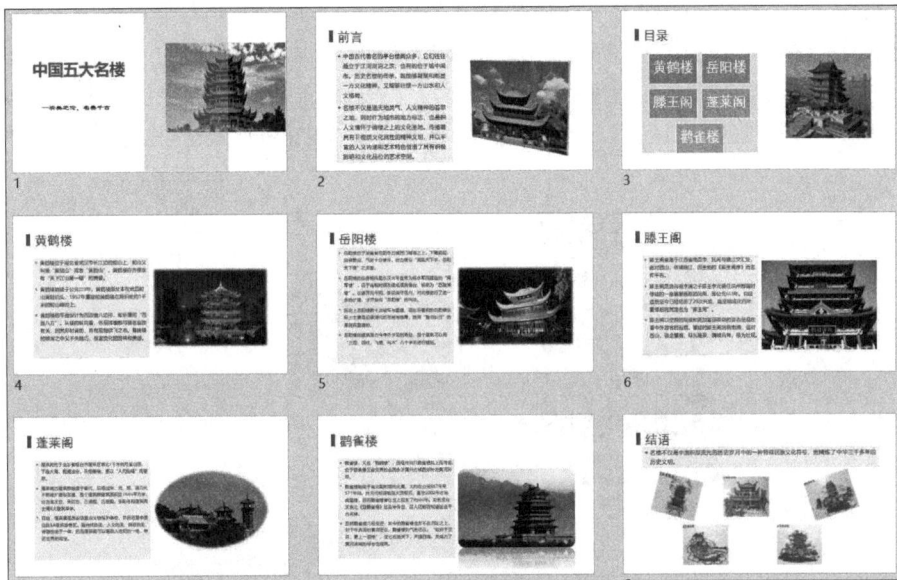

图 9-16　"中国五大名楼.pptx"参考效果

具体要求如下。

（1）按照效果图适当调整标题和副标题框的字体字号、大小和位置。

（2）在标题幻灯片插入一个矩形形状，填充颜色为浅绿（自定义标签 RGB 值为红色 197、绿色 224、蓝色 180），透明度为 50%。适当调整其大小和位置。

（3）在标题幻灯片中复制粘贴素材文档"文字素材-中国五大名楼.docx"中第一张图片，调整其大小和位置。

（4）在第 2 张幻灯片的标题框前插入一个矩形块，高度为 1.45 厘米，宽度为 0.44厘米，颜色和标题中字体的颜色一致，将其复制粘贴到第 3～9 张幻灯片的相同位置

（5）将第 2 张及第 4～9 张幻灯片中的文本框形状填充颜色设为"绿色,个性色 6,淡色 80%"，透明度为"50%"。将第 2～8 张幻灯片版式改为两栏内容，将 Word 中的对应图片复制粘贴到右边的占位符中，对图片进行适当的编辑，如进行适当的裁剪，设置适当的图片样式、边框等。

（6）将第 3 张幻灯片中的文本内容转换为 SmartArt 图形，布局为"基本列表"，更改颜色为"透明渐变范围-个性色 6"，样式为"简单填充"，形状填充颜色设为"绿色，个性色 6,淡色 80%"、透明度"50%"。适当调整其大小和位置。

（7）将 Word 文档中对应的 5 张剪纸图片复制粘贴到第 9 张幻灯片，并适当调整图片大小，移动位置，设置边框和旋转角度。

操作步骤：

（1）打开"中国五大名楼.pptx"文档，选择第 1 张幻灯片，单击"开始"选项卡→"字体"组中的功能按钮对主标题和副标题的字体和字号进行调整（如标题设为微软雅黑，54 磅；副标题设为隶书，24 磅）。

（2）选中第 1 张幻灯片，单击"插入"选项卡→"插图"组中的"形状"下拉按钮，在弹出的下拉列表中选择"矩形"命令，在标题幻灯片上绘制一个矩形，选中该矩形，单击"绘图工具/格式"选项卡→"形状样式"组中的"形状填充"下拉按钮，在弹出的下拉列表中选择"其他颜色"命令，如图 9-17（a）所示，在弹出的"颜色"对话框中选择"自定义"选项卡，在颜色模式（默认为 RGB）下的红色、绿色、蓝色微调框中分别输入"197""224""180"，透明度设为"50%"，如图 9-17（b）所示，单击"确定"按钮。

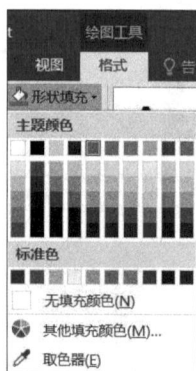

（a）"形状填充"下拉列表　　　　（b）设置透明度

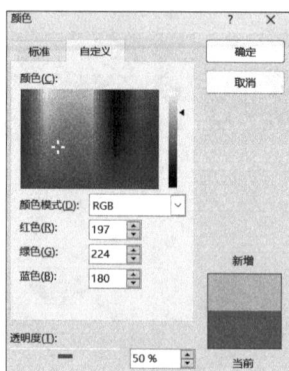

图 9-17　设置矩形的填充色和透明度

（3）打开"文字素材-中国五大名楼.docx"文档，选中第一张图片，将其复制粘贴到演示文稿的标题幻灯片中，右击该图片，在弹出的快捷菜单中选择"置于底层"级联菜单中的"下移一层"命令，将图片置于绿色矩形下方，同时调整图片和矩形的大小和位置。

（4）选中第 2 张幻灯片，同前面步骤，单击"插入"选项卡→"插图"组中的"形状"下拉按钮，在弹出的下拉列表中选择"矩形"命令，在幻灯片标题前的适当位置绘制一个矩形框，在"图片工具/格式"选项卡→"大小"组中设置矩形的高度为 1.45 厘米、宽度为 0.44 厘米。选中该矩形，单击"绘图工具/格式"选项卡→"形状样式"组中的"形状填充"下拉按钮，在弹出的下拉列表中选择"取色器"命令，单击标题文字任意位置，即可利用"颜色"下拉列表中的"取色器"，将矩形填充色设置为标题文字颜色，将设置好的矩形复制到第 3～9 张幻灯片中同样的位置。

（5）选中第 2 张幻灯片，单击文本框的边框选中该文本框，单击"绘图工具/格式"选项卡→"形状样式"组中的"形状填充"下拉按钮，在弹出的下拉列表的主题颜色中选择"绿色,个性色 6,淡色 80%"，然后再次单击"形状样式"组中的"形状填充"下拉按钮，在弹出的下拉列表中选择"其他填充颜色"命令，在弹出的"颜色"对话框中设置透明度为"50%"。采用同样的方法设置第 4～9 张幻灯片文本框的填充颜色和透明度。

选中第 2 张幻灯片，单击"开始"选项卡→"幻灯片"组中的"版式"下拉按钮，在弹出的下拉列表中选择"两栏内容"。在"文字素材-中国五大名楼.docx"中，右击"前言"内容下的图片，在弹出的快捷菜单中选择"复制"命令，然后右击第 2 张幻灯片右边的占位符边框，在弹出的快捷菜单中选择"粘贴选项"级联菜单中的"使用目标主题"命令，再适当设置图片的样式（如棱台左透视，白色），调整边框粗细（如 2.25 磅,）、颜色饱和度（如 200%）等。采用同样方式设置第 3～8 张幻灯片。

（6）选中第 3 张幻灯片，选择文本内容，右击选中的文本内容，在弹出的快捷菜单中选择"转换为 SmartArt"→"其他 SmartArt 图形"命令，在弹出的"选择 SmartArt 图形"对话框中选择列表样式中的"基本列表"。选中得到的 SmartArt 图形，单击"SmartArt 工具/设计"选项卡→"SmartArt 样式"组中的"更改颜色"下拉按钮，在弹出的下拉列表中选择颜色为"透明渐变范围-个性色 6"，在"SmartArt 样式"组中选择样式"简单填充"。单击"SmartArt 工具/格式"选项卡→"形状样式"组中的"形状填充"下拉按钮，在弹出的下拉列表中选择主题颜色"绿色,个性色 6,淡色 80%"，再次单击"形状填充"下拉按钮，在弹出的下拉列表中选择"其他填充颜色"命令，在弹出的"颜色"对话框中设置透明度为"50%"，调整图形的大小和位置。

（7）选中第 9 张幻灯片，将"文字素材-中国五大名楼.docx"中最后的 5 张剪纸画复制粘贴到该幻灯片，适当调整图片的大小和位置，选中图片后，拖动图片上方的旋转标记旋转图片，在"图片工具/格式"选项卡→"图片样式"组中选择一种有边框的样式。

【实例 2】利用 PowerPoint 创建一个相册，参考效果如图 9-18 所示。具体要求如下。

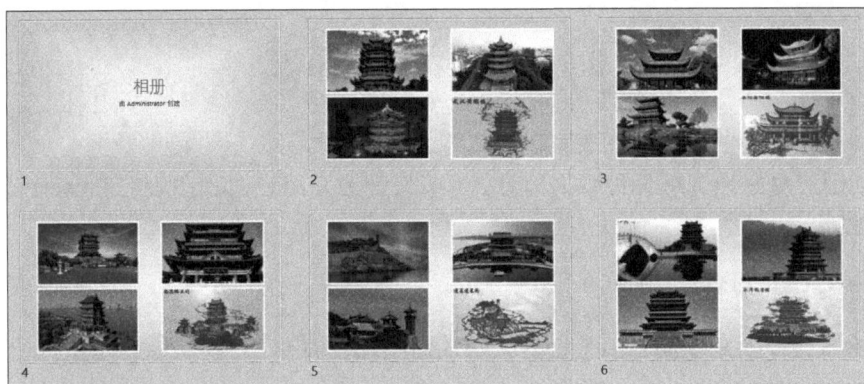

图 9-18　相册参考效果

（1）使其包含 1.jpg～20.jpg 共 20 张图片，在每张幻灯片中包含 4 张图片，并将图片版式设置为"4 张图片"，相框形状设置为"简单框架,白色"，相册主题设置为"模板.thmx"样式。

（2）将相册保存为"五大名楼相册.pptx"。

操作步骤：

（1）启动 PowerPoint，新建一个空白演示文稿，单击"插入"选项卡→"图像"组中的"相册"下拉按钮，在弹出的下拉列表中选择"新建相册"命令，在弹出的"相册"对话框中，单击"插入图片来自"下的"文件/磁盘"按钮，在弹出的"插入新图片"对话框中选择图片所在的位置，按 Ctrl+A 组合键选择全部 20 张图片，单击"插入"按钮返回"相册"对话框。在该对话框中设置图片版式为"4 张图片"，相框形状为"简单框架，白色"，主题为"模板.thmx"，如图 9-19 所示。单击"创建"按钮，PowerPoint 会自动生成一个新的电子相册。

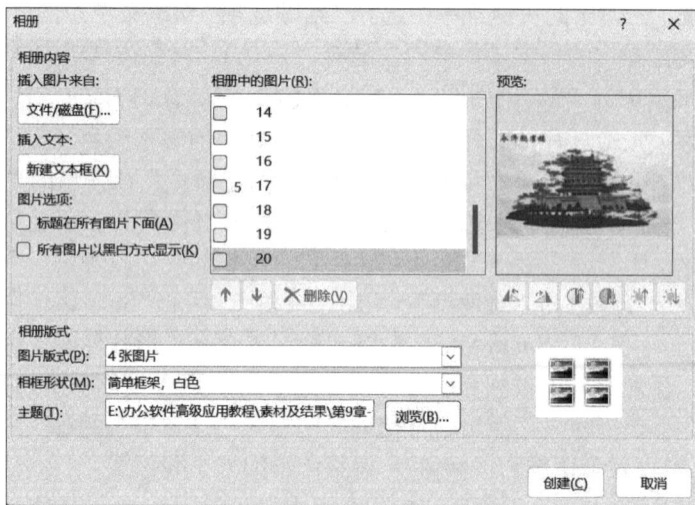

图 9-19 "相册"对话框

（2）单击"文件"选项卡→"保存"按钮，打开"另存为"窗口，选择保存的位置，将文件保存为"五大名楼相册.pptx"。

9.4 使用表格和图表

PowerPoint 中的表格和图表可以更直观、清晰地展示演示文稿中数据信息之间的关系，帮助用户更好地理解各种数据信息。本节将详细介绍表格和图表在 PowerPoint 中的使用方法。

9.4.1 创建编辑表格

表格可以使演示文稿中的数据展示更加清晰和富有条理。

1. 插入表格

可以采用多种方法插入表格。

1）应用"插入表格"列表插入

基本方法如下：单击"插入"选项卡→"表格"组中的"表格"下拉按钮，在弹出的下拉列表中拖动鼠标选择插入表格的行数和列数，或选择"插入表格"命令，在弹出的

"插入表格"对话框中输入需要的行数和列数，单击"确定"按钮后即可生成相应的表格。

2）通过占位符中的"插入表格"图标插入

幻灯片应用版式后，可以单击占位符中的"插入表格"图标，弹出"插入表格"对话框，如图 9-20 所示，输入需要的行数和列数，单击"确定"按钮即可生成相应的表格。

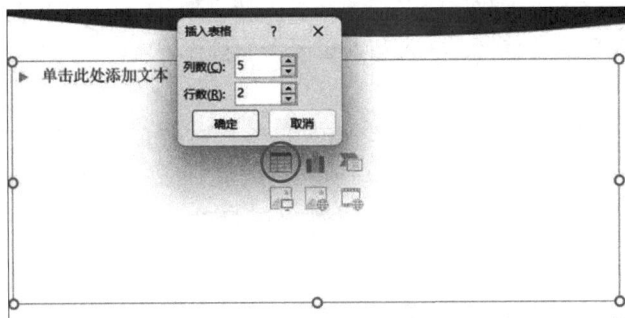

图 9-20 通过占位符中的"插入表格"图标插入表格

3）从 Word 或 Excel 中复制和粘贴表格

基本方法如下：首先在 Word 或 Excel 中选中要复制的表格，然后右击选中的表格，在弹出的快捷菜单中选择"复制"命令；选择需要插入表格的幻灯片，右击该幻灯片，在弹出的快捷菜单中选择"粘贴选项"命令，在"粘贴选项"中选择"使用目标主题"或"保留源格式"命令，则 Word 或 Excel 中的表格即被复制到幻灯片中。

2. 编辑美化表格

选中表格后，PowerPoint 主功能区上会出现"表格工具/设计"选项卡和"表格工具/布局"选项卡，使用"表格工具/设计"选项卡可实现诸如套用表格格式、设置边框底纹等美化表格的功能；使用"表格工具/布局"选项卡可实现诸如插入（删除）行和列、合并（拆分）单元格、调整行高和列宽等编辑表格的功能。

9.4.2 生成图表

除了支持插入表格外，PowerPoint 还支持依据表格数据生成各种数据图表，更直观形象地反映数据信息，便于用户理解枯燥的数据信息。

1. 插入图表

基本方法如下：单击"插入"选项卡→"插图"组中的"图表"按钮（也可以单击占位符中的"插入图表"图标），弹出"插入图表"对话框，选择需要的图表，单击"确定"按钮，即在相应的幻灯片上生成一个指定类型的图表，图表上方有一个类似 Excel 表格的窗口，在蓝色框线内输入生成图表的数据，则幻灯片上会出现对应这些数据的图表。

2. 编辑美化图表

除了可以生成各种不同的图表外，还可以对图表进行编辑和美化。选中图表后，PowerPoint 主功能区上会出现"图表工具/设计"选项卡和"图表工具/布局"选项卡，图表右上角还会出现"图表元素""图表样式""图表筛选器"三个快捷按钮，可以利用这些选项卡和快捷按钮对图表的颜色、大小、样式、布局、类型等进行设置、调整和美化。

■ 本节实例

【实例】根据素材"我国数字经济现状及五大新进展.docx"生成"数字经济五大新进展.pptx"，完成插入和编辑表格、插入和编辑图表的操作，参考效果如图 9-21 所示。具体要求如下。

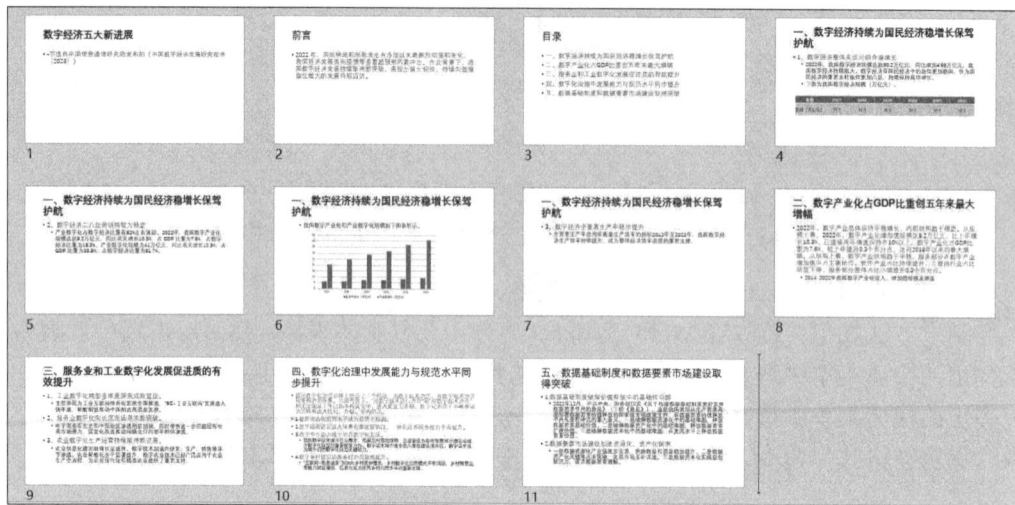

图 9-21　"数字经济五大新进展.pptx"参考效果

（1）将"我国数字经济现状及五大新进展.docx"中应用了"标题 1""标题 2""标题 3"样式的文本内容分别对应演示文稿中每页幻灯片的标题文字、第一级文本内容和第二级文本内容，并保存为"数字经济五大新进展.pptx"。

（2）根据素材"表格和图表示例.docx"中的图 1 中的表格，在演示文稿的第 4 张幻灯片的文字下面插入一个表格，并输入表格的内容，调整表格的大小和位置，对表格进行适当的编辑，如调整列宽，使第 1 列第 2 行单元格的字显示在 1 行，其他列的列宽相等，设置表格的水平、垂直对齐方式均为居中等。

（3）根据"表格和图表示例.docx"表 1 中的数据，在演示文稿的第 6 张幻灯片中插入一个如"表格和图表示例.docx"中图 2 所示的图表，去掉图表标题，适当调整图表的大小和位置。

操作步骤：

（1）启动 PowerPoint，新建一个空白演示文稿，单击"文件"选项卡→"打开"按钮，打开"打开"窗口，单击"浏览"按钮，在弹出的"打开"对话框中指定"我国数字经济现状及五大新进展.docx"的位置，文件名后的类型改为"所有文件（*.*）"，选中"我国数字经济现状及五大新进展.docx"后单击"打开"按钮，即可将该 Word 文档的大纲导入一个新的 PowerPoint 演示文稿中，将其保存到指定位置，命名为"数字经济五大新进展.pptx"。

（2）在第 4 张幻灯片中，单击"插入"选项卡→"表格"组中的"表格"下拉按钮，在弹出的下拉列表中选择"插入表格"命令，在弹出的"插入表格"对话框中，输入行数 2，列数 7，单击"确定"按钮，得到一个 2 行 7 列的表格，并将"表格和图表示例.docx"文档中第一张图中的数据填入表格中。将鼠标指针置于表格右下角的控制点上，拖动鼠标调整表格大小，将鼠标指针置于表格外边框上，拖动鼠标移动表格位置，将鼠标指针置于第 1 列和第 2 列之间的框线上，向右拖动鼠标使该列第 2 行文字显示在一行。选中其他列，单击"表格工具/布局"选项卡→"单元格大小"组中的"分布列"按钮，使所选列平均分布列宽。选中整张表格，单击"表格工具/布局"选项卡→"对齐方式"组中的"居中"按钮和"垂直居中"按钮。

（3）在第 6 张幻灯片中，单击"插入"选项卡→"插图"组中的"图表"按钮，在弹出的"插入图表"对话框中选择默认的"簇状柱形图"，单击"确定"按钮，结果如图 9-22 所示。选择"表格和图表示例.docx"中表 1 下的表格，右击选中的表格，在弹出的快捷菜单中选择"复制"命令，然后右击演示文稿第 6 张幻灯片图表上方的 Excel 表格的 A1 单元格，在弹出的快捷菜单中选择"粘贴选项"中的"保留源格式"或"匹配目标格式"命令，然后将鼠标指针置于 D7 单元格的右下角，当指针变为双向箭头状时（图 9-23）向左拖动鼠标，使方框内只包含生成图表所需的数据，从而得到需要的图表。将鼠标指针置于图表右上方的控制点上，当指针变为双向箭头时，拖动鼠标调整图表的大小，使其不遮盖标题和文字，单击图表右上方的"图表元素"按钮，在"图表元素"列表中取消选中"图表标题"复选框，如图 9-24 所示，调整图表位置。

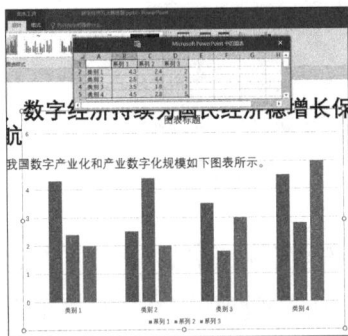

图 9-22　在幻灯片中插入图表　　图 9-23　调整生成图表的数据范围　　图 9-24　"图表元素"列表

9.5　多媒体处理与应用

音频和视频是制作声情并茂的演示文稿的重要组成部分，本节将详细介绍如何在演示文稿中使用音频和视频。

9.5.1　音频

PowerPoint 支持在演示文稿中添加多种格式的音频，并可设置音频格式和播放方式。

1．插入音频

基本方法如下：单击"插入"选项卡→"媒体"组中的"音频"下拉按钮，其下拉列表中包含"PC 上的音频"和"录制音频"两个选项，其中"PC 上的音频"是指可以选择本台计算机上的音频文件，"录制音频"是指可以通过麦克风直接给选择的幻灯片添加录制的音频，用户可根据需要选择插入的方法。

2. 设置音频格式

插入音频文件后，幻灯片上会出现一个声音图标，同时在 PowerPoint 主功能区上出现"音频工具/格式"和"音频工具/播放"两个选项卡。在"音频工具/格式"选项卡中可以设置声音图标的样式、大小、位置等，使声音图标更生动，如图 9-25 所示。

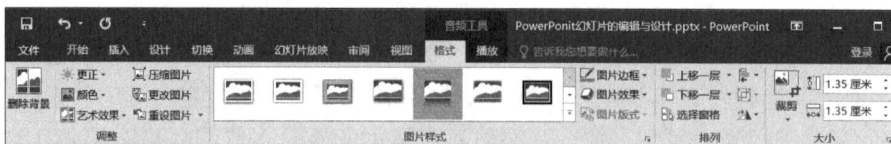

图 9-25　"音频工具/格式"选项卡

3. 设置音频播放方式

单击声音图标后，在"音频工具/播放"选项卡中可以裁剪音频、设置音量、放映时隐藏、循环播放和播放声音的方式等，如图 9-26 所示。

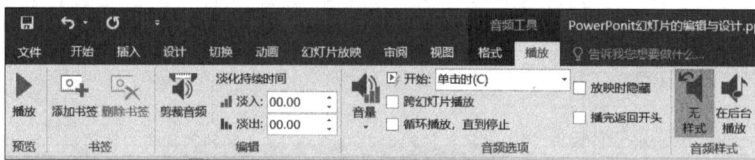

图 9-26　"音频工具/播放"选项卡

1）裁剪音频

基本方法如下：单击声音图标，单击"音频工具/播放"选项卡→"编辑"组中的"裁剪音频"按钮，在弹出的"裁剪音频"对话框中可通过设置开始时间和结束时间来裁剪音频，如图 9-27 所示。

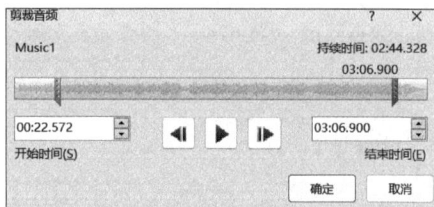

图 9-27　"裁剪音频"对话框

2）设置全程播放背景音乐

设置全程播放背景音乐即设置演示文稿全程都需要播放背景音乐。基本方法如下。

① 首先在第 1 张幻灯片中插入指定的声音文件（如 Music1.mp3），调整声音图标的大小，并将其移动到适当的位置。

② 在"音频工具/播放"选项卡→"音频选项"组"开始"右侧的下拉列表中选择"自动"命令，选中"跨幻灯片播放""放映时隐藏""循环播放，直到停止""播完返回开头"等复选框，如图 9-28 所示。

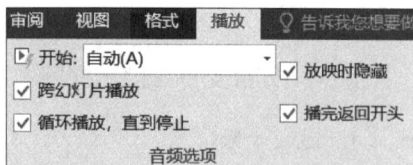

图 9-28　设置全程播放的背景音乐

3）设置在多张幻灯片中连续播放背景音乐

例如，在第 6～10 张幻灯片中将文件名为"Music2.mp3"的声音文件设置为背景音乐，基本方法如下。

① 按上述方法在第 6 张幻灯片中插入声音文件"Music2.mp3"，设置播放选项。

② 单击"动画"选项卡→"高级动画"组中的"动画窗格"按钮，在打开的"动画窗格"中单击"Music2"右侧的下拉按钮，在弹出的下拉列表中选择"效果选项"命令，弹出"播放音频"对话框。在该对话框的"效果"选项卡的"停止播放"组中，设置"在 5 张幻灯片后"，确认"开始播放"组中已选中"从头开始"单选按钮，单击"确定"按钮。

9.5.2 视频

除了可以添加音频以外，PowerPoint 还支持在幻灯片中添加视频。

1. 插入视频

基本方法如下：单击"插入"选项卡→"媒体"组中的"视频"下拉按钮，在弹出的下拉列表中选择"PC 上的视频"命令。在弹出的"插入视频"对话框中指定视频文件的位置，选择视频文件。

插入视频后，可以根据需要调整视频的大小和位置。

2. 设置视频格式

选中插入的视频文件，选择"视频工具/格式"选项卡，如图 9-29 所示。在该选项卡可以设置视频样式、指定视频封面、调整视频大小和排列位置等。

图 9-29 "视频工具/格式"选项卡

1）设置视频样式

单击"视频样式"组中的"其他"按钮，可在打开的视频样式库中选择需要的视频的样式，单击"视频形状""视频边框""视频效果"等按钮可分别设置视频的外形、边框和效果等。

2）设置视频封面

播放视频一段时间后暂停，单击"调整"组中的"标牌框架"下拉按钮，在弹出的下拉列表中选择"当前框架"命令，即可将当前画面设为视频封面，如选择"文件中的图像"命令，则可在弹出的"插入图片"对话框中选择指定的图片作为视频封面。

3. 设置视频播放选项

选中插入的视频文件，选择"视频工具/播放"选项卡，在该选项卡中可以设置视频的播放选项，如图 9-30 所示。

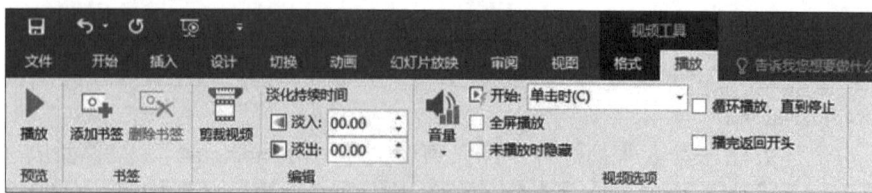

图 9-30 "视频工具/播放"选项卡

（1）播放：单击"播放"按钮可以直接在幻灯片上播放视频内容。

（2）添加或删除书签：在播放的视频上添加或删除书签。

（3）剪裁视频：对视频进行剪裁，和添加书签等配合使用，可实现更精准的剪裁。

（4）淡化持续时间：可设置淡入和淡出时间，以获取更好的视频播放效果。

（5）视频选项：可设置播放的音量大小，"自动"或"单击时"播放视频及"全屏播放""循环播放，直到停止""未播放时隐藏"和"播放完毕返回开头"等选项。

■ 本节实例

【实例】在素材"五大名楼相册.pptx"等文件中添加音频和视频，具体要求如下。

（1）将"黄鹤楼送孟浩然之广陵.mp3"作为"五大名楼相册.pptx"的背景音乐，要求在幻灯片放映时即开始播放，至放映结束后停止，并设置"放映时隐藏"。

（2）在"五大名楼相册.pptx"的第 1 张幻灯片后面添加一张版式为"空白"的幻灯片，插入视频文件"黄鹤楼.avi"，调整视频的大小，移动其位置，设置视频的封面和视频样式、边框等，设置播放方式为"自动""全屏"，并将淡入和淡出时间均设置为"1 秒"。

（3）在"中国五大名楼.pptx"中的第 3 张幻灯片中插入音频文件"流水.mp3"，使其作为第 3～8 张幻灯片的背景音乐自动播放，并设置"放映时隐藏"。

操作步骤：

（1）在"五大名楼相册.pptx"中设置全程播放的背景音乐。

① 打开"五大名楼相册.pptx"，选中第 1 张幻灯片，单击"插入"选项卡→"媒体"组中的"音频"下拉按钮，在弹出的下拉列表中选择"PC 上的音频"命令，在弹出的"插入音频"对话框中指定音频文件的位置，选择"黄鹤楼送孟浩然之广陵.mp3"。

② 单击"插入"按钮，幻灯片上会出现一个声音图标，单击声音图标，在"音频工具/播放"选项卡→"音频选项"组中，设置"自动"开始，并选中"跨幻灯片播放""放映时隐藏""循环播放，直到停止""播完返回开头"等复选框，如图 9-28 所示。

（2）在"五大名楼相册.pptx"第 2 张幻灯片中插入编辑视频，设置封面和播放方式。

① 选中第 1 张幻灯片，单击"开始"选项卡→"幻灯片"组中的"新建幻灯片"下拉按钮，在弹出的下拉列表中选择"空白"版式，即添加一张版式为"空白"的新幻灯片。选中新幻灯片，单击"插入"选项卡→"媒体"组中的"视频"下拉按钮，在弹出的下拉列表中选择"PC上的视频"，在弹出的"插入视频文件"对话框中指定视频文件的位置，选择"黄鹤楼.avi"视频文件，单击"插入"按钮，即将视频插入当前幻灯片中，调整视频大小和位置。

② 单击视频上的"播放"按钮 ▶ 播放视频，在遇到适合作为封面的帧时按"暂停"按钮❚❚暂停播放，单击"视频工具/格式"选项卡→"调整"组中的"标牌框架"下拉按

钮，在弹出的下拉列表中选择"当前框架"命令，如图 9-31 所示，即可将当前帧的画面设为视频封面（也可在"标牌框架"下拉列表中选择"文件中的图像"命令，选择某个图片文件如"1.jpg"作为视频的封面）。

③ 单击"视频工具/格式"选项卡→"视频样式"组中的"其他"按钮，设置视频的样式如"棱台框架，渐变"；单击"视频边框"下拉按钮，在弹出的下拉列表中选择一种颜色如主题颜色"白色，背景 1，深色 50%"。再次单击视频，选择"视频工具/播放"选项卡，在

图 9-31　设置视频封面

"视频选项"组中，设置"自动"开始，并选中"全屏播放"复选框；在"编辑"组的"淡入""淡出"微调框中输入"01.00"，如图 9-32 所示。

（3）在"中国五大名楼.pptx"中设置在第 3～8 张幻灯片中连续播放音乐。

① 打开"中国五大名楼.pptx"，选中第 3 张幻灯片，单击"插入"选项卡→"媒体"组中的"音频"下拉按钮，在弹出的下拉列表中选择"PC 上的音频"

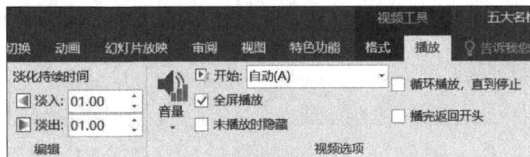

图 9-32　视频播放属性设置

命令，在弹出的"插入音频"对话框中指定声音文件所在的位置，选择"流水.mp3"，单击"插入"按钮。

② 选择幻灯片中出现的声音图标，按图 9-28 所示设置音频播放选项。

③ 单击"动画"选项卡→"高级动画"组中的"动画窗格"按钮，在打开的"动画窗格"中，单击"流水"右侧的下拉按钮，在弹出的下拉列表中选择"效果选项"命令，如图 9-33 所示，弹出"播放音频"对话框，设置"从头开始"播放、在"6"张幻灯片后停止播放，如图 9-34 所示，单击"确定"按钮。

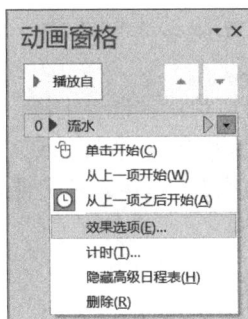

图 9-33　动画窗格中的"效果选项"

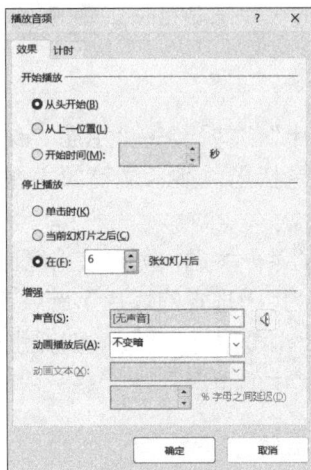

图 9-34　停止播放设置

9.6　演示文稿的修饰

在 PowerPoint 中，可以通过使用主题、设置背景、修改版式、应用母版等快速统一演示文稿的外观，使幻灯片更具吸引力。

9.6.1　调整幻灯片大小和方向

调整幻灯片大小和方向的基本方法如下。

单击"设计"选项卡→"自定义"组中的"幻灯片大小"下拉按钮，如图 9-35 所示。在弹出的下拉列表中可选择"标准（4∶3）"或"宽屏（16∶9）"，也可选择"自定义幻灯片大小"命令，在弹出的"幻灯片大小"对话框中选择某一类型，或者在"宽度"和"高度"微调框中输入相应的数值。在"幻灯片大小"对话框中，还可以修改幻灯片编号的起始值，设置幻灯片的方向为纵向显示或横向显示。

图 9-35　"设计"选项卡

9.6.2　设置页眉和页脚

单击"插入"选项卡→"文本"组中的"页眉和页脚"按钮，弹出"页眉和页脚"对话框，在该对话框可添加幻灯片编号、日期和时间、页脚等内容，如果不希望在标题幻灯片中显示编号等内容，可选中"标题幻灯片中不显示"复选框，单击"应用"按钮将设置应用于当前幻灯片，单击"全部应用"按钮将设置应用于所有幻灯片。

9.6.3　应用设计主题

演示文稿的设计主题包括主题颜色、主题字体、主题效果和背景等内容。

1. 应用主题

单击"设计"选项卡→"主题"组中的"其他"按钮，即可打开内置的主题样式库，其中包括当前演示文稿的主题、自定义主题，以及所有 PowerPoint 内置的主题。

选择其中的某一主题，可将该主题应用于所有幻灯片；右击该主题，在弹出的快捷菜单中选择"应用于选定幻灯片"命令可将选定的主题应用于所选的幻灯片。

也可选择"浏览主题"命令，在弹出的对话框中选择保存在本地计算机中的 PPT 模板文件，套用其中的主题。

2. 自定义主题

如果内置主题无法满足用户的需求，还可以调整主题颜色、主题字体、主题效果等内容，并保存为自定义主题。

　　1）自定义主题颜色

　　基本方法如下：单击"设计"选项卡→"变体"组中的"其他"按钮▫，在打开的变体下拉列表中选择"颜色"级联菜单中的"自定义颜色"命令，在弹出的"新建主题颜色"对话框中修改文字、背景、超链接的颜色，在"名称"文本框中输入自定义主题颜色的名称，单击"保存"按钮，当前演示文稿中的主题颜色即按新方案设置。

　　2）自定义主题字体

　　基本方法如下：单击"设计"选项卡→"变体"组中的"其他"按钮▫，在打开的变体下拉列表中选择"字体"级联菜单中的"自定义字体"命令，在弹出的"新建主题字体"对话框中可以修改中文和西文的标题字体和正文字体，在"名称"文本框中输入自定义主题字体的名称，单击"保存"按钮，当前演示文稿中的标题字体和正文字体即按新方案设置。

　　3）使用主题效果

　　基本方法如下：单击"设计"选项卡→"变体"组中的"其他"按钮▫，在打开的变体库中选择"效果"命令，选择一种内置的效果。

　　4）保存当前主题

　　基本方法如下：单击"设计"选项卡→"主题"组中的"其他"按钮▫，在弹出的下拉列表中选择"保存当前主题"命令，在弹出的"保存当前主题"对话框中输入主题名，指定保存的位置后单击"保存"按钮。

9.6.4　设置背景格式

　　PowerPoint 中可以应用主题对整个演示文稿中的所有幻灯片主题颜色、主题字体、主题效果和背景进行统一设置，也支持单独设置幻灯片的背景格式。

1. 使用系统背景样式

　　基本方法如下：单击"设计"选项卡→"变体"组中的"其他"按钮▫，在打开的变体下拉列表中选择"背景样式"命令，再选择一种系统背景样式，如图 9-36 所示。

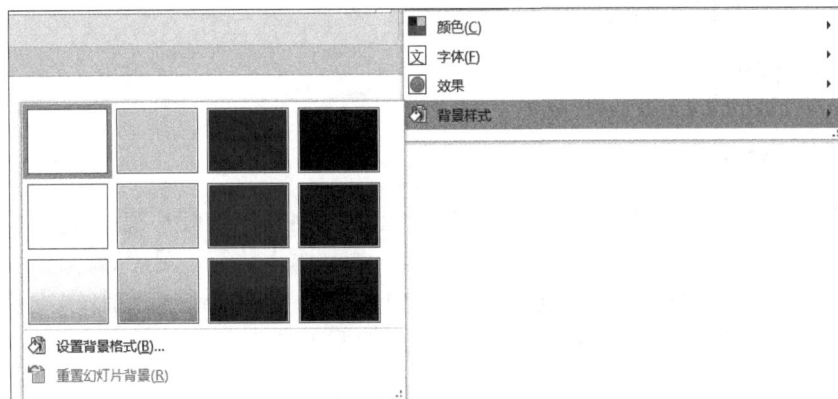

图 9-36　"背景样式"列表

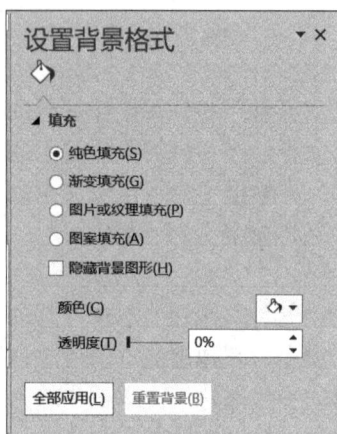

图 9-37 "设置背景格式"窗格

2. 自定义背景格式

基本方法如下：单击"设计"选项卡→"自定义"组中的"设置背景格式"按钮，或者单击"设计"选项卡→"变体"组中的"其他"按钮⎅，在打开的变体下拉列表中选择"背景样式"级联菜单中的"设置背景格式"命令，在弹出的"设置背景格式"窗格中进行背景设置，如图 9-37 所示。

在该窗格中，背景的填充方式包括纯色填充、渐变填充、图片或纹理填充、图案填充等方式，还可设置透明度。

默认将所设的背景效果应用于当前选定的幻灯片，单击"全部应用"按钮，则可将所设的背景效果应用于所有幻灯片。

9.6.5 幻灯片版式

幻灯片版式是指幻灯片上的各种对象（包括文本、图片、表格、图表等）的搭配布局方式，包含幻灯片上显示的所有内容的格式、位置和占位符。占位符是幻灯片版式上的虚线容器，用于保存标题、正文文本、表格、图表、SmartArt 图形、图片、视频等内容。幻灯片版式还包含颜色、字体、效果和背景。PowerPoint 包含 11 种内置的幻灯片版式供用户使用。

1. 在新建幻灯片时指定版式

基本方法如下：单击"开始"选项卡→"幻灯片"组中的"新建幻灯片"下拉按钮，在弹出的下拉列表中选择适当的版式。

2. 修改幻灯片版式

基本方法如下：单击"开始"选项卡→"幻灯片"组中的"版式"下拉按钮，在弹出的下拉列表中选择适当的版式。

9.6.6 幻灯片母版

1. 幻灯片母版概述

幻灯片母版是定义演示文稿中所有幻灯片或页面格式的幻灯片视图或页面，幻灯片母版中包含了可出现在每一张幻灯片上的元素，如文本占位符、图片等。幻灯片母版上的对象将出现在每张幻灯片的相同位置上。使用母版可以方便快速地制作多张版式相同的幻灯片，提高演示文稿制作效率。

2. 进入和退出幻灯片母版

单击"视图"选项卡→"母版视图"组中的"幻灯片母版"按钮，进入幻灯片母版视图，如图 9-38 所示，在左侧缩略图窗格中最上方最大的那张幻灯片为幻灯片母版，其下方为相关联的版式的母版。利用在 PowerPoint 主功能区上方出现的"幻灯片母版"选项卡中的功能按钮，如图 9-39 所示，可对母版进行编辑，包括设置母版背景、占位符格式、项目符号和编号、页眉和页脚等，还可在母版视图中插入图片、形状等。在第一张幻灯片母版中进行统一的文本、图片等格式设置，其他版式的母版会与之同步设置，完成编辑后，单击"关闭母版视图"按钮即可退出幻灯片母版视图。

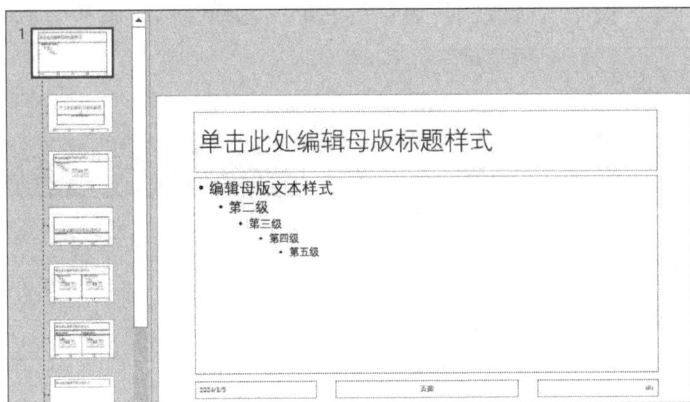

图 9-38　幻灯片母版视图

图 9-39　"幻灯片母版"选项卡

3. 自定义幻灯片母版

1）设置母版背景

① 进入幻灯片母版视图，在左侧选择需要设置背景的幻灯片母版或版式（如第一张幻灯片母版）。

② 单击"幻灯片母版"选项卡→"背景"组中的"背景样式"下拉按钮，在弹出的下拉列表中选择任一背景样式，或者选择下方的"设置背景格式"命令，在打开的"设置背景格式"窗格中设置背景格式（如渐变填充"浅色渐变，个性色 6"）。

2）设置占位符

在母版视图中，还可调整各占位符的大小、位置、字体、颜色等格式，使幻灯片中的占位符都自动应用该格式。在母版视图中设置占位符的文本属性的方法与在普通视图中类似，不同之处在于不能在占位符中输入文本。例如，在幻灯片母版中设置标题占位符字体为微软雅黑，颜色为深红色，文本字体为微软雅黑，效果如图 9-40 所示，可以发现其他版式的母版相应的设置都统一自动与幻灯片母版保持一致。

3）自定义版式

进入幻灯片母版视图后，单击"幻灯片母版"选项卡→"编辑母版"组中的"插入版式"按钮，可以插入一个名为"自定义版式"的新版式，如果选中的是第一张幻灯片母版，则新版式在最后，如果选中的是某种版式的母版，则新版式在当前选中的母版后。

在新版式中，可单击"幻灯片母版"选项卡→"母版版式"组中的"插入占位符"下拉按钮，在弹出的下拉列表中选择需要的占位符，然后按住鼠标左键在编辑区拖动，即可添加指定的占位符。还可在编辑区调整占位符大小、修改占位符的形状样式、删除不需要的占位符等。例如，修改图片占位符的形状为椭圆，如图9-41所示。

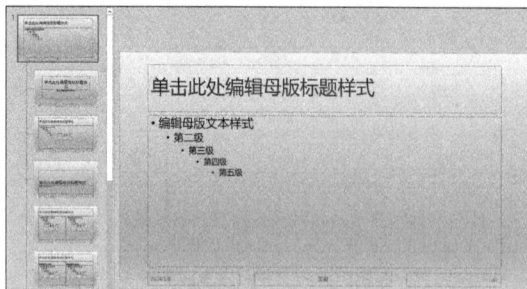

图 9-40　设置幻灯片母版背景和占位符效果

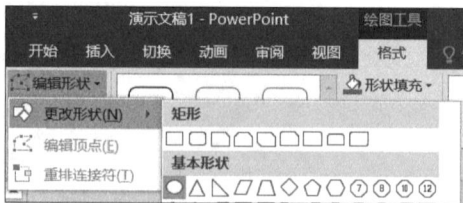

图 9-41　更改图片占位符形状

4）重命名版式

在幻灯片母版视图中，选中某个版式，单击"幻灯片母版"选项卡→"编辑母版"组中的"重命名"按钮，在弹出的"重命名版式"对话框中，输入指定的版式名称（如"图片"），单击"重命名"按钮。

单击"幻灯片母版"选项卡→"关闭"组中的"关闭母版视图"按钮，退出幻灯片母版视图。单击"开始"选项卡→"幻灯片"组中的"新建幻灯片"下拉按钮，在弹出的下拉列表中可选择自定义的版式（如"图片"）。

5）将母版保存为模板

退出幻灯片母版视图后，单击"文件"选项卡→"另存为"按钮，在打开的"另存为"窗口中单击"浏览"按钮，在弹出的"另存为"对话框中，选择存放的位置，在"保存类型"下拉列表中选择"PowerPoint 模板(*.potx)"类型，单击"保存"按钮，即可将母版保存为模板。

▌本节实例

【实例1】在"数字经济五大新进展.pptx"中完成幻灯片大小、编号、页脚、版式、主题等设置，效果如图9-42所示。具体要求如下。

（1）将幻灯片大小设置为"全屏显示（16:9）"，第1张幻灯片版式设为"标题幻灯片"，第2、3张幻灯片版式设为"标题和内容"。

（2）除标题幻灯片外，其他幻灯片均包含幻灯片编号和内容为"数字经济五大新进展"的页脚。

（3）为演示文稿选用"积分"主题，为第1～3张幻灯片应用自定义主题"数字经济.thmx"。

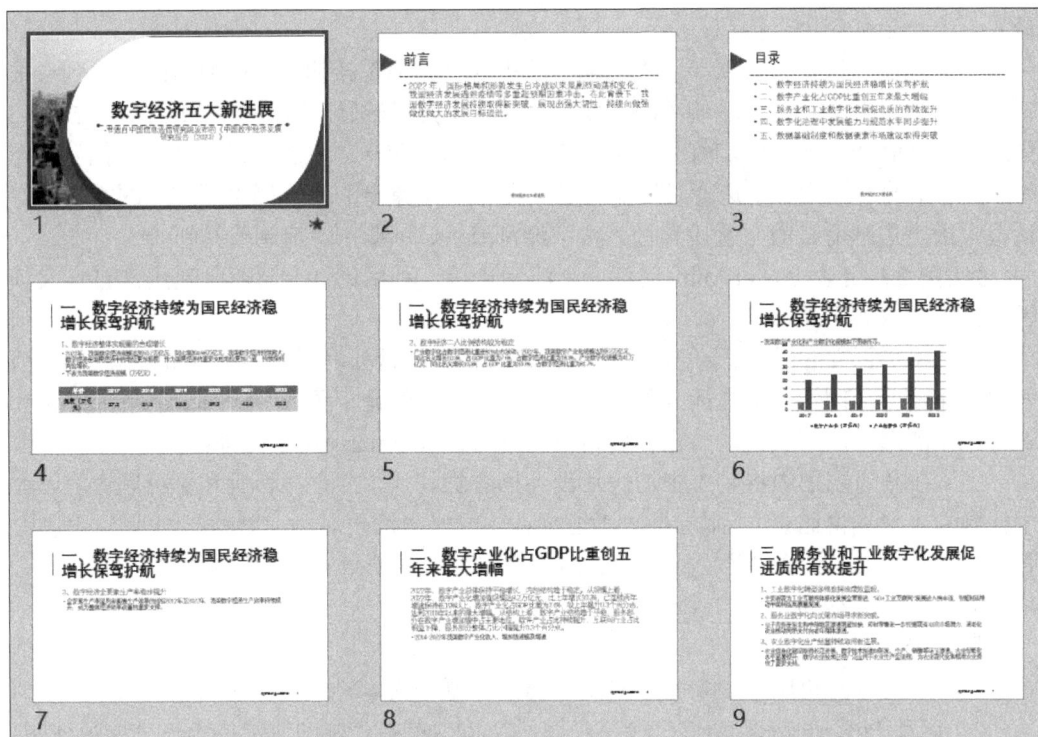

图 9-42　"数字经济五大新进展.pptx"参考效果

操作步骤：

（1）打开"数字经济五大新进展.pptx"，单击"设计"选项卡→"自定义"组中的"幻灯片大小"按钮，在弹出的"幻灯片大小"对话框的"幻灯片大小"下拉列表中选择"全屏显示（16:9）"，如图 9-43 所示。选中第 1 张幻灯片，单击"开始"选项卡→"幻灯片"组中的"版式"下拉按钮，在弹出的下拉列表中选择"标题幻灯片"版式，采用同样的方法将第 2、3 张幻灯片的版式设置为"标题和内容"。

（2）单击"插入"选项卡→"文本"组中的"页眉和页脚"按钮，弹出 "页眉和页脚"对话框，在"幻灯片"选项卡中选中"幻灯片编号""页脚""标题幻灯片中不显示"复选框，在"页脚"下的文本框中输入"数字经济五大新进展"，如图 9-44 所示，

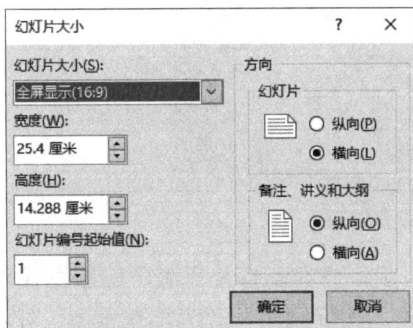

图 9-43　幻灯片大小设置

图 9-44　设置幻灯片编号和页脚

最后单击"全部应用"按钮。

（3）单击"设计"选项卡→"主题"组中的"其他"按钮，在弹出的下拉列表框中选择"积分"主题。在左侧缩略图窗格中选中第 1 张幻灯片，按住 Shift 键单击第 3 张幻灯片同时选中前 3 张幻灯片，单击"设计"选项卡→"主题"组中的"其他"按钮，在弹出的下拉列表中选择"浏览主题"命令，在弹出的"选择主题或主题文档"对话框中指定主题所在的位置，选择"数字经济.thmx"，单击"应用"按钮。

【实例 2】启动 PowerPoint 新建一个演示文稿，利用幻灯片母版创建用户自定义模板，具体要求如下。

（1）将"正文.jpg"用于幻灯片母版背景，将"标题.jpg"图片用于标题幻灯片母版背景，修改幻灯片母版的标题样式和文本样式。在最下面增加一个名为"标题和 SmartArt 图形"的新版式，并在标题占位符下方添加 SmartArt 占位符。

（2）在普通视图中将第 1 张幻灯片设为标题幻灯片，并自拟标题和副标题内容，如主标题为"**演讲比赛"，副标题为"汇报人：***""汇报时间：****年**月"，添加 1 张新幻灯片，版式设为名为"标题和 SmartArt 图形"的新版式。标题输入"目录"二字，将该演示文稿保存为"我的模板.potx"。

操作步骤：

（1）在幻灯片母版中设置背景格式，修改标题和文本样式，自定义新版式。

① 启动 PowerPoint，新建一个空白演示文稿，单击"视图"选项卡→"母版视图"组中的"幻灯片母版"按钮，进入幻灯片母版视图，选择左侧缩略图窗格中的第 1 张幻灯片母版，单击"幻灯片母版"选项卡→"背景"组中的"背景样式"下拉按钮，在弹出的下拉列表中选择"设置背景格式"命令，在打开的"设置背景格式"窗格中选择"图片或纹理填充"，单击"插入图片来自"组中的"文件"按钮，在弹出的对话框中选择指定文件夹中的"正文.jpg"，将其设置为幻灯片母版的背景，可以发现，所有版式的母版的背景都统一变为了设置的背景。选择左侧缩略图窗格中的第 2 张"标题幻灯片"版式的母版，采用同样的方法，将"标题.jpg"设置为背景。幻灯片背景设置结果如图 9-45 所示。

图 9-45　幻灯片背景设置结果

② 选中左侧缩略图窗格中的第 1 张幻灯片母版，修改幻灯片母版中标题样式和文本样式的字体、字号和颜色，并调整其大小和位置，如标题字体改为微软雅黑，红色，32 磅。

③ 单击"幻灯片母版"选项卡→"编辑母版"组中的"插入版式"按钮，插入一个新版式，选中左侧缩略窗格中的新版式并右击，在弹出的快捷菜单中选择"重命名版式"命令，如图 9-46（a）所示，在弹出的"重命名版式"对话框中输入"标题和 SmartArt 图形"，如图 9-46（b）所示，单击"重命名"按钮。在新版式中单击"幻灯片母版"选项卡→"母版版式"组中的"插入占位符"按钮，在弹出的下拉列表中选择"SmartArt"命令，如图 9-47 所示，拖动鼠标在新版式幻灯片上绘制"SmartArt 图形"占位符，并调整其大小和位置，效果如图 9-48 所示。

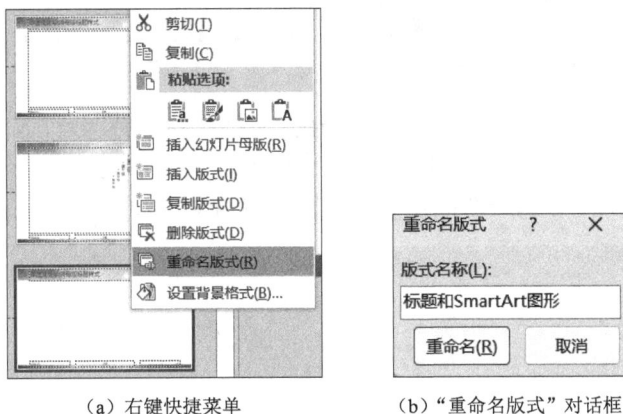

（a）右键快捷菜单　　　　（b）"重命名版式"对话框

图 9-46　新版式命名

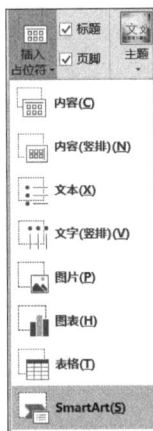

图 9-47　插入 SmartArt 占位符　　　　图 9-48　新建版式效果

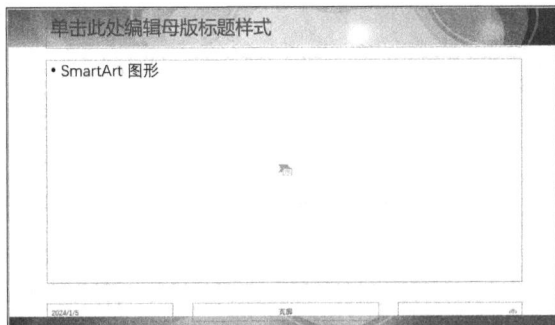

（2）在普通视图中编辑演示文稿，并保存为模板。

① 单击"幻灯片母版"选项卡→"关闭"组中的"关闭母版视图"按钮，退出母版视图。

② 单击"开始"选项卡→"幻灯片"组中的"版式"下拉按钮，在弹出的下拉列表中选择"标题幻灯片"版式，主标题输入"**演讲赛"，副标题输入汇报人和汇报时间，如图 9-49 所示。

③ 选择"开始"选择卡→"幻灯片"组中的"新建幻灯片"下拉按钮，在弹出的下拉列表中选择"标题和 SmartArt 图形"版式，在新建的幻灯片标题处输入"目录"，

如图 9-50 所示。

图 9-49　标题幻灯片效果

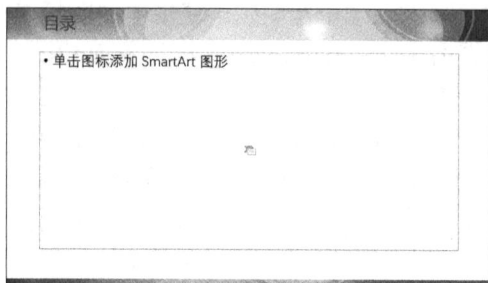

图 9-50　标题和 SmartArt 图形幻灯片效果

④ 单击"文件"选项卡→"保存"按钮，在打开的"另存为"窗口中单击"浏览"按钮，在弹出的"另存为"对话框中指定文件的保存位置，文件类型选择"PowePoint 模板(*.potx)"，输入文件名"我的模板"，单击"保存"按钮。

第10章 幻灯片的动画设置与放映输出

本章主要介绍在 PowerPoint 中添加和设置动画效果、设置切换效果、放映演示文稿、输出演示文稿等内容。

10.1 添加和设置动画效果

PowerPoint 通过对演示文稿的文本、图形、表格等对象设置恰当的动画效果，可以使演示文稿中的对象按一定的顺序，以动态的方式呈现，从而增强演示文稿的吸引力。

10.1.1 添加动画效果

PowerPoint 中添加动画以幻灯片中的对象为单位，需要先选定文本、图形、表格等对象，再添加动画效果。

1. 添加单个动画

添加动画的基本方法如下：首先选中幻灯片中要添加动画的对象，然后单击"动画"选项卡→"动画"组中的"其他"按钮，弹出动画效果列表框，如图 10-1 所示，根据需要选择一种动画效果。若在列表框中没有找到合适的动画效果，可选择下方的"更多进入效果"、"更多强调效果"、"更多退出效果"或"其他动作路径"等命令查看选择更多动画效果。在动画列表框中选择"无"效果可以删除当前选定对象的动画。

在动画列表框中可以看到，PowerPoint 有以下 4 种不同类型的动画。

（1）进入：动画对象从无到有，进入幻灯片播放画面。

（2）强调：动画对象直接显示，然后再播放动画，起强调作用。

（3）退出：动画对象从有到无，离开幻灯片播放画面。

（4）动作路径：动画对象在播放时从路径起点沿所设路径移动到路径终点。

单击"动画"选项卡→"高级动画"组中的"动画窗格"按钮，在"动画窗格"中将以列表的形式显示当前幻灯片中所有

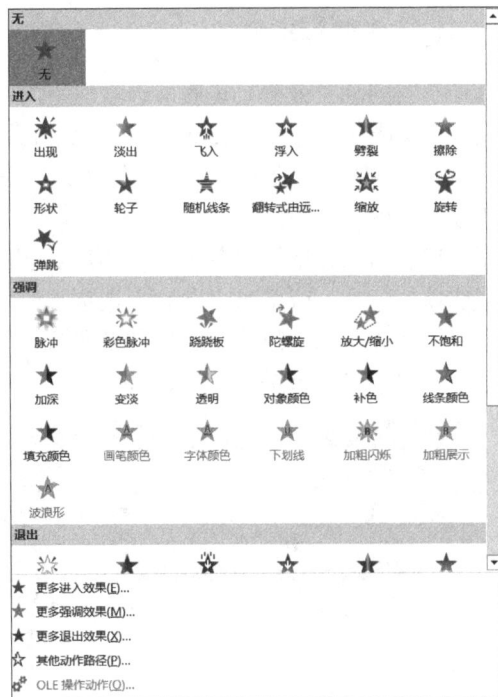

图 10-1 动画效果列表框

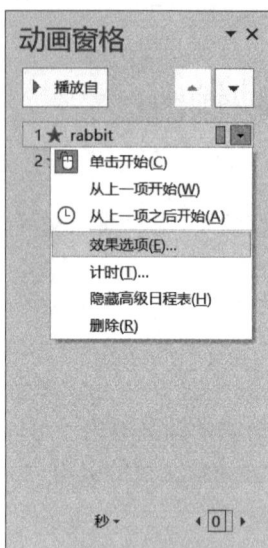

图 10-2 动画窗格

已经设置的动画,如图 10-2 所示,动画的序号表示动画出现的顺序。

2. 添加多个动画

有时需要为一个对象添加多种动画效果,基本方法如下:在添加单个动画效果之后,再次单击"动画"选项卡→"高级动画"组中的"添加动画"下拉按钮,在弹出的动画效果列表框中选择合适的动画效果。

3. 为多个对象添加相同动画

可以利用"动画刷"功能为多个对象添加相同的动画,基本方法如下:在幻灯片中选中已添加了动画的对象,然后双击"动画"选项卡→"高级动画"组中的"动画刷"按钮,再单击其他对象,即可为这些对象应用相同的动画,最后再次单击"动画刷"按钮结束动画的复制。

10.1.2 设置动画效果

添加了动画效果后,还可以对动画的方向、形状、开始方式、播放速度、声音等进行设置。

1. 设置效果选项

不同的动画效果,其效果选项也不同,主要有方向、形状等,也可能没有效果选项。设置效果选项的基本方法如下:选中幻灯片中已添加动画的对象,单击"动画"选项卡→"动画"组中的"效果选项"下拉按钮,在弹出的下拉列表中选择某种或多种动画细节效果,如图 10-3 所示。

在"动画窗格"中单击动画选项右侧的下拉按钮 ,在弹出的下拉列表中选择"效果选项"命令,或单击"动画"选项卡→"动画"组右下角的对话框启动器按钮 ,将会根据所选动画效果弹出相应的效果选项对话框,如图 10-4 所示。在该对话框中,可进一步对效果选项进行设置,并可指定动画出现时所伴随的声音效果。

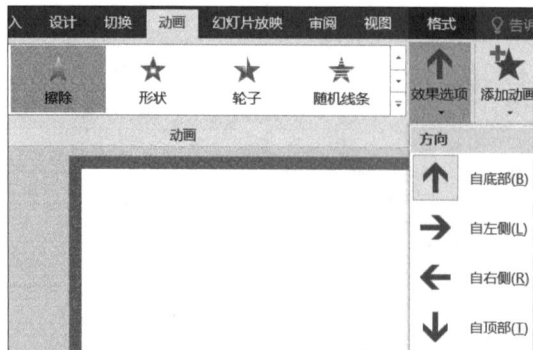

图 10-3 "擦除"进入效果选项

图 10-4 "擦除"进入效果选项对话框

2. 设置开始方式

基本方法如下：单击"动画"选项卡→"计时"组中的"开始"右侧的下拉按钮，在弹出的下拉列表中选择动画开始的方式，如图 10-5 所示。各选项说明如下。

（1）单击时：鼠标单击后开始播放动画，为默认的开始方式。

（2）与上一动画同时：该动画将与上一动画同时播放。

（3）上一动画之后：该动画将在上一动画播放后自动播放。

3. 设置计时

基本方法如下：在"动画窗格"中单击动画选项右侧的下拉按钮▼，在弹出的下拉列表中选择"计时"命令；或单击"动画"选项卡→"动画"选项组右下角的对话框启动器按钮，在弹出的对话框中选择"计时"选项卡，在此可设置动画的开始方式、延迟时间、播放速度、重复播放次数等，如图 10-6 所示。

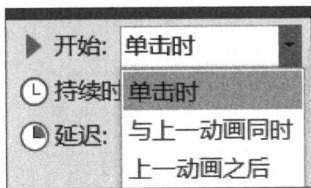

图 10-5　设置开始方式　　　　　图 10-6　设置计时

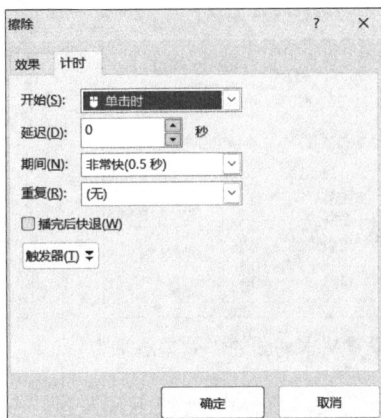

（1）开始：同"动画"选项卡→"计时"组中"开始"右侧的列表框。

（2）延迟：设置动画开始前的延迟秒数，使用"动画"选项卡→"计时"组中的"延迟"微调框可进行更精确的设置。

（3）期间：选择动画播放的速度（持续时间），使用"动画"选项卡→"计时"组中的"持续时间"微调框可进行更精确的设置。

（4）重复：设置动画重复播放的次数。

4. 添加动画声音

选中添加了动画的对象，在"动画窗格"中单击动画选项右侧的下拉按钮，在弹出的下拉列表中选择"效果选项"命令（或单击"动画"选项卡→"动画"组右下角的对话框启动器按钮），在弹出的对话框的"效果"选项卡的"声音"下拉列表中选择合适的声音效果，选择"其他声音"命令，可添加其他声音文件作为动画的声音效果，单击"确定"按钮，完成声音的插入，幻灯片将播放插入了声音的动画预览。

5. 设置文本动画效果

当文本框中有多个段落的文本时，设置文本动画时，可以将所有文本作为一个对象，也可以将各段落的文本作为单独的对象。设置了文本动画（如"擦除"进入效果）后，单击"动画"选项卡→"动画"组的"效果选项"下拉按钮，可以发现除了"方向"栏外，还有"序列"栏可供选择，如图10-7所示。

在"动画窗格"中单击动画选项右侧的下拉按钮，在弹出的下拉列表中选择"效果选项"命令，在弹出的对话框的"效果"选项卡中，"增强"组中的"动画文本"下拉列表中有"整批发送""按字/词""按字母"3个选项，文本框可以作为一个整体出现，也可以逐词、逐字或者逐字母出现，如图10-8所示。

图10-7　设置文本动画的"效果选项"

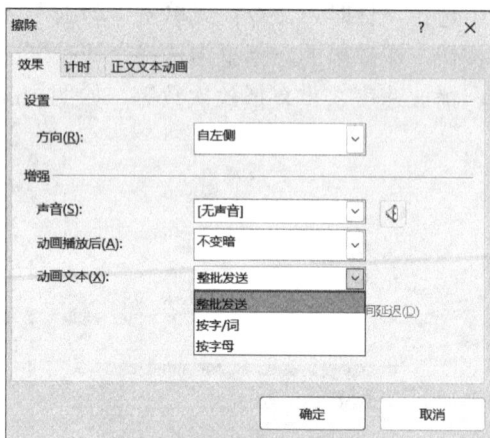

图10-8　"效果"选项卡

选择"正文文本动画"选项卡，发现"组合文本"后下拉列表中有"作为一个对象""所有段落同时""按第一级段落"等选项，既可以设置文本框内的段落作为一个对象整体出现，也可以设置按第一级段落（第二级……）一段一段出现。

10.1.3　设置动画播放顺序

同一张幻灯片中的动画对象默认按设置动画的先后顺序进行播放，也可以根据需要改变动画播放的顺序，基本方法如下：在动画窗格中选中某一动画对象，然后将其拖动到指定的位置即可；或者单击"动画窗格"顶部的向上箭头按钮或向下箭头按钮上移或下移一个位置。

10.1.4　设置动作路径动画

设置动作路径动画有两种方式：选择动作路径和绘制动作路径。

1. 选择动作路径

基本方法如下：选中要设置动作路径动画的对象，单击"动画"选项卡→"动画"组中的"其他"按钮，在弹出的动画效果列表框"动作路径"类型中选择已有的路径

（如"弧形"），或选择"其他动作路径"命令，在弹出的"添加动作路径"对话框中选择一种路径动画。幻灯片中将以虚线显示该动画的动作路径，如图 10-9 所示。

2. 绘制动作路径

基本方法如下：在幻灯片中选择需要添加动画的对象，单击"动画"选项卡→动画组中的"其他"按钮，在弹出的动画效果列表框中选择"动作路径"中的"自定义路径"命令，按住鼠标左键不放，拖动鼠标指针即可在幻灯片上绘制所需路径，双击结束动作路径的绘制，开始位置显示为绿色箭头，结束位置显示为红色箭头。

"自定义路径"默认为"自由曲线"类型。单击"动画"选项卡→"动画"组的"效果选项"下拉按钮，在弹出的下拉列表中选择"曲线"类型，然后单击动作路径的起点，再边拖动鼠标边单击，通过拖动绘制曲线，最后在路径终点双击结束路径的绘制，如图 10-10 所示。

图 10-9　"弧形"动作路径　　　　　图 10-10　绘制动作路径

10.1.5　设置触发器

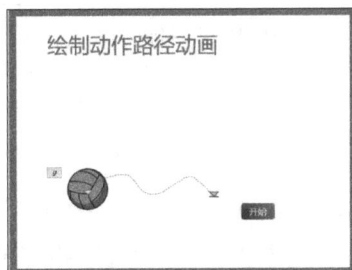

在 PowerPoint 中，可以利用形状、文本框、图片等图形对象作为触发器，控制已经设置的动画、声音或视频的播放，基本方法如下：首先插入一个图形对象（如圆角矩形 1 "开始"）作为触发器，然后选中设置好的动画、音频或者视频对象（如图 10-10 所示的篮球，已设置好路径动画），单击"动画"选项卡→"动画"组中的"触发"下拉按钮，在弹出的下拉列表中选择"单击"命令，再选择用于触发器的对象，此处为"圆角矩形 1"，如图 10-11 所示。在幻灯片中，设置了触发器的对象的左上角处会显示触发器图标，如图 10-12 所示。动画窗格中触发器的显示效果如图 10-13 所示。在放映此张幻灯片时，单击触发器对象（此处为"开始"按钮），即可播放与之关联的动画或音频、视频（此处为篮球的动作路径动画）。

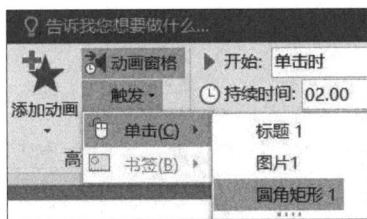

图 10-11　设置触发器　　图 10-12　设置了触发器的幻灯片　　图 10-13　动画窗格中的触发器显示效果

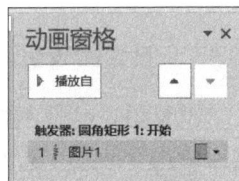

10.1.6　设置 SmartArt 图形动画

1. 为 SmartArt 图形添加动画并设置效果选项

基本方法如下：选中要添加动画的 SmartArt 图形，按前面的方法为其设置一种动画效果，然后单击"动画"选项卡→"动画"组中的"效果选项"下拉按钮，在弹出的下拉列表的"序列"栏中选择一种效果，默认为"作为一个对象"，即将整个 SmartArt 图形作为一个整体来应用动画。

2. 为 SmartArt 图形的单个形状添加动画效果

基本方法如下：选中已设置动画（如"擦除"进入效果）的 SmartArt 图形，单击"动画"选项卡→"动画"组中的"效果选项"下拉按钮，在弹出的下拉列表中选择"序列"栏中的"逐个"命令，如图 10-14（a）所示。单击在"动画"选项卡→"高级动画"组中的"动画窗格"按钮，在打开的"动画窗格"中单击"展开"按钮，如图 10-14（b）所示，即显示 SmartArt 图形的所有形状，如图 10-14（c）所示，可选择列表中的某个形状，修改动画样式、开始方式、持续时间等。

（a）设置"逐个"效果　　　（b）"展开"按钮　　　（c）展开后的 SmartArt 图形所有形状

图 10-14　设置 SmartArt 单个形状动画

10.1.7　设置图表动画

设置图表动画，首先选中要添加动画的图表，按前面的方法为其设置一种动画效果，然后单击"动画"选项卡→"动画"组中的"效果选项"下拉按钮，在弹出的下拉列表的"序列"组中选择一种效果，默认"作为一个对象"，即将整个图表作为一个整体来应用动画。可以选择"按系列""按类别""按系列中的元素""按类别中的元素"。

利用图表动画可制作动态图表，如图 10-15 所示，为图表设置"擦除"的进入动画效果，单击"效果选项"下拉按钮，选择"方向"栏中的"自底部"和"序列"栏中的

"按系列中的元素"，如图 10-15（a）所示，然后在"动画窗格"中单击"展开"按钮，展开后的结果如图 10-15（b）所示。在展开的所有图表元素动画选项中，可以为图表中的系列设置单独的动画，也可以删除某个图表元素动画。

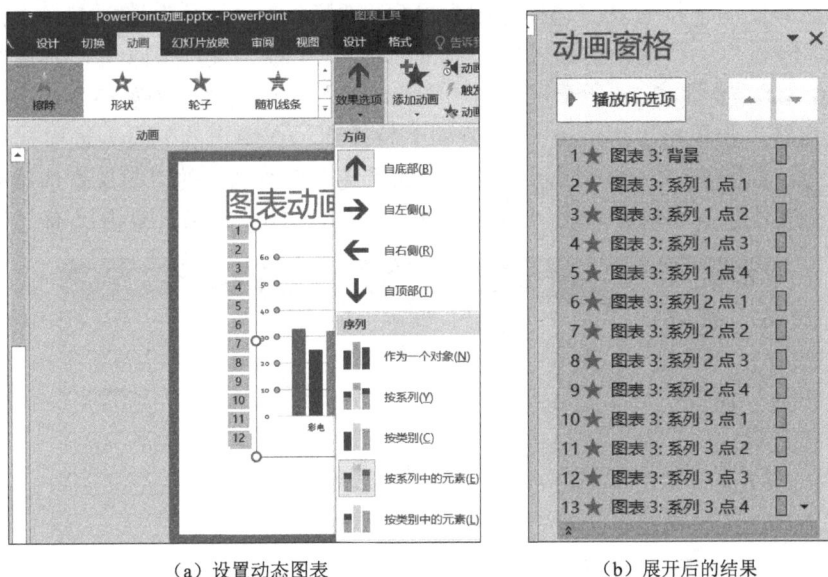

（a）设置动态图表　　　　　　　　（b）展开后的结果

图 10-15　设置图表动画

本节实例

【实例】打开素材"动画实例.pptx"，为其中的对象设置动画效果，具体要求如下。

（1）对第 2 张幻灯片中进行动画基本操作：对上方图片分别设置"进入""强调""退出"类型动画，"开始"设置为"上一动画之后"，适当修改"进入"动画的持续时间和延迟时间，添加声音效果。然后利用动画刷将上方图片的三个动画复制到下方图片上。

（2）在第 3 张幻灯片中按照先从左到右，再从上到下的顺序调整动画对象的播放顺序。

（3）在第 4 张幻灯片中，为文本添加按第二级段落"按字母""出现"的进入动画效果，字母之间的延迟秒数设为 0.05 秒。

（4）在第 5 张幻灯片中，为 SmartArt 图形设置添加自右侧飞入的动画效果，要求逐个进入，再将左右箭头和 5 个椭圆形状的开始方式设为"上一动画之后"，所有形状的动画持续时间修改为 1 秒。

（5）在第 6 张幻灯片中，为图表添加"擦除"进入动画效果，方向为"自左侧"，序列为"按系列"，并删除图表背景部分的动画，设置第 2 个数据系列在上一动画之后出现。

（6）在第 7 张幻灯片中，为小鸟图片添加自定义路径动画（效果选项选择"曲线"），并设置触发器，单击"开始"按钮可触发小鸟沿自定义路径运动。

操作步骤：

（1）打开"动画实例.pptx"，选中第 2 张幻灯片上方的兔子图，分别设置"进入"

"强调""退出"动画效果，将动画效果复制到下方的乌龟图。

① 设置"进入"类型动画。单击"动画"选项卡→"动画"组中的"其他"按钮，在弹出的下拉列表的"进入"类型中选择一种效果，如"飞入"；单击"效果选项"下拉按钮，在弹出的下拉列表中选择方向为"自右侧"，在"动画"选项卡→"计时"组中，设置"开始"为"上一动画之后"，"持续时间"改为 1 秒（01.00），延迟时间改为 0.5 秒（00.50），如图 10-16 所示；单击"高级动画"组中的"动画窗格"按钮，在打开的"动画窗格"中单击"Picture3"右侧的下拉按钮，在弹出的下拉列表中选择"效果选项"命令，如图 10-17（a）所示；在弹出的"飞入"对话框的"效果"选项卡的"声音"下拉列表中选择一种声音如"鼓掌"，如图 10-17（b）所示，单击"确定"按钮。

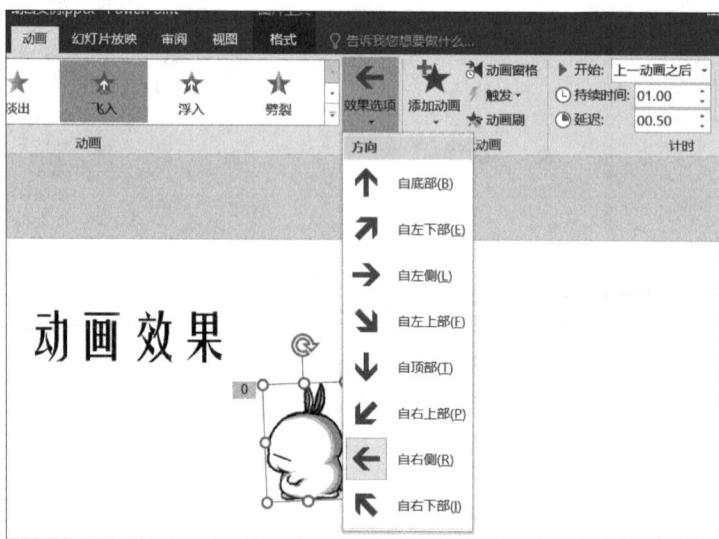

图 10-16　设置"进入"动画效果

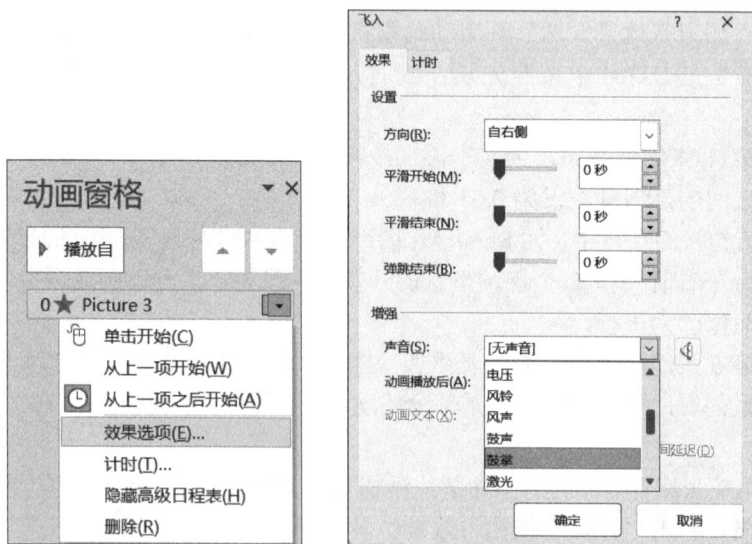

（a）选择"效果选项"　　　　（b）添加"鼓掌"声音效果

图 10-17　设置声音效果

② 设置"强调"动画和"退出"动画。选中兔子图，单击"动画"选项卡→"高级动画"组中的"添加动画"下拉按钮，在弹出的下拉列表中选择一种强调效果，如"陀螺旋"，设置"开始"为"上一动画之后"，如图 10-18 所示；继续单击"添加动画"下拉按钮，在弹出的下拉列表中选择一种退出效果，如"收缩并旋转"，设置"开始"为"上一动画之后"，如图 10-19 所示。此时的动画窗格显示如图 10-20 所示。

图 10-18　添加"强调"动画

图 10-19　添加"退出"动画

③ 利用动画刷复制动画。选中兔子图，单击"动画"选项卡→"高级动画"组中的"动画刷"按钮，单击第 2 张幻灯片的乌龟图，即可将兔子图上设置的动画复制到乌龟图上，此时的动画窗格显示如图 10-21 所示。

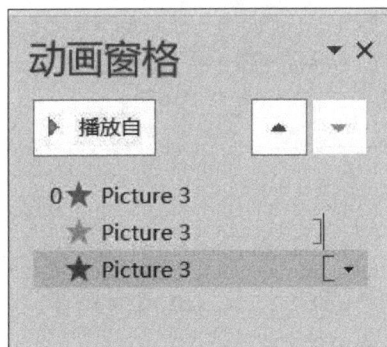

图 10-20　兔子图设置了三种动画

图 10-21　利用动画刷复制动画后

④ 单击"幻灯片放映"选项卡→"开始放映幻灯片"组中的"从当前幻灯片开始"按钮，或者按 Shift+F5 组合键，或单击右下角的"幻灯片放映"按钮 📺 播放当前幻灯片，观察动画播放效果，按 Esc 键结束放映，后续可以采取同样的方法来播放后续的幻灯片。

（2）在第 3 张幻灯片中，按照先从左到右，再从上到下的顺序调整动画对象的播放顺序。

图 10-22（a）为动画原始顺序。选中第 3 张幻灯片，选中左上角的第一张图，按住鼠标左键并向上拖动动画窗格中的该对象（图片 1），如图 10-22（b）所示，到最上方释放鼠标左键，如图 10-22（c）所示。采用同样的方法依次调整其他图片动画的播放顺序，最终播放顺序如图 10-22（d）所示。

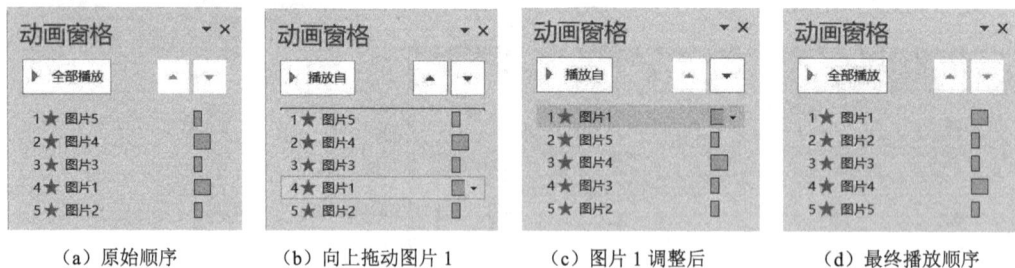

（a）原始顺序　　　（b）向上拖动图片 1　　　（c）图片 1 调整后　　　（d）最终播放顺序

图 10-22　调整动画对象的播放顺序

（3）为第 4 张幻灯片的文本添加按第二级段落"按字母""出现"的进入动画效果，字母之间的延迟秒数设为 0.05 秒

选中第 4 张幻灯片中的文本框，首先设置"出现"的进入动画效果，然后单击"动画窗格"中"内容占位符 2："选项右侧的下拉按钮，在弹出的快捷菜单中选择"效果选项"命令，在弹出的对话框的"效果"选项卡中，设置"动画文本"为"按字母"，在"字母之间的延迟秒数"微调框中输入"0.05"，如图 10-23（a）所示；在"正文文本动画"选项卡中，设置"组合文本"为"按第二级段落"，如图 10-23（b）所示，单击"确定"按钮。

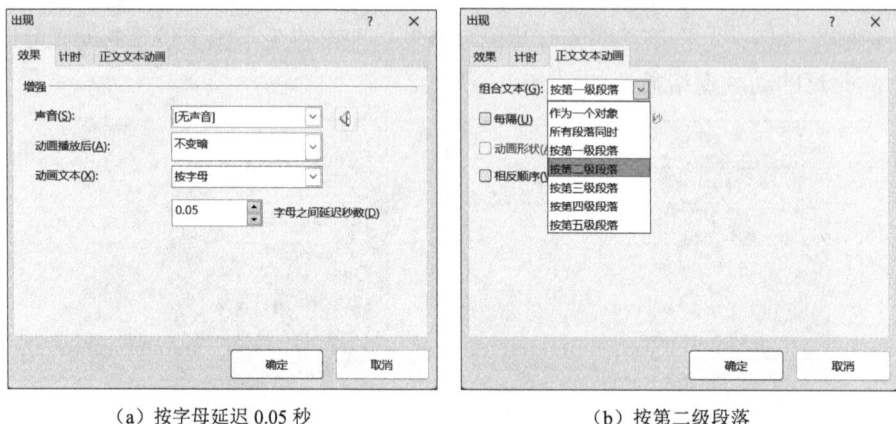

（a）按字母延迟 0.05 秒　　　　　　　　　（b）按第二级段落

图 10-23　设置文本动画

（4）为第 5 张幻灯片中的 SmartArt 图形设置添加自右侧飞入的动画效果，逐个进入，再将左右箭头和 5 个椭圆形状的开始方式设为"上一动画之后"，所有形状的动画持续时间修改为 1 秒。

① 选中第 5 张幻灯片中的 SmartArt 图形，设置"飞入"的进入动画效果，再单击"动画"选项卡→"动画"组中的"效果选项"下拉按钮，选择"方向"栏的"自右侧"

和"序列"栏的"逐个",如图 10-24（a）所示,在"动画窗格"中单击"展开"按钮 ⌄ ,
如图 10-24（b）所示,展开后的结果如图 10-24（c）所示。

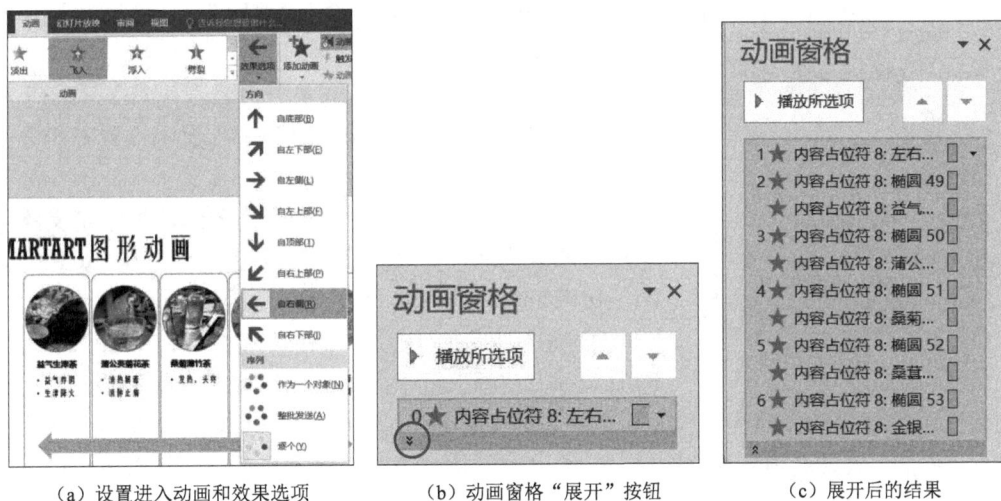

（a）设置进入动画和效果选项　　　　（b）动画窗格"展开"按钮　　　（c）展开后的结果

图 10-24　设置 SmartArt 动画

② 选择"动画窗格"中"左右箭头"选项,然后在"动画"选项卡→"高级动画"
组"开始"右侧的下拉列表中选择"上一动画之后"开始,采用同样的方法将 5 个椭圆
形状的开始方式设为"上一动画之后"。

③ 选择"动画窗格"中"左右箭头"选项,按 Ctrl+A 组合键选择所有选项,在"动
画"选项卡→"高级动画"组的"持续时间"微调框中输入"01.00"。

（5）在第 6 张幻灯片中,为图表添加自左侧擦除的进入动画效果,序列为"按系
列",并删除图表背景部分的动画,设置第 2 个数据系列在上一动画之后出现。

① 选中第 6 张幻灯片中的图表,为其设置"擦除"的进入动画,再单击"动画"
选项卡→"动画"组中的"效果选项"下拉按钮,在弹出的下拉列表中选择"方向"为
"自左侧"、"序列"为"按系列",如图 10-25 所示。

图 10-25　设置图表动画

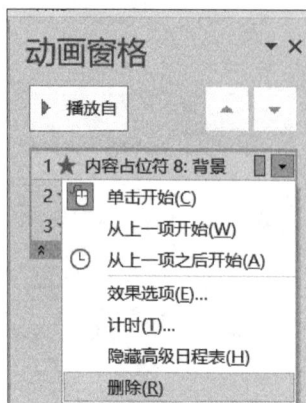

图 10-26　删除背景动画

② 在"动画窗格"中单击"展开"按钮 ⁑，然后单击"动画窗格"中"内容占位符 8：背景"选项右侧的下拉按钮，在弹出的列表中选择"删除"命令，如图 10-26 所示，删除背景动画。

③ 在"动画窗格"中选中"内容占位符 8：系列 2"选项，再在"动画"选项卡→"计时"组中设置开始方式为"上一动画之后"。

（6）在第 7 张幻灯片中，为小鸟图形添加自定义路径动画（效果选项选择"曲线"），并设置触发器，单击"开始"按钮可触发小鸟沿自定义路径运动。

① 在第 7 张幻灯片中单击小鸟图片，单击"动画"选项卡→"动画"组中的"其他"按钮 ▾，在弹出的动画列表框中选择"动作路径"类型中的"自定义路径"命令，单击"动画"选项卡→"动画"组中的"效果选项"下拉按钮，在弹出的下拉列表中选择类型为"曲线"，如图 10-27 所示。

图 10-27　设置自定义路径动画

② 此时鼠标指针变成十字形，先在小鸟图片上单击一下，选择起点，再依次单击小鸟可能飞到的位置，至终点时双击鼠标完成自定义路径的绘制。

③ 单击"动画"选项卡→"高级动画"组中的"触发"下拉按钮，在弹出的下拉列表中选择"单击"→"圆角矩形 14"形状，如图 10-28 所示，将"开始"按钮设置为小鸟自定义路径动画的触发器，此时的动画窗格显示如图 10-29 所示，幻灯片如图 10-30 所示。

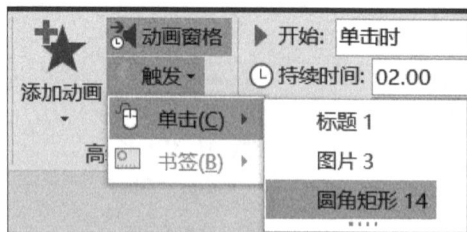

图 10-28　设置触发器

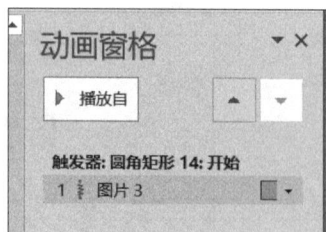

图 10-29　"动画窗格"中触发器显示

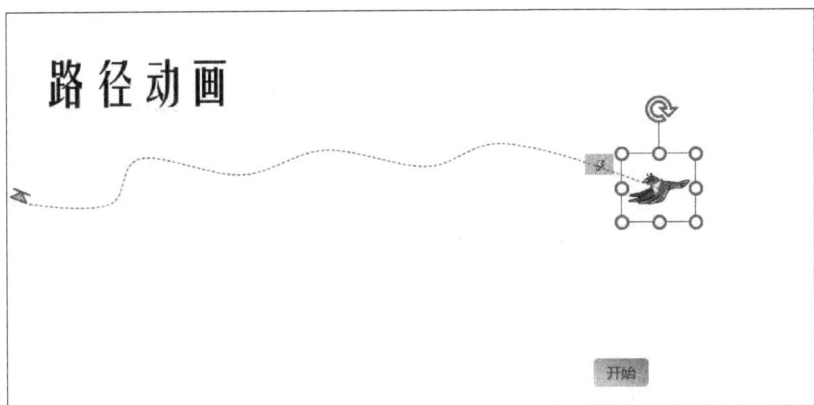

图 10-30　设置了触发器和自定义路径动画的幻灯片

④ 单击"幻灯片放映"选项卡→"开始放映幻灯片"组中的"从当前幻灯片开始"按钮，在放映时单击"开始"按钮，小鸟即可沿所绘制的路径从起点飞到终点。按 Esc 键结束放映。

⑤ 操作完成后，保存"动画实例.pptx"。

10.2　设置幻灯片切换

幻灯片切换是在放映演示文稿期间，从一张幻灯片移到下一张幻灯片时出现的多媒体视觉效果。本节主要介绍在幻灯片中添加切换方式、设置切换属性等内容。

10.2.1　添加切换方式

选择需要添加切换方式的一张或多张幻灯片，单击"切换"选项卡→"切换到此幻灯片"组中的"其他"按钮，弹出切换方式列表框，可从中选择一种切换方式。默认将切换方式应用于选定幻灯片，如果需要将幻灯片切换效果应用于所有幻灯片，可以单击"切换"选项卡→"计时"组中的"全部应用"按钮。

10.2.2　设置切换属性

幻灯片切换属性包括效果选项、持续时间、声音效果和换片方式等。设置切换属性的基本方法如下。

（1）选中已添加了切换方式的幻灯片。

（2）单击"切换"选项卡→"切换到此幻灯片"组中的"效果选项"下拉按钮，在弹出的下拉列表中选择一种切换效果。

（3）在"切换"选项卡的"计时"组中，可在"声音"下拉列表中选择一种切换声音；在"持续时间"微调框中设置当前幻灯片切换效果的持续时间。

（4）在"切换"选项卡→"计时"组右侧可设置换片方式，默认为"单击鼠标时"，可选中"设置自动换片时间"复选框，在其右侧输入具体的秒数。

■ **本节实例**

【实例】在素材"五大名楼相册.pptx"中，对每张幻灯片设置不同的切换方式，并设置自动换片时间均为 2 秒。

操作步骤:

（1）打开"五大名楼相册.pptx"，选中第一张幻灯片，单击"切换"选项卡→"切换到此幻灯片"组中的"其他"按钮，弹出切换方式列表框，在此可选择一种切换方式如"淡出"，再在"计时"组中选中"设置自动换片时间"复选框，在其右侧微调框中输入"00:02.00"，单击"全部应用"按钮，如图 10-31 所示。这样，所有的幻灯片的切换方式都设置为了选定的切换方式，换片时间为 2 秒。注意，后续要设置每张幻灯片使用不同的切换方式。

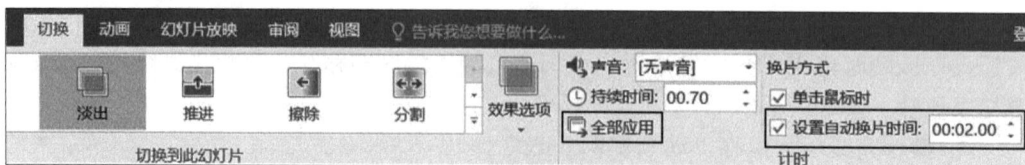

图 10-31　设置切换方式和自动换片时间

（2）选中第 2 张幻灯片，按同样的方法设置一个不同的切换方式如"擦除"。以此类推，为其他幻灯片分别设置不同的切换方式。

（3）保存"五大名楼相册.pptx"，最后放映该演示文稿，观察切换效果。

10.3　放映演示文稿

本节主要介绍放映演示文稿的相关操作和技巧，并实现自动放映、自定义放映、交互式放映等多种放映效果。

10.3.1　直接放映

单击"幻灯片放映"选项卡→"开始放映幻灯片"组中的"从头开始"按钮，可从头开始放映幻灯片，单击"从当前幻灯片开始"按钮可从当前幻灯片开始放映，如图 10-32 所示。

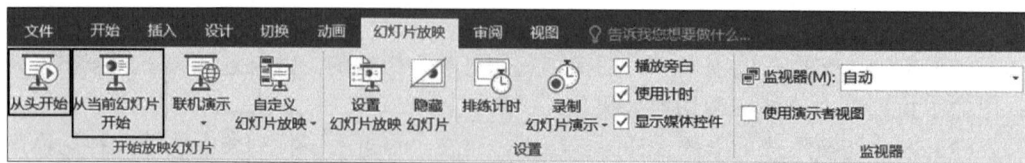

图 10-32　"幻灯片放映"选项卡

10.3.2　设置放映方式

设置放映方式主要包括设置放映类型、放映幻灯片的数量、换片方式和是否循环放映等。基本方法如下：单击"幻灯片放映"选项卡→"设置"组中的"设置幻灯片放映"按钮，在弹出"设置放映方式"对话框中进行设置，如图 10-33 所示。

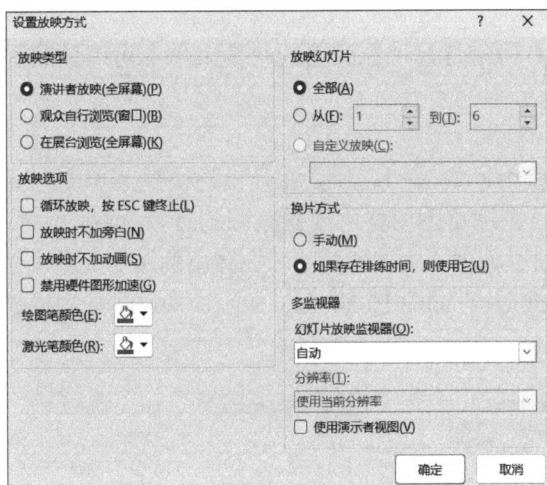

图 10-33　"设置放映方式"对话框

1. 设置放映类型

在对话框的"放映类型"组中可选择相应的放映方式，包含以下 3 种类型。

（1）演讲者放映（全屏幕）：默认的放映类型，放映时，幻灯片全屏显示，演讲者有完全的控制权，适合教学、会议等场合。

（2）观众自行浏览（窗口）：以窗口形式放映演示文稿，适合展示会、报告会等允许观众自行浏览的场合。

（3）在展台浏览（全屏幕）：以全屏幕方式循环放映演示文稿，按 Esc 键终止放映。适合无人管理的自动放映场合。

2. 设置放映幻灯片的数量

在对话框的"放映幻灯片"组可设置放映幻灯片的数量，其中默认为"全部"选项，即放映全部幻灯片；选择"从...到..."选项，可通过设置开始幻灯片和结束幻灯片的编号确定幻灯片的放映范围；选择"自定义放映"选项，可在下拉列表中指定自定义放映方案。

3. 设置放映选项

在对话框的"放映选项"组可设置放映过程中的某些选项，如是否循环放映、放映时是否添加旁白和动画、绘图笔和激光笔颜色设置等。

4. 设置换片方式

在对话框的"换片方式"组中，可以选择控制放映时幻灯片的换片方式。选择"手动"可手动放映，如果预先进行过"排练计时"，可选择"如果存在排练时间，则使用它"选项。

10.3.3 控制幻灯片放映过程

在放映过程中，右击幻灯片，在弹出的快捷菜单中可对放映过程进行控制。

1. 快速定位幻灯片

在全屏幕放映过程中，右击幻灯片，在弹出的快捷菜单中选择"查看所有幻灯片"命令[图 10-34（a）]，在缩略图窗格中单击某张幻灯片（图 10-35），可以跳转到指定幻灯片放映；在窗口放映过程中，右击幻灯片，在弹出的快捷菜单中选择"定位至幻灯片"命令，再选择指定的幻灯片，如图 10-34（b）所示，即可跳转到指定幻灯片放映。

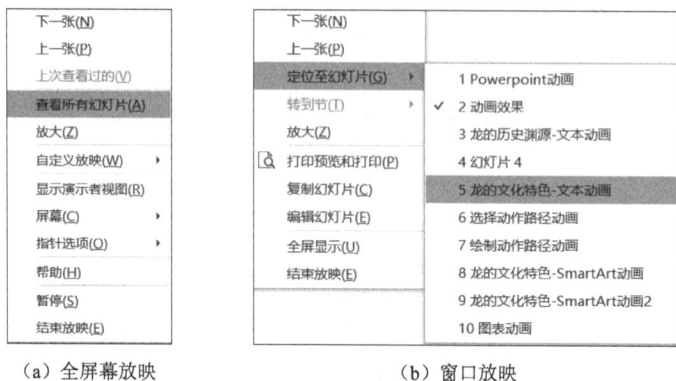

（a）全屏幕放映　　　　　　　（b）窗口放映

图 10-34　快速定位幻灯片

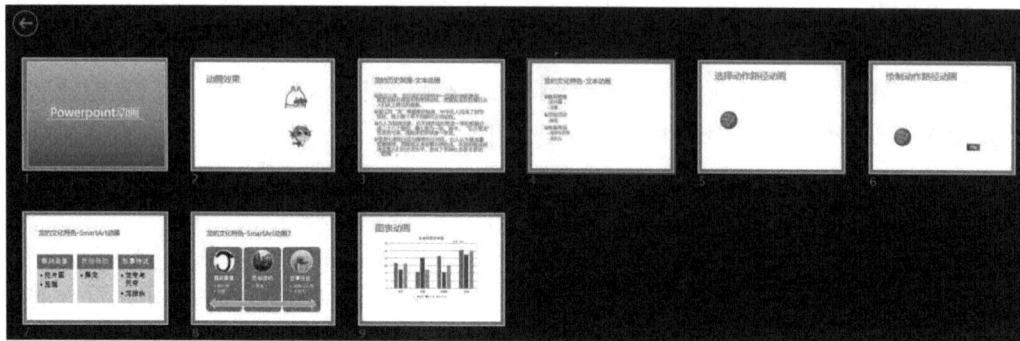

图 10-35　在缩略图窗格中单击幻灯片

2. 为幻灯片添加（删除）注释

在全屏幕放映过程中，右击幻灯片，在弹出的快捷菜单中选择"指针选项"级联菜单中的"笔"或"荧光笔"命令，可以将指针转换为绘图笔，如图 10-36 所示；用绘图笔在幻灯片需要的位置拖动即可添加注释，如图 10-37 所示。

在放映过程中按 F1 键，会弹出"幻灯片放映帮助"对话框，如图 10-38 所示。在"墨迹/激光指针"选项卡中可以获取相关操作的快捷键。例如，按 Ctrl+A 组合键可将指针更改为箭头，字母"E"可清除屏幕上的图画等。

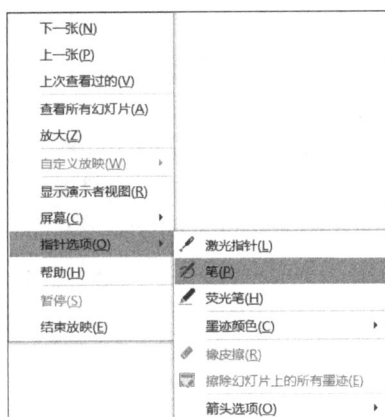

图 10-36　选择绘图笔

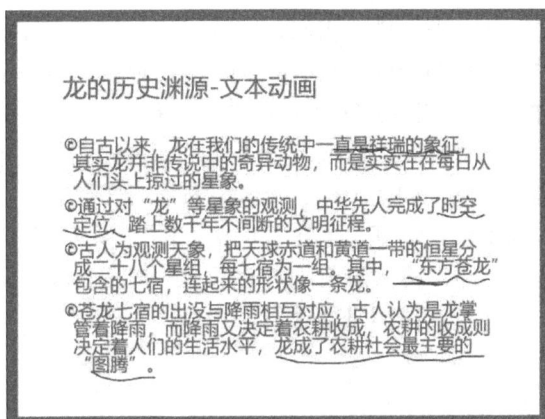

图 10-37　在幻灯片上添加注释

放映结束时会弹出相关提示对话框，如图 10-39 所示，可选择是否保留墨迹注释。

在普通视图下，单击要删除的幻灯片中的注释，然后按 Delete 键即可删除选中的注释。

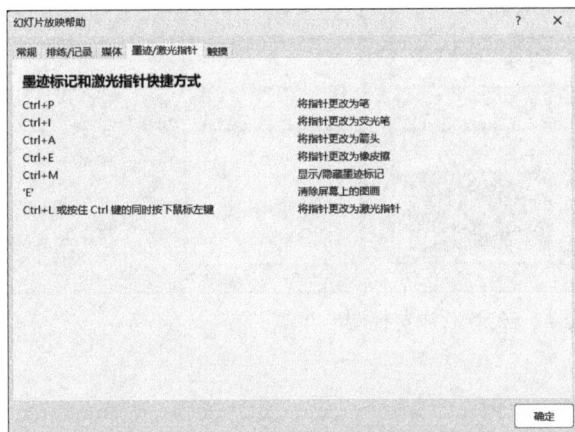

图 10-38　"幻灯片放映帮助"对话框

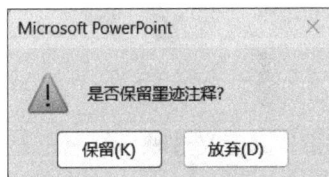

图 10-39　是否保留注释提示框

10.3.4　隐藏/显示幻灯片

当某些幻灯片不需要放映时，可将其暂时隐藏，基本方法如下：选择需要隐藏的幻灯片，单击"幻灯片放映"选项卡→"设置"组中的"隐藏幻灯片"按钮；或者在缩略图窗格中右击要隐藏的幻灯片，在弹出的快捷菜单中选择"隐藏幻灯片"命令，可将该幻灯片设置为隐藏。被隐藏的幻灯片在放映过程中将被跳过，当需要放映时，只需要选中这些隐藏的幻灯片，然后再次单击"隐藏幻灯片"按钮即可使其重新显示出来。

10.3.5　排练计时

当需要自动放映时（如设置为"在展台浏览（全屏幕）"放映方式），必须先设置排练计时，预先对放映过程进行排练并自动记录每张幻灯片的放映时间。

排练计时的基本方法如下：单击"幻灯片放映"选项卡→"设置"组中的"排练计

时"按钮，进入排练状态，同时幻灯片左上角显示"录制"工具栏并自动记录幻灯片放映时间，如图 10-40 所示，放映结束时会弹出提示信息框，询问"是否保留新的幻灯片计时？"，如图 10-41 所示，单击"是"按钮可保留新的排练时间。

单击"视图"选项卡→"演示文稿视图"组中的"幻灯片浏览"按钮，切换到幻灯片浏览视图，如图 10-42 所示。每张幻灯片的右下角都显示有该张幻灯片放映需要的时间。选中某张幻灯片，在"切换"选项卡→"计时"选项组的"设置自动换片时间"微调框中，可以修改当前幻灯片的放映时间。单击"视图"选项卡→"演示文稿视图"组中的"普通"按钮可切换回普通视图。

图 10-40 "录制"对话框

图 10-41 确认排练计时提示信息框

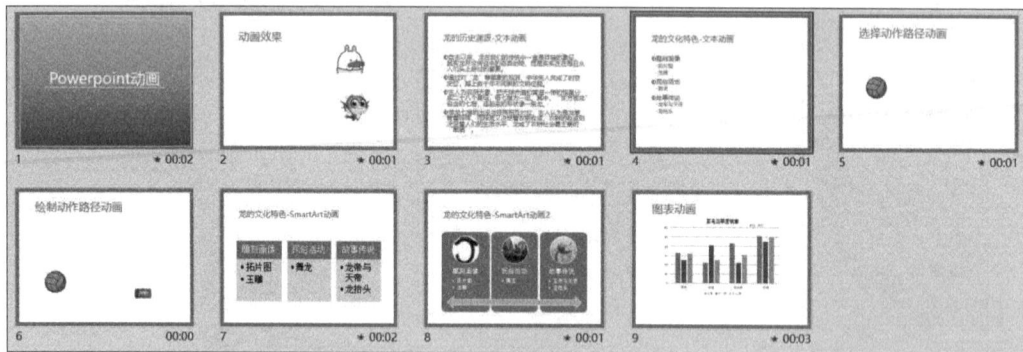

图 10-42 幻灯片浏览视图

10.3.6 自定义放映

使用"自定义放映"可以自定义放映方案，从而给特定的受众放映一组指定的幻灯片，使不同受众的幻灯片放映方案不同。基本方法如下。

（1）单击"幻灯片放映"选项卡→"开始放映幻灯片"组中的"自定义幻灯片放映"下拉按钮，在弹出的下拉列表中选择"自定义放映"命令，如图 10-43 所示，弹出"自定义放映"对话框，如图 10-44 所示。

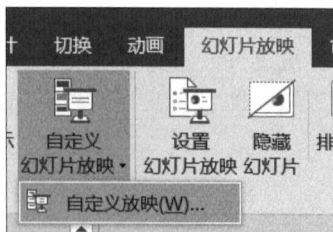

图 10-43 "自定义放映"选项

图 10-44 "自定义放映"对话框

（2）单击"新建"按钮，弹出"定义自定义放映"对话框，如图 10-45 所示。

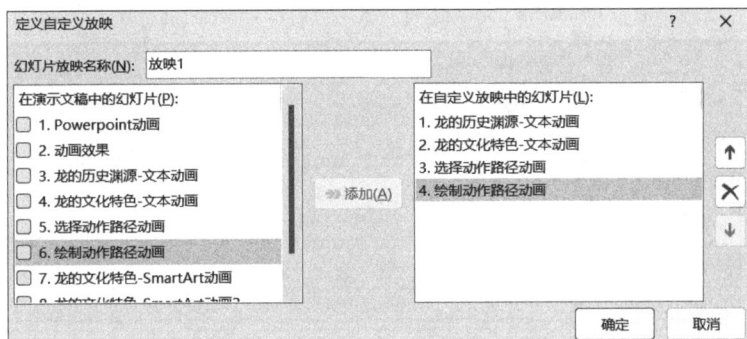

图 10-45　"定义自定义放映"对话框

（3）在"幻灯片放映名称"文本框中输入方案名，在左侧的"在演示文稿中的幻灯片"列表框中选中本方案需要包含的幻灯片，单击"添加"按钮，选定幻灯片即出现在右侧的"在自定义放映中的幻灯片"列表框中。

（4）单击"确定"按钮，返回"自定义放映"对话框，此时在列表框中会新增一个刚刚命名的自定义放映方案，选择该自定义放映方案，然后单击右下角的"放映"按钮，即可只播放该方案中包含的幻灯片；或者单击"幻灯片放映"选项卡→"开始放映幻灯片"组中的"自定义幻灯片放映"下拉按钮，在弹出的下拉列表中选择相应的方案，也可以进行自定义放映。

（5）单击"关闭"按钮，关闭"自定义放映"对话框。

10.3.7　交互式放映

幻灯片放映时，默认按幻灯片的编号顺序播放。有时需要跳跃播放指定的幻灯片，可以通过设置超链接和动作按钮来改变幻灯片的播放顺序，实现跳跃式播放，即交互式放映。

1. 超链接

在 PowerPoint 中，可以给文字、图形图片、艺术字、表格等对象添加超链接，跳转到指定的幻灯片、其他文件、Internet 上的 Web 页等不同的位置。基本方法如下。

（1）选择要创建超链接的对象，如文本、图片等。

（2）单击"插入"选项卡→"链接"组中的"超链接"按钮，弹出"插入超链接"对话框，如图 10-46 所示。在该对话框中设置超链接。

① 链接到其他文件或 Web 页。

在"插入超链接"对话框左侧的"链接到"区域选择"现有文件或网页"，再选择指定的文件（或在右侧下方的"地址"文本框中输入指定的网址），单击"确定"按钮。

② 链接到本文档中的其他位置。

在"插入超链接"对话框左侧的"链接到"区域选择"本文档中的位置"，然后在"请选择文档中的位置"列表框中选择所要链接到的幻灯片标题，单击"确定"按钮。

注意，当放映演示文稿时，将鼠标指向设置了超链接的对象，鼠标指针会变为手形图标，单击该超链接即可跳转到指定的文件、网页或者当前演示文稿中指定的幻灯片。

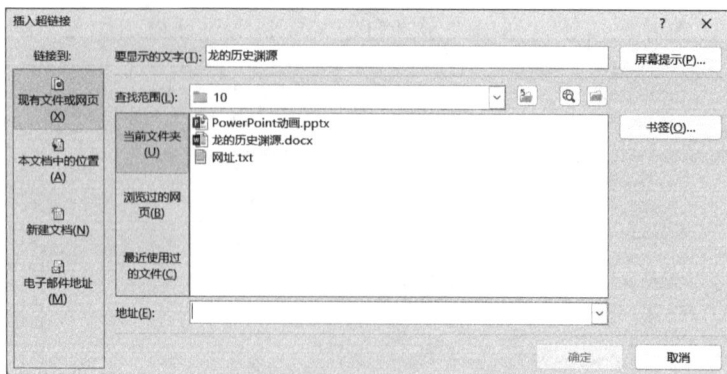

图 10-46 "插入超链接"对话框

（3）右击幻灯片中选中的创建了超链接的对象，在弹出的快捷菜单中选择"编辑超链接"命令可以根据需要编辑超链接，选择"取消超链接"命令可以删除已创建的超链接。

2. 动作按钮

动作按钮是 PowerPoint 预设的按钮形状，可以为它们分配不同的动作，如跳转到特定的幻灯片或播放音频等。设置动作按钮超链接的基本方法如下。

（1）选择动作按钮形状：单击"插入"选项卡→"插图"组中的"形状"下拉按钮，在弹出的下拉列表的"动作按钮"组中选择要添加的按钮形状。

（2）绘制动作按钮形状：在幻灯片的合适位置按住鼠标左键拖出适当大小的动作按钮，在弹出的"操作设置"对话框中选中"超级链接到"单选按钮，在其下方列表框中进行相应的设置。

10.3.8 幻灯片分节

为幻灯片分节可以增强演示文稿的逻辑性，便于阅读和操作。

1. 新增节

基本方法如下：选中要分节的幻灯片，单击"开始"选项卡→"幻灯片"组中的"节"下拉按钮，在弹出的下拉列表中选择"新增节"命令，如图 10-47（a）所示；或者右击在左侧幻灯片缩略窗格中选中的幻灯片，在弹出的快捷菜单中选择"新增节"命令，如图 10-47（b）所示，即可新增一个名为"无标题节"的节。

（a）"开始"选项卡中的"新增节"命令　　　　　（b）右键快捷菜单中的"新增节"命令

图 10-47　新增节

2. 重命名节

基本方法如下：右击节名，在弹出的快捷菜单中选择"重命名节"命令，在弹出的"重命名节"对话框中输入节名，单击"重命名"按钮。

3. 选择节

单击节名，即可选择该节的所有幻灯片。

4. 删除节

右击节名，在弹出的快捷菜单中选择"删除节"命令。此操作仅删除节，不删除幻灯片。

10.3.9　幻灯片拆分

当一张幻灯片的内容太多时，可以将该幻灯片内容拆分为两页来显示。拆分幻灯片的基本方法如下。

1. 在大纲视图下拆分

选择要拆分的幻灯片，单击"视图"选项卡→"演示文稿视图"组中的"大纲视图"按钮，切换到大纲视图，在大纲视图下将光标定位在要分页的文字前，如图 10-48（a）所示；按 Enter 键，然后将光标定位在空行，如图 10-48（b）所示；单击"开始"选项卡→"段落"组中的"降低列表级别"按钮，如图 10-48（c）所示。即可将幻灯片在指定的文本处进行拆分，效果如图 10-48（d）所示。最后将原有幻灯片的标题复制粘贴到拆分后的幻灯片中的标题处，删除多余空格。

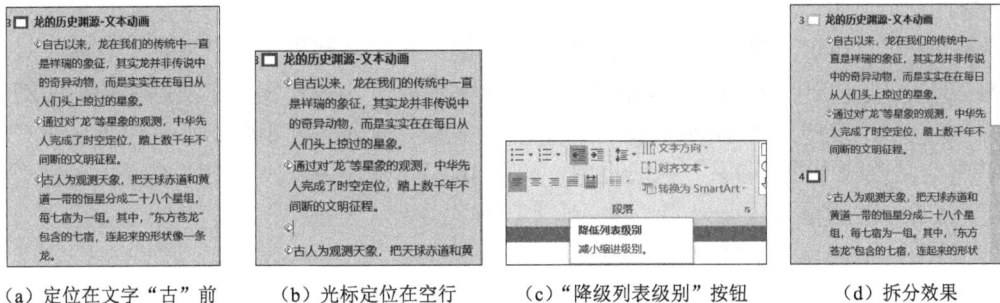

（a）定位在文字"古"前　　　（b）光标定位在空行　　　（c）"降级列表级别"按钮　　　（d）拆分效果

图 10-48　在大纲视图下拆分幻灯片

2. 在普通视图下拆分

单击"视图"选项卡→"演示文稿视图"组中的"普通"按钮，切换到普通视图，然后选择要拆分的幻灯片，单击文本框中文本的任意位置，幻灯片的文本占位符的左下方会出现"自动调整选项"下拉按钮，如图 10-49 所示（如果没有出现，可将文本框的下框线往上拉，直至有一行文本露在框外），单击该下拉按钮，在弹出的下拉列表中选择"将文本拆分到两个幻灯片"命令，如图 10-50 所示，即可完成拆分。

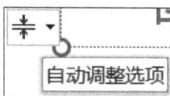

图 10-49 "自动调整选项"下拉按钮

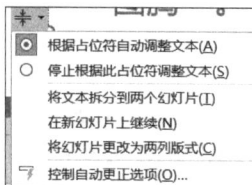

图 10-50 自动调整列表

■ **本节实例**

【**实例 1**】在素材"武汉旅游.pptx"中设置排练计时,放映方式为"在展台浏览(全屏幕)"。

操作步骤:

(1)打开"武汉旅游.pptx",单击"幻灯片放映"选项卡→"设置"组中的"排练计时"按钮,放映演示文稿,放映完成后,在弹出的提示信息框中单击"是"按钮,保留新的排练时间。

(2)单击"幻灯片放映"选项卡→"设置"组中的"设置幻灯片放映"按钮,在弹出的"设置放映方式"对话框中的放映类型中选择"在展台浏览(全屏幕)",单击"确定"按钮。

(3)按 F5 键从头开始放映,按 Esc 键结束放映。

【**实例 2**】在素材"武汉旅游相册.pptx"中设置自定义放映"放映方案 1",仅放映第 3～6 张幻灯片。

操作步骤:

(1)打开素材"武汉旅游相册.pptx",单击"幻灯片放映"选项卡→"开始放映幻灯片"组中的"自定义幻灯片放映"下拉按钮,在弹出的下拉列表中选择"自定义放映"命令。

(2)在"自定义放映"对话框中单击"新建"按钮,弹出"定义自定义放映"对话框,在"幻灯片放映名称"文本框中输入"放映方案 1",在左侧"在演示文稿中的幻灯片"列表框中选中第 3～6 张幻灯片,单击"添加"按钮,这 4 张幻灯片即出现在右侧"在自定义放映中的幻灯片"列表框中,如图 10-51 所示,单击"确定"按钮,返回"自定义放映"对话框。

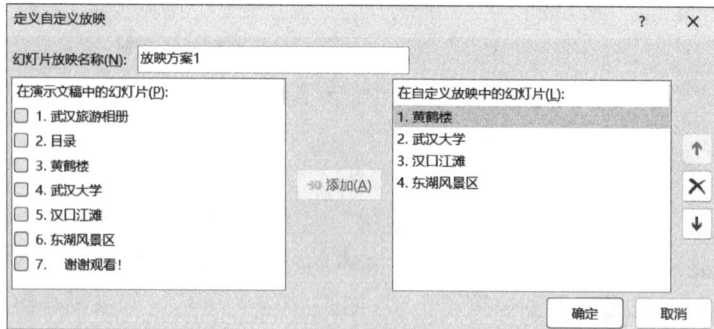

图 10-51 "定义自定义放映"对话框

（3）在"自定义放映"对话框中选择刚才自定义的放映方案"放映方案 1"，单击"放映"按钮即可放映该方案，如图 10-52 所示。单击"关闭"按钮。

（4）单击"幻灯片放映"选项卡→"开始放映幻灯片"组中的"自定义幻灯片放映"下拉按钮，在弹出的下拉列表中选择"放映方案 1"命令，也可以放映该方案。

【实例 3】在素材"武汉旅游相册.pptx"目录中的文字对应的形状上设置超链接，链接到后面对应的幻灯片；并在其他幻灯片中添加动作按钮的超链接，跳转回目录，

图 10-52　"自定义放映"对话框

在标题幻灯片的标题文字上设置跳转到"武汉旅游攻略.docx"的超链接。

操作步骤：

（1）在目录中为文字对应的形状设置链接到对应幻灯片的超链接。

选中第 2 张幻灯片，选中目录中"黄鹤楼"3 字所在的形状，单击"插入"选项卡→"链接"组中的"超链接"按钮，在弹出的"插入超链接"对话框中，在"链接到"区域选择"本文档中的位置"，然后在"请选择本文档中的位置"列表框中选择"3.黄鹤楼"，如图 10-53 所示，最后单击"确定"按钮。采用同样的方法在目录中其他文字的形状上设置跳转到对应幻灯片上的超链接。

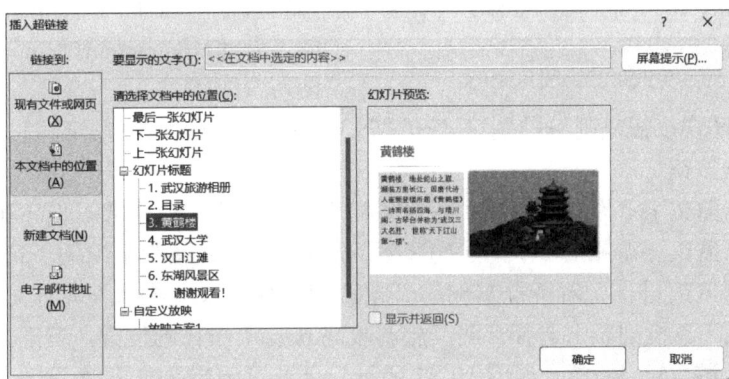

图 10-53　"插入超链接"对话框

（2）在其他幻灯片添加返回目录的动作按钮。

① 选中第 3 张幻灯片，单击"插入"选项卡→"插图"组中的"形状"下拉按钮，在弹出的下拉列表中选择"动作按钮"中的"动作按钮：自定义"命令。

② 当鼠标指针变成十字形时，按住鼠标左键在幻灯片右下角拖动绘制形状按钮，释放鼠标左键后弹出"操作设置"对话框，选中"超链接到"单选按钮，在其下方的列表框中选择"幻灯片"命令，如图 10-54 所示；弹出"超级链接到幻灯片"对话框，在"幻灯片标题"列表框中选择"2.目录"，如图 10-55 所示，单击"确定"按钮。

③ 返回"操作设置"对话框，单击"确定"按钮，完成动作按钮的超链接设置。

④ 右击该动作按钮，在弹出的快捷菜单中选择"编辑文字"命令，输入"目录"，调整文字的字体、字号（如微软雅黑、12 磅），调整动作按钮形状、大小和位置。

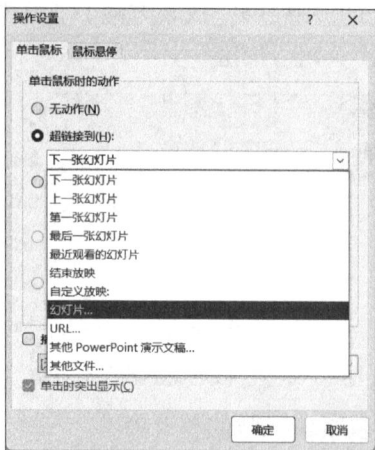

图 10-54　"操作设置"对话框

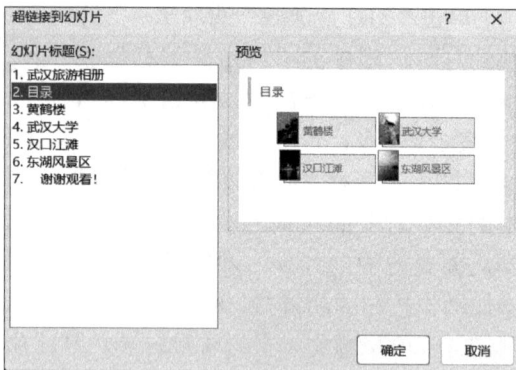

图 10-55　超链接到 2.目录

⑤ 适当美化该动作按钮。单击"绘图工具/格式"选项卡→"插入形状"组中的"编辑形状"下拉按钮，在弹出的下拉列表中选择"更改形状"命令，在其级联菜单中选择"矩形"中的"圆角矩形"形状，如图 10-56 所示，即将其形状改为圆角矩形；单击"绘

图 10-56　更改形状为圆角矩形

图工具/格式"选项卡→"形状样式"组中的"其他"按钮，在弹出的形状样式列表框中选择一种合适的样式如"细微效果-绿色，强调颜色 6"，将字的颜色设为深红色。

⑥ 将该动作按钮复制粘贴到第 4～6 张幻灯片，使其他每一张幻灯片中都有一个返回目录的动作按钮。

（3）在标题文字上设置跳转到"武汉旅游攻略.docx"的超链接。选中第 1 张幻灯片的标题文字"武汉旅游相册"，单击"插入"选项卡→"链接"组中的"超链接"按钮，在弹出的"插入超链接"对话框左侧的"超链接"列表框中选择"现有文件或网页"，在"查找范围"下拉列表中选择"武汉旅游攻略.docx"所在的位置，在下方的列表框中选择"武汉旅游攻略.docx"，如图 10-57 所示，单击"确定"按钮。

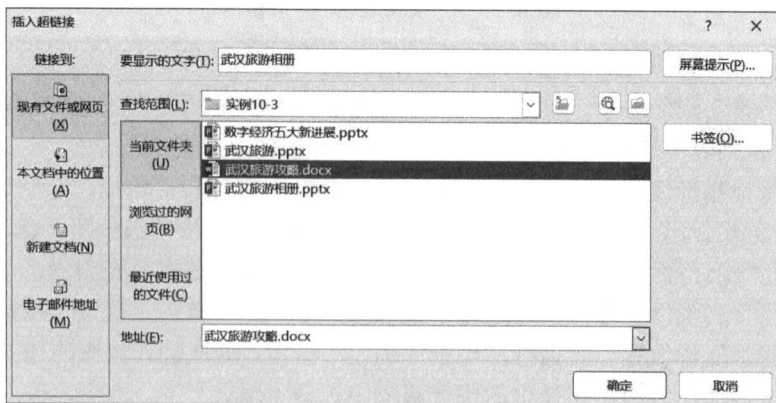

图 10-57　"插入超链接"对话框

【实例 4】在"数字经济五大新进展.pptx"中，对其中字数较多的第 10 张幻灯片内容区域文字自动拆分为 2 张幻灯片进行展示。

操作步骤：

打开"数字经济五大新进展.pptx"，选择第 10 张幻灯片，单击文本框中的任意文本位置，单击文本框左下角出现的"自动调整选项"下拉按钮，在弹出的下拉列表中选择"将文本拆分到两个幻灯片"命令，第 10 张幻灯片即自动拆分为标题相同的两张幻灯片。

【实例 5】将"数字经济五大新进展.pptx"分为 2 节，第 1～3 张为一节，节名为"标题、前言和目录"，第 4～12 张为一节，节名为"主要内容"。

操作步骤：

（1）打开"数字经济五大新进展.pptx"，在左侧的幻灯片缩略图中右击第 1 张幻灯片，在弹出的快捷菜单中选择"新增节"命令，然后右击该幻灯片缩略图上方出现的节名"无标题节"，在弹出的快捷菜单中选择"重命名节"命令，如图 10-58（a）所示；在弹出的"重命名节"对话框的"节名称"文本框中输入"标题、前言和目录"，如图 10-58（b）所示，单击"重命名"按钮。

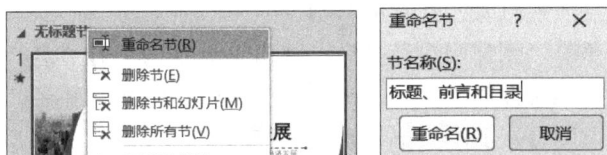

（a）右键快捷菜单"重命名节"命令　　　（b）"重命名节"对话框

图 10-58　重命名节

（2）在左侧的幻灯片缩略图窗格中右击第 4 张幻灯片，采用同样的方法新增节，并重命名为"主要内容"。单击"视图"选项卡→"演示文稿视图"组中的"幻灯片浏览"按钮，切换到幻灯片浏览视图，查看分节结果，如图 10-59 所示。

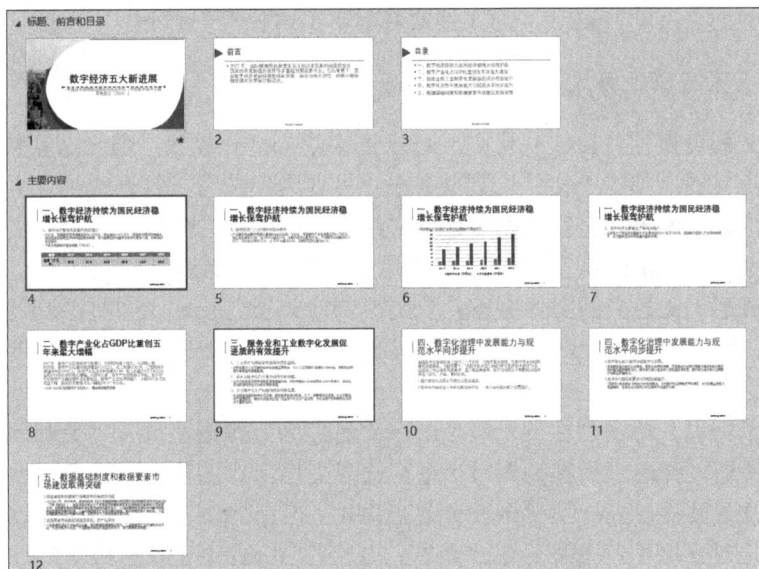

图 10-59　幻灯片分节结果

10.4　输出演示文稿

本节主要介绍输出演示文稿的有关操作，包括将演示文稿转换为视频、PDF、直接放映的格式等类型的文档，打包成 CD，打印演示文稿等内容。

10.4.1　转换为其他格式

1. 转换为视频

将演示文稿转换为视频，可以将视频分享给他人。观看者无须安装 PowerPoint 软件，只需要通过视频播放软件就可播放视频。基本方法如下。

（1）单击"文件"选项卡→"导出"按钮，打开"导出"窗口，单击"创建视频"图标。

（2）在右侧的"创建视频"面板中，选择演示文稿的转换质量，设置是否使用录制的计时和旁白，以及放映每张幻灯片的秒数。

（3）单击右下角的"创建视频"按钮，弹出"另存为"对话框。

（4）选择保存视频文件的类型（.mp4 或者.wmv），输入文件名，选择保存位置后，单击"保存"按钮，即可将演示文稿转换为视频。

（5）创建完成后，打开相应的文件夹，双击该视频文件即可打开默认的视频播放软件进行播放。

2. 转换为 PDF 文档

打开要转换为 PDF 文件的演示文稿，单击"文件"选项卡→"另存为"按钮，打开"另存为"窗口，单击"浏览"按钮，弹出"另存为"对话框，选择文档保存的位置，设置保存类型为"PDF(*.pdf)"，为文件命名后单击"保存"按钮。

3. 转换为直接放映格式

将演示文稿转换为直接放映格式，可以直接双击打开放映，但无法直接编辑。

打开演示文稿，单击"文件"选项卡→"另存为"按钮，打开"另存为"窗口，单击"浏览"按钮，弹出"另存为"对话框，选择文档保存的位置，设置"文件类型"为"PowerPoint 放映(*.ppsx)"，输入文件名后单击"保存"按钮。

转换完成后，在相应的文件夹下，双击放映格式（*.ppsx）的文件即可放映该文档。

4. 转换为图片

打开演示文稿，单击"文件"选项卡→"另存为"按钮，打开"另存为"窗口，单击"浏览"按钮，弹出"另存为"对话框，选择文档保存的位置，设置"文件类型"为"JPEG 文件交换格式(*.jpg)"，输入文件名后单击"保存"按钮，此时会弹出提示对话框，在弹出的提示对话框中可选择导出"所有幻灯片"，PowerPoint 将每将幻灯片另存为单独的图片文件，或者单击"仅当前幻灯片"按钮，仅将当前幻灯片另存为图片文件，如

图 10-60 所示，这里选择导出所有幻灯片，因此单击"所有幻灯片"按钮，再单击"确定"按钮，完成图片的保存。

图 10-60　保存图片时的提示对话框

10.4.2　打包成 CD

为方便在没有安装 PowerPoint 的计算机上放映演示文稿，可以将演示文稿打包后刻录到 CD 光盘中，或者复制到文件夹，前者需要配备刻录机和空白 CD 光盘。

（1）打开要打包成 CD 的演示文稿，单击"文件"选项卡→"导出"按钮，打开"导出"窗口，单击"将演示文稿打包成 CD"图标，在右侧面板中单击"打包成 CD"按钮，弹出"打包成 CD"对话框，如图 10-61 所示。

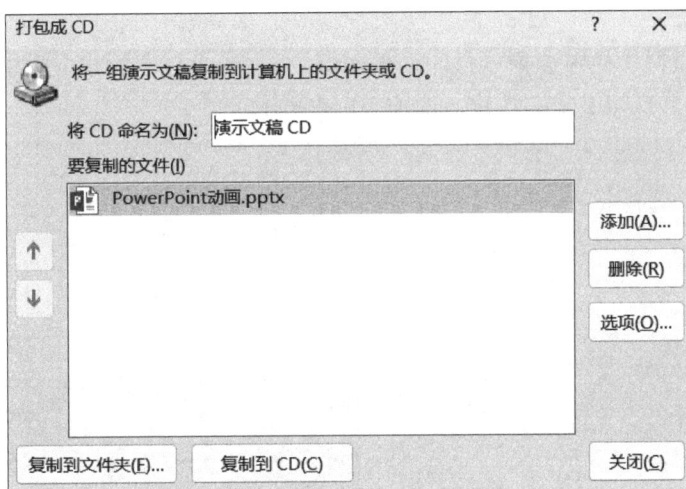

图 10-61　"打包成 CD"对话框

（2）在该对话框中，可以为此 CD 命名，可以通过"添加""删除"按钮，增加或删除要打包的演示文稿和其他文件。单击"选项"按钮，弹出"选项"对话框，如图 10-62 所示，在此可以选择是否包含链接的文件、嵌入的字体，以及设置打开、修改演示文稿的密码。

（3）在图 10-61 所示的对话框中，单击"复制到文件夹"按钮，弹出"复制到文件夹"对话框，在"文件夹名称"文本框中输入文件夹名称，如图 10-63 所示，单击"位置"右侧的"浏览"按钮，指定文件夹的位置，单击"确定"按钮，再在弹出的确认对话框中选择是否包含链接文件，即可将演示文稿打包到指定的文件夹。

（4）在图 10-61 所示的对话框中，单击"复制到 CD"按钮，在可能出现的提示对话框中单击"是"按钮，则将演示文稿打包并刻录到事先放好的 CD 光盘上。

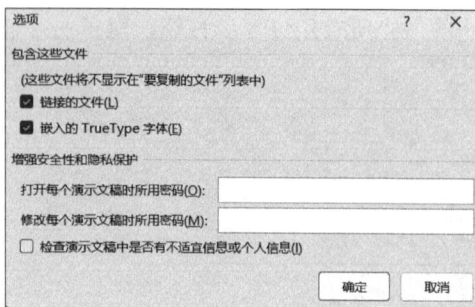

图 10-62　设置选项

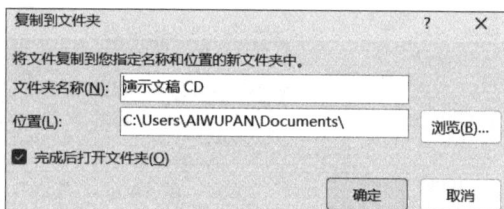

图 10-63　"复制到文件夹"对话框

10.4.3　打印演示文稿

在 PowerPoint 中，可以打印幻灯片、讲义或备注页给演讲者受众参考。

1. 打印幻灯片或讲义

（1）单击"文件"选项卡→"打印"按钮，打开"打印"窗口，在右侧的"打印机"栏设置好打印机。

（2）在"设置"栏中选择"打印全部幻灯片"，在"打印版式"栏中选择"整页幻灯片"，即可每页打印 1 张幻灯片，如图 10-64 所示。

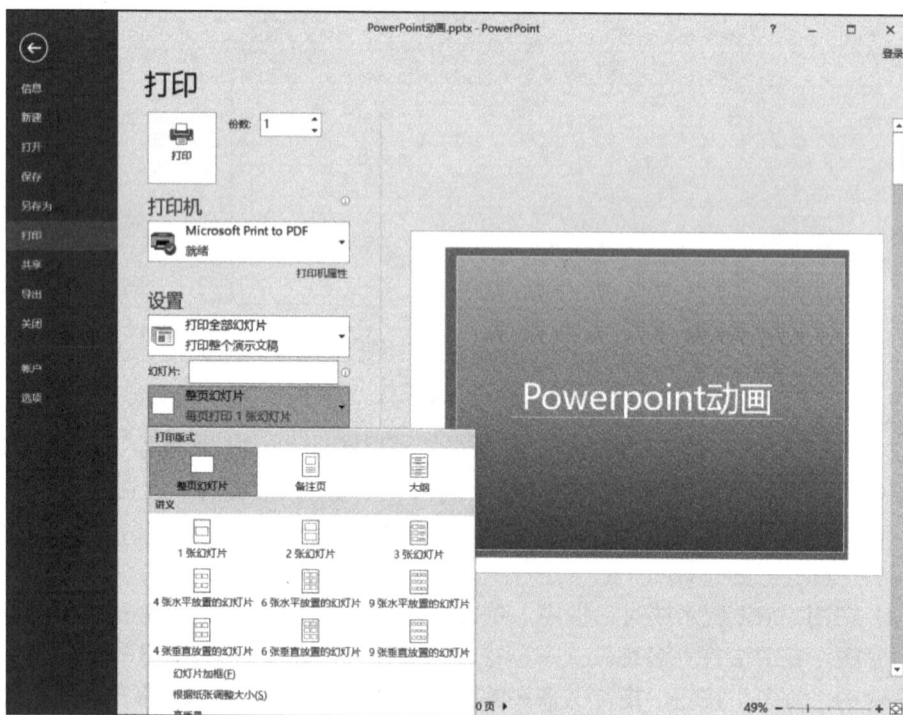

图 10-64　设置打印选项

（3）在"讲义"栏中选择适当的选项可以每页打印多张幻灯片，如选择"3 张幻灯片"可每页打印 3 张幻灯片。此时，在右侧可看到打印预览效果。

（4）单击"打印"按钮即可开始打印。

打印的讲义可以分发给观众提前熟悉演讲内容，也可以作为备份文件留作以后使用。还可以单击"文件"选项卡→"导出"按钮，打开"导出"窗口，单击"创建讲义"图标，将讲义导出到 Word 中进行保存和打印。

2. 打印备注页

如果幻灯片中有大量的备注信息，可以打印幻灯片及备注信息供演讲者参考。打印备注页的方法与打印幻灯片或讲义类似。在图 10-64 的"打印版式"栏中选择"备注页"，然后单击"打印"按钮即可打印幻灯片及备注信息。

■ 本节实例 ■

【实例】在素材"武汉旅游相册.pptx"中完成演示文稿的输出操作，具体要求如下。

（1）将该演示文稿转换为 WMV 格式的视频，质量设为"低质量"，不使用录制的计时和旁白，放映每张幻灯片的秒数设为 2 秒，文件名与演示文稿同名。

（2）将该演示文稿转换为 PDF 文档，文件名与演示文稿同名。

（3）将该演示文稿转换为直接放映格式（扩展名为.ppsx），文件名与演示文稿同名。

（4）将该演示文稿打包成 CD，复制到文件夹，文件夹的名称为"旅游相册"。

操作步骤：

（1）将演示文稿转换为视频。

① 打开"武汉旅游相册.pptx"，单击"文件"选项卡→"导出"按钮，打开"导出"窗口，单击"创建视频"图标。

② 在右侧"创建视频"面板中，选择演示文稿的转换质量为"低质量"、不要使用录制的计时和旁白，并设置放映每张幻灯片的秒数为 2 秒，如图 10-65 所示。

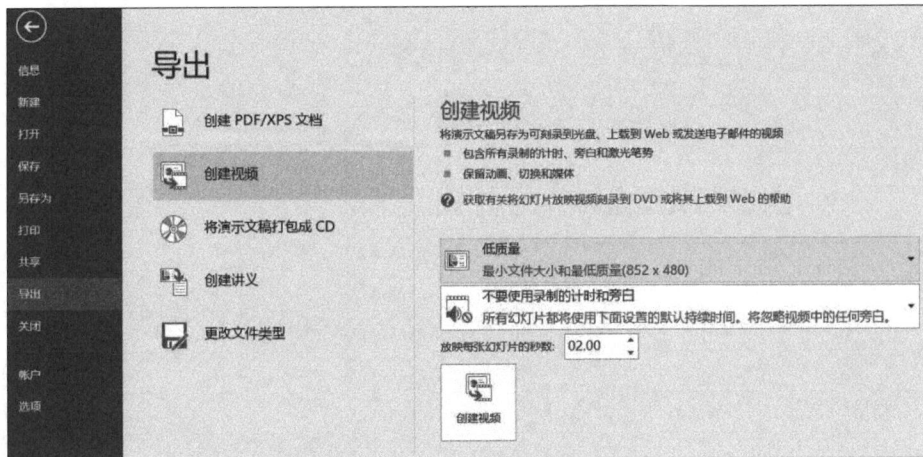

图 10-65　创建视频选项

③ 单击右下角的"创建视频"按钮，弹出"另存为"对话框。

④ 选择保存视频文件的类型为 WMV 格式（扩展名.wmv），文件名选择默认（即与演示文稿同名），选择保存位置后单击"保存"按钮。

（2）将演示文稿转换为 PDF。单击"文件"选项卡→"另存为"按钮，打开"另存为"窗口，单击"浏览"按钮，弹出"另存为"对话框，选择文档保存的位置，设置保存类型为"PDF(*.pdf)"，单击"保存"按钮。

（3）将演示文稿转换为直接放映的格式。单击"文件"选项卡→"另存为"按钮，打开"另存为"窗口，单击"浏览"按钮，弹出"另存为"对话框，选择文档保存的位置，设置"文件类型"为"PowerPoint 放映(*.ppsx)"，单击"保存"按钮。

（4）将演示文稿转换打包成 CD，复制到指定文件夹。

① 单击"文件"选项卡→"导出"按钮，打开"导出"窗口，单击"将演示文稿打包成 CD"图标，在右侧面板中单击"打包成 CD"按钮，弹出"打包成 CD"对话框。

② 单击"复制到文件夹"按钮，弹出"复制到文件夹"对话框，在"文件夹名称"文本框输入"旅游相册"，单击"位置"右侧的"浏览"按钮，指定文件夹的位置，单击"选择"按钮，再单击"确定"按钮，在弹出的确认对话框中选择是否包含链接文件，即可将演示文稿打包到指定位置的文件夹。

③ 返回"打包成 CD"对话框，单击"关闭"按钮。

参 考 文 献

邓青，冀松，2021．Office 2016 办公软件高级应用（微课版）[M]．北京：人民邮电出版社.

贾小军，童小素，2020．办公软件高级应用与案例精选（Office 2016）[M]．北京：中国铁道出版社.

教育部教育考试院，2022．全国计算机等级考试二级教程——MS Office 高级应用与设计[M]．北京：高等教育出版社.

文海英，王凤梅，宋梅，2017．Office 高级应用案例教程[M]．北京：人民邮电出版社.